“十四五”国家重点图书出版规划项目
核能与核技术出版工程

先进核反应堆技术丛书（第二期）
主编 于俊崇

核动力设备静密封技术

Static Sealing Technology for Nuclear Power Equipment

马志刚 谢苏江 等 编著

内容提要

本书为“先进核反应堆技术丛书”之一。书中结合密封行业技术积累和最新技术研发及应用成果，从多个维度全面深入地探讨了静密封技术的核心内容，详细阐述了密封技术的研发过程、试验、鉴定方法，以及材料的选择与设计原则，同时对结构设计与优化策略、数字化模拟、密封标准、质量控制、失效分析、安装及核动力设备对密封的特殊要求等方面进行了详尽的解析。书中还介绍了相关重要应用案例和工程实践经验以及核动力设备密封泄漏监测技术等。本书理论和实践结合，内容翔实，贴近工程应用，具有较高的理论和应用价值。

本书可供工程公司、研究院所、运行核电站、设备制造企业、密封研发制造企业等单位的相关技术人员和管理人员学习使用，也可供高等院校相关专业师生阅读参考。

图书在版编目(CIP)数据

核动力设备静密封技术／马志刚等编著. --上海：上海交通大学出版社，2024.8

(先进核反应堆技术丛书)

ISBN 978-7-313-30544-2

Ⅰ.①核…　Ⅱ.①马…　Ⅲ.①核动力装置－密封－技术　Ⅳ.①TL99

中国国家版本馆CIP数据核字(2024)第066617号

核动力设备静密封技术

HEDONGLI SHEBEI JINGMIFENG JISHU

编　　著：马志刚　谢苏江　等

出版发行：上海交通大学出版社

地　　址：上海市番禺路951号

邮政编码：200030

电　　话：021-64071208

印　　制：苏州市越洋印刷有限公司

经　　销：全国新华书店

开　　本：710 mm×1000 mm　1/16

印　　张：30.25

字　　数：510千字

版　　次：2024年8月第1版

印　　次：2024年8月第1次印刷

书　　号：ISBN 978-7-313-30544-2

定　　价：268.00元

先进核反应堆技术丛书

编 委 会

总　　序

人类利用核能的历史可以追溯到20世纪40年代,而核反应堆——这一实现核能利用的主要装置,则于1942年诞生。意大利著名物理学家恩里科·费米领导的研究小组在美国芝加哥大学体育场取得了重大突破,他们使用石墨和金属铀构建起了世界上第一座用于试验可控链式反应的“堆砌体”,即“芝加哥一号堆”。1942年12月2日,该装置成功地实现了人类历史上首个可控的铀核裂变链式反应,这一里程碑式的成就为核反应堆的发展奠定了坚实基础。后来,人们将能够实现核裂变链式反应的装置统称为核反应堆。

核反应堆的应用范围广泛,主要可分为两大类:一类是核能的利用,另一类是裂变中子的应用。核能的利用进一步分为军用和民用两种。在军事领域,核能主要用于制造原子武器和提供推进动力;而在民用领域,核能主要用于发电,同时在居民供暖、海水淡化、石油开采、钢铁冶炼等方面也展现出广阔的应用前景。此外,通过核裂变产生的中子参与核反应,还可以生产钚-239、聚变材料氚以及多种放射性同位素,这些同位素在工业、农业、医疗、卫生、国防等众多领域有着广泛的应用。另外,核反应堆产生的中子在多个领域也得到广泛应用,如中子照相、活化分析、材料改性、性能测试和中子治癌等。

人类发现核裂变反应能够释放巨大能量的现象以后,首先研究将其应用于军事领域。1945年,美国成功研制出原子弹,而1952年更是成功研制出核动力潜艇。鉴于原子弹和核动力潜艇所展现出的巨大威力,世界各国纷纷竞相开展相关研发工作,导致核军备竞赛一直持续至今。

另外,由于核裂变能具备极高的能量密度且几乎零碳排放,这一显著优势使其成为人类解决能源问题以及应对环境污染的重要手段,因此核能的和平利用也同步展开。1954年,苏联建成了世界上第一座向工业电网送电的核电站。随后，各国纷纷建立自己的核电站，装机容量不断提升，从最初的 5 000 千瓦发展到如今最大的 175 万千瓦。截至 2023 年底，全球在运行的核电机组总数达到了 437 台，总装机容量约为 3.93 亿千瓦。

核能在我国的研究与应用已有 60 多年的历史，取得了举世瞩目的成就。

1958 年，我国建成了第一座重水型实验反应堆，功率为 1 万千瓦，这标志着我国核能利用时代的开启。随后，在 1964 年、1967 年与 1971 年，我国分别成功研制出了原子弹、氢弹和核动力潜艇。1991 年，我国第一座自主研制的核电站——功率为 30 万千瓦的秦山核电站首次并网发电。进入 21 世纪，我国在研发先进核能系统方面不断取得突破性成果。例如，我国成功研发出具有完整自主知识产权的压水堆核电机组，包括 ACP1000、ACPR1000 和 ACP1400。其中，由 ACP1000 和 ACPR1000 技术融合而成的“华龙一号”全球首堆，已于 2020 年 11 月 27 日成功实现首次并网，其先进性、经济性、成熟性和可靠性均已达到世界第三代核电技术的先进水平。这一成就标志着我国已跻身掌握先进核能技术的国家行列。

截至 2024 年 6 月，我国投入运行的核电机组已达 58 台，总装机容量达到 6 080 万千瓦。同时，还有 26 台机组在建，装机容量达 30 300 兆瓦，这使得我国在核电装机容量上位居世界第一。

2002 年，第四代核能系统国际论坛（Generation IV International Forum，GIF）确立了 6 种待开发的经济性和安全性更高、更环保、更安保的第四代先进核反应堆系统，它们分别是气冷快堆、铅合金液态金属冷却快堆、液态钠冷却快堆、熔盐反应堆、超高温气冷堆和超临界水冷堆。目前，我国在第四代核能系统关键技术方面也取得了引领世界的进展。2021 年 12 月，全球首座具有第四代核反应堆某些特征的球床模块式高温气冷堆核电站——华能石岛湾核电高温气冷堆示范工程成功送电。

此外，在聚变能这一被誉为人类终极能源的领域，我国也取得了显著成果。2021 年 12 月，中国“人造太阳”——全超导托卡马克核聚变实验装置（Experimental and Advanced Superconducting Tokamak，EAST）实现了 1 056 秒的长脉冲高参数等离子体运行，再次刷新了世界纪录。

经过 60 多年的发展，我国已经建立起一个涵盖科研、设计、实（试）验、制造等领域的完整核工业体系，涉及核工业的各个专业领域。科研设施完备且门类齐全，为试验研究需要，我国先后建成了各类反应堆，包括重水研究堆、小型压水堆、微型中子源堆、快中子反应堆、低温供热实验堆、高温气冷实验堆、高通量工程试验堆、铀-氢化锆脉冲堆，以及先进游泳池式轻水研究堆等。近年来，为了适应国民经济发展的需求，我国在多种新型核反应堆技术的科研攻关方面也取得了显著的成果，这些技术包括小型反应堆技术、先进快中子堆技术、新型嬗变反应堆技术、热管反应堆技术、钍基熔盐反应堆技术、铅铋反应堆技术、数字反应堆技术以及聚变堆技术等。

在我国，核能技术不仅得到全面发展，而且为国民经济的发展做出了重要贡献，并将继续发挥更加重要的作用。以核电为例，根据中国核能行业协会提供的数据，2023 年 1—12 月，全国运行核电机组累计发电量达 4 333.71 亿千瓦时，这相当于减少燃烧标准煤 12 339.56 万吨，同时减少排放二氧化碳 32 329.64 万吨、二氧化硫 104.89 万吨、氮氧化物 91.31 万吨。在未来实现“碳达峰、碳中和”国家重大战略目标和推动国民经济高质量发展的进程中，核能发电作为以清洁能源为基础的新型电力系统的稳定电源和节能减排的重要保障，将发挥不可替代的作用。可以说，研发先进核反应堆是我国实现能源自给、保障能源安全以及贯彻“碳达峰、碳中和”国家重大战略部署的重要保障。

随着核动力与核技术应用的日益广泛，我国已在核领域积累了丰富的科研成果与宝贵的实践经验。为了更好地指导实践、推动技术进步并促进可持续发展，系统总结并出版这些成果显得尤为必要。为此，上海交通大学出版社与国内核动力领域的多位专家经过多次深入沟通和研讨，共同拟定了简明扼要的目录大纲，并成功组织包括中国原子能科学研究院、中国核动力研究设计院、中国科学院上海应用物理研究所、中国科学院近代物理研究所、中国科学院等离子体物理研究所、清华大学、中国工程物理研究院以及核工业西南物理研究院等在内的国内相关单位的知名核动力和核技术应用专家共同编写了这套“先进核反应堆技术丛书”。丛书包括铅合金液态金属冷却快堆、液态钠冷却快堆、重水反应堆、熔盐反应堆、新型嬗变反应堆、多用途研究堆、低温供热堆、海上浮动核能动力装置和数字反应堆、高通量工程试验堆、同位素生产试验堆、核动力设备相关技术、核动力安全相关技术、“华龙一号”优化改进技术，以及核聚变反应堆的设计原理与实践等。

本丛书涵盖了我国三个五年规划（2015—2030 年）期间的重大研究成果，充分展现了我国在核反应堆研制领域的先进水平。整体来看，本丛书内容全面而深入，为读者提供了先进核反应堆技术的系统知识和最新研究成果。本丛书不仅可作为核能工作者进行科研与设计的宝贵参考文献，也可作为高校核专业教学的辅助材料，对于促进核能和核技术应用的进一步发展以及人才培养具有重要支撑作用。本丛书的出版，必将有力推动我国从核能大国向核能强国的迈进，为我国核科技事业的蓬勃发展做出积极贡献。

于俊崇

2024 年 6 月

序

静密封技术作为核动力装置设备部件之间连接的重要手段，对保障反应堆压力边界的完整性及装置安全运行至关重要。本书系统地介绍了核动力设备静密封技术的基本理论、设计原则、研发经验与应用案例及工程实践，并介绍了该领域的最新研究成果与发展趋势。

核动力设备静密封技术是一项复杂而具有挑战性的系统工程，它涵盖基本理论、选材、结构设计、数值模拟、试验验证、典型应用、质量控制、安装和维护、失效分析、检测技术以及适用标准等多个方面。本书作者系统地解析了静密封技术中的关键问题，使读者在核动力设备设计中，能够更好地理解和应用静密封技术，从而提高核动力设备的可靠性和安全性。

通过国内技术人员的不懈努力和创新，核动力设备静密封技术的自主研发已经取得了显著的成果，实现了完全自主知识产权和本土化生产。这不仅为我国核动力设备的完全国产化提供了有力保障，而且为可持续发展奠定了良好的基础，同时也为石油化工企业的高温高压设备密封提供了技术支撑。

本书由马志刚领衔的编著团队共同撰写，他们长期从事核动力设备静密封技术的研发和国产化工作，成功解决了大量核动力设备的密封技术难题，本书是他们多年理论和实践经验的总结，可为从事核与非核密封技术的设计和研发人员及在校学生、老师提供宝贵参考。

因工作关系，我与马志刚等本书作者有着长期深入的接触，深知他们在核动力设备静密封技术方面有着深厚的理论功底和丰富的实践经验，正是基于这样的背景，我促成了此书的出版并积极向广大读者推荐。我深信，此书的出版将在核动力设备、石油化工等相关领域的学术研究、工程设计和实际应用中发挥积极作用，为相关领域的专业人士和学习者提供一本优秀的学习和参考资料，同时也将为静密封领域未来技术的不断创新与发展做出贡献！

中国工程院院士 于俊崇

2024 年 2 月

前　　言

核动力设备作为现代工业的重要组成部分，在国民经济中发挥着不可替代的重要作用。它为国家的能源供应、工业发展、科学研究和环境保护提供了坚实的支撑，促进了经济的可持续发展和绿色转型。静密封技术是保证核动力设备安全稳定运行的关键环节，具有不可或缺的重要性。本书围绕核动力设备中静密封技术研究和应用及发展趋势，结合密封基础理论和原理，进行了全面而深入的编著工作。

目前，我国在核动力设备静密封技术的国产化方面，通过大量技术研发和工程实践，已取得了显著进步和成果，达到了国际先进水平。第一，针对密封材料的研发，国内科研机构和企业投入了大量资源，取得了一系列具有自主知识产权的成果。如各种耐高温、耐辐照的新型金属材料、陶瓷材料和高分子材料的研发取得了一些重大突破。第二，针对密封结构的设计和优化，研究人员不断探索新的理念和型式，提高了密封性能和可靠性。第三，国内核动力设备制造企业不断提升生产能力和工艺水平，实现了核动力设备静密封系统的国产化。具有自主知识产权的静密封材料和部件开始在国产核动力设备中得到广泛工程应用，取得了持续可靠的密封效果。同时，国内企业也开始在核电站建设和运维领域积极参与，提供静密封技术的全过程解决方案。第四，研发平台和试验验证技术得到长足的发展，建立了既满足现有需求，又能紧跟核技术发展所需的密封材料研发、密封件机械性能与密封性能等研发验证平台。第五，在标准制定与质量管理方面，针对核动力设备静密封技术的国产化，我国积极推动制定相关标准，并加强质量管理体系建设。通过制定和执行严格的技术标准，确保国内生产的核动力设备静密封产品的性能、质量和可靠性符合国内标准，并接轨国际标准，同时不断完善产品质量管理和技术水平。

本书通过对密封行业技术的积累和最新研发，以及相关应用成果的系统总结，旨在为专业从事核动力设备设计、制造和维护的工程师、技术人员以及对该领域感兴趣的学者和学生提供相应指导和参考。希望读者在阅读本书过程中能获得启发，为核动力设备静密封技术的持续创新和发展做出新的贡献。

随着科技的不断进步和需求的不断演变，静密封技术也在不断发展和创新。本书立足于对相关理论和实践的深入分析，提供了一系列关键问题的解决思路和方法，帮助读者更好地理解静密封技术的原理和应用，以及如何在实际工程中取得良好的密封效果，并对静密封技术的发展趋向提出预测和建议。

本书的撰写工作得到了众多专家和学者的鼎力支持与积极参与。马志刚负责整体框架构建、拟定书籍提纲和编著要求，并协调、组织全书的编著与审稿工作。在此过程中，于俊崇院士为本书提出了高屋建瓴的指导和建议，赵月扬、罗英、何正熙、侯敏等专家对本书的编著工作提出了极具价值的建议。本书的各个章节由不同的作者精心编著。第 1 章由谢苏江、马志刚、罗英编著。第 2 章由马志刚、张斌编著。第 3 章由马志刚、谢苏江编著。第 4 章由张斌、马志刚、蒲卓、傅孝龙编著。第 5 章由谢苏江、马志刚编著。第 6 章由毛华平、赵月扬编著。第 7 章由侯勇、朱亚芸编著。第 8 章由马志刚、谢苏江编著。第 9 章由韩嘉兴、朱建强、马志刚、陈纠编著。第 10 章由刘永健、何正熙、李卓玥、王海麟、刘丹会、蒋天植、杨振雷、黄有骏编著。第 11 章由毛华平、赵月扬编著。此外，韩嘉兴、刘玲玲参与了部分绘图和排版工作。在此一并表示感谢。

本书在编著过程中，得到了中国核动力研究设计院、中广核研究院有限公司、华东理工大学、常熟理工学院、苏州宝骅密封科技股份有限公司、慧感(上海)物联网科技有限公司、上海交通大学出版社的大力支持。中国工程院于俊崇院士为本书作序，并做了大量的指导工作。谨在此表示衷心的感谢。

由于本书涉及的专业面广，编著人员水平有限，虽然经过多次评审和修改，仍难免存在不妥和不足之处，敬请广大读者批评指正。

目　　录

第1章
绪　论

密封件是工业系统的关键组件，用于阻止设备中的介质（无论是液体还是气体）泄漏，或防止外界物质进入，其在核电、火电、化工、汽车、航空航天、食品加工等多种行业中都具有广泛的应用。静密封技术的核心在于建立密封面之间的界面，形成密闭的空间，进而防止介质的泄漏，从而保证系统的稳定、可靠、安全和环保。

1.1　密封基本概念

密封的主要目的是防止介质泄漏。整体来看，密封技术涉及多个表征物理量和基本概念，如泄漏、紧密性、密封性、可靠性和结构完整性等。

1.1.1　泄漏和密封

泄漏是机械设备和系统中一种常见的故障现象。轻微的泄漏会造成原料和能源的浪费，同时引发环境污染问题；而严重的泄漏则可能引发火灾、爆炸、人员中毒等重大事故，甚至迫使整个系统或装置停工，甚至报废。根据“化学品事故信息网”的统计，国内众多火灾、爆炸、人员中毒和环境污染事故中，大部分都与密封泄漏问题密切相关。此外，据国外资料显示，在运载火箭和太空卫星曾出现的235起机械故障中，有近38%的故障与密封组件的失效有关。例如，1986年美国“挑战者”号航天飞机在升空仅73 s后就发生了悲剧性的解体事故，主要原因就是在低温环境下，橡胶密封件硬化失去弹性，导致燃料泄漏并最终引发爆炸。

在核动力装置中，由于涉及放射性物质的特殊危险性，密封的紧密性和可靠性显得尤为重要。一旦发生泄漏，不仅会严重影响装置的安全运行，还会对环境和人类生存造成极大的威胁。诸如切尔诺贝利核电站和日本福岛核电站的泄漏事件,其造成的影响至今仍未完全消除,成为人类历史上的重大灾难。因此,确保密封件的性能和质量,防止泄漏事故的发生,对于保障工业安全和环境保护具有重要意义。

可拆式连接系统难以完全避免泄漏问题,这是由于机械设备表面存在的形状差异、尺寸偏差以及各类缺陷,密封接合面之间不可避免地会存在潜在的泄漏通道。同时,介质之间的压力差、浓度差或温度差都可能成为推动泄漏发生的动力因素。因此,泄漏通道的存在和推动力的作用是导致泄漏发生的两个关键因素,降低这两个因素的影响程度可以有效地减少泄漏问题的发生[1]。

对大多数机械设备而言,减少密封接合面的泄漏通道数量或间隙是实现良好密封的核心方法。因此,密封装置的作用在于阻断或减少这些泄漏通道,并增加泄漏通道中的阻力。例如,可以在通道中加置微型做功元件,对泄漏物质造成阻力,平衡引起泄漏的推动力,从而达到阻止泄漏的目的。负责实现这些功能的设备和零件称为密封装置,通常由多种不同的组件构成,包括用以塞满泄漏通道的核心密封件、施加和传递载荷的螺栓法兰以及某些做功元件等。

1.1.2 密封性及其表征

在工程实践中,通常采用“密封性”这一概念比较或评价不同密封方法的有效性,并使用“紧密性”来定性描述接合面的密封能力。这些概念能提供直观的理解,但它们并非量化指标,通常我们采用泄漏率这一指标来定量地表征密封装置的性能。泄漏率定义为单位时间内介质通过密封接合面的流量,通常表达为体积泄漏率 $L_V = pV/t$ 或者质量泄漏率 $L_{RM} = m_g/t$,这里 p 表示压力,V 表示体积,m_g 表示质量,t 表示时间。

由于密封与泄漏是相对概念,完全不泄漏几乎是不可能的。理论上,可以实现无泄漏或几乎无泄漏的状态,这种情况称为“零泄漏”。但实际上,零泄漏只是相对于某种测量仪器的极限灵敏度而言的,并且具体的泄漏率取决于测量方法和仪器的灵敏度。在工程实践中,并不要求所有密封系统都达到零泄漏,而是达到在特定使用条件下所需求的泄漏率,这就是所谓的规定泄漏率或允许泄漏率,定义为单位时间内介质通过密封接合面或其单位周长的最大体积或质量泄漏量。这个指标也称为允许紧密度或泄漏容限,用以量化在特定条件下的零泄漏或紧密性。

不同行业对允许泄漏率或紧密性要求有所不同。目前我国对核动力装置紧密性的要求是在标准试验条件下[示踪气体为氦气(He),压差为0.1 MPa]不大于1×10^{-6} Pa·m^3/s(平面密封)[2]以及不大于1.33×10^{-9} Pa·m^3/s(线密封)[3];美国压力容器研究委员会(PVRC)将法兰用垫片的紧密度分为五级,并称之为密封度,即T1、T2、T3、T4、T5[4];美国通用电器公司则将零泄漏定义为泄漏率不大于1×10^{-8} atm·cm^3/s(N_2)[5](1 atm=101 325 Pa);美国国家航空航天局法规定,用于宇宙飞船和运载火箭的设备最大泄漏率不得超过1×10^{-4} atm·cm^3/s(N_2)。然而,对于一般的工业密封要求的设备,其最大泄漏率为1×10^{-3} atm·cm^3/s(N_2)[6]。

随着环保要求的日益严格和工业技术的不断进步,对密封紧密性的标准也在逐步提高。从最初仅要求“无可见泄漏”,现在已经逐步提升到“无可闻泄漏”的标准,即达到极低的逸散(fugitive emission)排放,接近于“零逸散”(zero emission)的理想状态。这些发展趋势不仅推动了新型密封材料、工艺、结构以及测试技术的研究与开发,同时也促进了泄漏检测技术的不断进步和广泛应用。

1.1.3 密封可靠性和紧密性分析

密封的可靠性,是指在规定的工作周期内,密封装置能够持续保持其良好的密封能力,确保实际泄漏率始终低于规定的允许泄漏率。然而,密封件在使用过程中其性能会逐渐下降,直至最终失效。因此,如何准确评估和预测密封件的可靠性,成为各行业共同关注的问题。密封失效的原因复杂多样,且往往带有随机性,仅仅依靠对单个或少数几个密封件进行寿命测试,很难真实地反映其失效过程。密封可靠性分析的目的在于建立精确的密封系统寿命模型,通过将反应模型应用于密封装置,构建失效模型,以获取泄漏率与时间之间的函数关系,并推导出密封系统寿命的数学表达式,从而为提高密封性能和使用寿命提供科学依据。

螺栓法兰连接系统在运行一段时间内的泄漏率通常低于允许泄漏率,但随着时间的推移,由于静不定性,系统元件的尺寸具有分散性,螺栓本身可能松弛、运行参数波动和密封件老化,系统的泄漏率将成为一个随机变量,并可能超过允许泄漏率,造成密封失效。因此,为确保整个系统的安全运行,对重要工艺系统和设备进行密封可靠性的严格分析显得尤为重要。

螺栓法兰连接系统的可靠性模型涵盖了密封连接系统的可靠性以及密封性能可靠度两大要素。其中,密封连接系统的可靠性主要是指在预定的使用寿命周期内,该系统能够维持有效密封状态,确保元件具备足够的强度和刚度,从而保持较低的泄漏率。而密封性能的可靠度则侧重于评估系统在实际运行中,其泄漏率低于允许泄漏率的概率。一般而言,螺栓和法兰的强度可靠度较高,且随时间推移变化不大。然而,密封性能则会随着时间的推移逐渐降低,进而引发泄漏率的上升。因此,可以说密封系统的整体可靠度在很大程度上依赖于密封性能的可靠度。

密封连接的紧密性是指在给定载荷下,密封装置限制泄漏的能力。在相同泄漏率要求的情况下,高紧密性的密封件能够承受更高的介质压力。连接越紧密,泄漏率越低,表明紧密性越好。紧密性可认为是在设定泄漏率的条件下,密封装置所能承受的介质压力,即所密封的介质压力越高,且泄漏率越小,密封装置的紧密性越好。紧密性一般采用紧密性参数 T_p 来表征,T_p 定义为引起外径 150 mm 的垫片泄漏 1 mg/s 氦气所需要的介质压力(MPa),这相当于氦气通过一个公称直径为 100 mm 的管法兰用垫片、泄漏率为 1 mg/s 时的压力(MPa)。

$$T_p = \left(\frac{p}{p_n}\right)\left(\frac{L_{RM}^*}{L_{RM}}\right)^{\frac{1}{2}} \tag{1-1}$$

式中:T_p 为紧密性参数,无量纲;p 为介质压力,MPa;p_n 为参考大气压力,$p_n = 0.101\ 3$ MPa;L_{RM} 为质量泄漏率,mg/s;L_{RM}^* 为参考质量泄漏率,对 150 mm 外径垫片而言,$L_{RM}^* = 1$ mg/s。

紧密性分析是指对在役密封装置的泄漏率进行定量预测,即在已知的工况条件下,对连接系统的泄漏率进行计算和分析,以判断其是否满足允许泄漏率的要求。而紧密性设计则以允许泄漏率为基准,确保所设计的密封连接装置能在给定的工况下正常工作,且其泄漏率保持在允许范围内。在这一设计过程中,需要计算所需的螺栓预紧载荷,并进行强度校核。总之,紧密性分析实质上就是探讨连接系统的垫片预紧应力 σ_{gi} 或者螺栓预紧力 W、工作温度 T_w、介质压力 p_w 和连接的泄漏率 L 之间的关系。

$$L = f(\sigma_{gi},\ T_w,\ p_w) \tag{1-2}$$

对法兰连接的紧密性做分析时,首先要寻求垫片力学性能和密封性能的关联公式、表示方法及特性参数,由此得到在给定垫片工作应力 σ_{go}、工作温度 T_w、介质压力 p_w 时垫片的泄漏率 L。其次是对在操作条件下的螺栓、法兰做受力和变形分析，并将其变形与垫片非线性变形特性统一于整个连接系统中做静不定分析。最后，还需考虑在高温工况下螺栓、垫片的蠕变，由此得到连接的变形协调方程。用变形协调方程就可在已知垫片预紧应力 σ_{gi} 和操作工况的条件下，计算出垫片压缩量 Δt_w 及相应的垫片工作应力 σ_{go}；或者根据特定操作条件下，垫片达到某一泄漏率等级所需的垫片工作应力 σ_{go}，计算出预紧时所需的螺栓载荷 W 及垫片预紧应力 σ_{gi} 的值。然后将变形协调方程的求解结果与垫片的密封性能公式联系起来，进行连接的紧密性预测或紧密性设计。

试验研究表明，垫片的泄漏率 L 和介质压力 p_w 基本呈线性关系，具有黏性流体层流的一般特征；泄漏率和垫片工作应力呈负指数关系，工作压紧力越大，泄漏率越小；泄漏率随温度的升高而增大，两者呈指数关系。泄漏率是介质压力 p_w、垫片工作应力 σ_{go} 和温度 T_w 的函数。其关系如下[7]：

$$L = A_L p_w T_w^{M_L} \sigma_{go}^{N_L} \tag{1-3}$$

式中：A_L、M_L、N_L 为回归系数。

1.1.4 密封装置结构完整性

密封装置是一个系统概念，由包含密封件在内的多个机械部件组成。螺栓法兰连接系统是一个典型的密封装置，通常由三个部件组成，即法兰、密封件或垫片、螺栓（见图 1-1）。

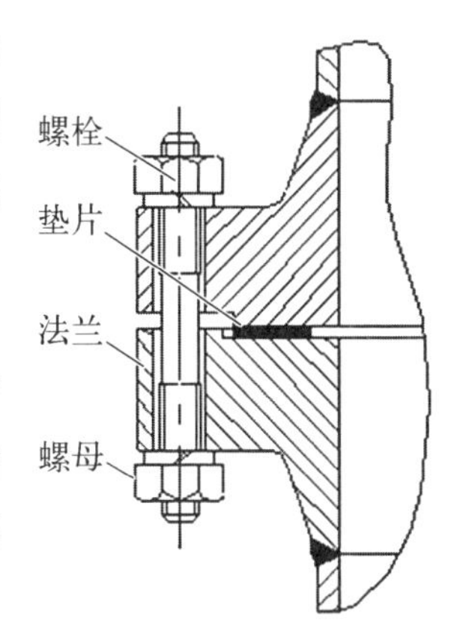

图 1-1 螺栓法兰连接系统

螺栓法兰连接系统实现密封必须满足两大准则：一是确保连接系统的结构完整性，二是实现良好的密封性。结构完整性是指连接系统中的密封结构，包括螺栓、法兰、垫片等部件，必须在设计压力、温度及其他机械载荷作用下保持足够的强度，避免机械损坏，同时保持足够的刚度以防止失稳。而密封性则是指连接系统必须有效地发挥密封作用，即确保密封结构的实际泄漏率不超过允许的泄漏率范围，以保证系统安全、稳定地运行。

早期的螺栓法兰垫片连接设计规范主要以结构完整性设计为核心。例如，美国机械工程师学会（ASME）的锅炉及压力容器规范第八册第一分册附录 2 中，推荐了具有环形垫片的螺栓法兰连接计算规则，这成为螺栓法兰连接设计中最通用的方法之一。规范中列出了常见的垫片材料和接触面形状，以及建议的垫片系数(m)和预紧密封比压(y)值。这些数值不仅用于确定实现密封所需的螺栓载荷,也用于验证法兰尺寸是否符合设计要求。规范明确要求对法兰进行弹性应力分析,证实这些螺栓载荷能否为法兰强度所接受,但没有涉及泄漏率或紧密度以及外载荷、变形或装配方法对密封性能的影响。另外,DIN 2505 法兰设计方法则采用了基于塑性极限强度理论的计算方法。这种方法主要考虑的是法兰和壳体组合的整体塑性破坏力矩,并据此确定法兰的最小破坏力矩截面。同时,根据极限设计理论,该方法通过计算最大塑性力矩来确定法兰的尺寸。

与传统的 ASME 规范设计方法相比,ASME 规范中的 PVRC 设计新方法对法兰的弹性应力分析和强度评定准则基本保持不变,但更侧重于建立在泄漏准则上的密封设计,即在设计螺栓载荷下,法兰密封面与垫片之间建立的垫片应力保证了设计压力下连接处的泄漏率不超过允许泄漏率,是一种基于允许泄漏率的设计方法。因此,PVRC 设计新方法是一种基于允许泄漏率的设计方法。长期以来,结构完整性一直是这两项要求中备受关注的方面,国内外的许多法规和标准,如 ASME、EN、CODAP 以及 GB 等,都是以此为基础建立的。然而,近三十年来,随着核电、石化行业对挥发性有机化合物控制的需求增长,以及超高真空(UHV)系统和极端压力、温度环境等应用场景的出现,对密封性能的要求也日益严苛。因此,密封设计开始越来越多地考虑基于允许泄漏率的设计准则,以确保连接系统能够在各种复杂条件下保持高效的密封性能。

1.2 密封技术的发展

“密封”是相对于“泄漏”而言的,“泄漏”是不可避免的,只能通过改善密封连接结构和密封型式尽可能防止或减少泄漏的发生。作为一种重要的应用技术,密封技术的发展源远流长。在基础理论、新材料、新产业和新工艺的驱动下,加之安全环保、节能增效等要求不断提高,密封技术面临超高温、超低温、超高压、超高真空、强腐蚀、强辐照等极端工况的持续挑战,而这些挑战也有力地推动了密封技术的发展。

1.2.1 密封设计理论的发展

自 19 世纪末德国的 Bach 法(即法兰连接计算方法)问世以来,到 2009 年欧洲颁布 EN 1591《法兰及其接头——带垫片圆形法兰连接的设计规则》,法兰连接计算方法的研究已历经了一个多世纪的持续发展与进步。图 1-2 清晰地展示了法兰连接主要规范和方法的发展历程。

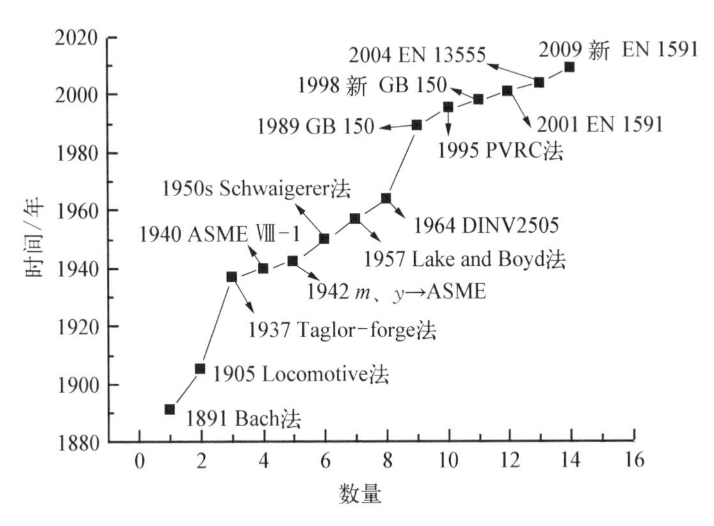

图 1-2 法兰连接设计方法发展历程

进入 21 世纪以后,螺栓法兰连接的理论基础研究和设计的新规范、新方法渐渐成为国内外机械工程领域的热点。目前,国内外用于法兰连接系统设计的计算准则主要分两大体系,即以德国标准为代表的欧洲体系和以美国标准为代表的美洲体系。

2001 年,欧洲标准化委员会(CEN)通过了由其下属法兰及其接头技术委员会提出的统一的欧盟标准 EN 1591-1《法兰及其接头——带垫片圆形法兰连接的设计规则》中第一部分"计算方法"和 EN 1591-2《法兰及其接头——带垫片圆形法兰连接的设计规则》第二部分"垫片系数"[8],并列入 EN 13445"非火焰接触压力容器"第三部分设计的附录 G 内,于 2004 年通过 prEN 13555《法兰及其接头——带垫片圆形法兰连接设计规则中所需垫片参数及其试验方法》[9],用来提供 EN 1591-1 中计算所用到的垫片特性参数的实验方法。同样出于对法兰的结构完整性和紧密性要求,这一计算方法基于强度和密封两个准则,定义了紧密度等级和相关的垫片性能参数,为螺栓法兰连接的系统特性提供了合理的可预见的分析以及决定这些参数的标准试验方法。图 1-3 展示了欧洲法兰连接计算标准的颁布机构和时间进程。

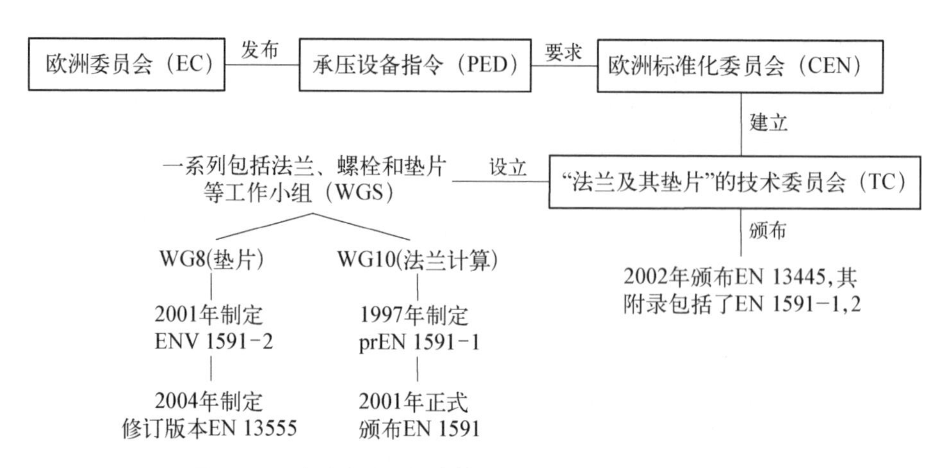

图 1－3　欧洲法兰连接设计计算标准的颁布机构和时间进程

纵观法兰连接设计的规范、方法，国内外最有影响的应是美国机械工程师学会（ASME）锅炉及压力容器规范第八部分第一分册附录2（ASME Section Ⅷ，Div. 1，App. 2）推荐的“具有环形垫片的螺栓法兰连接计算规则”。按照这一规则，一个紧密的螺栓法兰垫片接头必须在安装时将垫片预紧到一定的载荷，然后当进入操作状态时，垫片上必须保持足够的最低密封工作应力。这些操作和预紧要求的载荷都是基于规范推荐的 m 和 y 两个系数。我国国家标准 GB 150《压力容器》系列中的螺栓法兰连接的设计也采用这一方法。

尽管 ASME 方法在工业使用中未出现过重大问题，但是有关垫片系数的基础和合理性一直存疑，而且也有不少容器法兰按照规范计算并不能保证紧密性。此外，不断出现的新结构或材料的垫片需要补充新的系数，如大量非石棉替代物的新材料普遍使用，以及对承压设备和管路系统安全性的要求越来越高，尤其是要求降低易挥发性有机化合物的逸散（fugitive emission）或达到零逸散（zero emission），推动了新的垫片性能参数及其试验方法，以及基于螺栓法兰接头的允许泄漏率或紧密性水平设计方法的建立。美国 ASME 压力容器研究委员会（PVRC）在过去三十多年中进行了广泛的垫片试验研究工作，积累了大量数据，提出基于泄漏率准则的计算螺栓载荷的方法。在此基础上，ASME 特别工作小组（SWG）与 PVRC 共同拟订了新的垫片常数 G_b、a、G_s 和相应的试验方法，提出了 PVRC 新设计方法[10]。

对于螺栓法兰接头的设计计算，国内外主要有两大体系：美洲法兰体系和欧洲法兰体系，分别以 ASME Ⅷ－1 和 DIN V2505 为代表。我国 GB 150

系列《压力容器》和日本的 JIS B2204《管法兰计算方法》等标准都属于 ASME Ⅷ-1 这一法兰设计方法的范畴。我国相关研究人员在压力容器领域对螺栓法兰接头进行了大量研究，特别是参照 ASME 规范对其密封性能进行了深入探讨，积累了丰富的实践经验和认识。然而，在欧盟领域的研究方面，我们尚缺乏一定的认同和实践研究。考虑到欧盟作为一个巨大的潜在市场，我们有必要充分关注其压力容器设计和密封技术的发展动态，并借鉴其有益的经验。这不仅具有现实意义，而且对我们的研究工作具有重要的指导意义。

1.2.2 密封材料的发展

密封材料是决定密封可靠性和紧密性的关键因素之一。近几十年来，密封材料领域取得了显著进展，其中最显著的变化是含石棉密封材料逐渐被各种无石棉密封材料所取代。这些无石棉密封材料具有优异的性能，如耐高温、耐压、耐辐照以及低摩擦系数等。目前，氟塑料、聚醚醚酮(PEEK)、聚酰亚胺(PI)、聚甲醛树脂(POM)、碳素材料、特种合成纤维以及多种复合材料等已广泛应用于密封领域，为密封技术的深入研究和不断发展奠定了坚实的基础。

随着核能装置、宇航设备、深海探测设备、超低温装置的发展和应用，对高温超高温、高压超高压、低温超低温、超高真空密封技术的要求越来越高，这又进一步推动了新型密封材料的发展和应用。如各种新型镍基合金、新型工程塑料、特种纤维材料、新型弹性体材料、特种复合材料、(改性)聚四氟乙烯、柔性石墨复合材料、芳纶纤维、全氟醚橡胶、碳纤维等均在密封领域获得广泛的应用。

1.2.3 泄漏检测技术的发展

由于泄漏是绝对的，泄漏检测技术中的“漏”是与最大允许泄漏率的概念联系在一起的。在实际运行中，虽然泄漏是无法完全避免的，但大部分泄漏，是从“小”发展到“大”的，因此，提前预知泄漏趋势，确定泄漏位置(哪里漏?)、发生时间(何时漏?)、泄漏量(漏多少?)对提高密封技术水平，降低泄漏危害，具有十分重要的意义，并推动了泄漏检测技术的发展。

检漏是指通过一定技术手段，在被检测的密封装置工件器壁的一侧加入示漏物质，然后使用仪器或其他方法在另一侧怀疑有泄漏的位置检测通过漏孔泄漏出的示漏物质，以达到检测的目的。检漏的主要任务是在制造、安装和调试过程中，判断是否存在泄漏以及泄漏率的大小，找出泄漏点的位置；同时，在运行过程中，需要监测并判断系统可能发生的泄漏及其变化趋势，以便及时采取措施进行处理。

泄漏检测方法很多，每种方法的特点不同，不同的泄漏检测方法灵敏度和经济性差异也很大。如涂肥皂液检漏是一种很经济的方法，但是使用这种方法无法检测出较小的漏孔，因而无法用于对泄漏控制要求较高的场合；氦质谱仪检漏能很快地检测出多处较小的泄漏，但是使用成本较高。

随着对密封要求的提高，对泄漏检测的要求也随之提高，特别是对于泄漏危害较大的场合，泄漏检测越来越多地采用灵敏度和可靠性更高的仪器检测技术。如在核动力装置、宇航设备、电子设备等装置的泄漏检测中，多采用氦质谱仪等先进设备和装置进行泄漏检测。

近些年发展起来的动态在线监测技术，正在为生产企业所应用，对密封装置和设备进行实时监控，对于实时了解设备装置的泄漏情况，降低泄漏危害意义重大。在核动力设备中，泄漏的在线监测技术也越来越获得广泛应用，包括广为采用的直接法和间接法两种泄漏检测技术。直接法通过直接监测泄漏释放源设备的泄漏率（Y_L）或监测释放源附近环境空气中泄漏介质的浓度（Y_C），通过红外光谱法或光声法对泄漏情况进行在线连续监测；间接法通过间接监测泄漏致因物理量（X_{ci}）或泄漏表征物理量（X_{rj}），并通过相关传感器进行在线连续监测。直接法和间接法在线连续监测数据传输至同一数据平台，通过模式识别、大数据分析、AI智能算法以及数据标签训练等技术手段，萃取并提炼出泄漏机理模型，可实现核动力设备密封泄漏趋势和风险等级的预测和预警，是泄漏监测特别是在线检测技术的一个主要发展方向。

1.2.4　密封性能研究的发展

新型密封材料的应用和密封性能要求的提高直接推动了包括密封性能表征和试验研究技术、密封装置的设计预测理论等的发展。

随着一些新型密封材料和密封结构的广泛使用，特别是对于一些特殊密封场合，如油、气、液共存，超高温、超低温、超高压、环境多变、振动、启动频繁等工况，传统的性能参数、设计准则、试验方法等的适用性存在较大局限，因此，需要研究制定可靠的试验标准、方法和评定准则，从而对密封件进行合理的性能评定和设计,并对这些密封件的适用性进行系统研究,以确保密封的长期、安全及可靠性。

美国压力容器研究委员会(PVRC)、材料试验学会(MTI)以及其他一些国家和组织,针对多种垫片材料在室温和高温下的性能进行了一系列深入研究,目的就是希望通过试验研究更好地认识密封的机械性能和密封机理,从而发展出更有意义的密封设计系数,以及能够在长期使用下确保最小泄漏率的设计方法,最终为制定一系列新的试验方法和标准,并为有关的国家标准组织,如美国材料与试验协会(ASTM)和美国石油学会(API)采纳为垫片性能的标准试验方法,作为统一的垫片筛选、设计和性能评定方法打下重要基础。包括加拿大蒙特利尔 ECOLE 综合技术学院紧密性试验和研究实验室(TTRL)、PVRC 和 MTI 等制订并完成了一系列研究计划,不断改进和发展了一系列标准试验方法和试验装置,取得了大量试验数据和结果。他们系统地试验了石棉橡胶垫片、非石棉纤维增强橡胶弹性体垫片、聚四氟乙烯垫片、柔性石墨增强垫片、金属包覆垫片和金属缠绕垫片等在室温和高温时效下的机械性能、密封性能以及其他一些物理化学性能的变化,并采用物理模型和数学方法归纳、探索了筛选和评定密封材料质量的试验方法。结果表明,根据密封材料的横向残余抗拉强度、载荷松弛和失重率,利用时效参数可以确定密封材料的长期操作温度,并可以预测垫片的密封性能。另外,在允许泄漏率范围内,基于短期时效松弛泄漏黏着试验(ARLA)结果,采用时效参数可以确定垫片的长期使用寿命[11]。而一系列高温密封试验表明,不同温度、不同时效、不同材料的密封行为差异很大,在高温下的短期试验可以用来预测在低温下长期的载荷松弛。MTI 规范了非石棉密封材料的标准试验方法;PVRC 通过探索性试验、里程碑试验和工况试验,基本形成了 PVRC 垫片室温密封性试验方法(ROTT)和新的垫片常数 G_b、a、G_s;ASTM 根据 PVRC、MTI 的研究结果,考虑制定包括室温密封试验(ROTT)、热态密封试验(HOTT & AHOT)、逸出热态密封试验(EHOT)、ARLA、耐火模拟密封试验(FITT)、耐火模拟筛选试验(FIRS)、时效拉伸/松弛筛选试验(ATRS 和 HATR)等试验标准,以合理评定密封材料的长期行为[12]。2005 年欧洲标准协会 CEN/TC74 在 DIN28090 的基础上,颁布了 EN 13555:2005,提供 EN 1591-1 中垫片参数的试验设计方法,以提供更加安全可靠的垫片密封设计和应用规范。

随着对逸散泄漏控制要求的不断提高,低逸散填料已经成为阀门填料密封的一个主要发展动向,低逸散垫片也已经逐步成为垫片密封的一个发展动向，而相关的低逸散检测技术和标准也在不断完善并为越来越多的生产和应用企业所认可。API 622、ISO 15848、VDI 2440 等标准的制定和应用对密封的发展起着良好的推动作用。

针对广泛应用于核电、石油、化工等领域的压力容器、管道和阀门的螺栓法兰连接系统，国内对常温下螺栓法兰连接的研究已有不少报道，对处于高温状态下运行的法兰接头的研究也日渐增多。对于高温工况下螺栓法兰接头蠕变效应的研究最早始于 20 世纪 30 年代。1937 年 R. W. Bailey[13] 以矩形截面的平面法兰环的弹性分析为基础，在只考虑周向应力的情况下，讨论了发生蠕变的法兰环的截面内的周向应力分布、最大周向应力与螺栓载荷的关系，并考虑在螺栓孔的影响下，推导出螺栓孔中心圆处法兰环的轴向蠕变速率表达式。1987 年以来，L. Marchand 等人[14] 通过对螺栓法兰接头用垫片进行高温试验，研究了垫片的高温特性。1996 年 M. Asahina 等人[15] 研究了金属缠绕垫片在室温下的密封能力和高温下的耐久性。1997 年 A. Bouzid 等人[16] 进行了螺栓法兰接头及垫片的高温松弛试验。1999 年 7 月，德国的电厂业主开始对金属碰金属（MMC）型法兰连接进行了研究。J. Bartonicek[17] 等人为了研究温度对垫片特性的影响，用伺服液压试验设备（短期时效）进行了泄漏率试验。2002 年，德国斯图加特大学的 H. Purper 和 T. Gengenbach 又分别对铬钢制成的法兰连接接头进行了 530～600 ℃的蠕变松弛试验[18]。E. Roos 等人对高温下垫片的密封性能进行了研究[19]。众多研究表明，在高温工况下，随着服役周期的延长，会出现垫片回弹能力下降和螺栓的蠕变，从而引起垫片工作应力的显著降低，可能导致法兰接头密封失效。因此，不少学者一直持续地对高温螺栓法兰接头的可靠性和紧密性进行研究。

对于螺栓法兰接头计算方法的研究一直在不断深入。美国 ASME 一直在探讨研究垫片参数的试验方法及其数据处理方法，2004 年制定了 MMC 型法兰连接的计算方法；高温对螺栓法兰接头影响的研究仍是众多学者关注的课题；关于螺栓相互干涉作用和装配控制方法的研究也方兴未艾；对垫片使用寿命的预测和材料劣化的评价方法的研究也在进行之中。

1.2.5 泄漏控制政策和法规的发展

政府的相关政策和法规对密封技术的发展起着十分重要的推动作用。如美国 1970 年通过的“清洁空气法”的修正案[20]，限制臭氧、二氧化氮、二氧化硫、烃、一氧化碳、铅、汞、铍、氯乙烯、石棉等的逸散量。1990 年通过修订提出了在2000年前减少189种化学品90%的逸出。1991年进一步通过修订,对工业装置中用于气体、蒸汽和轻液体接头处的泄漏率必须控制在500 ppmv① 以下,对于重液体要求达到100 ppmv的泄漏率。2002年德国颁布了净化空气法规TA-Luft和VDI2440导则[21],对法兰接头的逸散水平进行了规定。这些都直接推动了包括新型密封材料和结构、密封检测和设计等一系列密封技术的发展和应用。

鉴于石棉对人体健康的潜在危害,自20世纪80年代起,各国相继颁布法令[22],禁止或限制石棉和含石棉制品的生产和使用。这一举措不仅推动了无石棉密封材料的研发与应用,同时也促进了密封设计和预测理论的进步。随着国际交流与合作的不断加强,无石棉密封材料逐渐被各工业部门广泛接受和认可,特别是在船舶、汽车和先进装备等领域,无石棉密封已成为行业共识。同时,与密封材料相关的法规和标准也逐步制定并实施,为国内无石棉密封材料的发展提供了有力保障。

核动力装置对密封的安全性和可靠性的苛刻要求对密封研发、设计、制造、试验、质量控制等技术提出了更高的要求,从而推动了新型耐辐照、高纯度密封材料及高可靠性和紧密性密封材料和装置的发展和应用。

1.3 核动力设备密封特点

与一般工业相比,核动力设备对密封的特殊要求主要包括适应高温高压、辐射环境,防止放射性物质泄漏,满足长期可靠性和稳定性以及严格的安全质量要求。这些特点要求核动力设备密封件具备特殊的材料、设计和制造工艺,以保证核动力设备的安全可靠运行。

1.3.1 核动力设备工作原理及组成

核能也被称作原子能,是指原子核结构发生变化时所释放出来的巨大能量。这种能量主要有两种形式:裂变能和聚变能。目前,核动力以及核能发电主要利用的是裂变能。核电站通常可分为两部分,一是核岛,包括反应堆厂房、辅助厂房、核燃料厂房和应急柴油机厂房。二是常规岛,包括汽轮发电机

① "ppm"表示百万分之一,业内习惯用于表达浓度、占比等,"ppmv"即按体积的百万分率,是ppm的一个特定应用,专门用于描述气体混合物中某一成分的体积浓度。

厂房和海水泵房。

典型的核动力设备一般由一回路系统、二回路系统和循环水系统三大部分组成。其中,一回路系统是核电站最核心部分。以压水堆核电站为例,这一系统主要包括反应堆压力容器及其顶盖、蒸汽发生器的反应堆冷却剂侧、反应堆冷却剂泵及其第一级密封、稳压器及其卸压阀、安全阀,以及与反应堆冷却剂环路相连的管道和主管道(热段、冷段和过渡段)。此外,还有控制棒驱动机构的耐压壳、与主管道相连的辅助系统管道直到第二个隔离阀。作为冷却剂、慢化剂和硼酸溶剂的水,在通过堆芯时被加热,然后流入蒸汽发生器,将热量传递给二回路系统,返回到反应堆冷却剂泵重复循环(见图 1-4)。

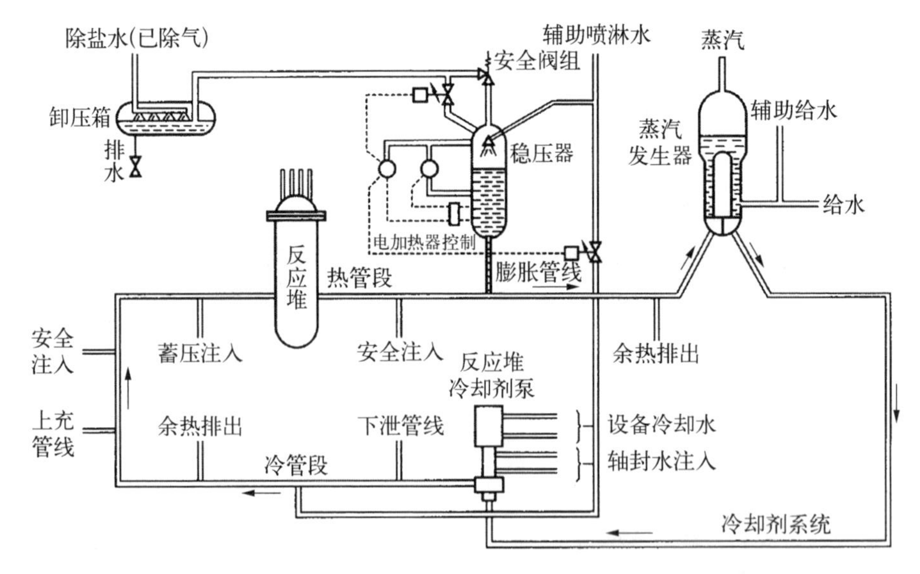

图 1-4　一回路系统流程简图

一回路系统的工质为高温、高压、带有放射性的水,我国大型压水堆核电站的反应堆堆芯额定功率(热功率)为 3 000 MW,冷却剂的运行温度为 310 ℃,运行压力为 15.5 MPa,因此,一回路设备的密封性要求极为严格,其不可识别的泄漏率控制在 230 L/h,如果一回路泄漏率超过限值,机组将后撤至冷停堆状态。

压水堆核电厂的二回路系统主要功能是将核蒸汽供应系统产生的热能转变成电能,在停机或事故情况下,可以保证核蒸汽供应系统的冷却。

二回路系统主要包括主蒸汽系统、汽轮机旁路系统、汽水分离再热器系统、凝结水抽取系统、低压给水加热器系统、给水除气器系统、汽动/电动给水泵系统、高压给水加热器系统、给水流量控制系统等(见图1-5)。

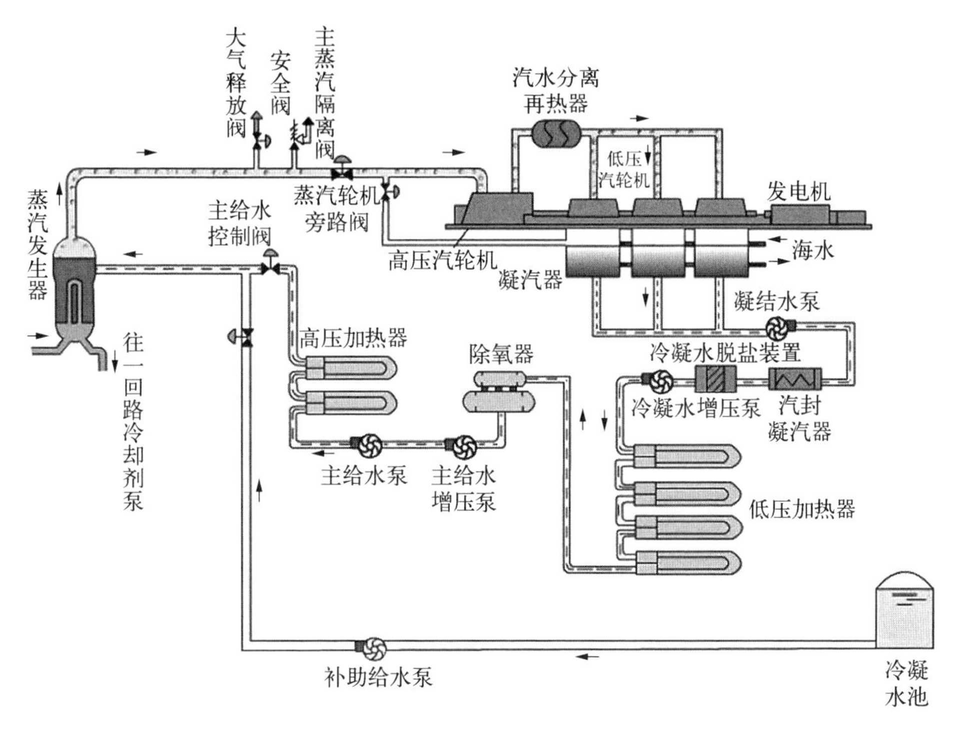

图1-5 二回路系统流程简图

来自核岛的饱和蒸汽经过主蒸汽隔离阀进入高压缸。在高压缸内膨胀做功,高压缸的排气首先进入汽水分离再热器底部的汽水分离元件,将水分分离出来,然后在其中部和上部分别用高压缸的抽汽和新蒸汽进行两级再热,再热后的蒸汽进入低压缸。乏汽进入凝汽器,凝水经凝水泵驱动进入给水回热系统。给水回热系统共有7级,即2台高压加热器、除氧器、4台低压加热器。给水经过加热后经给水泵和给水调节阀回到核岛的蒸汽发生器二次侧。

我国大型压水堆核电站,蒸汽发生器出口蒸汽压力为6.73 MPa,出口湿度小于0.25%,给水温度为226 ℃。

循环水系统的主要功能是通过两条独立的进水渠向凝汽器提供循环冷却水(海水),能满足机组在各种工况下保持凝汽器内的真空度;向辅助冷却水系统提供足够的冷却水(海水),通过辅助冷却水系统冷却常规岛闭式冷却水系统的三台热交换器和凝汽器真空系统(见图1-6)。

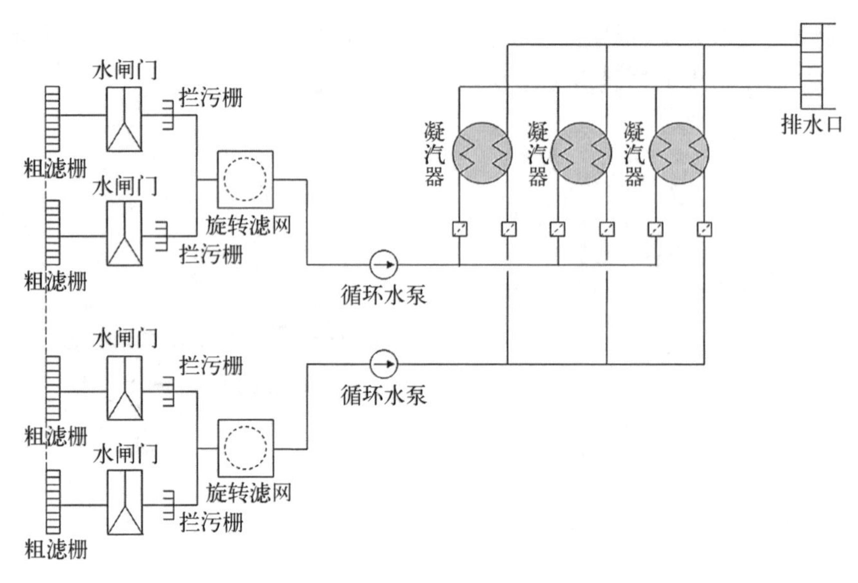

图 1-6　海水循环系统流程简图

在机组甩负荷且汽轮机旁路系统开启时，循环水系统提供足够的循环水，用于冷却凝汽器中汽轮机旁路系统送来的热量，维持凝汽器的真空。

循环水系统由系列 A 和系列 B 两条独立的回路组成，每条回路提供一台机组 50%的冷却海水流量。循环水系统以 $2\times32.2\ m^3/s$ 的流量向凝汽器提供用于冷却的海水，同时通过辅助冷却水系统向常规岛闭式冷却水系统、凝汽器真空系统提供冷却水(海水)，经过滤的海水流经冷却管束带走热量，流经出口水室、虹吸井和排水渠，最后送回大海。

1.3.2　不同堆型的基本参数

以压水堆核电站为例(见图 1-7)，核燃料在反应堆中通过核裂变产生的热量加热一回路高压水，一回路水通过蒸汽发生器加热二回路水使之变为蒸汽。蒸汽通过管路进入汽轮机，推动汽轮发电机发电，发出的电通过电网送至千家万户。整个过程的能量转换是由核能转换为热能，热能转换为机械能，机械能再转换为电能。压水堆核电站使用轻水作为冷却剂和慢化剂。主要由核蒸汽供应系统(即一回路系统)、汽轮发电机系统(即二回路系统)及其他辅助系统组成。冷却剂在堆芯吸收核燃料裂变释放的热能后，通过蒸汽发生器再把热量传递给二回路产生蒸汽，然后进入汽轮机做功，带动发电机发电。

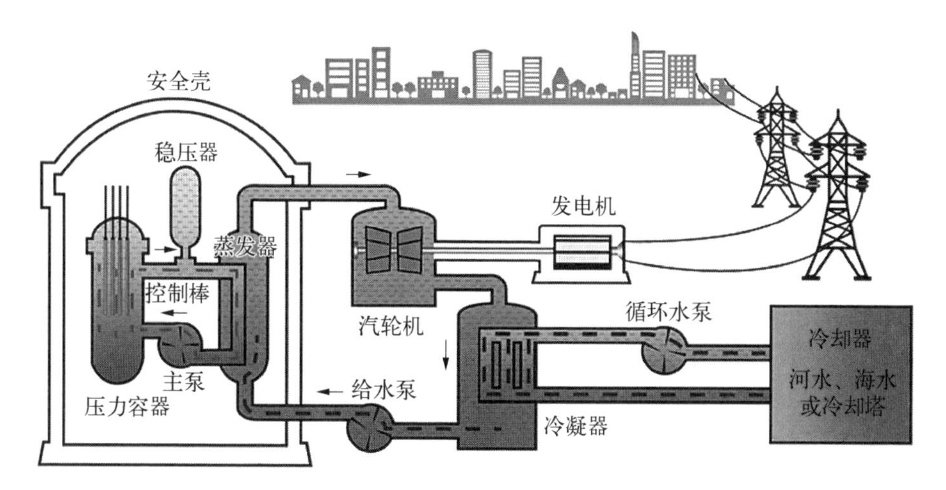

图1-7 压水堆核电站流程简图

重水堆是以重水做慢化剂的反应堆,分压力容器式和压力管式两类,可以直接利用天然铀作为核燃料,可用轻水或重水做冷却剂。重水堆按其结构型式可分为压力壳式和压力管式两种。压力壳式的冷却剂只用重水,它的内部结构材料比压力管式少,但中子经济性好,生成新燃料钚-239的净产量比较高。这种堆一般用天然铀做燃料,结构类似压水堆,但因栅格节距大,压力壳比同样功率的压水堆要大得多,因此单堆功率最大只能做到300 MW。目前全世界大约有440座核电机组在运行,其中占绝大多数(约92%)的是轻水堆(LWR),其余为重水堆(PHWR)以及先进气冷堆(AGR)等。轻水堆主要有压水堆(PWR)和沸水堆(BWR)两种类型,其中大约75%为压水堆,我国投入运行并将建造的绝大多数核电站都是压水堆型的。

沸水堆核电站(见图1-8)工作流程如下:冷却剂(水)从堆芯下部流进,在沿堆芯上升的过程中,从燃料棒处得到了热量,使冷却剂变成了蒸汽和水的混合物,经过汽水分离器和蒸汽干燥器,将分离出的蒸汽用于推动汽轮发电机组发电。沸水堆由压力容器及其中间的燃料元件、十字形控制棒和汽水分离器等组成。汽水分离器在堆芯的上部,它的作用是把蒸汽和水滴分开、防止水进入汽轮机,造成汽轮机叶片损坏。沸水堆所用的燃料和燃料组件与压水堆相同,沸腾水既做慢化剂又做冷却剂。

沸水堆与压水堆不同之处在于冷却水保持在较低的压力(约70个大气压)下,水通过堆芯变成约285 ℃的蒸汽,并直接被引入汽轮机。所以,沸水堆只有一个回路,省去了容易发生泄漏的蒸汽发生器,因而显得很简单。

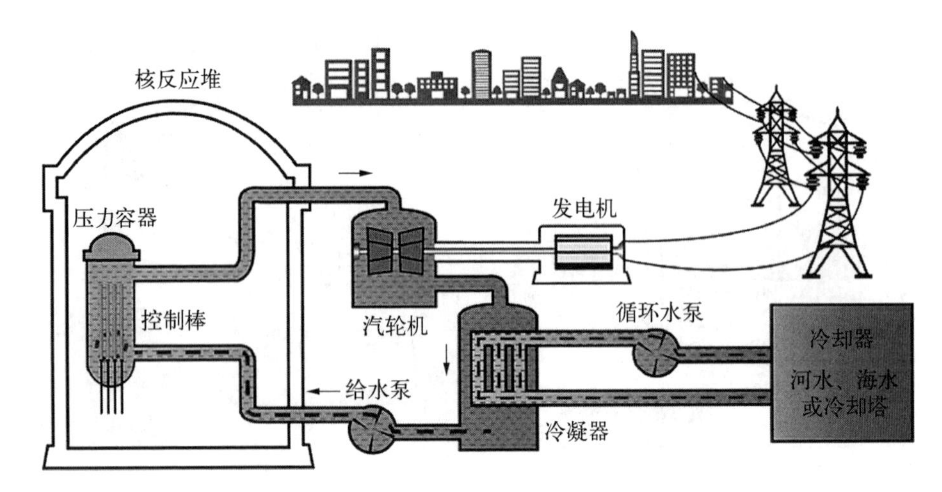

图 1-8　沸水堆核电站流程简图

世界上大部分反应堆用的是金属管棒状燃料单元，载热剂是水，不耐高温。即使是压水堆，最高温度也只能达到 328 ℃。高温气冷堆是一种先进的第四代核电堆型技术，具有安全性好、效率高、经济性好和用途广泛等优势。高温气冷堆通过核能—热能—机械能—电能的转化实现发电，能够代替传统化石能源，实现经济和生态环境协调发展。高温气冷堆的载热剂是氦气，用石墨做慢化剂和结构材料，通过高科技制造球形包覆燃料单元。它的堆芯温度可达 1 600 ℃，氦气出口温度高达 900 ℃，这是其他任何类型的反应堆都达不到的，大大提高了对高温气体密封的要求。

1.3.3　核动力设备对密封的基本要求

目前绝大部分的核动力设备均是通过核裂变产生的核能—热能—机械能—电能的转化实现发电，设备在运行过程中主要涉及核燃料、载热剂、冷却剂、慢化剂几种介质，这些介质在运行过程中的密封情况直接影响设备的正常运行，更是安全的基本保障。除了高温气冷堆外，其他堆型均以水作为主要载体。因此，除高温气冷堆外的核动力设备的基本密封工况，温度一般不超过 328 ℃，压力不超过 16 MPa。但是，由于核燃料及其裂变产物具有放射性，从而对密封结构、部件的耐辐照和耐腐蚀能力、密封紧密性和可靠性提出了相应的要求。

1.3.4　核动力设备密封发展方向

核能作为一种高效的能源，不像化石燃料那样会产生大量污染物质，因此能够避免大气污染问题和一系列诸如温室效应等破坏自然调节能力的不良效应。核能发电所使用的铀燃料，其能量密度比化石燃料高几百万倍，体积小，运输与储存都很方便。另外，核能发电的成本中，燃料费用所占的比例较低，核能发电的成本较不易受到国际经济形势影响，故发电成本相较其他发电方式更为稳定。面对当今的环境问题和化石资源短缺问题，核能势必成为我们获得能源的重要途径之一。

虽然核能利用具有显著优势，但也伴随着不可忽视的风险。其中，核能利用过程中产生的高低阶放射性废料以及核燃料的放射性危害是首要问题。历史上的日本福岛核电站核泄漏事件以及苏联切尔诺贝利核电站的灾难都给我们敲响了警钟，这些事件提醒我们必须对核能利用进行严格的防治和约束。因此，在认识到核能优越性的同时，我们更应该将重点放在保障核能使用安全方面。在推动核能发电发展的同时，我们必须积极检测、确保核设施的安全，做到未雨绸缪。

核动力设备和装置中的各种密封元件是保证系统压力边界安全的重要部件，其安全可靠性对核能应用和发展至关重要。随着核电事业的不断发展以及对装置设备长周期可靠性的要求日益提高，新型核反应堆的温度也在逐步提高。这对密封元件及其相关密封结构的可靠性和安全性提出了更高的要求，同时也为核动力装置密封技术的发展提供了强大的推动力。

参考文献

[1] 阮徐昭. 设备泄漏防治技术[M]. 杭州：浙江科学技术出版社，1984：73－79.
[2] 核工业标准化研究所. 核电厂用石墨密封垫片技术条件：NB/T 20365—2015[S]. 北京：核工业标准化研究所，2016.
[3] 核工业标准化研究所. 压水堆核电厂反应堆压力容器密封环技术规范 第2部分：C型密封环：NB/T 20478.2—2018[S]. 北京：核工业标准化研究所，2018.
[4] Bickford J H. Gaskets and gasketed joints[M]. New York: Marcel Dekker Inc., 1997: 436.
[5] 潘仁度. 阀门的零泄漏机理[J]. 流体工程，1988(9)：45－46.
[6] 巴克特. 工业密封技术[M]. 北京：化学工业出版社，1988：1－15.
[7] 顾伯勤. 多孔介质气体流动模型在垫片密封中的应用[J]. 南京化工大学学报(自然科学版)，1999(1)：20－24.
[8] Technical Committee PSE/15/2, Flanges - Jointing materials and compounds. Flanges and their joints — Design rules for gasketed circular flange connections - Part 1: Calculation: EN 1591 - 1: 2013[S]. London: The British Standards Institution, 2013.

[9] Technical Committee PSE/15/2, Flanges - Jointing materials and compounds. Flanges and their joints - Gasket parameters and test procedures relevant to the design rules for gasketed circular flange connections: BS EN 13555: 2014[S]. London: The British Standards Institution, 2014.

[10] 蔡仁良.国外压力容器及管道法兰设计技术研究进展[J].石油化工设备,2003,32(1):34-37.

[11] Bolted P J. Joint improvements through gasket performance test[C]. NPRA Maintenance Conference, Texas, 1992: 5-21.

[12] Hall A M. Summary report on elevated temperature tests for asbestos-free gasket materials[M]. Houston: National Association of Corrosion Engineers, 1990.

[13] Bailey R W. Flanged pipe joints for high pressnre and temperatures[J]. Engineering. 1937, 144: 364-365, 419-421, 538-539, 614-617, 674, 667.

[14] Marchand L, Derenne M. Long term performance of elastomeric sheet gasket materials subjected to temperature exposure[C]. International Conference on Pressure Vessel Technology, ASME, 1996, 1: 107-123.

[15] Asahina M, Nishida T, Yamanaka Y. Gasket performance of SWG in ROTT and short term estimation at elevated temperature[J]. Materials Science, Engineering, 1996, 326: 47-59.

[16] Bouzid A, Chaaban A. An accurate method of evaluating relaxation in bolted flanged connections[J]. Pressure Vessel Technology, 1997, 119(2): 10-17.

[17] Bartonicek J, Schaaf M, Schoeckle F. On the effect of temperature on tightening characteristics of caskets [C]//Pressure Vessels and Piping Division. ASME 2002 Pressure Vessels and Piping Conference, August 5 - 9, 2002, Vancouver: ASME, 2008: 35-43.

[18] Purper H. Experimentelle und numerische untersuchung des relaxationverha ltens von rohrflanschverbindungen[D]. Stuegart, Germany: University of Stuegart, 2002.

[19] Roos E, Kockelmann H, Hahn R. Gasket characteristics for the design of bolted flange connections of metal-to-metal contact type[J]. International Journal of Pressure Vessels & Piping, 2002, 79(1): 45-52.

[20] Bouzid A, Chaaban A, Bazergui A. The effect of gasket creep-relaxation on the leakage tightness of bolted flanged joints[J]. Pressure Vessel Technology, 1995, 117: 71-78.

[21] Derenne M, Payne J R. Development of test procedures for fire resistance qualification of gaskets[J]. WRC Bulletin, 1993, 377: 1-19.

[22] 谢苏江.芳纶浆粕增强橡胶无石棉密封材料的制备和性能研究[J].润滑与密封,1999(2):44-47.

第 2 章 密封基本理论

在现代工业的众多领域，密封技术扮演着不可或缺的重要角色。密封的基本理论是一套关于密封原理及其实际应用的体系，它详细阐释了在各类机械设备与系统中如何有效地遏止气体或液体泄漏，并将它们保持在指定区域内。这一学科涵盖了材料选择、密封结构设计、温度和压力适配性、介质相容性以及必要的维护策略等多个方面，旨在保障在特定工作条件下设备的优异密封性能和稳定可靠性。

2.1 密封的定义

密封就是将机器或设备在某一空间内的介质与其内部其他空间或外部环境空间的介质分隔开来，并控制介质在不同空间内"流窜"的功能和功能装置。密封机制指的是在不同应用场景下，密封组件与接合面之间如何形成封闭状态，包括物理、化学、材料特性以及运动学等方面的机理。

不同类型的密封件，其密封机理也有所不同，以下是常见的密封机理。

(1) 压缩密封机理：通过压缩密封件，使其与接合面紧密贴合，从而阻止介质泄漏。这种密封机理适用于高压和高温环境。

(2) 弹性变形密封机理：将弹性密封件安装在接合面上，当介质通过时，使其弹性变形，达到密封效果。弹性变形密封机理适用于较低压力和温度环境。

(3) 涂层密封机理：在接合面上涂覆一层密封材料，其涂层和接合面之间的压力和毛细力可以有效阻止介质泄漏。涂层密封机理适用于液体、气体介质。

(4) 滑动密封机理：通过密封件与接合面的滑动接触，将介质隔绝。这种密封机理适用于旋转轴和密封面之间的密封要求。

在实际应用中，为了获得最优密封效果，经常采用多种密封机制的组合。在选择和设计密封件时，需考虑多种因素，如介质的压力、温度、清洁度、化学性质、运动状态及工作环境，以确保能够满足不同工况和应用场景下的密封需求。

密封过程是复杂的，涵盖多个与效能相关的物理量，包括但不限于泄漏率，材料的性能，压缩回弹率、蠕变松弛率、应力松弛率、抗吹出性能、棘轮效应等机械属性，以及紧密度和密封度等密封效果评价指标。这些因素共同定义了密封的性能和可靠性，对于确保设备安全运行至关重要。

2.2 泄漏和泄漏率

泄漏是指介质，如气体、液体、固体或它们的混合物从一个空间进入另一个空间的现象。在各类生产企业，如化工厂、油气生产和运输等工业场所中，均可能发生各种泄漏，这些泄漏会导致火灾、爆炸、环境污染、职业健康等问题，还会造成工业设施的损坏。泄漏事件也可能发生在自然环境中，例如管道泄漏、油船溢油、陆地和海洋上的化学品泄漏等，这些泄漏会对土壤、水体和生态系统造成污染，破坏自然环境，危害动植物和生物多样性。在家庭生活中，常见的泄漏包括水管泄漏、天然气或煤气泄漏，这些泄漏可能导致水浸损坏、火灾、气体中毒以及家庭安全问题。

无论是在哪个场景中，泄漏都可能带来严重的风险和危害，包括但不限于以下几点：① 安全风险，气体、化学物质或可燃物质的泄漏可能导致爆炸、火灾和其他危险事故，危及财产和生命安全；② 环境污染，液体和气体的泄漏可能导致土壤、水体和大气的污染，这可能破坏生态系统、影响植物和动物的健康，并对环境产生可持续性的长期影响；③ 健康问题，某些泄漏物质可能对人体健康造成直接或间接影响，例如泄漏的有毒气体可能引起呼吸问题、中毒或其他健康问题；④ 经济损失，泄漏可能导致物质浪费、设备损坏、修复成本和停产期间的生产损失，从而影响经济健康发展。

泄漏率是指单位时间内通过主密封和辅助密封泄漏的流体总量，是评价密封性能的一个重要物理量，表示为单位时间内泄漏的体积或质量，即体积流率或质量流率，其常用的单位为 Pa·m^3/s、atm·cm^3/s、g/s、mg/s 等。常用泄漏率单位之间的换算关系见表 2-1，其中 p_n 为标准大气压(1.013 25×10^5 Pa)，

T_n 为在标准状态下大气的热力学温度(273.16 K)[1]。

表2-1　常用泄漏率单位的换算关系

单　位	1 mbar·L/s (T_n)	1 Torr·L/s (T_n)	1 Pa·m^3/s (T_n)	1 cm^3/s (T_n, p_n)	1 kg/h 20 ℃空气	1 g/s 20 ℃空气	1 g/a 氟利昂12
1 mbar·L/s (T_n)	1	0.75	0.1	0.99	4.3×10^{-3}	1.2×10^{-3}	1.55×10^{5}
1 Torr·L/s (T_n)	1.33	1	0.13	1.32	5.7×10^{-3}	1.6×10^{-3}	2.1×10^{5}
1 Pa·m^3/s (T_n)	10	7.5	1	9.9	4.3×10^{-2}	1.2×10^{-2}	1.55×10^{6}
1 cm^3/s (T_n, p_n)	1.01	0.76	0.101	1	4.3×10^{-3}	1.2×10^{-3}	1.55×10^{5}
1 kg/h 20 ℃空气	230	175	23	230	1	0.28	—
1 g/s 20 ℃空气	828	630	82.8	828	3.6	1	—
1 g/a 氟利昂12	6.4×10^{-6}	4.9×10^{-6}	6.4×10^{-7}	6.4×10^{-6}	—	—	1

泄漏率是评估泄漏危害的重要参数。泄漏率越大,泄漏物质扩散到周围环境的速度越快,因此,准确测量和控制泄漏率对于生产安全、环境保护和人类健康具有重要意义。

2.3　泄漏计算模型

在密封件与被密封件之间,由于各种因素的存在,必然会产生泄漏通道,而绝对零泄漏在实际应用中是不存在的。这些泄漏通道的形态各异,大部分截面的形状并不规则。当流体通过这些通道时,会遭遇到一定的流通阻力,我们称之为密封阻力。密封阻力的大小主要取决于泄漏通道的长度、截面形状与大小、表面状况、通道被挤压的状况以及被密封介质的物理化学性质等多个因素。而密封阻力又是决定泄漏情况的关键因素之一。在相同的密封阻力条件下,泄漏率还会受到系统设计工况的显著影响。因此,要对每一个密封点的泄漏率进行精确的定量分析是一项极具挑战性的任务。为了更好地研究和理解泄漏率,我们通常会基于流体力学的基本原理来设计泄漏计算模型。这些模型能够帮助我们预测和评估密封系统在特定设计工况下可能发生的泄漏情况,从而为密封设计和优化提供重要的理论依据。

根据质量守恒定律和动量守恒定律,流体在各个点的流量和动量都是守恒的,即在封闭系统中,流体的总质量不会发生变化,而流体在运动过程中具有一定的动量和动能,因此泄漏的本质实际上是流体动量和动能的转移和损失过程。在这个过程中,流体从高压或高速区域流向低压或低速区域,伴随传热、机械运动及鼓泡现象,因此也会造成流体的能量损失和流体温度变化,从而影响工艺流程和系统的正常运行。目前已建立了几种常见的泄漏模型:圆管模型、平行平板模型、平行圆板模型、三角沟槽模型、多孔介质模型、逾渗模型和分形模型等[2]。

在研究泄漏模型时,一般参考流体力学,基于流体力学的一些普遍规律以及质量、动能和能量守恒定律,我们在流场中取一六面体微分团,建立图 2-1 所示的直角坐标系[3]。

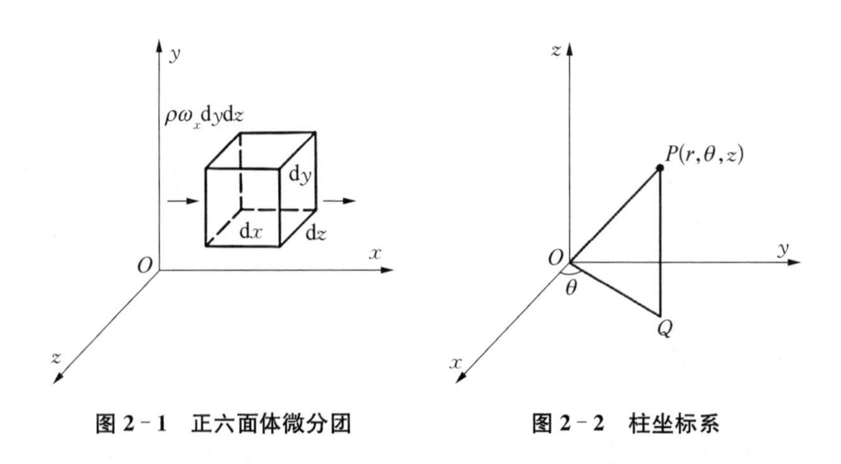

图 2-1　正六面体微分团

图 2-2　柱坐标系

为了方便计算,同时也建立对应的柱坐标系(见图 2-2)。

2.3.1　圆管模型

圆管模型[1]认为泄漏可看成黏度为 η 的介质在一直径不变的水平圆管内由一端向另一端的稳定层流流动。z 轴为圆管中心线,管道入口处的压力为

p_1、管道出口处的压力为 p_2、管道长度为 l、半径为 R(见图 2-3)。

显然在该模型中，$\omega_r=0$，$\omega_\theta=0$，其中 ω 为流速，m/s。

由柱坐标下不可压缩流体的连续性方程和纳维-斯托克斯(Navier-Stokes)方程得到：

$$\frac{\partial \omega_z}{\partial z}=0 \tag{2-1}$$

$$\frac{\partial p}{\partial r}=0 \tag{2-2}$$

$$\frac{\partial p}{\partial \theta}=0 \tag{2-3}$$

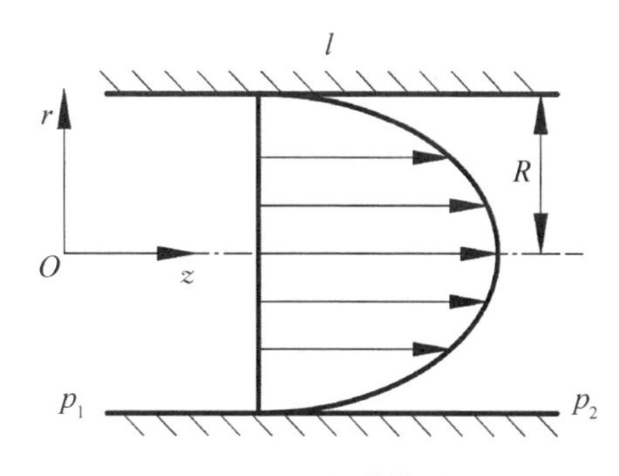

图 2-3　圆管模型

$$-\frac{1}{\rho}\frac{\partial p}{\partial z}+\frac{\eta}{\rho}\left[\frac{1}{r}\frac{\partial}{\partial r}\left(r\frac{\partial \omega_z}{\partial r}\right)\right]=0 \tag{2-4}$$

式中：ω 为流速，m/s；ρ 为介质密度，kg/m^3；η 为流体动力黏度，Pa·s。

由式(2-1)和流动的对称性可知，ω_z 仅是 r 的函数，由式(2-2)和式(2-3)可知 p 仅是 z 的函数。这就是说垂直于管子轴线各端面上速度分布是相同的，同一端面上压力分布是均匀的。式(2-4)中第一项为 z 的函数，第二项为 r 的函数，对于不同变量的全微分等式，仅当两项均为常数时，该式方能成立。对式(2-4)进行积分得到：

$$\omega_z=\frac{1}{4\eta}\frac{\mathrm{d}p}{\mathrm{d}z}r^2+C_1\ln r+C_2 \tag{2-5}$$

由边界条件 $(\omega_z)_{r\to R}=0$，$(\omega_z)_{r\to R}$ 有界，得到 $C_1=0$，$C_2=-\frac{1}{4\eta}\frac{\mathrm{d}p}{\mathrm{d}z}R^2$。

把 C_1、C_2 值代入得

$$\omega_z=-\frac{1}{4\eta}\frac{\mathrm{d}p}{\mathrm{d}z}(R^2-r^2) \tag{2-6}$$

因为 $\frac{\mathrm{d}p}{\mathrm{d}z}=-\frac{p_1-p_2}{l}$，所以得到圆管内不可压缩流体稳定层流的速度分布为

$$\omega_z = \frac{1}{4\eta} \frac{p_1 - p_2}{l}(R^2 - r^2) \tag{2-7}$$

式(2-7)说明,流体沿等直径圆管做稳定层流运动时,圆管端面上的速度是按旋转抛物面分布的。

由式(2-7)可以计算出体积泄漏率 L_V:

$$L_V = \int_0^R \omega_z 2\pi r \mathrm{d}r = \int_0^R \frac{\pi(p_1 - p_2)}{2l\eta}(R^2 - r^2) r \mathrm{d}r = \frac{\pi R^4 (p_1 - p_2)}{8l\eta} \tag{2-8}$$

2.3.2 平行平板模型

流体通过狭长缝隙的泄漏现象,可以看成介质在两块固定无限长的二维平行平板间,作为不可压缩流体进行稳定层流流动的情况[4](见图 2-4)。

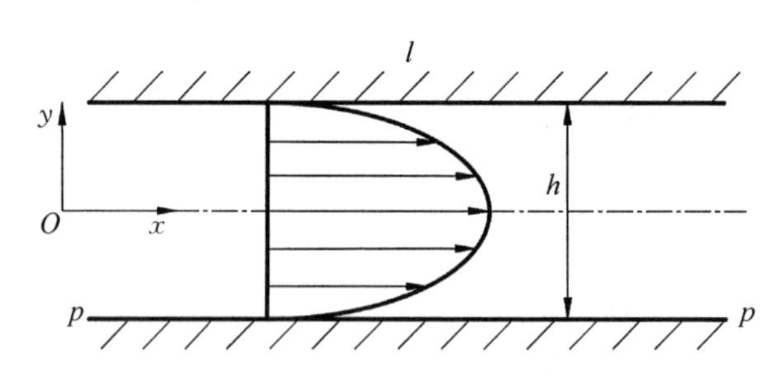

图 2-4 平行平板模型

x 轴取在两平板中间,流动沿 x 方向,故 $\omega_y = \omega_z = 0$,对于不可压缩流体的稳定平面流动,纳维-斯托克斯方程和连续性方程可简化为

$$\omega_x \frac{\partial \omega_x}{\partial x} = -\frac{1}{\rho} \frac{\partial p}{\partial x} + \frac{\eta}{\rho}\left(\frac{\partial^2 \omega_x}{\partial x^2} + \frac{\partial^2 \omega_x}{\partial y^2}\right) \tag{2-9}$$

$$0 = -\frac{1}{\rho} \frac{\partial p}{\partial y} \tag{2-10}$$

$$0 = -\frac{1}{\rho} \frac{\partial p}{\partial z} \tag{2-11}$$

$$\frac{\partial \omega_x}{\partial x} = 0 \tag{2-12}$$

式(2-10)和式(2-11)说明压力 p 仅是 x 的函数,而与 y、z 无关,式(2-12)说明 ω_x 与 x 无关,这样式(2-9)成为

$$\frac{\mathrm{d}p}{\mathrm{d}x}=\eta\frac{\mathrm{d}^2\omega_x}{\mathrm{d}y^2} \tag{2-13}$$

式(2-13)左边为 x 的函数,右边是 y 的函数,仅当等式两边都等于常数时才能成立,故有

$$\omega_x=\frac{1}{2\eta}\frac{\mathrm{d}p}{\mathrm{d}x}y^2+C_1y+C_2 \tag{2-14}$$

由边界条件:当 $y=\pm h/2$ 时,$\omega_x=0$,得到 $C_1=0$、$C_2=-\frac{1}{2\eta}\frac{\mathrm{d}p}{\mathrm{d}x}\frac{h^2}{4}$,则可得到流速分布为

$$\omega_x=-\frac{1}{2\eta}\frac{\mathrm{d}p}{\mathrm{d}x}\left(\frac{h^2}{4}-y^2\right) \tag{2-15}$$

可见 ω_x 沿平板间隙高度方向是抛物线分布的。

由于压力 p 只是沿 x 方向变化的,而平板缝隙大小沿 x 方向不变,因而 p 沿 x 方向应该是均匀下降的,于是

$$\frac{\partial p}{\partial x}=\frac{\mathrm{d}p}{\mathrm{d}x}=-\frac{p_1-p_2}{l} \tag{2-16}$$

则流速分布公式可写成

$$\omega_x=\frac{1}{2\eta}\frac{p_1-p_2}{l}\left(\frac{h^2}{4}-y^2\right) \tag{2-17}$$

通过板宽 b 的泄漏率为

$$L_V=2b\int_0^{\frac{h}{2}}\omega_x\mathrm{d}y=\frac{b(p_1-p_2)}{l\eta}\int_0^{\frac{h}{2}}\left(\frac{h^2}{4}-y^2\right)\mathrm{d}y=\frac{bh^3(p_1-p_2)}{12l\eta} \tag{2-18}$$

2.3.3 平行圆板模型

平行圆板模型[5]将流体介质通过密封点的泄漏简化为介质通过间隙的

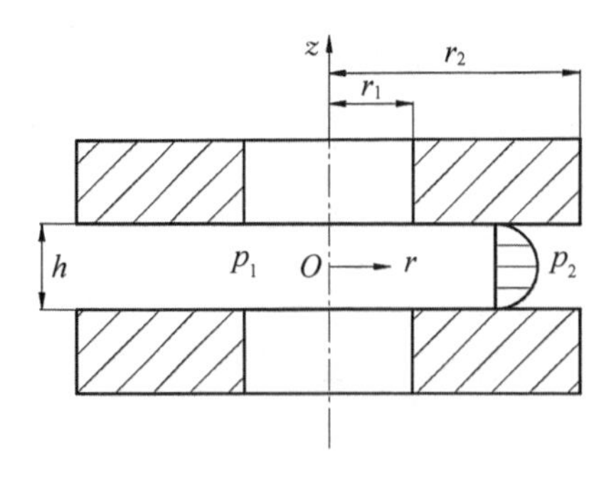

图 2-5　平行圆板模型

高度 h，压力差（p_1-p_2）由圆板内径 r_1 处流至外径 r_2 处的定常层流流动（见图 2-5）。

对于这样的轴对称问题有 $\omega_\theta=0$，$\omega_z=0$，$\dfrac{\partial}{\partial\theta}=0$，且流动为稳定的不可压缩流体层流流动，则由连续性方程和纳维-斯托克斯方程得到：

$$\frac{\omega_r}{r}+\frac{\partial\omega_r}{\partial r}=0 \tag{2-19}$$

$$\omega_r\frac{\partial\omega_r}{\partial r}=-\frac{1}{\rho}\frac{\partial p}{\partial r}+\frac{\eta}{\rho}\left[\frac{1}{r}\frac{\partial}{\partial r}\left(r\frac{\partial\omega_r}{\partial r}\right)+\frac{\partial^2\omega_r}{\partial z^2}-\frac{\omega_r}{r^2}\right] \tag{2-20}$$

$$\frac{\partial p}{\partial\theta}=0 \tag{2-21}$$

$$\frac{\partial p}{\partial z}=0 \tag{2-22}$$

由式(2-19)和式(2-20)得到

$$\omega_r\frac{\partial\omega_r}{\partial r}=-\frac{1}{\rho}\frac{\partial p}{\partial r}+\frac{\eta}{\rho}\frac{\partial^2\omega_r}{\partial z^2} \tag{2-23}$$

由于两平行圆板间的间隙高度 h 比 r_1、r_2 以及流道长度 r_2-r_1 小得多，则可认为 ω_r 沿流动方向不变，即 $\partial\omega_r/\partial r=0$。压力 p 只是沿 r 方向变化，于是有 $\partial\omega_r/\partial r=\mathrm{d}p/\mathrm{d}r$，且 ω_r 仅是坐标 z 的函数。则有

$$-\frac{1}{\rho}\frac{\mathrm{d}p}{\mathrm{d}r}+\frac{\eta}{\rho}\frac{\mathrm{d}^2\omega_r}{\mathrm{d}z^2}=0 \tag{2-24}$$

将式(2-24)积分可得到：

$$\omega_r=\frac{1}{2\eta}\frac{\mathrm{d}p}{\mathrm{d}r}z^2+C_1z+C_2 \tag{2-25}$$

由边界条件：当 $z=\pm h/2$ 时，$\omega_r=0$，得到 $C_1=0$，$C_2=-\dfrac{1}{8\eta}\dfrac{\mathrm{d}p}{\mathrm{d}r}h^2$，代入

式(2-25)可得到流速分布公式：

$$\omega_r = -\frac{1}{2\eta}\frac{\mathrm{d}p}{\mathrm{d}r}\left(z^2 - \frac{h^2}{4}\right) \tag{2-26}$$

可见流速沿间隙高度 h 呈抛物线分布。

流体流过环状间隙的泄漏率为

$$L_V = \int_{-\frac{h}{2}}^{\frac{h}{2}} \omega_r 2\pi r \mathrm{d}z \tag{2-27}$$

将流速分布公式代入式(2-27)，分离变量后积分可得到泄漏率的计算公式：

$$L_V = \frac{\pi}{6}\frac{h^3}{\eta \ln\left(\frac{r_2}{r_1}\right)}(p_1 - p_2) \tag{2-28}$$

2.3.4　三角沟槽模型

三角沟槽模型[6]认为，密封面间(如垫片与法兰面)的间隙由许多三角沟槽组成。设 h 为三角沟槽的深度，b 为三角沟槽的底宽，l 为流道的长度(通常为垫片的宽度)，ρ 为介质密度，p_1、p_2 分别为流道两端的压力，则

液体的体积泄漏为

$$L_V = \frac{bh^3 \Delta p}{C\eta l} \tag{2-29}$$

气体的体积泄漏为

$$L_V = \frac{b^3 \Delta p^2}{2C\eta p_1 l} \tag{2-30}$$

式中：$\Delta p = p_1 - p_2$，$\Delta p^2 = p_1^2 - p_2^2$，C 为常数。

2.3.5　多孔介质模型

1) 多孔介质的定义

含有若干以规则或任意的形态分散在其内部连通或不连通的孔洞或洞穴的固体称为多孔介质。多孔介质的固体部分称为固体骨架，孔洞或者洞穴部

分称为孔隙。多孔介质的一个基本特点是固体骨架的比表面积比较大，这个特点在很多方面决定着流体在多孔介质中的流动状态；多孔介质的另一主要特点是孔隙比较狭窄，且在整个多孔介质范围内分布得较好。孔隙可能是连通的，也可能是不连通的，相互连通的孔隙空间称为有效孔隙空间，就流体通过多孔介质的流动来说，不连通的孔隙可以视为固体骨架部分。[7]

2）气体通过多孔介质的流动状态

多孔介质中的孔隙空间是狭小的。流体流过微小间隙的流动主要表现为分子流和黏性流，气体通过多孔介质中流道的流动也包含分子传递和对流传递过程。对于气体介质来说，其流动特征可以用克努森数 Kn 来描述。克努森数为气体分子的平均自由程 λ 与泄漏通道的特征尺寸 r 之比，即

$$Kn=\frac{\lambda}{r} \tag{2-31}$$

当 $Kn \gg 1$ 时，气体传递过程为分子流过程；当 $Kn \ll 1$ 时，在等压条件下气体的传递通常表现为扩散，在非等压条件下气体的传递则是扩散和黏性流动的共同结果；当 $Kn \approx 1$ 时，气体传递处于过渡流区域。

3）多孔介质中气体流动的毛细管模型

假定多孔介质各向同性，气体流过多孔介质的流道由 n_m 个弯弯曲曲、半径大小不等的毛细管组成，设某一任意毛细管半径为 r_1，其长度为 l_m，流体为不可压缩，则可得到气体通过多孔介质的流率。

气体通过多孔介质的层流体积流率 L_V 可按式(2-32)计算：

$$L_V=\frac{\pi}{8\eta}\frac{(p_1-p_2)}{l_m}R_c^4 \tag{2-32}$$

式中：L_V 为气体通过多孔介质的层流体积流率，$Pa \cdot m^3/s$；R_c 为毛细管半径，m；l_m 为毛细管平均长度，m；η 为气体黏度，$Pa \cdot s$；p_1、p_2 分别为毛细管两端的压力，Pa。

则气体通过圆管的层流流率为

$$L_{pV}^{L}=\frac{\pi}{16\eta}\frac{(p_1^2-p_2^2)}{l_m}R_c^4 \tag{2-33}$$

气体通过 n_m 个毛细管的多孔介质的层流流率为

$$L_{pV}^{L} = \sum_{i=1}^{n_m} \frac{\pi r_i^4}{16\eta l_{m_i}} (p_1^2 - p_2^2) \tag{2-34}$$

因为毛细管并非都是直管,它们可能是弯弯曲曲、半径不等的,故引入弯曲度系数 c,式(2-34)可写成

$$L_{pV}^{L} = \sum_{i=1}^{n_m} \frac{\pi r_i^4}{16\eta c l_m} (p_1^2 - p_2^2) \tag{2-35}$$

式中: L_{pV}^{L} 为层流流率,$Pa \cdot m^3/s$;n_m 为毛细管个数;r_i 为任意毛细管半径,m;l_m 为毛细管平均长度,m;p_1、p_2 分别为毛细管两端的压力,Pa。

在气体通过圆管的分子流流率公式中,引进弯曲度系数 c,则可得到气体通过多孔介质的分子流流率为

$$L_{pV}^{M} = \sum_{i=1}^{n} \frac{4}{3} \frac{r_i^3}{cl} \sqrt{\frac{2\pi RT}{M}} (p_1 - p_2) \tag{2-36}$$

式中: L_{pV}^{M} 为分子流流率,$Pa \cdot m^3/s$;R 为通用气体常数,$J/(kmol \cdot K)$;T 为气体温度,K;M 为气体摩尔质量,g/mol。

气体通过多孔介质的总流率为层流流率和分子流流率之和[8],即

$$\begin{aligned} L_{pV} &= L_{pV}^{L} + L_{pV}^{M} \\ &= \sum_{i=1}^{n} \left(\frac{\pi r_i^4}{8\eta c l_m} p_m + \frac{4}{3} \frac{r_i^3}{cl} \sqrt{\frac{2\pi RT}{M}} \right) (p_1 - p_2) \end{aligned} \tag{2-37}$$

式中: p_m 为毛细管两端压力的平均值,单位为 Pa; $p_m = (p_1 + p_2)/2$。

4) 多孔介质中气体流动的 Dusty-Gas 模型

假定多孔介质由在空间均匀分布、固定不动的刚性圆球(尘粒)组成。这种刚性圆球阻碍了气体的流动,气体和刚性圆球间的相互作用构成多孔介质中气体流动的阻力。根据这一模型,多孔介质中 j 组分的传递是扩散和黏性流动的结果,因而有

$$N_j = N_j^{D} + N_j^{V} \tag{2-38}$$

式中: N_j 为多孔介质中气体的总摩尔流率;N_j^{D} 为气体扩散摩尔流率;N_j^{V} 为气体的黏性流动摩尔流率。

式(2-38)的普遍形式为

$$\frac{N_j}{D_j^e}+\sum \frac{x_k N_j - x_j N_k}{D_{jk}^e}=-\frac{p}{RT}\nabla x_j-\frac{x_j}{RT}\left(1+\frac{B_0 p}{\eta D_j^e}\right)\nabla p \quad (2-39)$$

式中：D_j^e 为有效 Kundsen 扩散系数；D_{jk}^e 为有效 Fick 扩散系数；x_j、x_k 分别为组分 j、k 的摩尔分率；B_0 为渗透系数。

2.3.6 逾渗模型

“逾渗”的概念是由 S. R. Broadbent 和 J. M. Hammersley 于 1957 年首先引入的[9]，用于描述流体在无序多孔介质中的流动。所谓逾渗，是指在一元或者多元体系中体系以外的一种介质通过一定的路径进入体系内的过程。在密封理论中可用于帮助机械密封建立泄漏模型。

首先计算出流体和边界表面的实际接触面积 A_ζ，在给定的名义载荷 F_n 下，通过接触力学理论计算出表面接触面积 A_ζ，可得出不接触点的概率 P 为

$$P(\zeta)=1-\frac{A_\zeta}{A_0} \quad (2-40)$$

假定 $P(\zeta)=P_c$ 时，密封界面刚好出现逾渗，即密封界面上出现连通两端的微通道，此时放大倍数称为临界方法倍数 ζ_c。长度尺寸 λ_c 是密封件的截线长度 l 与定义放大倍数 ζ 的比值，由此可得出逾渗通道长度 λ_c。

$$\lambda_c=\frac{l}{\zeta_c} \quad (2-41)$$

模型满足连续性方程和纳维-斯托克斯方程。连续性方程为

$$\frac{\partial \rho}{\partial t}+\nabla(\rho U)=0 \quad (2-42)$$

式中：速度 $U=(u, v, w)$，u、v、w 分别表示沿 x、y、z 方向的速度分量。

N-S方程为

$$\rho\frac{\mathrm{d}w_x}{\mathrm{d}t}=\rho x-\frac{\partial p}{\partial x}+\frac{\mu}{3}\frac{\partial}{\partial x}(\nabla w)+\mu\left(\frac{\partial^2 w_x}{\partial x^2}+\frac{\partial^2 w_x}{\partial y^2}+\frac{\partial^2 w_x}{\partial z^2}\right) \quad (2-43)$$

$$\rho\frac{\mathrm{d}w_y}{\mathrm{d}t}=\rho y-\frac{\partial p}{\partial y}+\frac{\mu}{3}\frac{\partial}{\partial y}(\nabla w)+\mu\left(\frac{\partial^2 w_y}{\partial x^2}+\frac{\partial^2 w_y}{\partial y^2}+\frac{\partial^2 w_y}{\partial z^2}\right) \quad (2-44)$$

$$\rho \frac{\mathrm{d}w_z}{\mathrm{d}t} = \rho z - \frac{\partial p}{\partial z} + \frac{\mu}{3}\frac{\partial}{\partial z}(\nabla w) + \mu\left(\frac{\partial^2 w_z}{\partial x^2} + \frac{\partial^2 w_z}{\partial y^2} + \frac{\partial^2 w_z}{\partial z^2}\right) \tag{2-45}$$

2.3.7 分形模型

分形理论是由 B. B. Mandelbrot 在 1975 年正式创立的，并由此形成了研究分形的科学理论[10]。因为粗糙表面的粗糙程度与泄漏量紧密联系，所以分形理论最终引入密封泄漏量的研究中。

基于分形理论对金属垫片的体积泄漏率的分析，我们可以得到泄漏量和粗糙度之间的具体关系，该关系的数学表达式为

$$L_{\mathrm{L}} = \frac{1}{\delta} \cdot \rho \cdot \frac{(p_1 - p_2)}{9\pi\eta b} \cdot \frac{1.528}{7R_{\mathrm{a}}^{0.0419} - 6.112} \cdot \left(\frac{2R_{\mathrm{a}}^{0.0419}}{1.528} - 1\right)^{\frac{7R_{\mathrm{a}}^{0.0419} - 4.584}{2R_{\mathrm{a}}^{0.0419}}} \cdot 10^{\frac{15.78R_{\mathrm{a}} - 24.111}{R_{\mathrm{a}}^{0.0839}}} \cdot (\lambda_{\mathrm{p}}\delta_1 N)^{\frac{7R_{\mathrm{a}}^{0.0419} - 4.584}{2R_{\mathrm{a}}^{0.0419}}} \tag{2-46}$$

式中：L_{L} 为单位时间单位长度的分形模型质量泄漏量，mg/(mm・s)；R_{a} 为粗糙度，μm；δ_1 为密封长度，mm；λ_{p} 为粗糙表面未接触的面积占名义面积的百分比；N 为垫片宽度，mm；p_1 为进口压力，MPa；p_2 为出口压力，MPa。

2.4 密封件特性

密封件作为密封系统中的重要组成部分，是保证系统正常运行和防止液体或气体泄漏的关键部件。因此，需要对密封件行为性能的相关表征物理量进行研究，包括其材料特性、机械性能和密封性能，以满足设计工况要求。

2.4.1 材料特性

密封件的材料特性包括介质相容性、化学稳定性、耐温性、抗老化性能、耐辐照性以及材料本身的物理特性，如材料的热膨胀系数、热导率、电导率、介电常数、磁导率和光散射等特性，这些特性会对其密封性能产生影响。

1) 介质相容性

介质相容性是指在设计条件下，密封材料与被密封介质之间不发生有害

的化学反应。由于不同介质具有不同的化学物质组成和属性,因此需要选择具备适当化学惰性或化学稳定性的材料。例如,聚四氟乙烯(PTFE)材料因其出色的耐化学腐蚀性而被广泛应用,俗称"塑料王"。它几乎能够耐受大多数的化学介质,除了一些含氟盐类和熔融的碱。

对于相容性的定量描述采用相容性指数(SCI)。我国标准规定相容性指数为,浸泡在一定温度下的试验液体中,经一定时间后体积变化百分率、硬度变化百分率、拉伸强度变化百分率和扯断伸长率变化百分率。在有些技术资料中也可看到其他的表示方法如抗张强度保持率、质量变化百分率等,这主要是因为对某些具体的试验对象,其技术指标的要求也有所区别。国际社会普遍采用的是体积变化百分率,如 ISO 6072、BS 4892 等规定相容性技术参数就是体积变化百分率。通过测量体积变化就可知材料的浸胀是否处于可接受范围之内[11]。

密封材料的介质相容性指数通常用体积变化指数(VCI)表示,将体积变化百分率表示到最接近的整数。如在某一标准试验中,浸泡前和浸泡(并冷却)后测量密封的内径、外径分别为 D_i、D_o。

则百分直径浸胀(线性膨胀百分率 S_D)为

$$S_D = \frac{D_o - D_i}{D_i} \times 100\% \tag{2-47}$$

百分体积浸胀率 S_V 为

$$S_V = \left[\left(\frac{D_o}{D_i}\right)^3 - 1\right] \times 100\% \tag{2-48}$$

液体体积在一定范围内的浸胀变化是允许的,关键在于这种变化是否会对密封的可靠性产生根本性影响。对于垫片密封(以 O 形圈为例)而言,在通常情况下,静密封的体积浸胀不应超过 50%,而动密封则应控制在 15%至25%之间。另外,如果涉及的液体具有挥发性,或者浸胀不是持续的,或仅有一部分与液体接触,那么密封可能会出现浸胀或收缩的现象。一旦发生收缩,密封在重新浸胀时往往无法完全恢复到原始状态,而使用过程中的任何收缩都可能导致泄漏。特别是在动密封的情况下,收缩超过 3%就可能引发泄漏问题。

目前密封材料种类很多,表 2-2 中列举了几种常见的密封材料及其与各种介质相容性情况。

表 2-2　密封材料与介质相容性

介质类别	密封材料					
	丁腈橡胶	丁基橡胶	氟橡胶	硅橡胶	聚氨酯橡胶	聚四氟乙烯
空气和氯气	SH	C	C	C	SH	C
水和中性水溶液	C	C	C	C	C	C
普通汽油	C	MS	C	MS	C	C
水基液压油	C	C	C	C	MS	C
矿物润滑油	C	MS	C	LS	SS	C

注：表中代号中，C 代表完全相容；SH 代表缓慢硬化；SS 代表轻微到中等浸胀；MS 代表明显浸胀；LS 代表有限适用。

2）化学稳定性

化学稳定性指的是材料在特定热、湿、液体和气体环境中，其分子间化学键的稳定程度。对密封材料而言，其化学稳定性是至关重要的。如果密封材料不能在被密封的介质中保持稳定，则会导致密封失效。同时，材料在长时间的使用过程中，也可能会污染介质，因此，了解材料的化学稳定性对于保证密封材料的长期使用非常重要。

化学稳定性对密封材料的影响包括如下两方面：

(1) 密封材料可能会在介质中溶解或受到化学侵蚀，导致结构和性能的退化，从而导致泄漏。

(2) 材料的化学稳定性还影响密封材料的强度和硬度、耐热性、耐油性、抗氧化性等物理性能的变化。在某些环境条件下，可能会引起变色、变形等问题。

3）耐温性

密封件在使用过程中要承受特定的温度和压力，尤其是高温和低温环境。温度是影响密封材料性能的一个重要因素。随着温度的变化，密封材料的物理性质和化学性质、机械性能会发生变化。如随着温度升高，密封材料柔软性会增加，尺寸会发生变形和膨胀，同时增加的温度还会导致材料降解、老化和硬化等化学反应的发生。同时，温度的变化还会影响到密封接合界面上的载荷状态和介质状态的变化，使得材料发生变形、流失、黏附或裂纹等，进而失去了密封功能，增加了泄漏风险。

4）抗老化性能

抗老化性能指材料在长时间的使用过程中，抵抗因为外部环境因素的影响而脆化或变质的能力。环境因素包括紫外线、氧气、湿度和温度等。当密封材料持续暴露在这些环境因素下时，它可能会失去弹性，变脆、劣化或开裂，从而失去密封性能。

影响抗老化性能的因素有很多，主要包括以下三个方面：

(1) 氧化作用是导致密封材料老化的重要原因之一。在氧化作用下，密封材料会逐渐变硬、变脆，甚至发生龟裂、断裂等现象，严重影响其密封性能。

(2) 紫外线辐射会导致材料内部结构发生变化，促使材料中的链发生断裂或交联反应，从而降低其密封性能。

(3) 高温环境也是导致密封材料老化的常见因素。在高温条件下，密封材料容易发生软化、龟裂、硬化等不利变化，这些现象都会导致密封性能的降低。

评价抗老化性能的主要指标有老化时间、物理性能、表面变化、化学性质、热稳定性等。通过测试和比较这些指标，可以确定密封材料的抗老化性能，为其合理正确应用提供必要的依据。值得注意的是，对于长期使用的密封材料，抗老化性能应该是保证其长期性能的重要保障因素之一，需要充分考虑和分析。

为了抵抗这些环境因素的影响，密封材料通常采取不同的方法来提高其抗老化性能。

(1) 添加抗氧化剂：抗氧化剂能够有效清除自由基，从而保护材料不受氧气的侵害。这种方法已经得到了广泛的应用。

(2) 增加填充物含量：填充物能够增加材料的稳定性并吸收部分外部环境因素带来的影响。

(3) 使用特殊的聚合物：某些聚合物本身就具有良好的抗氧化、耐热和耐光等特性，因此它们可用作密封材料。

(4) 控制制造过程：在制造过程中，密封材料暴露在不同的环境下，这些环境可能会影响其性能。通过控制制造过程，可以避免材料在生产过程中受到这些环境因素的影响。

5）耐辐照性

材料或设备在受到射线或粒子束等的辐照作用下，其表面和体内原子、分子间的化学键会发生断裂、重组、离子化等变化。耐辐照性能是指材料在辐射环境下，其物理、化学和机械性能仍能保持在可接受或允许范围之内的能力。密封材料应用于核反应堆、空间探测器、医疗器械等高辐射环境下，必须了解辐照对密封材料的影响，因此，需要选择合适的密封材料，采取适当的措施来评估和控制辐照产生的材料损伤，制订合理的管理方案，确保密封材料具备良好的抗辐照性能，以保证持续的密封性。

辐照对密封材料的影响机理主要包括以下两个方面：

(1) 密封材料中分子间的化学键会受到辐照的影响而发生断裂和离子化，导致材料的物理性质和化学性质发生变化，如材料强度、硬度的降低，伸长率的减少，耐油性、耐热性和抗氧化性的减弱等；

(2) 辐照也会引起材料的核变化，严重情况下甚至会引起辐照变质。

6) 热学性能

热学性能包括导热性、热膨胀系数、熔点和热稳定性等。其中导热性指的是材料传导热量的能力，热膨胀系数指的是材料在温度变化下的膨胀程度，熔点是材料从固态到液态的转化点，热稳定性则是指材料在高温环境下的稳定性能。

密封材料在受热时会发生膨胀，而密封件的环隙尺寸、形状和位置等因素都受到温度变化的影响，因此，密封材料的热膨胀系数对密封性能有很大的影响。如果材料的热膨胀系数过大，当温度变化较大时，材料会产生较大的体积变化，从而使密封件的密封性能受到破坏，因此，热膨胀系数较小的材料更适合用于高温下的密封。

密封材料导热性以热导率来衡量，对于动密封而言，热导率大的密封材料，更容易将摩擦产生的热量传导出去，再辅以一定的冷却措施，可有效延长密封件的使用寿命。

7) 电学性能

电学性能包括电导率、介电常数、介电强度等。电导率是指材料导电的能力，介电常数是指材料的电介质性能，而介电强度则是指材料耐受电场的能力。介电常数能衡量材料在电场中储存电荷的能力，密封材料的介电常数会影响密封件的绝缘效果，这是在有绝缘需求的密封结构中所必须考虑的因素之一。

综上所述，密封件材料应具有良好的介质相容性、化学稳定性和耐腐蚀性、耐温性、抗老化性能、耐辐照性以及热学性能、电学性能等相关物理特性，以确保密封效果和有效寿期。选择合适的密封件材料可以提高密封件的持续可靠性、减少维护和降低成本。

2.4.2 机械性能

密封件的机械性能涵盖了一系列物理特性，这些特性包括密度、硬度、弹性模量、抗拉强度、断裂韧性、压缩率、回弹率、蠕变松弛率、残余应力、柔软性、压缩强度、剪切强度、剥离强度以及摩擦磨损性能等。这些机械性能指标是评估密封件性能的关键要素，它们不仅能够延长密封件的使用寿命和提高使用效果，还能够确保整个系统的稳定性和安全性。因此，这些机械性能指标的优劣会直接或间接地影响密封性能的质量和可靠性，是密封件设计和选择过程中必须考虑的重要因素。

2.4.2.1 机械性能的基本概念

1）密度 ρ

密度是指物质单位体积的质量，单位为 g/cm^3，密度高的材料通常具有更好的密封性能。

2）抗拉强度 σ_b

抗拉强度是指材料在受到拉伸力作用下承受的最大拉应力值，这个值通常用于表示材料的抗拉强度，单位为 MPa。抗拉强度是材料的一个重要指标，在材料力学性能测试中经常用来评估材料的质量以及所能承受的负载强度和使用寿命。

3）非线性弹性极限 $R_{p0.2}$

材料在受力过程中，当受到一定程度的拉伸或压缩后，开始表现出非线性变形的临界点，称为非线性弹性极限 $R_{p0.2}$，单位为 MPa 或 N/mm^2。在经过弹性变形后，材料所受到的应力在这个点之后不再遵循胡克定律，而是开始出现一些非线性变化。非线性弹性极限通常用于描述材料的耐久性能和可靠性，因为当材料受到的应力超过该值时，会发生永久性变形，直接影响材料的使用寿命。

4）延伸率 δ_A

延伸率指材料在抗拉强度之前能够发生的最大变形程度，具体为材料在受到拉伸力作用下，试件断裂前的长度增加程度与原始长度之比，通常以百分数形式表示。即

$$\delta_A = \frac{\Delta L}{L_0} \times 100\% \tag{2-49}$$

式中：ΔL 为断裂前材料试件的变形长度，mm；L_0 为试件的原始长度，mm。

延伸率是材料的一个重要力学性能指标，通常用于表征材料的塑性变形能力。在材料力学测试中，延伸率通常和抗拉强度一起用于评估材料的质量和可靠性。延伸率越高，表示试件在拉伸力作用下可以承受更大的变形，材料会更有韧性，更容易加工成型。同时，高延伸率的材料还常常具有良好的抗裂性和韧性，在一些需要抵御冲击或振动的工程中有着广泛的应用。

5）硬度

材料硬度是指材料抵抗表面或者磨损、刻蚀、压痕等形式的几何形变的能力。硬度可以反映材料内部原子、分子等粒子之间的相互作用力和材料的强度、韧性等一系列物理机械性质。常见的金属材料硬度测试方法包括布氏硬度（HB）试验、洛氏硬度（HR）试验、维氏硬度（HV）试验等，高分子材料硬度测试方法主要是邵氏硬度（HS）试验。

材料的硬度是与材料的应力-应变关系有关的一个参数，通常硬度越高，材料的抗划痕、耐磨、耐蚀、耐疲劳等性能也越好，但同时也意味着材料的加工难度大，加工成本高。材料硬度可以反映材料的诸多性质，因此硬度测定在材料评价和品质控制中具有重要意义。

6）韧性 J_t

韧性是指材料在外载荷作用下，能够吸收塑性变形能量的能力，可以理解为单位体积材料在破裂前所吸收的能量，单位为 J/m^3。韧性综合反映了材料抗外力破坏的能力，是材料强度与延展性能的综合表现。韧性高低与物理结构、化学成分、加工工艺等因素密切相关。因此，理论计算韧性是很困难的，需要用各种试验方法进行测试。

材料的韧性是材料中分子间结合强度的体现，是衡量材料的重要性能之一。材料的韧性高，通常意味着材料可以在承受大变形的情况下，不会很容易地破裂或断裂。韧性高的材料可以用于制造需要承受高应力变形或不稳定载荷的产品和设备。

需要注意的是，材料的韧性与抗拉强度和延伸率等性能指标不同，它通常不能从单个试件的测试结果中直接计算出来。韧性的测试需要用到有效率的试件设计和测试方法，同时还需要考虑材料的应力应变曲线，用面积法、能量法等方法得出韧性值。

材料的韧性描述了材料在受到外力作用下抗拉应力达到极限点时，未发生断裂之前能吸收的应变能。韧性是一个比强度更全面的性能指标，因为它不仅考虑了材料的强度，还考虑了其变形能力。

在材料选择和设计中，韧性是一个重要的性能指标，对材料的耐久性和安全性有重要影响。韧性高的材料在受到冲击、振动、疲劳等外力作用时，具有更好的抵抗能力和更长的寿命，因此在一些高强度、高可靠性的工程领域中得到广泛应用。

7）冲击韧性 A_k

冲击韧性是指材料在高速冲击载荷作用下，能够吸收塑性变形的能力，单位为J。通常，冲击载荷是在极短时间内对材料加载的高载荷，因而测试材料的冲击韧性需要使用冲击试验机。在冲击试验中，材料试件常常受到由钳子夹紧并通过锤击施加的载荷，一般由锤击产生的弹性能在一定时间内将材料载荷提高到峰值。

材料的冲击韧性是材料能够抗击破裂和断裂的能力，但与材料的抗拉强度、延伸率等力学性能指标不同。因此，材料的冲击韧性不能通过单个试件的抗拉、延伸等单一力学性质来刻画。材料的冲击韧性与其他材料性能指标如材料的抗拉强度、延伸率、断裂韧度等都有相关性。例如，具有较高抗拉强度和韧性的材料，其冲击韧性也往往相对较高。

材料的冲击韧性是材料设计和应用过程中的一个重要指标，对于需要承受冲击载荷的结构和装置而言尤为重要，如汽车、铁路、航空航天等领域的构件、建筑材料和防护材料等。通过测试材料的冲击韧性，可以评估材料在实际使用环境中的应用可靠性和安全性，为材料的选择和设计提供依据。

8）压缩强度 σ_c

压缩强度是指材料在垂直于其横截面方向的压缩载荷作用下所能承受的最大应力，单位为 MPa 或 N/mm^2，通常用于描述材料在受到压缩载荷时的强度性能。在实际应用中，材料的压缩强度并不是一个固定的数值，它可以受到多种因素的影响，如材料的形状、尺寸、制备工艺、载荷形式等。因此，在设计中需要考虑这些影响因素，选择适当的材料和设计方法来提高和保证材料的压缩强度。

9）剪切强度 τ

剪切强度是指在材料内部沿剪切面上所能承受的最大切应力或剪应力值，单位为 MPa，它是评价材料抵抗剪切破坏能力的重要指标，通常用于描述材料的变形和断裂性能。

剪切强度可以通过材料的剪切试验来测试，即在试样上施加垂直于轴向的剪切力，记录试样的应变和应力等数据，并通过分析应力应变曲线来计算剪切强度。

需要注意的是，材料的剪切强度常常与其拉伸强度、压缩强度等力学性能指标相对应，不同材料的剪切强度可能存在很大差异，因此在选择和设计材料时需要考虑其剪切强度以及其他破坏性能。

10）弯曲强度 σ_{fo}

弯曲强度是指材料在弯曲加载下抵抗破坏的能力，也可以理解为材料具有一定的抗弯能力，它是衡量材料弯曲性能的重要指标之一，单位为 MPa。其定义为在试验样品上施加力矩，在试验样品的断裂破坏点处所承受的最大应力。弯曲强度是材料的重要机械性能指标之一，主要用于评估材料的韧性能力和可靠性，在材料选择和工程设计方面具有重要的意义。

弯曲强度随着试验条件的变化而变化，如试验中的应力状态、几何形状、材料缺陷等因素都会对弯曲强度产生影响。因此，在进行弯曲强度试验时，要严格控制试验条件，确保测试结果的准确性和可靠性。同时，还可以通过一些材料加工和热处理等方式改善材料的弯曲强度，以满足实际应用的需要。

11）疲劳强度 σ_{f}

疲劳强度是指材料在经历循环加载后的抵抗疲劳破坏的能力，即材料在长时间重复的加载作用下保持完好的能力。具体来说，疲劳强度是指材料在循环负荷下承受的最大应力，也就是材料在经历了很多循环试验后，直至疲劳破坏时所承受的最大应力。由于材料在循环加载中的疲劳损伤是随时间累积的，因此疲劳强度也可以理解为材料的疲劳极限强度，单位为 MPa。

12）疲劳寿命 N_{f}

疲劳寿命是指材料在经历重复循环加载后能够承受的循环应力次数，也就是材料在重复循环负载下经历若干次循环后损坏的次数。疲劳寿命是材料的疲劳特性之一，也是评估材料抵抗疲劳破坏的能力的重要指标。标准单位是循环次数，可以表示为“N_{cycles}”或仅用“N”表示。

需要注意的是，材料的疲劳寿命并不是一个固定的数值，它受到多种因素的影响，如材料本身的性质、循环负载大小、循环频率、温度、湿度、气氛条件等。因此，在不同的环境下，同一材料的疲劳寿命会有不同的数值表现。

为了比较和评估不同材料的疲劳寿命，通常会采用一些标准试验方法和标准化实验规程，例如 ASTM E606、ISO 1143 等。这些标准试验方法和规程也规定了疲劳寿命的测量方法和单位。

13）蠕变率 ε_r

材料的蠕变是指在一定温度和应力下，材料随时间的推移而发生的持续性塑性形变，通常发生在高温、高压环境下。

在材料工程中，蠕变通常使用符号 ε_c 表示，是一种沿着最大主应力方向的应变。蠕变率通常使用符号 ε_r 表示，是单位时间内的应变速率。蠕变的应变单位无量纲，通常用百分比（%）或“mm/mm”等表示。

蠕变现象的严重程度可以通过计算材料的蠕变速率和时间来描述。蠕变速率的单位通常为%/h 或 mm/(mm・h)等，表示每小时或每单位时间内材料发生的蠕变量占初始尺寸的百分比。

需要注意的是，蠕变是一种持续性的现象，只有长时间的应力作用才会引起塑性变形。因此，在研究蠕变时，需要长时间的试验和观察，并且应考虑材料的温度和应力等因素对蠕变行为的影响。

14）材料残余应力 σ_r

材料残余应力是指材料在成型过程中产生的内部应力。残余应力高的材料通常容易出现变形或损坏。

2.4.2.2　密封件的机械性能

1）载荷-变形行为

以垫片为例，垫片的载荷-变形关系通常是通过作用在垫片上的垫片应力 σ_g 与该应力下垫片的变形 δ_g 来表示的（见图 2-6）。观察图示应力和变形曲线的形状，σ_g 与 δ_g 有如下的关系。

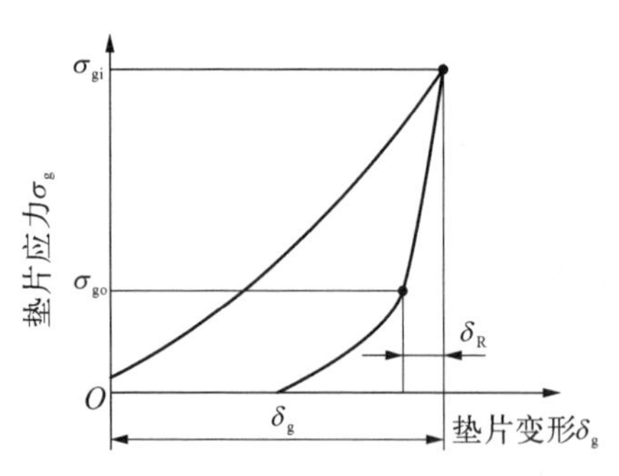

图 2-6　垫片应力 σ_g 与变形 δ_g 的关系

垫片通常不完全是弹性的，σ_g 与 δ_g 之间没有单一的弹性响应关系，而呈现非线性，在图形上表现出滞回曲线的特征，即存在残余变形。有时这种残余变形经过一段时间将会消失。因此，某些垫片在装配载荷和操作载荷下的压缩特性不尽相同。

不同材质和类型垫片的 σ_g 与 δ_g 具有不同的对应关系，如柔性石墨、PTFE 与金属缠绕垫片等在同一垫片应力下的形变是不相同的。σ_g 与 δ_g 的关系受温度影响，从应力-变形曲线可得到垫片的某些重要力学性能。

2）压缩回弹性

密封件的压缩回弹性指的是密封件在经历一定压缩变形后，释放压缩载荷之后能够恢复到原始形状或者接近原始形状的能力。它是评估密封件性能的重要参考之一，因为很多密封应用都需要材料在经过一定压缩后，仍能够保持密封性，而压缩回弹性正是决定这一性能的关键。这种能力可以量化地表征为密封材料的压缩回弹率。

压缩回弹率指的是密封件在被压缩至一定厚度、施加恒定载荷一段时间，释放载荷后所回弹的程度，通常用百分比来表示。

在压缩回弹测试中，通常使用压缩机和压缩模具对密封件进行压缩变形，记录材料在施加外力后的变形程度，最后卸载压缩机以后，测量材料在放松压力后的回弹程度。通过计算材料的压缩回弹率来表征材料的压缩回弹性能。

需要注意的是，密封材料的压缩回弹率通常受到多种因素的影响，如材料的成分、密度、孔隙度、压缩速率等。在实际应用中，需要根据具体的应用环境来选择合适的密封材料，并测试其相应的压缩回弹性能以确保其满足要求。

压缩变形测试是评估密封件压缩回弹率的最常见方法。在测试中，将密封件置于一个固定的模具中，并施加一定的压缩载荷。测试后，通过测量密封件厚度的变化及恢复的厚度变化，可以计算出密封件的压缩率和回弹率。

回弹测试是一种快速、定量分析密封件回弹性能的方法。在测试中，将密封件在固定模具中压缩一定程度并保持一定时间后，释放压力并记录反弹高度。通过比较释放前后的高度差，可以计算出密封件的压缩率和回弹率。

根据GB/T 12622—2008[12]，压缩率 C 和回弹率 e 分别按式(2-50)和式(2-51)计算：

$$C=(t_0-t_c)/t_0\times 100\% \tag{2-50}$$

$$e=(t_r-t_c)/(t_0-t_c)\times 100\% \tag{2-51}$$

式中：C 为压缩率，%；e 为回弹率，%；t_0 为在初载荷下的试样厚度，mm；t_c 为在总载荷下的试样厚度，mm；t_r 为试样的回弹厚度，mm。

3）蠕变松弛行为

密封件在使用过程中，除了需要具备压缩回弹性之外，还需要具备抗蠕变松弛能力。蠕变是指材料在恒定应力作用下会发生时间依赖性变形，造成材料体积塑性损失和形状改变的现象。因此，密封件的蠕变松弛行为也是密封性能的一个关键指标。

蠕变松弛行为可以用蠕变实验来测得。通常,蠕变实验是通过对密封材料施加一定的压力或应力,保持恒定的温度和湿度条件下,记录材料的变形随时间的演化。在实验中,蠕变量通常用材料的蠕变应变表示,蠕变应变为无量纲单位,通常表示为百分比。

在实际应用中,需要考虑材料的压缩回弹性、蠕变和松弛三者的综合特性,选用合适的密封材料,并测试其相应的性能参数以确保其符合设计和应用要求。

密封件在长期使用中,可能会受到持续的载荷而发生蠕变,直接影响其密封性能。蠕变松弛率是指在一定温度和应力下密封件长期受力后产生的变形率,对于需要在高温和高压等恶劣环境下使用的密封件,了解其蠕变松弛率是非常重要的。测试方法包括恒载荷蠕变试验和循环载荷蠕变试验等。

蠕变测试是一种常见的表征蠕变松弛率的方法。在测试中,将密封件放在一定温度和应力下压缩,记录时间,然后通过计算松弛应变值来评估它的蠕变松弛性能。

根据 GB/T 20671.5—2020[13]试验方法 B,以非金属垫片材料为例。蠕变松弛率 C_r 可由式(2-52)计算出。

$$C_r = \frac{D_0 - D_f}{D_0} \times 100\% \tag{2-52}$$

式中:C_r 为密封件蠕变松弛率,%;D_0 为施加预定压力后千分表的读数,mm;D_f 为松开螺母后千分表的读数,mm。

4) 应力松弛行为

密封材料的松弛性也是重要的性能指标。松弛是指材料在经历一定应变后,保持变形不变,应力却会随时间逐渐降低的现象。密封件的松弛行为直接影响其密封性能长期稳定性。应力松弛率是指受力后材料长时间内撤离负载或减少载荷后发生的松弛。应力松弛率的测试方法通常采用恒应力或恒形变间歇加荷试验等方法[14]。

以螺栓法兰垫片为例,设试验中温度为 T,垫片的应力由式(2-53)计算:

$$\sigma_g = \frac{W}{A_g} = \frac{W_1 + W_2 + \cdots + W_i}{A_g} \tag{2-53}$$

式中:σ_g 为垫片应力,MPa;W_i 为单根螺栓载荷,kN;W 为全部螺栓总载荷,kN;A_g 为垫片密封接触面积,mm^2。

螺栓和法兰的应力松弛率 D_L、垫片的应力松弛率 D_G、总的应力松弛率 D_Z 按式(2-54)计算。

$$D_Z = D_L + D_G = \frac{S_K - S_G}{S_K} \times 100\% \tag{2-54}$$

式中：D_L 为蠕变后螺栓和法兰总的应力松弛率，%；D_G 为蠕变后垫片总的应力松弛率，%；D_Z 为蠕变后法兰接头总的应力松弛率，%；S_K 为常态下垫片的初始应力，MPa；S_G 为蠕变后垫片的残余应力，MPa。

5）抗吹出性能

抗吹出性能是指密封件在介质压力的作用下能够保持固定位置并避免松动的能力。在一般情况下，介质压力会对密封件施加向外的推力，这会使得密封件与零件脱离，从而造成泄漏和失效。

密封件的抗吹出性能受到许多因素的影响，包括密封材料的强度、密封件的形状、加工工艺、接触面积、表面处理等。垫片发生向外吹出，主要是由垫片与法兰密封面间的摩擦力抵抗不住密封介质的径向压力所致。因此，能否避免垫片吹出，取决于垫片应力、垫片与法兰密封面间的摩擦系数和介质压力。垫片应力越低，摩擦系数越小，则阻止垫片吹出的阻力越小，介质压力越高，发生吹出的危险性越大。从图 2-7 中，可导出如下的约束关系：

$$2\mu\sigma_{go}\pi(D_i + b)b > p\pi D_i t_c \tag{2-55}$$

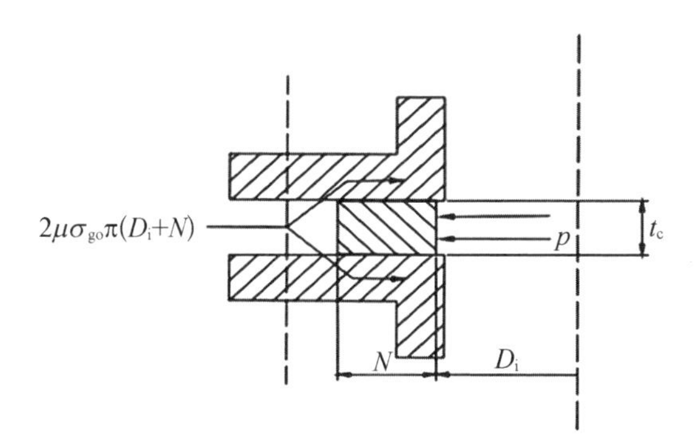

图 2-7　垫片的抗吹出力

若 D_i 比 N 大得多，且 $\mu = 0.1$，则有

$$\sigma_{go} > p\left(\frac{t_c}{0.2N}\right) \tag{2-56}$$

式中：D_i 为垫片内径，mm；N 为垫片宽度，mm；t_c 为垫片压缩后厚度，mm；σ_{go} 为垫片工作应力，MPa；p 为介质压力，MPa；μ 为垫片与法兰密封面间的摩擦系数，$\mu=0.05\sim0.50$。

同样，通过标准的试验方法可以评定垫片的吹出抗力，常用的提高密封件抗吹出性能的方法包括以下几种。

(1) 选择适合的密封材料：抗吹出性能取决于密封材料的强度和弹性模量等属性。一般而言，材料的强度越高，密封件的抗吹出性能就越好。

(2) 优化密封件设计：合理和优化的密封件设计可以提高其密封效果和抗吹出性能。通过增加密封凸台和凸台角度等方法，可以增加接触面积，改变形状以增强密封件的抗吹出性能。

(3) 表面处理：适当的表面粗糙度，可以在保证密封性能的同时，提高密封件和被密封部件接合面的摩擦系数，增加径向摩擦力，从而提高抗吹出能力。

(4) 增加接触面积：密封件接触面积越大，与零件的接触越紧密，就越难被吹出。因此，增加密封件的接触面积也可以改善其抗吹出性能。

综上所述，密封件的抗吹出性能是确保其密封性能稳定和可靠的重要指标之一。通过选择合适的密封材料、优化设计、表面处理和增加接触面积等方法，可以提高密封件的抗吹出性能，降低泄漏和失效的风险。

6) 柔软性

柔软性是指材料在受到应力或变形作用时，能够弯曲、扭曲或产生形变，具有形变容易、变形性大的特性。在材料科学和工程领域中，柔软性通常用于描述一些具有可塑性和延展性，同时又能够保持一定稳定性的材料。柔软性常用下面两个参数表征。

ξ：代表材料的柔性，通常与材料的弹性模量、压缩模量等相关。

K_r：代表材料的弹性常数，表示材料承受应力时的变形程度。柔软性与材料的弹性成反比关系，即柔软性越高，弹性常数越低。

在密封件应用中，高柔软性的材料可以很好地填充不规则或不平滑的表面，保证密封功能的稳定和可靠性，高柔软性材料的使用可以实现更加灵活和多样化的设计。

7) 棘轮效应

棘轮效应是指材料在受到交变应力作用时，密封件所受载荷和变形之间的特殊关系。在保持循环载荷恒定的条件下，密封件每次循环所对应的变形量会增大，也称“水平棘轮”[见图 2－8(a)]；或者在循环过程中，保持变形量恒定，其载荷将逐步减小，也称“垂直棘轮”[见图 2－8(b)]。在工程实践中，在循环载荷或交变应力的作用下，这两种作用是同时存在的，是一种综合效应[见图 2－8(c)]。在持续的交变载荷下，材料的疲劳寿命受到影响，最终会导致材料的断裂或失去密封比压，使得密封失效。

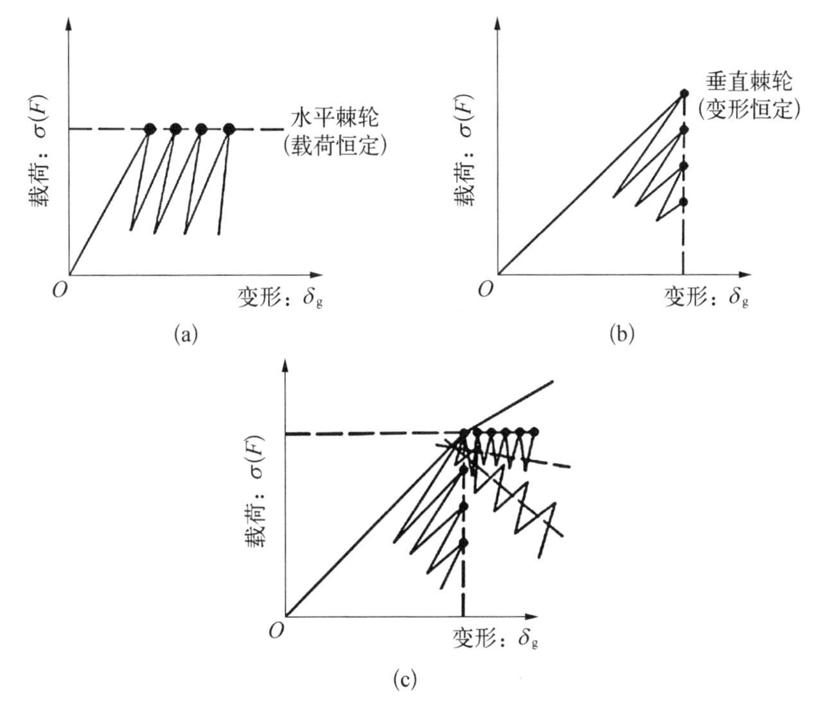

图 2－8　垫片应力棘轮和变形棘轮效应

(a) 水平棘轮；(b) 垂直棘轮；(c) 综合棘轮

棘轮效应主要来源于材料微观结构中的一些缺陷和失稳性，这些因素会在应力作用下导致微观位移和塑性变形，进而对整体材料的强度和寿命产生影响。

棘轮因子是用来描述棘轮效应程度的一个参数，通常表示为 K_f，它是材料在交变应力下的疲劳强度与在静态应力下的破坏强度之比。一般棘轮因子越小，材料受交变应力的影响越大，并且越容易出现疲劳断裂现象。针对密封件，棘轮因子可以采用交变载荷下的残余厚度和恒定载荷下的残余厚度之比。

要提高材料的棘轮功效，需要从材料的制备和处理方面入手，采取一系列改善材料韧性、强化晶界、控制材料缺陷等措施，提高材料的疲劳寿命和抗疲劳能力。同时，在实际的工程设计中，需要对材料的棘轮因子进行准确的评估和考虑，以保证机械设备和结构的使用寿命和安全可靠性。

随着计算机技术的发展，数值模拟方法已逐渐应用于密封件棘轮因子的表征。数值模拟方法可以使用计算机建模和缩短测试周期，通过模拟分析材料的本构关系以及几何形状等因素，预测密封件的棘轮因子。

2.4.3 密封性能

密封性能是指在外界环境下，某种材料、组件或系统能够有效地隔绝介质或物质的流动或泄漏的能力。在工程应用中，密封性能通常用来评估某种产品或材料的质量和可靠性。良好的密封性能能够防止介质泄漏或外界物质进入系统中，防止其对系统造成损害，尤其在涉及对流体或气体介质的管道、容器、阀门、密封垫等构件中，密封性能显得尤为重要。

密封装置或系统应具备以下几大核心性能：

首先，它应能抵抗高温、低温、腐蚀、磨损以及辐照等恶劣环境因素的侵蚀，确保在各种极端条件下仍能稳定工作。

其次，密封装置还需具备良好的韧性和弹性，即使面对温度和压力的变化，也能长时间保持稳定的弹性变形，从而持续提供可靠的密封性能。

此外，良好的接触性能也至关重要，密封装置需能与连接部件精准配合，确保接触面无缝对接，避免泄漏。

在实际应用中，密封装置还需易于加工和安装，以满足不同形状和尺寸的需求，同时便于日常维护和保养。

最后，密封装置的使用寿命也是评价其性能的重要指标，优秀的密封装置应能够长期保持密封状态，减少更换频率，降低维护成本。

在评价密封性能时，我们通常采用紧密度这一指标来衡量，它是指在特定试验条件下的泄漏率。而密封度则是更为具体的紧密度指标，用于对密封效果进行分级。

1）密封分级

密封分级是指根据某个标准规定的试验方法，将密封结构的密封性能分为不同的等级。常用的标准包括 ASTM、ISO 和 EN 等。

例如，根据 ASTM 标准，常用的密封分级为以下几类：

等级 1：气密性测试，气压差不超过 1 atm，泄漏率小于 1×10^{-7} mL/s。

等级 2：气密性测试，气压差不超过 1 atm，泄漏率小于 1×10^{-6} mL/s。

等级 3：气密性测试，气压差不超过 1 atm，泄漏率小于 1×10^{-5} mL/s。

等级 4：气密性测试，气压差不超过 1 atm，泄漏率小于 1×10^{-4} mL/s。

等级 5：气密性测试，气压差不超过 1 atm，泄漏率小于 1×10^{-3} mL/s。

除了以上的密封分级，还有一些其他的分级标准如下，根据具体应用的需求选择适合的标准进行测试和表征：

(1) 渗漏率：指单位时间内从外部进入密封体内的物质量，通常用质量与时间的比(g/s)表示。渗漏率的测试方法包括静态压力测试和动态压力测试等。

(2) 压缩变形：指密封材料在施加一定压力下的压缩变形程度。这个指标通常用于评估密封材料在高压环境下的性能。

(3) 耐老化性：指密封材料在长期暴露于高温、高湿等环境下的性能变化程度。这个指标通常用于评估密封材料在使用寿命方面的性能表现。

总的来说，密封性能的定义和表征方式有很多种，具体的指标和测试方法需要根据具体应用领域和要求进行选择。

总之，密封件的机械性能和密封性能是构成密封系统不可或缺的部分，其性能指标均需达标，否则将会带来安全隐患。在实际应用中，我们需要根据具体的工作条件和需求，选择不同材料、结构的密封件和连接方式的密封件，以确保达到最佳的密封效果。

2) 密封度

密封度是指密封件能够阻止介质泄漏的能力[15]。常用的测试方法包括泄漏试验、振动测试、X 射线检测或者超声波检测等。

由于垫片系数 y 和 m 已经设计沿用了 60 多年，为了进一步优化设计，美国 ASME 锅炉和压力容器委员会压力容器研究委员会(PVRC)在 20 世纪 70 年代和 80 年代进行了大约十年的广泛垫片试验研究工作，并在积累了大量数据的基础上制定了新的垫片系数和法兰连接设计方法(PVRC 方法)[16-17]。密封度主要使用紧密性参数 T_p 来表示。PVRC 曾对常用的垫片进行了多种试验条件下和不同试验介质的试验研究，获得了大量试验数据，并通过紧密性参数(T_p)与垫片应力(σ_g)关联起来。这里以无因次参数方程(2-57)表示紧密性参数：

$$T_p = \left(\frac{p}{p_n}\right)\left(\frac{L_{RM}^*}{L_{RM}}\right)^{\frac{1}{2}} \tag{2-57}$$

式中：T_p 为紧密性参数，无量纲；p 为介质压力，MPa；p_n 为标准大气压，1.01325×10^5 Pa；L_{RM} 为质量泄漏率，mg/s；L_{RM}^* 为参考质量泄漏率，例如，对于 150 mm 外径垫片，$L_{RM}^*=1$ mg/s。

T_p 按其定义，是指引起外径为 150 mm 垫片泄漏 1 mg/s 的氦气所需要的介质压力（单位为 MPa），这等同于通过一名义管径为 100 mm 的法兰的垫片外周边泄漏 1 mg/s 的氦气的压力（单位为 MPa）。因此，紧密性参数为 100 时，意味着密封 10 MPa 压力的介质，将从 150 mm 外径的垫片泄漏出约 1 mg/s 的介质。因此若紧密性参数提高 10 倍，泄漏将减少到原先的 1%。

如图 2-9 所示，在双对数直角坐标轴上标绘出垫片应力（σ_g）和紧密性参数（T_p）的关系。图中曲线综合了不同试验介质压力、种类、垫片应力和泄漏率等数据之间的关系。对于选定的垫片应力 σ_g，T_p 是一常数，也即 $p/(L_{RM})^{\frac{1}{2}}$ 是恒定值。因此当 T_p 表示为 σ_g 的函数时，垫片的密封性能也就完全确定了。

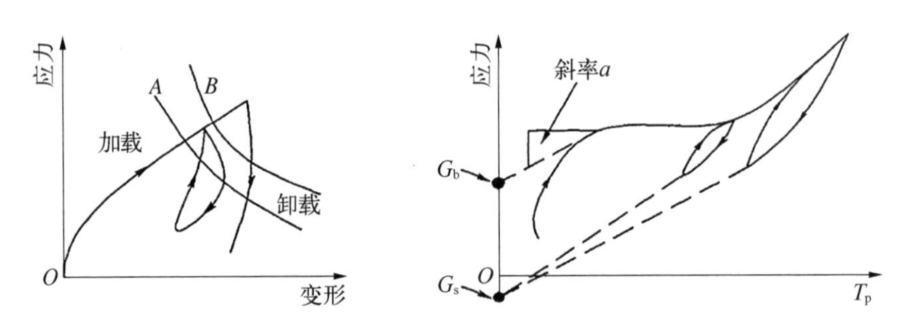

图 2-9　紧密性曲线

3）允许密封度

如前所述，没有完全不泄漏的接头，只能将泄漏率限制在一定水平，即允许密封度。由此，PVRC 以允许质量泄漏率定义允许密封度，并划分成经济、标准、紧密、严密、极密 5 个等级（见表 2-3）。“标准”密封度指单位垫片直径（150 mm 外径）的质量泄漏率（L_{RM}）为 2×10^{-3} mg/(s·mm)，相当于名义管径为 10 in（约合 254 mm）的法兰接头泄漏约 40 L/d 的氮气。

表 2-3　法兰设计的密封度等级

密封度等级	单位垫片直径的质量泄漏率 L_{RM}/[mg/(s·mm)]	设计常数 C
T1(经济)	2×10^{-1}	0.1
T2(标准)	2×10^{-3}	1
T3(紧密)	2×10^{-5}	10
T4(严密)	2×10^{-7}	100
T5(极密)	2×10^{-9}	1 000

2.5　密封比压

密封比压是指密封件在压缩或挤压过程中，产生的用于维持密封件与接合面之间的接触压力，即施加在密封件上单位面积的载荷，直接关系到密封阻力的大小和密封的可靠性。

以强制式螺栓法兰垫片这样的密封装置为例，密封比压的大小与多种因素密切相关。这些因素包括连接部件的强度和刚度、密封件自身的抗压能力、密封件的结构应力，以及密封系统的工作条件，如介质压力、介质温度等。此外，由于压力和温度的交变引起的轴向变形不协调也会对密封比压产生影响。

2.5.1　螺栓载荷

对于强制式密封，螺栓载荷是密封比压的主要来源。螺栓载荷主要是通过预紧力的作用产生的。预紧力是通过对螺栓施加足够的拉伸力，使其在负载作用下保持紧固状态的力。通常使用扭矩扳手或压力机等工具，将螺母旋紧到预定的扭矩或预定的载荷水平，通过旋紧螺母，施加足够的拉伸力来产生预紧力。

预紧力的大小通常是由设计计算确定的，并确保螺栓预紧力正确，以提供足够的密封载荷。如果螺栓预紧力太小，垫片可能不会有足够的压缩程度，因此密封效果不佳；如果螺栓预紧力过大，则可能导致垫片压缩过度，从而加剧泄漏。

需要注意的是，螺栓的载荷可能会受到外界环境和使用条件等因素的影响，如温度变化、振动、材料疲劳等。因此，在实际使用中，需要对螺栓的载荷开展定期检查和调整，保证其始终处于安全、可靠的状态。

螺栓载荷 F 的计算式如下：

$$F = E\varepsilon \tag{2-58}$$

式中：E 为螺栓材料弹性模量，GPa；ε 为螺栓应变。

在实际工程应用中，通过计算得到需要施加的螺栓载荷，利用扭矩或拉升螺栓实现。

2.5.2 垫片应力

作用在垫片上的载荷对于保证密封结构的密封性至关重要。初始螺栓载荷作用于垫片时，只有一部分应力用于控制泄漏，其余部分则用来抵抗流体静压力所产生的端部推力。特别是在高压环境下，初始螺栓载荷的大部分都会用来抵消这种推力。然而，当装置尚未进行试压或投入运行时，流体静压产生的端部推力会完全作用在垫片上，此时垫片需要承受极高的螺栓载荷。如果这一载荷产生的压力超出了垫片的抗压强度，垫片将会被压溃。因此，在设计密封结构时，必须充分考虑这一因素。另外，如果施加的载荷过小，不仅无法实现有效密封，还可能导致垫片被吹出的现象发生。

设计垫片时需要考虑几个垫片应力的概念，选择最佳垫片应力，决定垫片在该应力下泄漏率是否满足要求。

1）最小装配垫片应力 $\sigma_{g\min}$

当密封流体的压力为零时，加载在垫片上的载荷作用使材料发生一定的弹塑性变形，可降低密封接合面上的泄漏通道尺寸，此时垫片应力为常温下最小垫片应力，在设计规范中以密封初始比压 y 表示，其数值可在相关标准中查阅。如邵氏硬度大于 75 时的橡胶垫，$y=1.4$ MPa，非金属板状垫片 $y=11.0\sim44.8$ MPa，软金属垫片 $y=60.7\sim179.3$ MPa，实心金属垫片 $y=124.1\sim179.3$ MPa，金属石墨缠绕垫 $y=69.0$ MPa 等。虽然在设计规范中采用 y 值，但 y 是一个经验值。实际上，我们通常会定义一个较低的下限垫片应力值 $\sigma_{g\min}$，即在此垫片应力以上，垫片载荷-压缩曲线呈现线性关系，如图 2-10 中非阴影区所示，且其后垫片的压缩变形随载荷迅速增加。$\sigma_{g\min}$ 或许大于 y 值。

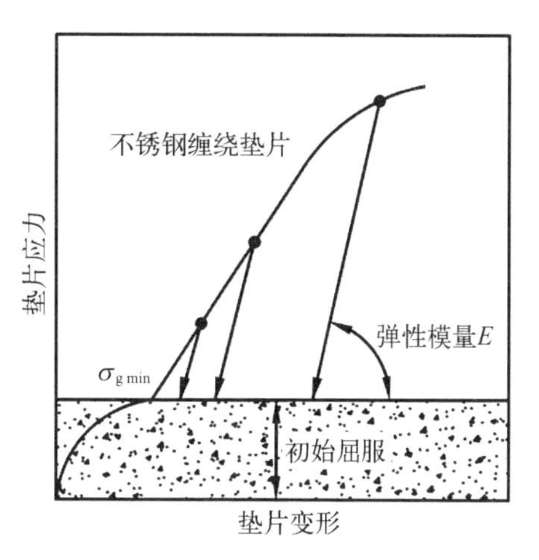

图 2-10　最小装配垫片应力

虽然 $\sigma_{g\,min}$ 是控制接头泄漏的下临界值，即使在以后的操作状态下接头泄漏发生了下降，甚至比 $\sigma_{g\,min}$ 低，垫片仍可满足接头密封的要求。实际上，垫片受到的压缩载荷是预紧螺栓时的螺栓载荷。研究表明，增加装配垫片应力能减少操作时达到额定泄漏率所需的垫片应力（σ_{gp}），因此装配垫片应力是决定垫片在其后的工作性能，即控制密封有效性的最重要条件是装配垫片应力一定要超过 $\sigma_{g\,min}$。

2）最大装配垫片应力 $\sigma_{g\,max}$

为了保证密封装置结构的完整性，避免过度压缩导致垫片机械性破坏，我们需要考虑垫片最大装配应力。垫片材料在高温条件下，其机械强度会受到较大影响，因此需要考虑温度影响因素；某些垫片在高应力条件下，泄漏对应力变化十分敏感，因此需要考虑室温和流体压力尚未作用时可能发生的最大装配垫片应力 $\sigma_{g\,max}$，即确保垫片在装配状态和工作状态下的持续有效。

3）设计垫片装配应力 σ_{ga}

如前所述，安装时垫片需要的螺栓载荷取决于下列两个要求：① 抵抗流体（介质）压力产生的断面推力；② 提供残余垫片应力或垫片工作应力（σ_{gp}），即接头处于流体工作压力下，控制泄漏必需的垫片应力。因此设计装配垫片应力 σ_{ga} 为

$$\sigma_{ga} = \sigma_{gp} + \Delta\sigma_{p} \tag{2-59}$$

$$\Delta\sigma_{p} = \left(\frac{pA_{p}}{A_{g}}\right) \tag{2-60}$$

式中：$\Delta\sigma_{p}$ 为介质压力作用使垫片应力降低的值，MPa；p 为介质压力，MPa；A_{p} 为流体轴向力作用面积，mm^2；A_{g} 为垫片密封接触面积，mm^2。

为了避免在室温装配条件下垫片发生机械损坏，要求 $\sigma_{ga} < \sigma_{g\,max}$。在高温条件下工作时，$\sigma_{gp}$ 要与垫片热强度比较，即要求 $\sigma_{gp} < \sigma_{g\,max}$。

由式（2-59）可见，流体压力越高，$\Delta\sigma_{p}$ 占的份额越大，但装配时因介质压力尚未作用，垫片将承受很高的载荷，此时垫片很可能受到机械损坏，因此需

要选用较高强度的垫片，或采取相应的抗挤压措施。

4）垫片应力的松弛

随着时间的推移，作用在垫片上的应力会发生不同程度的降低，这是由蠕变引起的松弛。蠕变松弛引起垫片应力降低，所以在设计时需要考虑提高装配垫片应力，以补偿垫片在寿期内的这部分应力损失，保证持续密封。故在设计时需增加相应的载荷，如式(2－61)。

$$\sigma_{ga}=\sigma_{gp}+\Delta\sigma_{p}+\Delta\sigma_{c} \tag{2-61}$$

$$\Delta\sigma_{c}=C(T)\sigma_{ga} \tag{2-62}$$

式中：$\Delta\sigma_c$ 为蠕变松弛引起的应力损失值，MPa；$C(T)$为与材料和温度有关的系数，一般为 0%～30%，除个别材料在室温下也有蠕变外，当工作温度为 20 ℃时，$C(T)=0$。

另外，一些非金属材料，如石墨，在高温下接触氧化性气氛，会发生氧化反应，导致材料烧损或劣化，也可引起垫片应力下降，需要在材料选择时进行考虑。

5）变形不协调

在运行过程中，由于温度经常发生变化或交变，密封装置中的不同部件会因热胀冷缩产生不协调的变形。这种变形的不协调性主要来源于两方面：一是由于不同部件的材料属性不同，它们的线膨胀系数有所差异，同时，由于这些部件的基本形状和尺寸也不尽相同，因此在温度变化时，它们的膨胀或收缩量会存在显著差异。这导致垫片、法兰和螺栓在受热膨胀或冷却收缩时，轴向变形不协调，从而使得垫片应力发生较大波动，增加了泄漏的风险。二是垫片、法兰和螺栓之间在热膨胀或冷收缩过程中的顺从性差异，使得它们在升降温过程中相互变形的程度不一致，这不仅会引发较大的径向变形不协调，还可能导致产生较大的横剪力。

此外，当系统内的流体经历升温或降温过程时，各部件之间会产生瞬态温度差，从而导致类似热滞后的现象。具体来说，在加热过程中，垫片、法兰和螺栓对温度变化的响应速度不同，接触介质的部件最快，螺栓最慢。这时，螺栓会阻碍法兰的热膨胀，导致垫片受到过大的载荷，存在过度压缩的风险，反而会导致垫片应力的下降，严重时甚至可能造成垫片被压溃。而在冷却过程中，情况则相反，螺栓尚未开始收缩时，法兰已经开始收缩，这会导致垫片应力过度下降。这两种情况都可能引发密封装置的瞬间泄漏，严重时甚至发生严重泄漏或垫片被吹出。在工程实践中，特别是在装置开停车、经历热波动或突遇大雨等情况下，由于温度变化较大，泄漏的风险也会相应增加。因此，在密封装置的初始设计阶段，就需要系统地考虑各种设计维度，以确保密封装置在特殊条件下仍能保持良好的可靠性。这包括合理选择材料、优化结构设计以及制定有效的密封策略等，从而保证密封装置在各种温度变化条件下都能稳定、可靠地工作。

6）螺栓载荷的不确定性

在螺栓加载过程中，众多因素会影响螺栓的有效拉伸量，引起载荷偏离或不确定性，从而面临控制垫片载荷的挑战。在实际操作中，需要制订合理的加载方案并采用各种能精确控制螺栓扭矩等因素的工具，保证装配垫片应力值 σ_{ga} 不低于最低垫片应力 $\sigma_{g\min}$ 且不超过最大装配垫片应力 $\sigma_{g\max}$。

此外，还有如载荷的波动与冲击、法兰的偏转、螺栓的弯曲、机械或流体的振动等影响因素，都会对垫片应力产生不同程度的影响，而且垫片应力沿周向也不是均匀分布的。图 2-11 列举了一些主要因素对最终垫片应力及其分布的影响。

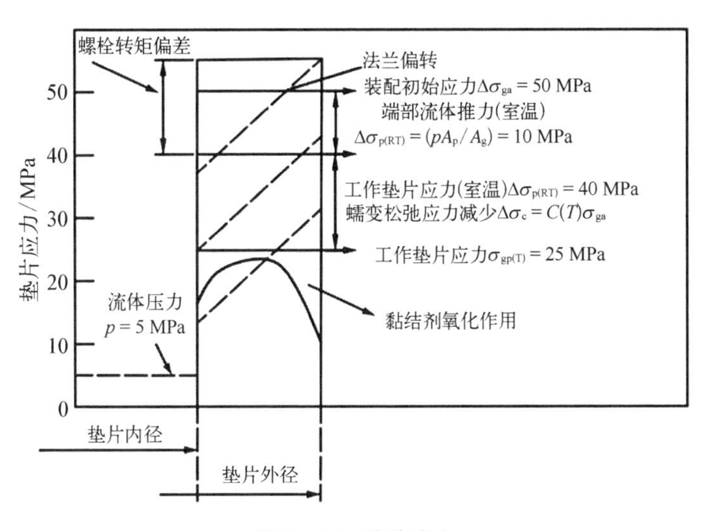

图 2-11　垫片应力

维持密封工作比压的途径和方法有很多，不仅包括合适的材料和正确的装配顺序，还需要定期检查、使用适当的润滑剂以及优化螺栓紧固等。以上阐述了密封比压的一些基本概念，具体维持密封工作比压的基本途径和方法详见第 4 章。

2.6 工艺设计参数

在密封系统中，工艺设计参数，包括介质压力、温度、介质特性以及压力和温度的波动对泄漏有着重要的影响，因此，在密封研发、设计、应用以及失效分析过程中，必须认真考虑这些因素。

2.6.1 介质压力

介质压力对泄漏率有重要影响。在介质压力低的情况下，泄漏率相对较小，随着压力的增加，泄漏通道中的介质压力也增加，使得介质流动速度加快，因此泄漏率也会相应增大。

此外，介质的性质和泄漏通道的特性也会使介质压力对泄漏率的影响发生变化。例如，当介质为气体时，在相同的压力下，泄漏率要高于液体，因为气体的压缩性导致介质在泄漏过程中的速度更高。

另外，泄漏通道的特性和介质压力的关系也比较复杂。当介质压力较小时，泄漏通道中的介质流动速度较低，泄漏通道中的挤压和扩散损失等效应对泄漏率的影响也较小。而当介质压力较大时，介质流动速度增加，泄漏通道中的损失效应也随之增加，因此影响泄漏率的因素也会更多。

因此，介质压力是影响泄漏率的一个重要因素，其变化会对泄漏率产生直接的影响。在设计和使用密封件时，需要考虑到介质压力及其变化对泄漏率的影响，选用合适的密封材料和结构，以确保密封系统在各种条件下都能保持压力密封性。

密封工作应力与介质压力之间存在密切关系。在密封件与接合面之间形成可靠的密封需要将密封件压缩到一定程度，以产生足够的接触应力，防止介质从接合面泄漏。

当密封工作应力小于介质压力时，介质将通过密封件与接合面之间的缝隙泄漏。因此，密封工作应力必须大于介质压力，才能保证密封效果。同时，密封工作应力过大也会导致密封件受力过大，可能导致密封件的变形和失效。在实际应用中，需要根据具体的情况合理地选择密封件的材料、密封方式和调整密封工作应力，从而实现密封效果的最优化。

因此，在密封设计过程中需要充分考虑介质的压力和性质，合理地计算和设计，确保密封工作应力和介质压力之间的平衡，从而提高密封的效果和密封件的寿命。

针对不同的介质压力，密封工作应力的大小需做相应调整。

当介质压力较低时，密封工作应力的设定应该适当降低。当介质压力较高时，密封工作应力的设定应该适当提高。此时密封件需要承受较大的介质压力，必须提供足够的密封工作应力，以确保密封的质量和可靠性。但无论哪种状况，也要注意密封比压不能过高，否则会对密封件造成永久性的弹性变形和损坏，严重影响密封的效果。

除了介质压力的影响外，密封性能还取决于密封件的硬度、材料和接合面的粗糙度等因素。保持适当的密封工作应力不仅可以确保密封的效果，还可以提高密封件的使用寿命，降低维护成本。因此，在密封应用中要合理调整密封工作应力及其相关因素，以达到最佳密封效果与可靠性。

2.6.2　介质温度

介质温度是影响泄漏率的重要因素之一，通常表现为随着温度升高，泄漏率也会相应增大。其主要原因是温度升高会导致密封材料的物理和化学性质发生变化，从而影响密封性能。

具体来说，当介质温度升高时，密封材料的硬度和弹性模量会下降，导致材料的变形和收缩，从而减小了密封件的压缩力和接触面积。同时，温度升高也会增大密封材料的热膨胀系数，导致密封件表面产生额外热应力和变形，从而引起泄漏。

此外，介质温度升高也会导致液体介质的蒸发或气体介质的膨胀，也增加了介质分子运动的速度和能量，提高了泄漏倾向。

因此，需要在密封设计和选择密封材料时进行考虑。在高温环境下，需要选择具有良好耐热性能、较小热膨胀系数和较高压缩弹性模量的密封材料，以保证密封系统的可靠性和稳定性。

此外，密封件的选择和材料也需要考虑到介质温度的影响。一些材料在高温下热膨胀系数大，容易变形，需要选用热膨胀系数小、耐高温的材料。

总之，介质温度变化会直接影响到密封工作应力的变化，因此，需要在密封设计和实际应用中合理考虑介质温度的变化和影响，选择合适的材料和密封方式，以提高密封性能和寿命。

2.6.3　介质特性

介质特性对泄漏率也有很大的影响，主要表现在以下几个方面：

物理性质：介质的密度、黏度、表面张力等物理性质会影响泄漏通道的形成和介质的流动状态，从而影响泄漏率的大小。

化学性质：介质的化学性质和腐蚀性质会对密封材料的化学稳定性和耐腐蚀性能产生影响，从而影响密封的可靠性和耐久性。

组成和形态：介质的组成和形态，如固体、液体、气体等，会影响介质的运动和流动状态，从而影响泄漏率的大小和形态。

扩散系数：介质分子在另一介质中扩散的速度系数。

总吸附量：单位质量材料对于某种成分的吸附量总和。

为了减小泄漏率，密封性设计应该选择具有合适的物理性质、化学稳定性和形态的材料，以确保其对介质具有较小的渗透性和较好的阻隔性能。

2.7 密封结构和连接工艺特性

螺栓-法兰-垫片连接是一种非常常见的密封结构，它主要用于连接两个物体并有效防止流体或气体从它们之间泄漏。这种结构如图 2-12 所示，其中螺栓扮演着连接两个法兰的关键角色，而垫片则被夹在两个法兰之间，起到关键的密封作用。螺栓通常采用高强度材料制成，并具备螺纹形状。通过给螺栓施加适当的力，可以将法兰和垫片紧密地连接在一起，并产生足够的密封工作应力，从而实现有效的密封效果。

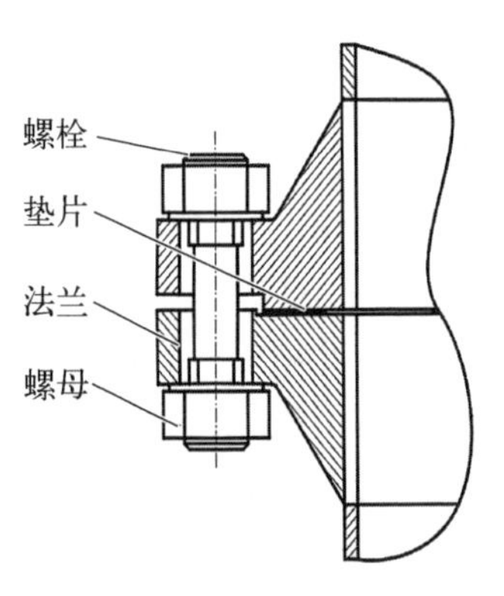

图 2-12 螺栓-法兰-垫片连接基本结构

法兰是一个扁平的环状物体，通常由钢或铸铁制成。它有一个中心孔和许多孔洞，用于将螺栓穿过并连接两个物体。法兰表面通常设有凸起的“耳朵”或“牙齿”，以增强密封效果。

垫片是用于填充两个物体之间不平整或凹凸不平的表面，并承受压力的薄板或垫圈。它通常由弹性材料制成，例如橡胶或石墨复合材料，以确保合适的密封工作应力和密封性能。

连接结构的动不定特性是指在使用期间，由于温度、压力和振动等因素的变化，连接结构会出现位移和变形，从而影响其密封性能。这些动不定特性可以通过选择合适的材料、设计适当的结构、采用正确的紧固力以及周期性检查和维护来减少并控制密封失效风险。

连接结构之间的相互协调关系是指各个元素之间的匹配和配合，以实现最佳的连接效果和密封性。例如，螺栓和法兰孔洞的数量和位置必须相互匹配，才能使两个物体正确对齐，并形成合适的密封工作应力和密封。垫片的选择和安装也必须与螺栓和法兰相匹配，以确保合适的密封工作应力和密封性能。正确的配合与协调关系可以增强连接结构的可靠性和持久性。

该结构的连接工艺特性如下：

(1) 结构简单，易于加工和安装。

(2) 螺栓预紧力对密封性能影响较大，需要正确调整预紧力。

(3) 需要保证法兰平行度和垂直度，否则会导致密封性能下降。

该结构的密封性能特点如下：

(1) 密封性能可靠，适用于高压、高温、大流量、腐蚀介质等情况。

(2) 垫片的选择和使用方式影响密封性能，需要根据实际情况选择合适的垫片材料和形状。

(3) 连接结构的动不定特性会影响密封性能，动不定指连接结构中各部件之间的相对位移或变形会导致密封部件的应力变化和接触面积变化，从而影响密封性能。

连接结构间的相互协调关系包括如下方面：

(1) 螺栓与法兰的配合。螺栓应选择合适的长度和直径，与法兰孔配合紧密，确保法兰之间的连接牢固。

(2) 垫片与法兰的配合。垫片应选择合适的材料和厚度，与法兰表面密切配合，从而实现密封作用。

(3) 法兰与管道的配合。法兰应选择合适的尺寸和型号，与管道端面配合紧密，从而保证密封性能。

综上所述，在密封结构中，密封连接的基本结构螺栓-法兰-垫片是一种常见的密封连接方式，具有结构简单、连接可靠、密封性能好等特点。为确保其密封性能的可靠性，在连接工艺特性中需要考虑以下几点：密封接触面粗糙度、线密封/面密封、强制式/自紧式。

2.7.1　密封接触面的粗糙度

密封接触面是指两个表面之间的接触面，用于防止流体或气体泄漏。表面粗糙度是表征接触面或表面质量的一个重要参数，其通常是指表面上的不规则性或起伏程度。密封接触面的粗糙度对有效的密封十分关键。

在通常情况下，表面的粗糙度可以通过三维坐标计量仪、显微镜、表面粗度计等设备进行测量。根据 ISO 标准，粗糙度表达式包含 R_a、R_z，其中 R_a 代表表面平均粗糙度，通常使用光泽平均粗糙度评价法，对于高要求的精度要求还会使用平均渐进勾勒法(R_z)，它包含很多尺寸参数，如峰高度、谷深度、表面缩减区等，是表面罕见大起大落区域的度量。

在实际工程实践中，要确保密封接触面的粗糙度能够满足密封要求。表面过光洁的接触面(如玻璃、铜等)在密封应用中可以直接作为接触面，而对于表面不平整的接触面(如铸钢、铸铝等)，需要进行研磨、打磨或采用其他表面处理技术对其进行修整并减小粗糙度，以使其符合密封的要求。

因此，密封接触面的粗糙度会影响密封的质量，应根据具体的工况要求进行合理的选择和处理。

2.7.2 线密封/面密封

线密封和面密封是两种常用的密封工艺。

线密封是一种密封技术，它利用两个接合面之间的非平面接触相贯线实现密封效果。这种密封方式特别适合应用于较小的管道或连接部分，比如汽车发动机的气门、油管以及燃油系统等。在线密封的过程中，密封材料会被压缩并紧密地挤压到接合面上，以此形成一个可靠的密封层。此外，线密封还可以与弹性紧固件配合使用，以进一步增强密封性能。

面密封是指通过在两个平面或接口处使用专门的密封垫或密封材料来实现密封效果的方法。这种密封方式在大型设备或连接部分，如管道、水泵和阀门等的密封中得到了广泛应用。在面密封过程中，密封材料会被压缩至一定的厚度，并能够有效地填充接合面的不规则部分，从而形成可靠的密封层。常用的面密封材料包括橡胶、金属和塑料等，而密封垫的形状常见的有圆形、椭圆形或方形，以适应不同的密封需求。

总的来说，线密封和面密封都是可靠的密封工艺，在密封应用中都有各自的优点和局限性。选择合适的密封工艺应该考虑具体的应用需求和工作条件，以及材料的成本、维护需求和性能等方面因素。

2.7.3 强制式/自紧式

强制式和自紧式密封工艺是两种用于管道、容器等设备的密封技术。

强制式密封是指在接合部位加装密封垫片或密封剂，并通过施加足够的压力来实现密封。它可以应用于温度较低、压力较低及瞬时温度、压力波动较小的场合。强制式密封采用的材料有橡胶、塑料及金属等。这种密封方法的优点是可以随时更换和维护垫片，缺点是如果加压不均匀可能会导致泄漏。

自紧式密封是指利用接合面上的弹性变形，随着压力的增大，密封垫会紧贴原始安装位置，形成自我密封。自紧式密封可以应用于高温、高压的流体流动环境。它可以长期保持极低的泄漏率，其密封压力保持不改变，可以抵御瞬间压力波动和振动。自紧式密封采用的材料通常是金属，其形状包括平盘型、凸型、凹型、波形等。该种密封方法的优点是可调校性更强、工作寿命较长、防泄性能更强等，缺点是自身的变形程度也可能会导致密封失效。

在工程实践中，根据实际情况选择合适的密封工艺，可以达到更好的密封效果，从而保障设备的运行和使用安全。

2.8　表征物理量逻辑

根据本章前述，对密封基本理论中基于泄漏率的表征物理量做如下逻辑归纳，图2-13给出了其逻辑层次。第一层：我们以时间 dt 作为微元目标，假设其他自变量（介质压力、温度等）在 dt 范围内的变化为零——即为常数，从而获取各自变量对于因变量的常量值（泄漏率只与时间有关系）。第二层：利用数学偏微分方程概念，在 dt 变化的基础上，建立某一自变量与因变量之间的函数关系（如介质温度变化作为自变量，介质压力、密封应力等为常数）并最终建立因变量与各自变量之间的单一函数关系（以时间 dt 以及各维度物理量 dT、dp、$d\sigma_g$、$d\Delta T$、$d\Delta p$ 等建立积分函数）。第三层：建立相应的试验台架和试验设备，选择重要的自变量（如介质温度、压力），设计符合要求的实验方法，对各自变量与因变量之间的关系进行试验测试和试验认证。第四层：利用力学分析软件，如ANSYS、ABAQUS，并结合数学函数及有效试验数据，对力学模型中的关键边界条件的设置提供初始信息。力学模型可模拟验证不同自变量与因变量之间的参数模型，将力学模型模拟的每一项结果与试验数据进行对比并分析其间差异，通过与试验数据对比，不断完善和优化力学模型的准确度（如边界条件的设置、模拟算法的选择），为进行大型的真实工况条件下的实验提供有效的参考价值，从而大幅减少不必要的重复实验，节省成本。所有逻

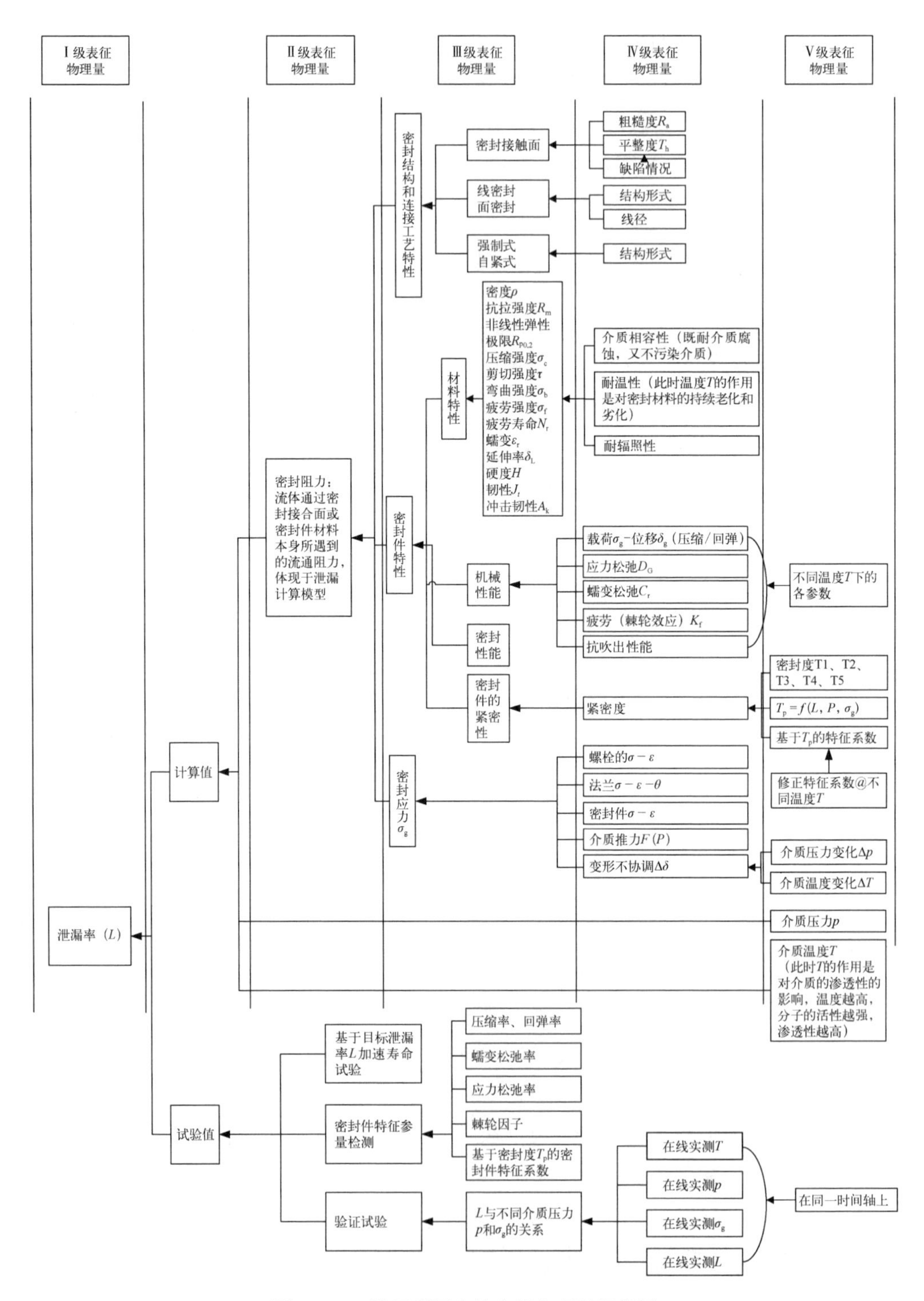

图 2-13　基于泄漏率的表征物理量逻辑图

辑关系均可认为是定式，所有参数均可认为是定值，形成微分函数映射关系，在时间轴上积分，包括持续温度下的高温蠕变、材质劣化等。

参考文献

[1] 顾伯勤，李新华，田争. 静密封设计技术[M]. 北京：中国标准出版社，2004.

[2] 张增禧，王曙，顾伯勤，等. 垫片密封泄漏模型研究[J]. 压力容器，2001(2)：4－6.

[3] 顾伯勤. 流体力学[M]. 北京：中国科学文化出版社，2002.

[4] 吴国风. 金属O形环密封性能分形分析[D]. 成都：西南石油大学，2019.

[5] Grine L，Bouzid A H. Correlation of gaseous mass leak rates through micro-and nanoprous gaskets[J]. Journal of Pressure Vessel Technology，2011，133：021402－3.

[6] 张伟. 考虑多尺度效应的接触理论及其在密封中的应用[D]. 长沙：国防科学技术大学，2017.

[7] Jolly P，Marchand L. Leakage prediction for static gasket based on the porous media theory[J]. Journal of Pressure Vessel Technology，2009，131(2)：021203.

[8] Gu B Q，Rajakovics G. Ermittlung experimenteller and theoretischer mittlerer Leckraten an kreisformigen Leckkanalen bei sich verandernden Prufrucken[J]. BHM－Berg und Huttenmannische Monatshefte，1997，142(3)：110－114.

[9] 嵇正波. 基于逾渗理论的接触式机械密封界面泄漏机制研究[D]. 南京：南京林业大学，2019.

[10] 曹亮. 基于分形理论模型的金属透镜垫密封性能的研究[D]. 杭州：浙江工业大学，2021.

[11] 豆立新，龚烈航. 密封材料与密封介质相容性对密封可靠性的影响[J]. 润滑与密封，1997(5)：24－27.

[12] 全国管路附件标准化技术委员会. 管法兰用垫片压缩率及回弹率试验方法：GB/T 12622—2008[S]. 北京：中国标准出版社，2008.

[13] 全国非金属矿产品及制品标准化技术委员会. 非金属垫片材料分类体系及试验方法 第5部分：垫片材料蠕变松弛率试验方法：GB/T 20671.5—2020[S]. 北京：中国标准出版社，2020.

[14] 王明伍. 高温法兰连接系统的紧密性及评价方法研究[D]. 武汉：武汉工程大学，2016.

[15] 周先军. 高温大口径法兰瞬态密封设计方法研究[D]. 青岛：中国石油大学，2010.

[16] Pavne J R，Schneider R W. Comparison of proposed ASME rules for bolted flanged joints[C]//Proc. 8th ICPVT. [S. l.：s. n.] 1996，147－167.

[17] 蔡仁良. 压力容器螺栓法兰连接规范设计新方法[J]. 压力容器，1997(5)：41－48.

第3章 密封类型、结构型式和材料

在科技迅速发展的同时，公众对于产品质量和安全的要求越来越高，这促进了密封技术应用范围的扩展。在密封技术领域内，密封件的类型、结构设计及所采用的材料是影响设备可靠性及安全性的关键因素。不同类型的设备和应用场景要求选用特定类型、特制结构和材料的密封解决方案，以确保达到最优的密封效果和延长产品使用寿命。

3.1 密封的类型

密封广泛存在于动静设备的连接结构中，密封的类型可以按密封介质、设备、使用工况等多种方式进行分类，最常用的分类方式有以下几种。

1) 按照密封介质状态分类

按照介质状态，密封可分为气体密封和液体密封两大类，由于气体的相对分子质量一般远小于液体，在同等工况下气体的泄漏也远大于液体，因此两类密封对密封结构和密封件的要求也有较大差异。

2) 按照密封的设备类型分类

按照设备类型，密封可分为容器密封、管道密封、阀门密封、压缩机密封、釜用密封、泵用密封等几大类。不同的设备装置其连接结构、运行状态和安装形式有较大差异，相应的密封工况差异也较大，因此所采用的密封型式也存在一定差异。如容器和管道密封以垫片等静密封型式为主，而温度、压力等附加载荷对容器密封的影响比管道密封要小，但是连接尺寸一般较管道大；压缩机、泵和搅拌釜以动密封为主，压缩机主要处于高速高压工况，而搅拌釜相对速度压力较小，但是密封面的平行度和同心度较差，对密封的要求更高；阀门一般是工业系统中数量最多的单元设备，其密封质量直接影响整个系统的总体密封效果，是目前泄漏治理的关键和重点所在。

3）按照密封装置设计压力分类

按照密封装置的设计压力可分为超高压、高压、中低压、真空密封几种类型。不同的压力对密封结构和密封材料的要求差异很大。高压、超高压密封一般尽可能采用自紧或半自紧密封型式，材料多以金属或半金属为主；中低压密封则一般以非金属、金属非金属组合（复合）材料为主，多采用强制密封型式；真空密封尽管压力不高，但是密封效果直接影响真空的可靠性和稳定性，特别是对密封材料的放气、吸气要求尤为重要。

4）按照密封装置设计温度分类

按照密封装置的设计温度可分超高温、高温、中低温、低温、超低温密封等。不同的设计温度直接决定了密封材料的选择，特别是高温和低温工况对密封材料的机械力学性能会产生直接的影响，而温度的波动对密封连接系统状态会产生不可避免的影响，这些均会严重影响密封的可靠性和紧密性，对密封的要求也会大大提高，这也是目前密封装置泄漏的主要原因之一。

5）按照密封接合面的相对运动状态分类

按照密封接合面的相对运动状态可分为静密封和动密封两大类。密封接合面间没有相对运动即相对静止称为静密封，如各种容器、设备和管道法兰接合面间的密封，阀门的阀座、阀体以及各种机器的机壳接合面间的密封等。而彼此有相对运动的接合面间的密封则称为动密封，如压缩机、泵等回转或往复机械的轴与机体间以及阀杆与填料函间的密封等。

静密封根据密封件的可拆性又可分为不可拆密封和可拆密封，后者又可分为直接接触密封、垫片密封和密封剂（非黏结型）密封等，其中垫片密封根据密封材料的不同分为金属垫片、非金属垫片和半金属垫片密封，是应用最为广泛的一种静密封型式。动密封根据接合面有无间隙可分为接触型和非接触型密封两大类，根据运动件相对机体的运动方式又可分为往复轴密封和旋转轴密封等。动、静密封型式对密封件的机械力学性能要求有较大差异，密封的稳定性和可靠性差异也较大。动、静密封分类是目前密封研究中应用最为广泛的一种分类方式。静密封数量多，相对容易达到密封要求，而动密封尽管数量较少，但是密封的可靠性和紧密性远较静密封难，是泄漏的主要来源，也是设备、装置密封的主要难点和重要内容。图 3－1 是按密封接合面相对运动状态进行的分类图。

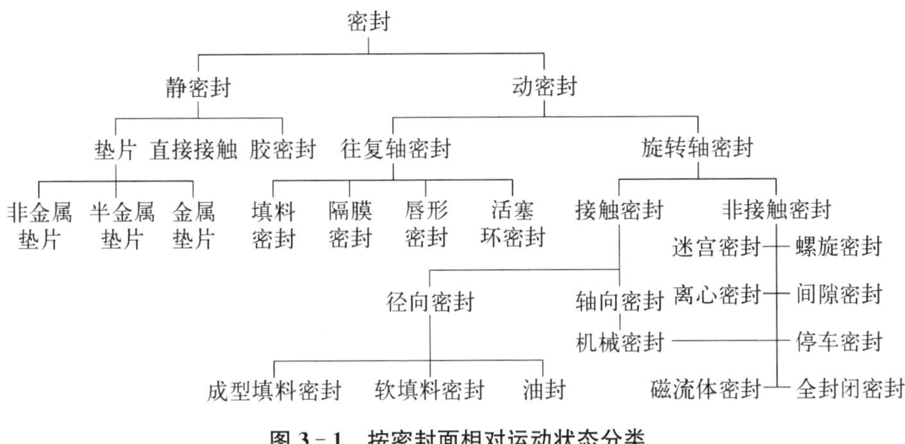

图3-1 按密封面相对运动状态分类

3.2 密封的结构型式

密封结构是指在不同的设备和系统中，为了防止流体、气体或粉尘等物质的泄漏或渗透，结合系统工况条件，包括设计压力、温度、介质特性、密封位置而设计的一种特定结构型式，是保证实现有效密封功能的前提条件。

3.2.1 典型静密封结构型式

密封结构的作用是形成一个相对封闭的空间，以防止或减少介质的传递或泄漏。不同装置、不同密封件和不同密封要求及功能，相应的密封结构型式也存在较大差异，并对密封性能产生影响。如液压、气动、发动机等装置，管道、容器等设备的密封结构直接决定密封持续有效；对于不同介质的密封，根据其泄漏的危险程度、密封材料等对密封结构的要求也存在较大差异。

静密封广泛应用于各种接合面的密封，根据具体的实施方式和方法可以分为垫片密封、填料静密封、胶密封、螺纹密封、卡箍密封等；动密封的方法很多，包括接触密封和非接触密封两大类，又可细分为填料密封、机械密封、迷宫密封等型式。

垫片密封是法兰连接静密封最常用的一种密封型式，也是核动力设备装置中最常用的静密封型式，由螺栓、法兰、垫片组成，机械结构简单、有效。垫片密封结构通过螺栓提供紧固力，施加在法兰上并传递作用于密封垫片，使垫片产生压缩变形以填补法兰连接面的泄漏通道，达到密封的目的，常用结构见图3-2。

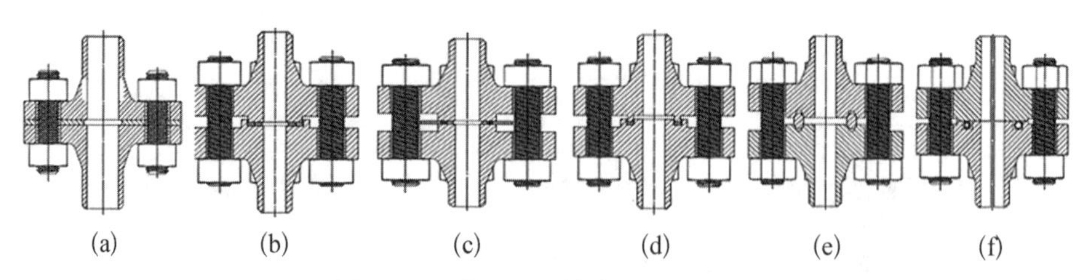

图 3-2 法兰连接垫片静密封结构

(a) 平面法兰(FF);(b) 凹凸面法兰(MFM);(c) 突面法兰(RF);
(d) 榫槽法兰(TG);(e) 环槽法兰 1(RJ);(f) 环槽法兰 2(C/O)

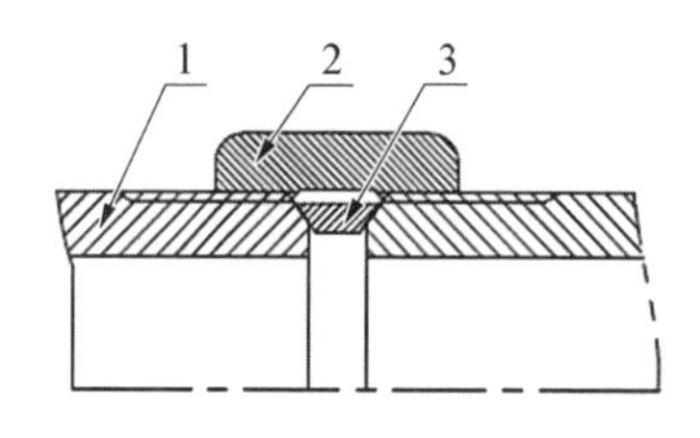

1—管子;2—接管套;3—密封件。

图 3-3 螺纹连接静密封结构

螺纹连接密封结构是机械设备和液压系统管道、管接头中常用的一种密封方式(见图 3-3)。在这种结构中,密封件(如非金属、金属平垫片或锥形垫片等)在螺纹紧固力的作用下会发生变形,从而填补泄漏通道,达到密封的效果。这种密封型式通常用于小尺寸的密封,特别是小型管路的密封,例如常见的生料带密封和卡套密封等。这种密封结构具有结构简单、使用方便的特点。

胶密封结构主要利用密封胶填充在法兰、阀门、弯头、接头、插口、筒体及接合面较复杂的螺纹连接等接合部分的间隙中,形成均匀、连续、稳定的可剥离性或黏弹性薄膜,阻止流体介质的泄漏,起到密封作用。胶密封结构操作简单,密封有效。对于复杂连接面的密封具有较好的应用效果,特别是用于带压堵漏密封技术(见图 3-4),在保证可靠安全措施的条件下,对于突发的泄漏事件是一种较好的解决方案,具有良好的社会和经济效益。

无垫密封也是一种静密封型式(见图 3-5),主要用于一些不能用垫片密封的场合,通过对密封面的精密研配,再通过螺栓等施加载荷实现密封。

填料密封大部分应用于动密封场合,但也可以作为一种静密封结构(见

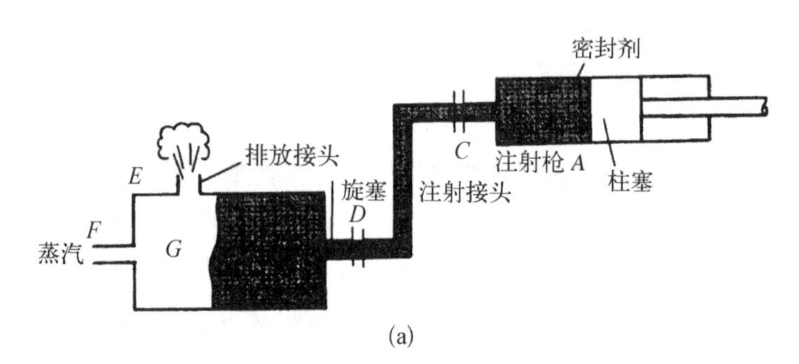

(a)

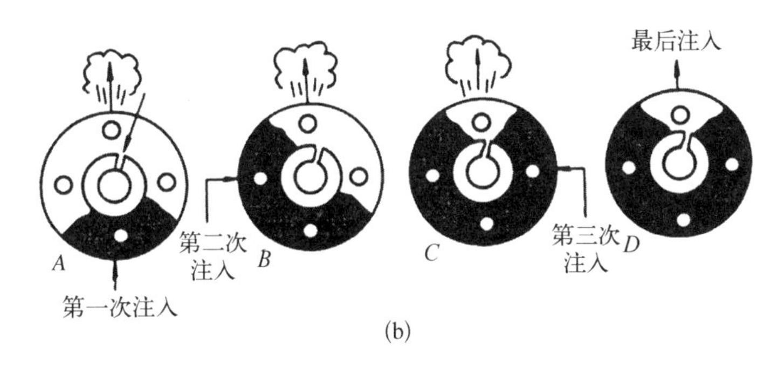

(b)

图 3-4　带压堵漏密封技术

(a) 设备堵漏;(b) 法兰堵漏

图 3-6)使用,一般采用非金属材料,通过挤压变形填充在连接间隙,以达到密封目的,多用于可拆卸的连接密封。

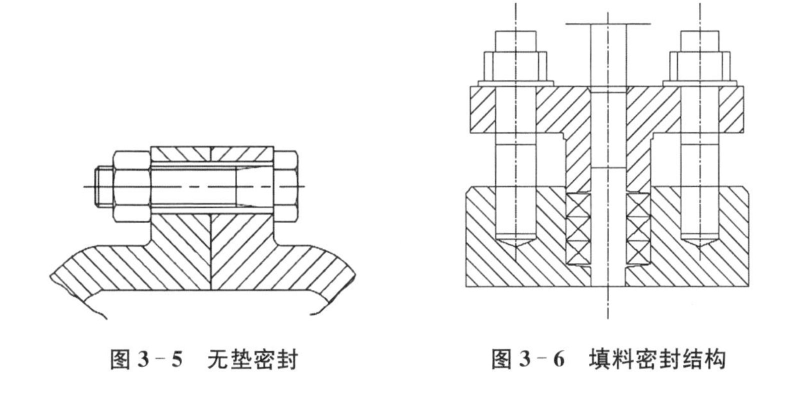

图 3-5　无垫密封　　　**图 3-6　填料密封结构**

3.2.2　密封载荷来源

对于螺栓法兰连接系统,尽管密封件型式多种多样,但是根据密封过程中密封件载荷的来源和变化情况,还可以将其分为强制密封、自紧密封和半自紧密封三种密封型式,这也是核动力装置中最常用的密封型式。

1) 强制密封

强制密封是指完全由螺栓等紧固连接件强制压缩密封件,从而在密封面上建立足够的密封比压而达到密封目的,当引入介质压力后,会产生介质推力,降低密封面的密封比压。强制密封结构简单、加工方便,是最为常见的密封结构,但对温度压力的波动比较敏感。

中低压法兰密封中,平垫密封是最常采用的强制密封型式。而在高压密封中，除了平垫密封外，卡扎里密封也是常用的强制密封方式。在高压密封中，平垫密封通常使用金属环垫作为密封件，这种密封方式结构简洁、加工便捷、使用经验丰富，尤其在小直径的场合下，密封效果可靠。然而，当结构尺寸增大且压力升高时，所需的螺栓尺寸也会相应增大，这会导致连接结构变得笨重，有时甚至无法合理布局螺栓。此外，这种情况下，拆卸和重新安装都会变得不便，存在诸多缺陷。

2）自紧密封

自紧密封与强制密封的区别主要在于密封载荷的主要来源是依靠介质压力所产生的推力，当介质压力升高后，被连接件与密封件之间的接触压力会自动增大，压力越高，这种自紧密封作用越明显。因此，自紧密封需要的初始预紧载荷较小，一般不大于介质产生的总轴向载荷的20%，这样紧固件尺寸较小，且在温度压力波动时，密封仍较可靠。自紧密封又可根据介质压力产生的接触压力的方向分为径向自紧密封和轴向自紧密封，或两者兼有的自紧密封。

自紧密封广泛应用于高压密封中，常用的自紧密封主要有伍德式密封、O形环、C形环、B形环、三角形环、楔形环等。

3）半自紧密封

利用螺栓预紧载荷使密封件产生变形并建立初始密封的比压，同时主要提供在设计工况下的密封工作应力，而通过介质压力引起的额外密封工作应力作为补偿。当压力升高后，由于密封结构具有一定的自紧作用，密封面上的密封比压也随之上升，从而保证连接的密封性能。如：八角形环密封、椭圆形环密封和平垫自紧式密封、双锥环密封、唇形径向密封环等。

表3-1列举了主要密封结构的特点和使用范围[1-3]。

表3-1　主要密封结构特点和使用范围

<table>
<tr><th>密封类型</th><th>结构型式</th><th>结构示意图</th><th>结构特点</th><th>使用范围</th></tr>
<tr><td>强制密封</td><td>平垫片密封</td><td></td><td>结构简单，使用成熟，加工容易，但装拆不便，主螺栓尺寸较大，垫片不能重复使用，不适宜压力温度波动大和大尺寸的场合；预紧力大小与垫片的宽度和材料的屈服强度有关</td><td>$T \leqslant 200$ ℃<table><tr><th>p/MPa</th><th>D_i/mm</th></tr><tr><td><20</td><td>≤1 000</td></tr><tr><td>20～30</td><td>≤800</td></tr><tr><td>30～50</td><td>≤600</td></tr></table>代表最大直径对应的最高使用压力</td></tr>
</table>

(续表)

密封类型	结构型式	结构示意图	结构特点	使用范围
强制密封	卡扎里密封	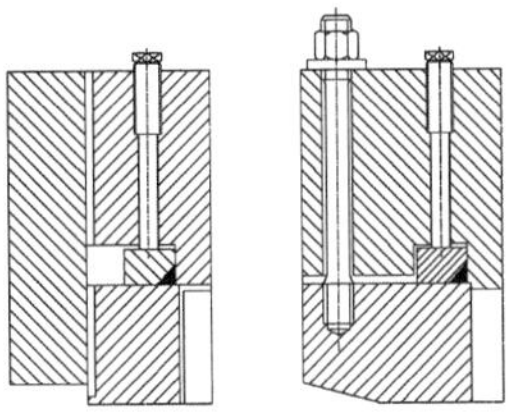	无主螺栓,预紧螺栓力小,装拆容易,但制造要求较高,加工难度较大	$T\leqslant 350$ ℃ $p\leqslant 30$ MPa $D_i\leqslant 1\ 000$ mm
自紧密封	伍德式密封	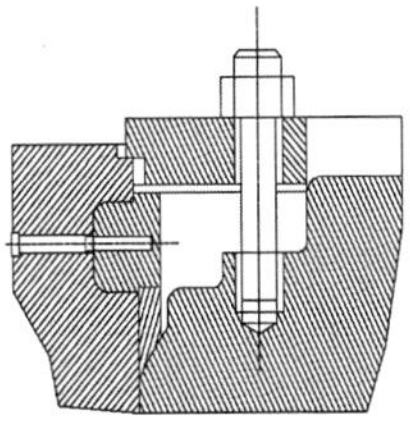	全轴向自紧式,密封可靠,装拆容易,但结构复杂,加工难度大	$T\leqslant 350$ ℃ $p\leqslant 30$ MPa $D_i=600\sim 2\ 000$ mm
	C形环密封	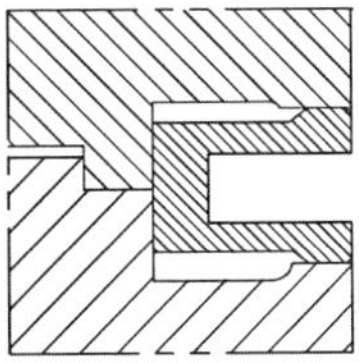	结构紧凑,无主螺栓,装拆快,加工较方便,密封性能良好,但不适宜大直径场合	$T\leqslant 200$ ℃ $p\leqslant 32$ MPa $D_i=300\sim 1\ 000$ mm
	中空O形环密封	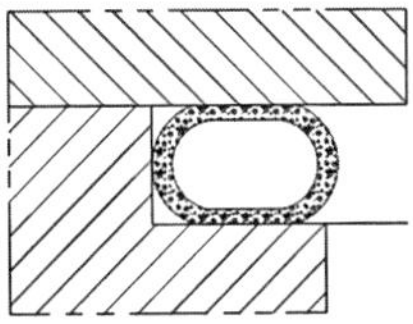	结构简单,密封可靠,使用成熟,适用范围广,制造难度较大	$T=-250\sim 1\ 000$ ℃ $p\leqslant 350$ MPa
	三角形环密封	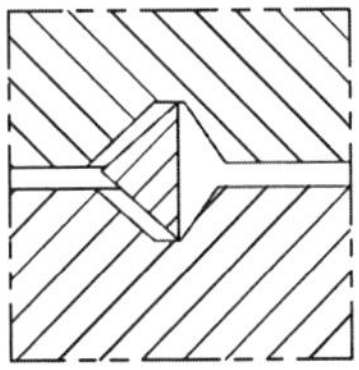	结构紧凑,预紧力小,装拆方便,对压力温度波动适应性好,但加工要求高	$T\leqslant 300$ ℃ $p\leqslant 30$ MPa $D_i\leqslant 1\ 600$ mm
	B形环密封	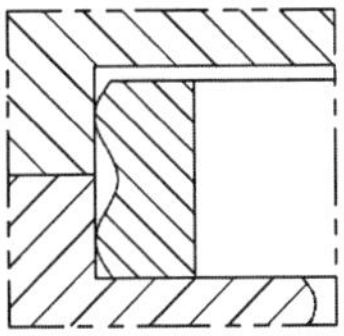	结构简单,径向自紧性好,但装拆要谨慎,加工要求高	$T\leqslant 350$ ℃ $p\leqslant 300$ MPa $D_i\leqslant 1\ 000$ mm

（续表）

密封类型	结构型式	结构示意图	结构特点	使用范围
半自紧密封	八角形环密封		结构简单，密封可靠，螺栓预紧力较大，但加工要求较高	$T \leqslant 400$ ℃ $p \leqslant 70$ MPa $D_i \leqslant 900$ mm
	椭圆形环密封			
	双锥环密封		有一定的径向自紧作用，螺栓预紧力较小，结构较简单，制造要求不高，在压力温度有波动时仍有较好的密封性	$T \leqslant 600$ ℃ $p \leqslant 70$ MPa $D_i = 400 \sim 2\,000$ mm
	唇形径向密封环			

3.2.3 密封件载荷作用方向

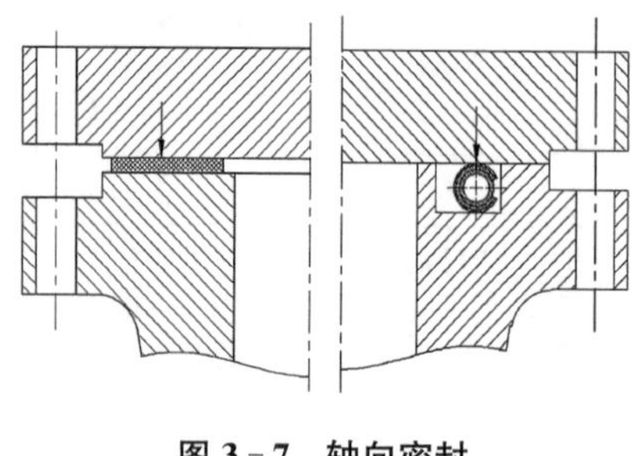

图 3-7 轴向密封

静密封也可以根据密封载荷（比压）的作用方向分为轴向密封、径向密封和倾角密封三种类型。

1）轴向密封

简单而言，轴向密封就是密封比压方向与螺栓载荷方向一致的结构型式（见图 3-7）。大部分的强制密封和自紧密封结构都是轴向密封结构，对于轴向密封，密封比压直接决定了密封效果和使用寿命，且主要取决于螺栓预紧载荷大小和介质压力引起的推力，合理选用螺栓和螺栓载荷以及采用碟形弹簧是确保其密封持久性的有效技术措施。而自紧密封结构中初始密封的确立和密封比压的稳定是密封持久性的关键。

2）径向密封

径向密封就是密封比压方向和螺栓载荷方向垂直的密封型式，最典型的就是阀门填料密封结构[见图 3－8(a)]，通过螺栓压紧压盖，将螺栓的轴向载荷转化为作用到轴（阀杆）和填料函壁的径向载荷，产生径向密封比压。这种密封结构最大的特点是沿着轴向，其径向密封比压分布并不均匀，随螺栓载荷方向呈逐渐下降趋势，并与介质压力变化方向相反，导致密封填料与轴（阀杆）的摩擦力分布不均匀，引起轴和密封填料的不均匀磨损，直接影响密封填料的密封效果和使用寿命。为此，在填料密封结构中通常采用碟形弹簧、变截面结构、反向压缩结构等型式来保证密封比压沿轴向的分布尽可能均匀。另一种典型的径向密封结构是图 3－8(b)所示的 O 形环、C 形环和弹性蓄能圈（泛塞）密封结构[见图 3－8(c)]。

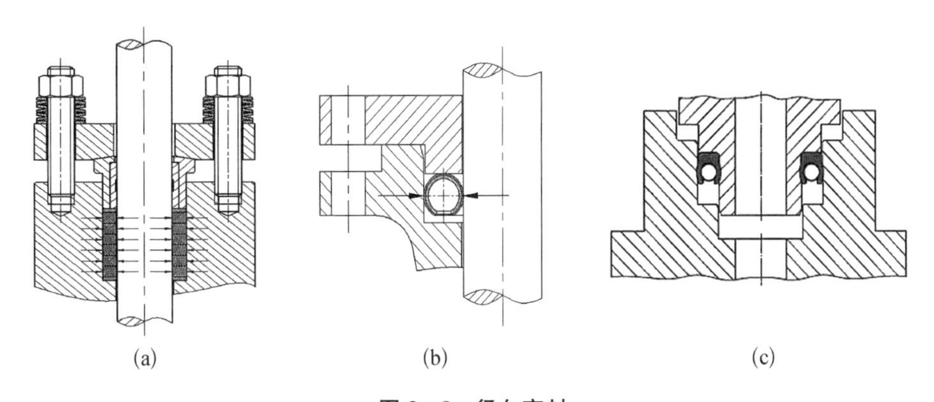

图 3－8　径向密封

(a) 填料密封结构；(b) C/O 形环密封结构；(c) 泛塞密封结构

3）倾角密封

倾角密封就是密封比压方向和螺栓载荷方向成一定夹角，典型的密封结构包括双锥环[见图 3－9(a)]和金属 C 形环密封结构[见图 3－9(b)]。这种结构最大特点是螺栓力与密封比压成一定角度，通常具有一定的自紧密封效果，但需要一定的初始密封载荷，因此也可以认为是半自紧密封结构。

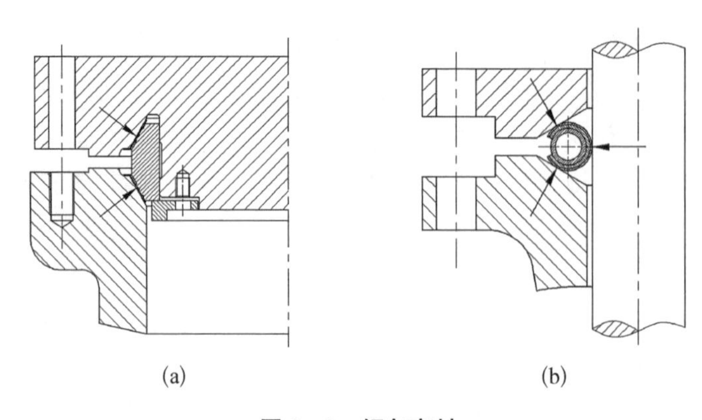

图 3-9 倾角密封

(a) 双锥环密封结构;(b) C形环密封结构

3.3 典型密封材料

可用于密封的材料种类和型式很多,一般需根据产品特点(如设计温度、接触介质、运动状况等)、密封要求(可靠性、耐久性等)、密封方式、维护维修(装拆方便性、互换性、频繁程度等),以及加工、制造工艺性和成本因素等进行综合考虑、合理选用。通常可以将密封材料分为非金属密封材料、金属密封材料和金属非金属组合密封材料三大类。

3.3.1 非金属密封材料

常用非金属密封材料包括橡胶弹性体密封材料、工程塑料、无机非金属材料、有机复合材料等。

3.3.1.1 橡胶弹性体密封材料

弹性体是指材料在加载发生大变形后再卸载,能迅速恢复到近似初始形状和尺寸的聚合物,即具有弹性的聚合物,如能被交联成不溶解但可溶胀的橡胶。作为密封材料的橡胶要求具有较好的弹性、低的液体或气体渗透性。常用橡胶密封材料包括如下几种[4-5]。

1) 丁基橡胶

丁基橡胶(IIR) 为异丁烯和异戊二烯的共聚物,具有良好的化学稳定性和热稳定性,耐天候、耐臭氧老化、耐化学药品,耐磷酸酯液压油,耐酸、碱、火箭燃料及氧化剂,具有优良的介电性能和绝缘性能,突出的气密性和水密性,并有吸震、电绝缘性能，但制品不耐石油基油类，使用温度范围为－60～120 ℃。丁基橡胶最适于制作轮胎内胎，门窗密封条，磷酸酯液压油系统的密封零件、胶管，电线的绝缘层，胶布和减震阻尼器。

2) 天然橡胶

天然橡胶(NR)是天然胶乳经过凝固、干燥等加工工序而制成的弹性固状物，是一种天然高分子化合物。具有优良的回弹性、拉伸强度、伸长率、耐磨性，抗撕裂和压缩永久变形性能都优于大多数合成橡胶，在宽广的硬度值范围内有较高的拉伸强度、良好的抗冷流或变形(弹性)性和耐磨性；具有很好的耐低温性能，耐大多数中强碱、有机酸和醇，不耐强酸、脂肪、油、润滑脂、大多数的烃，耐天候、臭氧、氧的性能较差。使用温度范围为－20～80 ℃。其适于制作轮胎、减震零件、缓冲绳和密封零件。

3) 丁腈橡胶与氢化丁腈橡胶

丁腈橡胶(NBR)为丁二烯与丙烯腈的共聚物，耐油性极好，耐磨性较高，耐热性较好，黏结力强。其缺点是耐低温性差、耐臭氧性差，绝缘性能低劣，弹性稍低，不耐天候，不耐臭氧老化，不耐磷酸酯液压油、酯、酮、醛、卤代烃和硝基烃等化学品。

丁腈橡胶一般含丙烯腈(质量分数)18%、26%或40%，丙烯腈含量越高，耐油、耐热、耐磨性能越好，但耐寒性则相应下降，含羧基的丁腈橡胶耐磨、耐高温、耐油性能优于丁腈橡胶。丁腈橡胶使用温度范围为－30～100 ℃，适于制作各种耐油密封零件、膜片、胶管和软油箱。

氢化丁腈橡胶(HNBR)是在丁腈橡胶的基础上进行氢化反应，使碳-碳双键成为碳-碳单键，与普通丁腈橡胶的物理性能和化学性质相比有所改变，具有以下特点：① 耐热性更好，氢化丁腈橡胶使用温度范围为－40～150 ℃；② 耐油性更强，氢化丁腈橡胶具有良好的耐油性能，可以耐受多种有机溶剂、油和燃料，而普通丁腈橡胶并不适用于这些环境；③ 耐氧化和耐臭氧性得到改善，氢化丁腈橡胶的耐臭氧性和耐氧化性均优于丁腈橡胶，可以长期使用，不易老化；④ 机械性能更好，氢化丁腈橡胶的拉伸强度、硬度和抗裂性等物理性能均优于普通丁腈橡胶。

4) 氯丁橡胶

氯丁橡胶(CR)为氯丁二烯聚合物，耐天候，耐臭氧老化，耐无机酸碱，有自熄性，耐油性能仅次于丁腈橡胶，耐天候性和耐臭氧老化仅次于乙丙橡胶和丁基橡胶，耐热性与丁腈橡胶相当；溶于甲苯、二甲苯、二氯乙烷、三氯乙烯，微溶于丙酮、甲乙酮、醋酸乙酯、环己烷，不溶于正己烷、溶剂汽油，但可溶于由适当比例的良溶剂和不良溶剂及非溶剂或不良溶剂和非溶剂组成的混合溶剂，在植物油和矿物油中溶胀而不溶解。

有良好的物理机械性能，拉伸强度、伸长率、回弹性优良，与金属和织物黏结性很好；适于制作密封圈及密封型材、胶管、涂层、电线绝缘层、胶布及配制胶黏剂等。缺点是耐寒性和储存稳定性较差，制品不耐合成双酯润滑油及磷酸酯液压油。使用温度范围为－35～120 ℃。

5）丁苯橡胶

丁苯橡胶(SBR)为丁二烯与苯乙烯的共聚物。其物理机械性能、加工性能及制品的使用性能接近天然橡胶，有些性能如耐磨、耐热、耐老化及硫化速度较天然橡胶更为优良，可与天然橡胶及多种合成橡胶并用。与氯丁橡胶相比，丁苯橡胶的耐温范围较低。这是因为苯乙烯的存在使得丁苯橡胶的热稳定性较氯丁橡胶差，在较高温度下，丁苯橡胶可能会出现软化、失去弹性和变形的情况；适于制作轮胎和密封零件，制品耐油、耐老化性能较差。使用温度范围为－40～100 ℃。

6）乙丙橡胶

乙丙橡胶(EPR)指乙烯、丙烯的二元共聚物的乙丙单体橡胶(EPM)或乙烯、丙烯、二烯类烯烃的三元共聚的三元乙丙橡胶(EPDM)。

三元乙丙橡胶具有良好的抗辐照性能，在受到辐射(如电子束、γ射线或紫外线)照射后的性能稳定；具有优异的抗氧化性，能有效抵御氧化过程中的自由基攻击，这一特性使其在长时间暴露于紫外线辐射的户外应用中，能够保持较好的物理和化学稳定性；具有较高的耐老化性能，即长期暴露在气候变化、紫外线和氧气等因素下，依然能够保持较长的使用寿命。需要注意的是，三元乙丙橡胶的具体抗辐照性能还会受到其他因素的影响，如辐照剂量、温度、时间和辐照环境等。在实际应用中，如果涉及辐射环境，建议进行实验测试和评估，以确保其在特定的辐射条件下能够满足所需的性能要求。

三元乙丙橡胶具有优异的绝缘性能和耐电晕性能、良好的弹性和抗压缩变形性能，极好的耐天候性，耐低温性，对空气的低渗透性和良好的黏结性能。除强酸之外，对一般酸、碱和各种极性化学药品均有良好的抗耐性，不耐矿物油和溶剂、芳香烃。

乙丙橡胶有优异的耐蒸汽性能并优于其耐热性，在过热蒸汽中，其承耐性优于氟橡胶、硅橡胶、氟硅橡胶、丁基橡胶、丁腈橡胶、天然橡胶；其耐过热水性能亦较好。乙丙橡胶广泛应用于汽车部件、建筑用防水材料、电线电缆护套、耐热胶管、胶带、汽车密封件、润滑油添加剂及其他制品。使用温度范围为−50～150 ℃。

7) 氟橡胶

氟橡胶(FKM 或 FPM,商品名为杜邦公司的 Viton 和 3M 公司的 Fluorel)是指主链或侧链的碳原子上含有氟原子的合成高分子弹性体,氟原子的引入使其具有突出的耐热、耐油、耐酸、耐碱性能,老化性能及电绝缘性能优良、难燃、透气性小,但低温性能较差。适于制作各种要求耐热、耐油的密封零件、胶管、胶布和油箱,是国防等尖端工业中无法替代的关键材料。

氟橡胶包括聚烯烃类氟橡胶、亚硝基氟橡胶、四丙氟橡胶、磷腈氟橡胶以及全氟醚橡胶等品种。常用的有氟橡胶-23、氟橡胶-26、氟橡胶-246、氟橡胶TP、偏氟醚橡胶、全氟醚橡胶、氟硅橡胶等。

氟橡胶-23为偏氟乙烯和三氟氯乙烯共聚物。氟橡胶-26(杜邦公司牌号 Viton A)为偏氟乙烯和六氟丙烯共聚物,综合性能优于氟橡胶-23。氟橡胶-246(杜邦公司牌号 Viton B)为偏氟乙烯、四氟乙烯、六氟丙烯三元共聚物,氟含量高于氟橡胶-26,耐溶剂性能好。

氟橡胶 TP,国内俗称四丙胶,旭硝子公司牌号 AFLAS,为四氟乙烯和碳氢丙烯共聚物,耐蒸汽和耐碱性能优越。偏氟醚橡胶(杜邦公司牌号 Viton GLT)为偏氟乙烯、四氟乙烯、全氟甲基乙烯基醚、硫化点单体四元共聚物,低温性能优异。全氟醚橡胶(FFKM,杜邦公司牌号 KALREZ)耐高温性能优异,氟含量高,耐溶剂性能优异。氟硅橡胶低温性能优异,具有一定耐溶剂性能。

氟橡胶具有高度的化学稳定性,是目前所有弹性体中耐介质性能最好的一种。氟橡胶-26耐石油基油类、双酯类油、硅醚类油、硅酸类油,耐无机酸,耐多数的有机、无机溶剂、药品等,不耐低分子的酮、醚、酯,不耐胺、氨、氢氟酸、氯磺酸、磷酸类液压油。氟橡胶-23的耐介质性能与氟橡胶-26相似,且更有独特之处,它耐强氧化性的无机酸如发烟硝酸、浓硫酸性能比氟橡胶-26好,耐脂肪族、芳香族和卤代烃、酸、动植物油,但不耐酮、低相对分子质量酯和含硝基化合物。

氟橡胶的耐高温性能与硅橡胶一样,可以说是目前弹性体中最好的。氟橡胶-23可以在200 ℃下长期使用、250 ℃下短期使用;氟橡胶-26可在250 ℃下长期使用、300 ℃下短期使用;氟橡胶-246耐热比氟橡胶-26还好,可在350 ℃下短期使用。

氟橡胶的耐辐射性能较差，氟橡胶-26在受到辐射作用后表现为交联效应，氟橡胶-23则表现为裂解效应。

8) 硅橡胶

硅橡胶(VMQ或MQ)是指主链由硅和氧原子交替构成，硅原子上通常连有两个有机基团的橡胶，具有极佳的耐热、耐寒、耐老化性能，绝缘电阻、介电特性优异，导热性好，耐中等强度或氧化性化学品、浓氢氧化钠和臭氧；不耐溶剂、油、浓酸和稀氢氧化钠，强度和抗撕裂性较差；一般适于制作密封圈、密封型材、氧气波纹管、膜片、减震器、绝缘材料、隔热海绵胶板。使用温度范围−60～200 ℃。

硅橡胶品种繁多，主要有二甲基硅橡胶(MQ)、甲基乙烯基硅橡胶(MVQ)、甲基苯基乙烯基硅橡胶(PMVQ)、腈硅橡胶、苯撑和苯醚撑硅橡胶等。其中苯撑硅橡胶具有优良的耐高温、抗辐射性能，耐高温可达250 ℃，且有良好的介电性能和防潮防霉耐蒸汽等特性，可以在核动力装置的密封中获得较好的应用。

9) 聚氨酯橡胶或弹性体

聚氨酯橡胶为聚合物主链上含有较多的氨基甲酸酯基团的系列弹性体材料，实为聚氨基甲酸酯橡胶，简称聚氨酯橡胶或氨酯橡胶(urethane rubber)或聚氨酯弹性体(polyurethane elastomer)，通常有聚酯型(AU)和聚醚型(EU)两种。聚氨酯橡胶具有优良的抗拉强度、撕裂强度和耐磨性，耐油、耐臭氧性能极佳，耐低温、抗辐射、电绝缘、黏结性能良好。其耐磨性能卓越，是所有橡胶中最好的；与非极性矿物油的亲和性较小，在燃料油(如煤油、汽油)和机械油(如液压油、机油、润滑油等)中几乎不受侵蚀，耐油性可与丁腈橡胶媲美；不宜与酯、酮、磷酸酯液压油、浓酸、碱、蒸汽等接触；适于制作各种形状的密封能量吸收装置、冲孔模板、振动阻尼装置、机械支承垫片、柔性连接、防磨涂层、摩擦动力传动装置、胶辊等。使用温度范围为−60～80 ℃。

10) 丙烯酸酯橡胶

丙烯酸酯橡胶(ACM)是以丙烯酸酯为主单体经共聚而得的弹性体，具有优异的耐热、耐油、耐老化、耐寒、耐臭氧、抗紫外线等性能。力学性能和加工性能优于氟橡胶和硅橡胶，其耐热、耐老化性和耐油性优于丁腈橡胶。特别是对于烃类燃油(包括汽油、柴油等)和矿物油来说，其耐受程度较高，而且能够在高温环境下长时间保持其物理和化学性能。能够抵御一些润滑油(例如齿轮油和液压油)的腐蚀和渗透，具有较好的耐受性；对一些酯类液体(如酯液压油和酯机油）也具有较好的适用性；可与氟橡胶、丁腈橡胶、氯磺化聚乙烯、三元乙丙橡胶等并用，从而获得耐高温、耐油性能；广泛用于汽车、军事装备的高温油封材料，特别是用于汽车的耐高温油封、曲轴、阀杆、汽缸垫、液压输油管等。使用温度范围为−25～160 ℃。

需要注意的是，丙烯酸酯橡胶对于强酸、强碱、酮类、酮酸类和酯酸类等化学物质的耐受性较差。此外，丙烯酸酯橡胶的介质兼容性还受到材料硬度、配方和交联方式等因素的影响。在具体应用前，建议参考制造商提供的技术资料，对丙烯酸酯橡胶与特定介质的兼容性进行测试和评估，以确保材料的耐受性符合应用需求。

11）氯磺化聚乙烯橡胶

氯磺化聚乙烯橡胶（CSM）也称为氯磺化聚乙烯酸酯橡胶，由聚乙烯经过氯化和氯磺化反应制得，为白色或黄色弹性体，是一种耐化学品腐蚀和耐高温的橡胶材料，能溶解于芳香烃及氯代烃，不溶于脂肪及醇中，在酮和醚中只能溶胀不能溶解，有优异的耐臭氧性、耐大气老化性、耐化学腐蚀性等，有较好的物理机械性能、耐老化性能、耐热及耐低温性、耐油性、耐燃性、耐磨性及电绝缘性。而尤以耐化学介质腐蚀、抗臭氧氧化及耐油侵蚀、阻燃等性能突出，还具有抗候变、抗离子辐射及优异的机械性能。

氯磺化聚乙烯橡胶对大多数酸、碱、盐和氧化剂都具有一定的耐受性。氯磺化聚乙烯橡胶能够耐受多种酸性介质，如硫酸、盐酸和醋酸等，然而，在强氧化性酸（如浓硝酸和浓硫酸）的作用下，其耐受性可能会受到一定的限制。氯磺化聚乙烯橡胶对碱性介质也表现出较好的耐受性，包括氢氧化钠和氨水等。氯磺化聚乙烯橡胶对一些有机溶剂，如酮类、酯类和醇类，也具有一定的抵抗力。需要注意的是，具体的耐温范围和耐介质性能会受到材料配方、交联方式和制造商提供的技术指导的影响。在使用氯磺化聚乙烯橡胶之前，建议参考相关资料，进行试验测试和评估，以确保其能够耐受特定介质和温度条件下的使用环境。

氯磺化聚乙烯橡胶适于制作胶布、车用空气滤清器连接套，散热器排水管、密封垫、电缆套管、防腐涂层及软油箱外壁。通常具有较广的耐温范围，一般为−40～150 ℃。这使得它在寒冷或高温环境下都可以表现出良好的物理和机械性能。

12）聚硫橡胶

聚硫橡胶为多硫烷烃聚合物，有固态聚硫橡胶和液态聚硫橡胶两种。耐油性好、耐天候老化，透气性小，电绝缘性亦佳。固态胶通常与丁腈橡胶并用制造燃油系统的密封零件、胶管和膜片。使用温度范围为−50～100 ℃，短时间可达130 ℃。液态胶通常用于配制密封剂。

13）氯醇橡胶

氯醇橡胶（CO或ECO）为环氧氯丙烷烃聚合物（CO），或环氧氯丙烷与环氧乙烷的二元共聚物（ECO），或加有第三单体（环氧丙烷）的三元共聚物。其具有耐油、耐臭氧性能，耐热性比较好，透气性小，适于制作密封垫圈和膜片。

14）氟硅橡胶

氟硅橡胶（MFQ）为含有氟代烷基的聚硅氧烷。其耐油、耐化学品、耐热、耐寒、耐老化性能优异，但强度和抗撕裂性较低，价格昂贵；适于制作燃油、双酯润滑油、液压油系统的密封圈、膜片。使用温度范围为−65～250 ℃。

总之，橡胶材料在各个行业中都有广泛的应用，需要注意的是，其具体的耐温范围和耐介质性在各种介质和极端环境下，会受到很大的影响。因此，在选用橡胶之前，建议参考相关资料，进行试验测试和评估，以确保其在特定介质和温度条件下的使用可靠性。随着科技的不断进步和需求的变化，橡胶材料的发展将包括绿色环保、高性能化、功能化、微纳结构以及智能化等方面。这将为橡胶材料在各个行业中的应用提供更多的可能性和发展空间。表3-2列出了常用密封用橡胶材料的主要物性。

表3-2 常用橡胶主要物性比较

物性	名称							
	天然橡胶（NR）	丁腈橡胶（NBR）	氯丁橡胶（CR）	丁苯橡胶（SBR）	三元乙丙橡胶（EPDM）	氟橡胶（FKM）	硅橡胶（VMQ）	氯磺化聚乙烯（CSM）
耐候性	可	可	优	可	优	优	优	优
耐臭氧性	否	否	良	可	优	优	良	优
耐寒性	可	良	良	可	优	可	优	优
耐热性	优	良	可	可—良	优	优	优	可
耐燃性	否	否	良	否	否	良	否	良
耐酸性	良	良	可	良	良—优	优	良	良

(续表)

物性	名称							
	天然橡胶(NR)	丁腈橡胶(NBR)	氯丁橡胶(CR)	丁苯橡胶(SBR)	三元乙丙橡胶(EPDM)	氟橡胶(FKM)	硅橡胶(VMQ)	氯磺化聚乙烯(CSM)
耐碱性	良	良	良	良	良—优	优	否	良
耐磨耗性	良—优	优	优	良	良	优	良	优
耐蒸汽性	良	优	否	良	优	优	优	良
耐油性	否	优	良	否	否	优	否	良
耐化学品	良	可	良	可	良	优	否	优
压缩变形	优	良	优	优	良	优	优	可
撕裂强度	优	优	良	优	良	优	可	良

3.3.1.2 工程塑料

1) 尼龙

尼龙(PA)即聚酰胺(nylon),是分子主链上含有反复酰胺基团-[NH—CO]-的热塑性树脂总称,具有良好的拉伸强度和极限伸长性能,韧性很好。尼龙能保持良好的湿强度,其上限温度约为120 ℃。它能耐普通的溶剂、燃料油、油、润滑脂,但不推荐用于强酸和强碱、氧化剂、苯酚和甲酸环境。

2) 聚四氟乙烯

聚四氟乙烯(PTFE)是一种以四氟乙烯作为单体聚合制得的高分子聚合物,化学式为$(C_2F_4)_n$,具有极好的化学稳定性,除了熔融的碱和含氟盐类,其对绝大多数化学介质具有非常好的耐受性,俗称“塑料王”,它还具有良好的耐热性能、耐寒性能、电绝缘性、表面不黏性、自润滑性、耐大气老化性和较低的摩擦系数等,使用温度为−196～260 ℃。

但普通聚四氟乙烯硬度较低、冷流性大、刚性和尺寸稳定性差,因此多采用改性工艺提高其物理机械性能,常用的改性工艺包括填充改性、结构改性、化学改性等[6-7]。

3) 聚醚醚酮

聚醚醚酮(PEEK)是在主链结构中含有一个酮键和两个醚键的重复单元所构成的高聚物,是芳香族结晶型热塑性高分子材料,具有机械强度高、耐高温、耐冲击、阻燃、耐酸碱、耐水解、耐磨、耐疲劳、耐辐照及良好的电性能。聚醚醚酮的熔点为340～343 ℃，这使其能够在高温条件下保持稳定的物理和化学性质，可长期使用在高温环境中，其使用温度为−40～260 ℃，瞬时使用温度可达300 ℃。

聚醚醚酮具有优异的耐疲劳性，在所有树脂中具有最好的耐疲劳性，对交变应力下的抗疲劳性可与合金材料相媲美；自润滑性优良，适合于严格要求低摩擦系数和耐磨耗用途的场合；除浓硫酸外，聚醚醚酮不溶于任何溶剂和强酸、强碱，而且耐水解，具有很高的化学稳定性；聚醚醚酮具有自熄性，即使不加任何阻燃剂，可达到UL标准的94V-0级。聚醚醚酮耐高辐照的能力很强，超过了通用树脂中耐辐照性最好的聚苯乙烯，γ辐照剂量达1.1×10^{9} rad（即1.1×10^{7} Gy）时仍能保持良好的绝缘能力；聚醚醚酮及其复合材料不受水和高压水蒸气的化学影响，用这种材料做成的制品在高温高压水中连续使用仍可保持优异特性。聚醚醚酮具有良好的电绝缘性能，并保持到很高的温度范围，其介电损耗在高频情况下也很小。温度、湿度等环境条件的变化对聚醚醚酮零件的尺寸影响不大，可以满足对尺寸精度有较高要求的工况下的使用需求。

由于聚醚醚酮具有优良的综合性能，在许多特殊领域可以替代金属、陶瓷等传统材料，使之成为当今最热门的高性能工程塑料之一，它主要应用于航空航天、汽车工业、电子电气和医疗器械等领域。

4）聚酰亚胺

聚酰亚胺（polyimide，PI）指主链上含有酰亚胺环（—CO—NR—CO—）的一类聚合物，是综合性能最佳的有机高分子材料之一。其耐高温可达400 ℃以上，长期使用温度范围为−200～300 ℃，部分无明显熔点，高绝缘性能，其介电常数为2.0～4.0，介电损耗仅0.004～0.007，属F～H级绝缘[8]。

（1）全芳香聚酰亚胺的分解温度高达500 ℃，由均苯四甲酸二酐和对苯二胺合成的聚酰亚胺热分解温度达600 ℃，是迄今聚合物中热稳定性较高的品种之一。

（2）聚酰亚胺可耐极低温，在−269 ℃的液氦中不会脆裂。

（3）聚酰亚胺具有优良的机械性能，未填充聚酰亚胺的抗张强度都在100 MPa以上，均苯型聚酰亚胺的薄膜为170 MPa以上，热塑性聚酰亚胺（TPI）的冲击强度高达261 kJ/m^{2}，而联苯型聚酰亚胺可达到400 MPa。作为工程塑料，弹性模量通常为3～4 GPa，纤维可达到200 GPa。

（4）一些聚酰亚胺品种不溶于有机溶剂，对稀酸稳定，一般品种耐水解力不高。

(5) 根据结构的不同，一些品种聚酰亚胺几乎不溶于所有有机溶剂，另一些则能够溶于普通溶剂，如四氢呋喃、丙酮、氯仿甚至甲苯和甲醇等。

(6) 聚酰亚胺的热膨胀系数为 $2\times10^{-5}\sim3\times10^{-5}$℃$^{-1}$，热塑性聚酰亚胺的为 3×10^{-5}℃$^{-1}$，联苯型可达 10^{-6}℃$^{-1}$，个别品种可达 10^{-7}℃$^{-1}$。

(7) 聚酰亚胺具有很高的耐辐照性能，其薄膜在 5×10^{7} rad(5×10^{5} Gy)快电子辐照后强度保持率为 90%。

(8) 聚酰亚胺具有良好的介电性能，介电常数为 3.4 左右。介电损耗为 10^{-3}，介电强度为 100～300 kV/mm，体积电阻为 10^{17} Ω·cm。这些性能在宽广的温度范围和频率范围内仍能保持在较高的水平。

(9) 聚酰亚胺是自熄性聚合物，发烟率低。

(10) 聚酰亚胺在极高的真空下放气量很少。

(11) 聚酰亚胺无毒，有一些聚酰亚胺还具有很好的生物相容性。

5) 高密度聚乙烯

高密度聚乙烯(HDPE)无毒，无味，结晶度为 80%～90%，软化点为 125～135 ℃，使用温度可达 100 ℃。硬度、拉伸强度和蠕变性优于低密度聚乙烯，耐磨性、电绝缘性、韧性及耐寒性较好；化学稳定性好，在室温条件下，不溶于任何有机溶剂，耐酸、碱和各种盐类的腐蚀；薄膜对蒸汽和空气的渗透性小，吸水性低；耐老化性能差，耐环境应力开裂性不如低密度聚乙烯，特别是热氧化作用会使其性能下降，所以树脂中须加入抗氧剂和紫外线吸收剂等来改善这方面的不足。

6) 芳纶纤维

芳纶(aramid)纤维的化学名是聚对苯二甲酰对苯二胺纤维(PPTA)，属于芳香族聚酰胺纤维。20 世纪 70 年代由美国杜邦公司生产，商品名为KEVLAR。芳纶纤维具有很高的拉伸强度，高模量和低密度，非易燃也不熔融。此外，芳纶纤维具有高的热机械稳定性，在 260～315 ℃开始衰变，在 538 ℃惰性气体中短暂停留，与树脂或弹性体一起时可以进一步延迟氧化。与其他有机纤维(除 PTFE 外)相比，芳纶纤维更能耐受常见的化学品，但需要注意的是，浓的热酸或苛性碱对其损伤较大。芳纶纤维很坚韧，具有良好的耐磨性，有良好的热和电绝缘性。在密封领域被广泛用作编织盘根的原料和代石棉纤维材料以制备无石棉橡胶密封板材[9]。

7) 纤维素纤维

棉纤维和麻纤维是最常用的纤维素纤维(CF)，是一种天然纤维，价格较低。纤维素耐适中的化学品和一般性流体，虽然不会熔化，但一般推荐使用温度不超过 120 ℃。

3.3.1.3 无机非金属材料

1) 碳/石墨材料(GRA)

碳一般以石墨的形式出现。石墨是自然界中两种碳原子晶体形式的一种，有许多优异的特性，如天然的自润滑性，耐高温性能和极稳定的耐油、耐化学品性；具有极好的导热和导电性能[10]。

(1) 对流体的广泛适应性，除浓的强氧化性无机酸外，可以耐绝大部分的有机和无机流体。

(2) 适用温度范围广泛，在惰性或还原性气氛中从－200 ℃到 3 000 ℃，在氧化性气氛(大气)中至 450 ℃，在蒸汽介质中至 650 ℃。

(3) 极好的压缩性(均质石墨板压缩率达 40%)。

(4) 良好的回弹性(＞17%)和较低的蠕变松弛率(＜5%)。

(5) 优异的耐辐射性能，几乎不受辐射影响。

天然鳞片石墨经特殊的氧化处理，然后在高温下膨胀生成石墨蠕虫，再经过机械加工制成的板材，称为柔性石墨或膨胀石墨。柔性石墨保持了石墨原有的物理化学性能，同时具有较好的柔软性、压缩回弹性能、密封性和可成型性能，在密封领域被广泛应用，是编织填料、填料环、复合密封垫片的重要原料。特别是其优异的耐高低温性能和耐辐射性能，确保了其成为核动力领域最主要的密封材料。

2) 云母

云母(MICA)是钾、铝、镁、铁、锂等金属的铝硅酸盐矿物，呈现六方形的片状晶形。云母晶体内部具有层状结构，具有非常高的绝缘、绝热性能，化学稳定性好，具有抗强酸、强碱和抗压能力，品种较多，以白云母和金云母应用较为广泛。

白云母在 100～600 ℃时，弹性和表面性质均不变；在 700～800 ℃时，脱水、机械、电气性能有所改变，弹性丧失，变脆；在 1 050 ℃时，结构破坏。金云母在 700 ℃左右时，电气性能较白云母好。作为密封材料，云母是目前主要的耐高温密封材料，经过特殊处理的云母密封材料可以作为耐高温金属缠绕垫、金属复合垫的主要非金属材料。

3) 蛭石(vermiculite)

蛭石是一种天然、无机且无毒的硅酸盐矿物，它在高温作用下具有膨胀的特性。蛭石片经过高温焙烧，后其体积可迅速膨胀至原来的 6～20 倍，膨胀后的密度为 60～180 kg/m^3，热导率小，具有很强的保温隔热性能和良好的电绝缘性，最高使用温度可达1 100 ℃。

膨胀蛭石广泛用于绝热材料、防火材料、育苗、种花、种树、摩擦材料、密封材料、电绝缘材料、涂料、板材、油漆、橡胶、耐火材料、硬水软化剂、冶炼、建筑、造船、化学等工业。

4）玻璃纤维（GF）

玻璃纤维是一种性能优异的无机非金属材料，其主要成分为二氧化硅、氧化铝、氧化钙、氧化硼、氧化镁、氧化钠等，根据玻璃中碱含量的多少，可分为无碱玻璃纤维（氧化钠质量分数在0～2%，属铝硼硅酸盐玻璃）、中碱玻璃纤维（氧化钠质量分数在8%～12%，属含硼或不含硼的钠钙硅酸盐玻璃）和高碱玻璃纤维（氧化钠质量分数在13%以上，属钠钙硅酸盐玻璃）。玻璃纤维种类繁多，优点是绝缘性好、耐热性强、抗腐蚀性好、机械强度高，但缺点是性脆，耐磨性较差[11]。用在垫片中的主要是玻璃纤维。每一根纤维都是十分细小的实心玻璃丝。玻璃纤维有极好的耐热性，且不会燃烧。约在400 ℃开始熔化，但在815 ℃之前熔化过程进行得很慢，直到它变成液体。不吸潮以致不会腐烂或变质。玻璃纤维耐酸、油、许多溶剂，耐老化和腐蚀性蒸汽，不导电。玻璃纤维容易得到且价格不高。因为它脆性大，加工比较困难，通常和其他纤维混杂使用。玻璃纤维通常用作复合材料中的增强材料、电绝缘材料和绝热保温材料。

5）陶瓷纤维

普通陶瓷纤维（CF）又称硅酸铝纤维，因其主要成分之一是氧化铝，而氧化铝又是瓷器的主要成分，所以叫陶瓷纤维。而添加氧化锆或氧化铬，可以使陶瓷纤维的使用温度进一步提高。陶瓷纤维制品是一种优良的耐火材料，具有质量轻、耐高温、热容小、保温绝热性能和高温绝热性能良好、无毒性等优点。其适用于各种隔热工业窑炉的炉门密封、炉口幕帘；石油化工设备、容器、管道的高温隔热、保温；输送高温液体、气体的泵，压缩机和阀门用的密封填料、垫片。

3.3.1.4　有机复合材料

用于密封的有机复合材料主要包括压缩纤维板（CS）、抄取纤维板和模压橡胶板等。压缩纤维板是指纤维与弹性体材料、无机填料等混合后制成料子，然后在双辊压延机（成张机）上连续压制成板材，板材经切割可以加工成各种形状的密封垫片。这种板材应用范围广，加工方便，适应性强，是常用的一类密封材料。根据纤维可以分为压缩石棉橡胶板和压缩无石棉橡胶板两大类。

1）压缩石棉橡胶板

压缩石棉橡胶板（CA）主要由石棉纤维与各种橡胶复合而成。石棉含量

(质量分数)可达70%以上,各种弹性体如SBR、CR、NBR、EPDM、NR均可作为石棉和填料的基体黏结剂使用,具有较高的性价比,但是由于石棉对人体的危害性,目前已被大多数行业和国家所禁用,并被各种无石棉密封材料所替代[12]。

2) 压缩无石棉橡胶板

压缩无石棉橡胶板(CNA)与压缩石棉橡胶板的最大区别就是用非石棉纤维替代石棉纤维制备橡胶复合材料,除纤维品种及含量以外,材料的其他成分和数量与压缩石棉橡胶板类同,作用也相似[8]。早期主要以Aramid纤维、玻璃纤维替代石棉纤维,目前已经发展采用多种碳/石墨、无机纤维替代石棉,制品性能已经可以在一定程度上替代甚至超过压缩石棉橡胶板。

表3-3为常用非金属材料软(平)垫片的适用条件。

表3-3 常用非金属材料软(平)垫片

类型	代号	适用条件		
		温度范围/℃	最大压力/MPa	介质
纸质垫片	—	100	0.1	燃料油、润滑油等
软木垫片	—	120	0.3	油、水、溶剂
天然橡胶	NR	−20~80	1.0	水、海水、空气、惰性气体、盐溶液、中等酸、碱等
丁腈橡胶	NBR	−30~100	1.6	石油产品、脂、水、盐溶液、空气、中等酸、碱、芳烃等
氯丁橡胶	CR	−40~120	1.6	水、盐溶液、空气、石油产品、脂、制冷剂、中等酸、碱等
丁苯橡胶	SBR	−40~100	1.6	水、盐溶液、饱和蒸汽、空气、惰性气体、中等酸、碱等
乙丙橡胶	EPDM	−50~150	1.6	水、盐溶液、饱和蒸汽、中等酸、碱等
硅橡胶	MQ	−60~200	1.6	水、脂、酸
氟橡胶	FKM	−20~200	1.6	水、石油产品、酸等

(续表)

类　型		代号	适　用　条　件		
			温度范围/℃	最大压力/MPa	介　　质
聚四氟乙烯垫片	纯车削板	PTFE	−196～260	2.0	强酸、碱、水、蒸汽、溶剂、烃类等
	填充板		−196～260	8.3	
	膨胀带		−196～260	5.5	
	金属增强		−196～260	17.2	
柔性石墨垫片	纯	FG	650(蒸汽)、450(氧化性介质)、2 500(还原性、惰性介质)	5.0	酸(非强氧化性)、碱、蒸汽、溶剂、油类等
	金属增强			6.4	
无石棉橡胶垫片	有机纤维增强	AF	−40～150	5.0	视黏结剂(SBR、NBR、CR、EPDM等)而定
	无机纤维增强		−40～220		

3.3.2　金属密封材料

由于非金属材料的强度和耐温性较低，大多只能应用于压力、温度相对较低的场合。对于温度、压力较高的场合，一般需要采用金属材料。绝大部分金属均可以作为密封材料使用，主要包括硬度较低的铝、铜、纯铁和银等，耐腐蚀性较好的各种不锈钢、具有优异耐介质性能和耐高低温性能的特种金属合金(如镍基合金)以及金、银、钛等贵金属材料。

1) 不锈钢

不锈钢(SS)是一种合金钢，主要在其组成中添加了一定比例的铬元素，一般铬含量(质量分数，下同)大于10.5%，碳含量最大不超过1.2%。耐空气、蒸汽、水等弱腐蚀介质或具有不锈性的称不锈钢；耐化学腐蚀介质(酸、碱、盐等化学浸蚀)腐蚀的称为耐酸钢。不锈钢按组织状态分为铁素体钢、奥氏体钢、奥氏体-铁素体(双相)不锈钢、马氏体钢及沉淀硬化不锈钢等；按成分可分为铬不锈钢、铬镍不锈钢和铬锰氮不锈钢等。

铁素体不锈钢含铬15%～30%。其耐蚀性、韧性和可焊性随铬含量的增加而提高，耐氯化物应力腐蚀性能优于其他种类不锈钢，属于这一类的有Cr17、Cr17Mo2Ti、Cr25、Cr25Mo3Ti、Cr28等。铁素体不锈钢因为含铬量高，耐腐蚀性能与抗氧化性能均比较好，但机械性能与工艺性能较差，多用于受力不大的耐酸结构及作为抗氧化钢使用。这类钢能抵抗大气、硝酸及盐水溶液的腐蚀，并具有高温抗氧化性能好、热膨胀系数小等特点。

奥氏体不锈钢含铬大于18%，还含有8%左右的镍及少量钼、钛、氮等元素。综合性能好，可耐多种介质腐蚀，常用牌号有1Cr18Ni9（12Cr18Ni9）、0Cr18Ni9（06Cr19Ni10）等。这类钢中含有大量的镍和铬，在室温下呈奥氏体状态，具有良好的塑性、韧性、焊接性、耐蚀性能和无磁或弱磁性，在氧化性和还原性介质中耐蚀性均较好。

奥氏体-铁素体双相不锈钢兼有奥氏体和铁素体不锈钢的优点，并具有超塑性。该类钢兼有奥氏体和铁素体不锈钢的特点，与铁素体相比，塑性、韧性更高，无室温脆性，耐晶间腐蚀性能和焊接性能均显著提高，同时还具有铁素体不锈钢的高导热系数、超塑性等特点。与奥氏体不锈钢相比，强度高且耐晶间腐蚀和耐氯化物应力腐蚀有明显提高，是海水介质最常用的密封材料。

马氏体钢是一种特殊的钢材，其主要特点是具有高强度、高硬度和一定的韧性。其中的含碳量通常在0.2%～1.0%，此外还含有锰、硅、镍、铬等合金元素。马氏体是一种单相碳钢，是在高温下将碳饱和的奥氏体急速冷却至低温，从而使得碳原子无法再溶解于铁的扭转体中，形成扭曲的晶体结构的一种体心立方晶格。在钢材的淬火过程中，马氏体的形成主要取决于温度、冷却速度以及钢材的化学成分。马氏体钢广泛应用于各种强度和耐磨性要求较高的场合，如轴承、齿轮、弹簧、钢丝、刀具、模具，以及汽车零件、机械零件等。另外，马氏体钢还可以通过调整化学成分和热处理工艺，获得不同的性能特点，从而满足各种工程应用的需求。

常用的不锈钢有以下系列。

201、202系列：以锰代镍，耐腐蚀性比较差。

300系列：铬-镍奥氏体不锈钢。301的延展性好，抗磨性和疲劳强度优于304不锈钢；302的耐腐蚀性同304，由于含碳量相对较高因而强度更好；303通过添加少量的硫、磷使其较304更易切削加工；304即18/8不锈钢，是最常用的不锈钢材料；304 L与304特性相同，但低碳故更耐蚀、易热处理，但机械性较差。304 N与304有相同特性，是一种含氮的不锈钢，加氮提高了钢的强度。309较304有更好的耐温性，耐温高达980 ℃。309 S含多量铬、镍，故耐热、抗氧化性佳。310的高温耐氧化性能优秀，最高使用温度可达1 200 ℃。

316 是继 304 之后，第二个得到最广泛应用的钢种，其通过添加钼元素使其获得一种抗腐蚀的特殊结构。较 304 具有更好的抗氯化物腐蚀能力，并常用于核燃料回收装置。316 L 的碳含量更低，故更耐蚀、易热处理。

321 因为添加了钛元素降低了材料焊缝锈蚀的风险，除此之外，其他性能与 304 类似；347 通过添加铌，适于焊接航空器具零件及化学设备。

400 系列为铁素体和马氏体不锈钢，无锰，一定程度上可替代 304 不锈钢。408 的耐热性好，弱抗腐蚀性；409 价格低廉，通常用作汽车排气管，属铁素体不锈钢（铬钢）；410 为马氏体（高强度铬钢），耐磨性好，抗腐蚀性较差；416 通过添加硫改善了材料的加工性能；420 是用于刃具的马氏体钢，表面可以做得非常光亮；430 为铁素体不锈钢，有良好的成型性，但耐温性和抗腐蚀性差，主要作为装饰材料使用；440 为高强度刃具钢，经过适当的热处理后可以获得较高的屈服强度和硬度，属于最硬的不锈钢之列。

另外 500 系列主要为耐热铬合金钢，600 系列为马氏体沉淀硬化不锈钢。

表 3－4 为常用不锈钢牌号及不同牌号对应表。

2）铝（Al）及铝合金（Al alloy）

铝为银白色轻金属，有延展性，熔点为 660 ℃，沸点为 2 327 ℃，相对密度为 2.70，弹性模量为 70 GPa，泊松比为 0.33。铝的电导率约为铜的 60%，以其轻、良好的导电和导热性能、高反射性和耐氧化而被广泛使用。

铝是强度低、塑性好的金属，除部分情况下应用纯铝外，为了提高强度或综合性能，在铝中加入一种合金元素，就能使其组织结构和性能发生改变。经常加入的合金元素有铜、镁、锌、硅。

铝及铝合金常用作金属平垫和金属 C 形环、O 形环，具有较好的变形能力，在高真空、高压密封中可获得较好应用。

3）铜（Cu）

铜是一种呈紫红色光泽的金属，稍硬，极坚韧，耐磨损，有很好的延展性，较好导热性、导电性和耐腐蚀能力。其密度为 8.92 g/cm^3，熔点为（1 083.4±0.2）℃，沸点为 2 567 ℃。

纯铜通过添加其他金属可以制成多种铜合金，如黄铜、航海黄铜、青铜、磷青铜和白铜等。其中，黄铜是由铜与锌合成的合金，具备优秀的机械性能和耐磨性能；航海黄铜则是铜与锌、锡的合金，能够抵抗海水的侵蚀；青铜则是铜与锡的组合，它常常显示出优越的耐腐蚀性、耐磨性、铸造性，并具备良好的机械性能；磷青铜则是铜与锡、磷的合金，硬度高，因此适合用于制造弹簧；白铜则

表 3-4　常用不锈钢牌号及不同牌号对应表

No.	中国 GB		日本	美　国		韩国	欧盟 BSEN	印　度	澳大利亚 AS
	旧牌号	新牌号(07.10)	JIS	ASTN	UNS	KS		IS	
奥氏体不锈钢									
1	1Cr17Mn6Ni5N	12Cr17Mn6Ni5N	SUS201	201	S20100	STS201	1.4372	10Cr17Mn6Ni4N20	201-2
2	1Cr18Mn8Ni5N	12Cr18Mn9Ni5N	SUS202	202	S20200	STS202	1.4373		—
3	1Cr17Ni7	12Cr17Ni7	SUS301	301	S30100	STS301	1.4319	10Cr17Ni7	301
4	0Cr18Ni9	06Cr19Ni10	SUS304	304	S30400	STS304	1.4301	07Cr18Ni9	304
5	00Cr19Ni10	022Cr19Ni10	SUS304L	304L	S30403	STS304L	1.4306	02Cr18Ni11	304L
6	0Cr19Ni9N	06Cr19Ni10N	SUS304N1	304N	S30451	STS304N1	1.4315	—	304N1
7	0Cr19Ni10NbN	06Cr19Ni9NbN	SUS304N2	XM21	S30452	STS304N2	—	—	204N2
8	00Cr18Ni10N	022Cr19Ni10N	SUS304LN	304LN	S30453	STS304LN	—	—	304LN
9	1Cr18Ni12	10Cr18Ni12	SUS305	305	S30500	STS305	1.4303	—	305
10	0Cr23Ni13	06Cr23Ni13	SUS309S	309S	S30908	STS309S	1.4833	—	309S
11	0Cr25Ni20	06Cr25Ni20	SUS310S	310S	S31008	STS310S	1.4845	—	310S
12	0Cr17Ni12Mo2	06Cr17Ni12Mo2	SUS316	316	S31600	STS316	1.4401	04Cr17Ni12Mo2	316

（续表）

No.	中国GB		日本	美　国		韩国	欧盟 BSEN	印　度	澳大利亚 AS
	旧牌号	新牌号(07.10)	JIS	ASTN	UNS	KS		IS	
13	0Cr18Ni12Mo3Ti	06Cr17Ni12Mo2Ti	SUS316Ti	316Ti	S31635	—	1.4571	04Cr17Ni12MoTi20	316Ti
14	00Cr17Ni14Mo2	022Cr17Ni12Mo2	SUS316L	316L	S31603	STS316L	1.4404	~02Cr17Ni12Mo2	316L
15	0Cr17Ni12Mo2N	06Cr17Ni12Mo2N	SUS316N	316N	S31651	STS316N	—	—	316N
16	00Cr17Ni13Mo2N	022Cr17Ni13Mo2N	SUS316LN	316LN	S31653	STS316LN	1.4429	—	316LN
17	0Cr18Ni12Mo2Cu2	06Cr18Ni12Mo2Cu2	SUS316JI	—	—	STS316JI	—	—	316JI
18	00Cr18Ni14Mo2Cu2	022Cr18Ni14Mo2Cu2	SUS316JIL	—	—	STS316JIL	—	—	—
19	0Cr19Ni13Mo3	06Cr19Ni13Mo3	SUS317	317	S31700	STS317	—	—	317
20	00Cr19Ni13Mo3	022Cr19Ni13Mo3	SUS317L	317L	S31703	STS317L	1.4438	—	317L
21	0Cr18Ni10Ti	06Cr18Ni11Ti	SUS321	321	S32100	STS321	1.4541	04Cr18Ni10Ti20	321
22	0Cr18Ni11Nb	06Cr18Ni11Nb	SUS347	347	S34700	STS347	1.455	04Cr18Ni10Nb40	347
奥氏体-铁素体型不锈钢(双相不锈钢)									
23	0Cr26Ni5Mo2	—	SUS329JI	329	S32900	STS329JI	1.4477	—	329JI
24	00Cr18Ni5Mo3Si2	022Cr19Ni5Mo3Si2N	SUS329J3L	—	S31803	STS329J3L	1.4462	—	329J3L

（续表）

No.	中国 GB		日本	美　国		韩国	欧盟 BSEN	印　度	澳大利亚 AS
	旧牌号	新牌号(07.10)	JIS	ASTN	UNS	KS		IS	
				0Cr18Ni10Ti 铁素体型不锈钢					
25	0Cr13A1	06Cr13A1	SUS405	405	S40500	STS405	1.4002	04Cr13	405
26	—	022Cr11Ti	SUS409	409	S40900	STS409	1.4512	—	409L
27	00Cr12	022Cr12	SUS410L	—	—	STS410L	—	—	410L
28	1Cr17	10Cr17	SUS430	430	S43000	STS430	1.4016	05Cr17	430
29	1Cr17Mo	10Cr17Mo	SUS434	434	S43400	STS434	1.4113	—	434
30	—	022Cr18NbTi	—	—	S43940	—	1.4509	—	439
31	00Cr18Mo2	019Cr19Mo2NbTi	SUS444	444	S44400	STS444	1.4521	—	444
				马氏体型不锈钢					
32	1Cr12	12Cr12	SUS403	403	S40300	STS403	—	—	403
33	1Cr13	12Cr13	SUS410	410	S41000	STS410	1.4006	12Cr13	410
34	2Cr13	20Cr13	SUS420J1	420	S42000	STS420J1	1.4021	20Cr13	120
35	3Cr13	30Cr13	SUS420J2	—	—	STS420J2	1.4028	30Cr13	420J2
36	7Cr17	68Cr17	SUS440A	440A	S44002	STS440A	—	—	440A

是铜与镍的合金，它的色泽近似于银，而且不易生锈，因此常用于制作钱币。

纯铜由于极佳的延展性和耐高温性能，常作为金属平垫和O形密封环使用，为了增加其变形能力，通常通过退火处理以降低其硬度提高其变形能力。

4）镍基合金(Ni alloy)

镍基合金是指在650～1 000 ℃高温下有较高的强度和一定的抗氧化腐蚀能力等综合性能的一类合金。按照主要性能又细分为镍基耐热合金、镍基耐蚀合金、镍基耐磨合金、镍基精密合金与镍基形状记忆合金等。镍基高温和镍基耐蚀合金是苛刻工况首选的一大类密封材料。

镍基高温合金主要合金元素有铬、钨、钼、钴、铝、钛、硼、锆等。其中铬起抗氧化和抗腐蚀作用，其他元素起强化作用。在650～1 000 ℃高温下有较高的强度和抗氧化、抗燃气腐蚀能力，是高温合金中应用最广、高温强度最高的一类合金，主要集中用于制造航空发动机叶片和火箭发动机、核反应堆、能源转换设备上的高温零部件。

镍基耐蚀合金中的主要合金元素是铜、铬、钼，具有良好的综合性能，可耐各种酸腐蚀和应力腐蚀。如镍铜(Ni－Cu)合金(又称蒙乃尔合金，Monel合金Ni70Cu30)、镍铬(Ni－Cr)合金(即镍基耐热合金，耐蚀合金中的耐热腐蚀合金)、镍钼(Ni－Mo)合金(主要是指哈氏合金B系列)、镍铬钼(Ni－Cr－Mo)合金(主要是指哈氏合金C系列)等。此外，纯镍也是镍基耐蚀材料中的典型代表。这些镍基耐蚀合金主要用于石油制造、化工、电力等各种耐腐蚀环境下的适用零部件，包括各种密封件。

Ni－Cu合金在还原性介质中耐蚀性优于镍，而在氧化性介质中耐蚀性又优于铜，它是耐高温氟气、氟化氢和氢氟酸的最好的材料。

Ni－Cr合金即镍基耐热合金，主要在氧化性介质条件下使用。抗高温氧化和含硫、钒等气体的腐蚀，其耐蚀性随铬含量的增加而增强。这类合金也具有较好的耐氢氧化物(如NaOH、KOH)腐蚀和耐应力腐蚀的能力。

Ni－Mo合金主要在还原性介质腐蚀的条件下使用。它是耐盐酸腐蚀的最好的一种合金，但在有氧和氧化剂存在时，耐蚀性会显著下降。

Ni－Cr－Mo(W)合金兼有上述Ni－Cr合金、Ni－Mo合金的性能。主要在氧化-还原混合介质条件下使用。这类合金在高温氟化氢气体、含氧和氧化剂的盐酸及氢氟酸溶液中以及在室温下的湿氯气中耐蚀性良好。

Ni－Cr－Mo－Cu合金具有既耐硝酸又耐硫酸腐蚀的能力，在一些氧化-还原性混合酸中也有很好的耐蚀性。

镍基耐热合金的代表材料有：

(1) 镍基合金，属于耐热合金。如 Inconel 800，其主要化学成分为镍(Ni) 30.00%～35.00%，铬(Cr) 19.00～23.00%，铁(Fe) 39.50%，余量为钼(Mo)≤0.40%，钛(Ti)0.15～0.60%；铝(Al)。Inconel 600，其主要化学成分为镍(Ni)≥72.0%，铬(Cr)14.0%～17.0%，铁(Fe)6.0%～10.0%等。

(2) 哈氏合金(Hastelloy alloy)，属于耐蚀合金。如哈氏 C-276，主要成分为镍(Ni)约 57.0%，铬(Cr)14.5%～16.5%，钼(Mo)5.0%～17.0%，铁(Fe) 4.0%～7.0%，钨(W)3.0%～4.5%，钴(Co)≤2.5%，锰(Mn)≤1.0%等。

(3) 蒙乃尔合金(Monel alloy)，属于耐蚀合金。如蒙乃尔 400，主要成分是镍(Ni)63.0～70.0%，铜(Cu)28.0～34.0%，铁(Fe)2.0～2.5%等。

表 3-5 列出了常用镍基合金牌号及不同牌号的对应。

表 3-5　常用镍基合金牌号及不同牌号的对应

合金牌号	相近国外牌号	合金牌号	相近国外牌号
NS111	Inconel 800	NS334	HastelloyC276
NS112	Inconel 800H	NS335	HastelloyC-4
NS142	Inconel 825	NS336	Inconel 625
NS143	Alloy20cb3	M-400	Monel 400
NS312	Inconel 600	GH26	R 26
NS315	Inconel 690	GH125	FN-2
NS321	Hastelloy B	GH145	Inconel X-750
NS322	Hastelloy B2	GH3536	Alloy XN06002
NS333	HastelloyC		

5) 金(Au)、银(Ag)等软金属

金(Au)是一种过渡金属，化学性质稳定，不易发生化学反应。然而，它仍可以被某些具有强腐蚀性和氧化性的物质所侵蚀，如氯、氟、王水、氰化物、硒酸、高氯酸以及氟王水(一种由氢氟酸和发烟硝酸混合而成的超酸)。此外，金还能被汞溶解，形成金汞齐，但却不会被硝酸所溶解。金在常温或加热条件下都不与氧气发生反应，只有经过特殊的处理过程才能生成氧化金。当金受热时，它可以在氟气中燃烧，形成三氟化金。

金因其优良的延展性和可塑性而备受青睐，它可以被锻造成极薄的金箔或拉伸成细丝，这使得金在工艺制品和珠宝制造中得到了广泛的应用。此外，金还具备卓越的导电性和导热性，这使得它在微电子设备和电子行业成为不可或缺的关键材料。

银(Ag)也是一种过渡金属。银的理化性质均较为稳定，导热、导电性能很好，质软，富延展性，其反光率极高，可达99%以上。银的化学活性相对较弱，与大多数酸不会产生反应，但会与氢硫酸和硝酸反应，在纯氧环境中会氧化。银可以与硫形成银硫化物，这就是为何含银的物件会因环境中的硫化氢而“变黑”。

金银等软金属由于其优异的延展性和耐腐蚀性，在特殊工况条件下，可以用作密封件与被密封件之间的啮合层，如核反应堆压力容器密封环，其啮合层采用的就是纯度为99.99%的银。

常用金属垫片及适用范围见表3-6。

表3-6 常用金属垫片

类型		断面形状	使用条件	
			最高温度/℃	最大压力/MPa
金属平垫片	铝		430	40
	碳钢		540	
	铜		320	
	镍基合金		1 040	
	铅(密封结构存在约束)		200	
	铅(密封结构无约束)		100	
	蒙乃尔合金(无氧环境)		820	
	银		450	
	06Cr19Ni10(304)		510	
	06Cr17Ni12Mo2(316)		680	
	022Cr19Ni10(304L)		500	
	022Cr17Ni12Mo2(316L)		600	
	06Cr23Ni13(309S)		930	

（续表）

类　型	断 面 形 状	使 用 条 件	
		最高温度/℃	最大压力/MPa
金属波形垫片		同上	7
金属齿形垫片		同上	15
金属环形密封环（八角形或椭圆形环）	八角形环 椭圆形环	同上	70
金属中空O形密封环		同上	280

3.3.3 金属非金属组合密封材料

非金属密封材料柔软可压缩性好，初始密封比压较低，容易与法兰面贴合，但其强度低，不适于高温高压场合。金属密封材料具有强度高、弹性好、耐高温特点，适合高温、高压等苛刻操作条件，但是需要的螺栓载荷大，结构重量大。由金属与非金属材料组合而成的复合密封材料，结合了非金属垫片的高压缩性、低密封比压，又具有金属材料强度高、弹性好、耐高温的特点，因而在密封领域应用广泛。常用的金属非金属组合密封材料见表3-7。

表3-7　半金属垫片

类型	填充材料	断 面 形 状	最高温度*/℃	最大压力/MPa
金属缠绕垫片	PTFE		290（有约束）	42（有约束） 21（无约束）
			150（无约束）	
	柔性石墨		650（蒸汽介质）	
			450（氧化性介质）	

（续表）

类型	填充材料	断 面 形 状	最高温度* /℃	最大压力/MPa
金属缠绕垫片	白石棉纸		600	
	陶瓷（硅酸铝）		1 090	
金属包覆垫片	石棉板		400	6
	石墨板		500	
金属波齿复合垫片	石墨板	D1 D2	500	4

注：* 垫片最高使用温度取非金属填充材料的最高使用温度和金属材料最高使用温度的低值。

金属的最高使用温度见表 3 - 8。

表 3 - 8　常用金属材料最高使用温度[13]

材　　料	最高温度/℃
06Cr19Ni10(304)	510
022Cr17Ni12Mo2(316L)	600
321(06Cr18Ni11Ti)	650
347(06Cr18Ni11Nb)	900
碳钢	540
Monel400(GB/T：MCu - 28 - 1.5 - 1.8)	820
镍(Nickel200)	760
钛(Titsnium)	1 090
Inconel 600(GH600)	1 090
Inconel 800(Cr20Ni32AlTi)	870
HastelloyB2(NS322)	1 090
HastelloyC276	1 090

3.4 核动力装置常用密封材料

核动力装置运行特征对密封材料提出了严格的要求,具体包括以下几个方面:① 耐温性。核动力装置的工作环境温度可高达数百摄氏度,因此,密封材料必须具有良好的耐高温性能,即使在高温下也能保持其物理和化学性质,同时也要能够抵御温度变化带来的径向和轴向热膨胀。② 抗辐射性。由于核动力装置产生的强辐射,密封材料必须具备良好的抗辐射性,即暴露在强辐射下时其结构稳定性、机械强度和密封性能都不能显著下降。③ 耐腐蚀性。鉴于核动力装置中的冷却液往往具有较强的化学腐蚀性,所选用的密封材料必须具备出色的抗化学腐蚀性,主要体现在对密封材料中的卤素、低熔点金属的要求。④ 机械强度。在承担高压和潜在的机械振动时,密封材料需有足够的强度和韧性。⑤ 长期稳定性。在整个预期的服务寿命期间,密封材料必须能够长期稳定地保持其密封功能,以保证核动力装置的安全运行。⑥ 环境安全性。出于人员和环境安全的考虑,密封材料在磨损或更换时,必须能够安全无害地处理,不会产生二次污染。

总的来说,选择合适核动力装置的密封材料,需要特别考虑其在极端环境下的稳定性、耐用性和安全性,这需要合金材料学、高分子科学、辐射物理等多方面的深入理解和技术支持。

综合非金属、金属和复合密封材料,目前在核动力装置中应用最为广泛的主要是如下几种密封材料。

高温、高压抗辐射用镍基合金和贵金属材料。主要在核动力一回路系统,介质主要是高温、高压和含高放射性的饱和水,目前常用的主要是以 Inconel 材料为基材的金属 C 形密封环,表面通过镀银或包银提高啮合能力,确保密封效果。其他高温、高压部位的静密封材料以采用柔性石墨金属复合密封材料为主,主要型式为金属缠绕式垫片、金属石墨垫片或阀门用纯石墨密封材料。

鉴于核动力装置的特殊工况和要求,对核动力装置用柔性石墨提出了更高的要求,包括硫、氯、氟等卤素元素及低熔点金属的含量以及柔性石墨机械密封性能的要求。表 3-9 和表 3-10 分别为目前对核动力用柔性石墨的基本要求,且石墨板材应具有规定的抗辐射能力,在其所受的辐照剂量达到 1.9×10^6 Gy 时,其机械性能变化应不大于 10%。

表3-9　石墨板材的化学成分要求

项　目	单位	指标	项　目	单位	指标
灰分	%	≤0.5	铅	mg/kg	≤200
碳含量	%	>99.5	锡	mg/kg	≤200
卤素总含量	mg/kg	≤200	砷	mg/kg	≤200
氯离子(游离态)含量	mg/kg	≤30	锑	mg/kg	≤200
氟离子(游离态)含量	mg/kg	≤50	铋	mg/kg	≤200
总硫含量	mg/kg	≤200	锌	mg/kg	≤200
低熔点元素含量	mg/kg	≤500	铜	mg/kg	记录
银	mg/kg	≤200	溴	mg/kg	记录
镉	mg/kg	≤200	碘	mg/kg	记录
汞	mg/kg	≤200	总硝酸盐	mg/kg	≤820
镓	mg/kg	≤200	总亚硝酸盐	mg/kg	≤5
铟	mg/kg	≤200			

表3-10　石墨板材力学性能要求

项　目	单　位	指　标
密度	g/cm^3	1.0±0.2
拉伸强度	MPa	≥4.5
压缩率	%	≥41
回弹率	%	≥12
热失重(450 ℃)	%	≤0.5

对于石墨填料(编织)材料采用核级石墨股线制成,化学成分应满足表3-11的要求。

表 3-11　石墨股线的化学成分要求

项　　目	单　　位	指　　标
碳含量	%	＞99.5
灰分	%	＜0.5
总硫含量	mg/kg	＜200
氯离子(游离态)含量	mg/kg	＜30
氟离子(游离态)含量	mg/kg	＜50
总卤素	mg/kg	＜200

对于核动力装置中温度、压力较低，不含有或含有微量放射性的水等介质，常用具有较好耐腐蚀的聚四氟乙烯密封材料，特别是具有较好综合性能的改性聚四氟乙烯密封材料。表 3-12 列出了目前核动力装置中对聚四氟乙烯密封材料的基本要求。

表 3-12　核动力装置对聚四氟乙烯垫片的基本要求

项　　目	单　位	指　标	备　注
蠕变松弛率	%	⩽15	ASTM F38
泄漏率	mL/h	＜0.15	ASTM F37
适用温度	℃	−196～260	
最大压力	MPa	8.3	
垫片系数 m		2	
最小垫片应力 y	MPa	15～18	

橡胶材料因其卓越的动、静密封性能，在密封领域得到了广泛的应用。然而，橡胶材料通常抗辐射能力相对较弱。尽管如此，在核动力装置中，橡胶密封材料仍然具有一定的应用，特别是在反应堆舱中，三元乙丙橡胶经常被用作动、静密封材料。表 3-13 详细列出了核动力装置对三元乙丙橡胶的基本要

求。其中，硬度等级为 55A 的橡胶材料主要应用于静密封系统，而硬度等级为 75A 的橡胶材料则主要应用于动密封系统。

表 3-13　核动力装置对三元乙丙橡胶密封材料的性能要求

项目		单位	指标		备注
			55A	75A	
硬度		H_A	56±5	75±3	GB/T 531.1-2008
抗拉强度		MPa	≥10	≥18	GB/T 528-2009
断裂伸长率		%	≥450	≥340	
100%定伸应力		MPa	≥1	≥3	
抗撕裂强度		kN/m	≥19	≥42	GB/T 529-2008
脆性温度		℃	≤−40	≤−40	GB/T 1682-2014
本体卤素含量		mg/kg	≤200	≤200	NB/T 20001—2023
本体硫含量		mg/kg	≤200	≤200	
热老化性能	硬度变化	H_A	−1～+3	−1～+3	150 ℃，70 h
	抗拉强度最大损失率	%	−10	−10	
	断裂伸长变化率	%	−10～+10	−10～+10	
	撕裂强度变化率	%	−10～+10	−10～+10	
	压缩永久变形(25%，B 型)	%	≤36	≤40	
耐辐照性能	抗拉强度	MPa	≥7		6.5×10^5 Gy，γ 射线辐照后
	断裂伸长率	%	≥400		

在核动力装置中，部分设备、管道还会采用退火紫铜作为密封材料，但是目前对其技术要求还需要进一步研究。

总之，核动力装置的密封要求非常高，必须考虑到极端环境的影响，因此，在选择密封材料时，必须充分考虑其耐温、耐压、耐腐蚀性能，以及对辐射的影响等因素，并进行严格测试和验证。

参考文献

[1] Warring R H. Seals and sealing handbook[M]. Houston: Gulf Pub. Co., Book Division S, 1981.
[2] 广廷洪，汪德涛. 密封件使用手册[M]. 北京：机械工业出版社，1994.
[3] 顾伯勤，李新华，田争，等. 静密封设计技术[M]. 北京：中国标准出版社，2013.
[4] 《橡胶工业手册》编写小组. 橡胶工业手册(Ⅰ)[M]. 北京：化学工业出版社，1976.
[5] 费久金. 橡胶的技术性能和工业性能[M]. 刘约翰，译. 北京：中国石化出版社，1990.
[6] 谢苏江. 聚四氟乙烯的改性及应用[J]. 化工新型材料，2002，30(11)：26-31.
[7] 李海龙，朱磊宁，谢苏江. 聚四氟乙烯改性及其应用[J]. 液压气动与密封，2012(6)：4-8.
[8] 蔡仁良，谢苏江. 非石棉压缩纤维密封垫片的研究与开发[J]. 石油化工设备，1994，23(4)：42-46.
[9] 龚云表，石安富，等. 高分子密封材料[M]. 上海：上海科学技术出版社，1981.
[10] 谢苏江. 柔性石墨及其复合密封材料的研究和发展[J]. 化工设备与防腐蚀，2004(4)：50-52.
[11] 李青山，于进军，于天诗，等. 非石棉矿纤维密封材料研究[J]. 化工时刊，1997，11(4)：20-23.
[12] 景仁. 石棉橡胶板垫圈材料[M]. 北京：中国建筑工业出版社，1979：18-26.
[13] 谢苏江. 金属缠绕垫片的制备及发展[J]. 化工装备技术，2006，27(5)：65-69.

第 4 章 密封设计、应用和数值模拟

密封技术的设计、应用和数值模拟是一个涉及多个学科的综合性专业领域。这个领域主要关注如何巧妙地设计、制造密封系统，并利用先进的计算方法对它们的性能进行优化和评估。密封设计旨在通过优化密封结构、选择合适的密封材料以及确定合适的尺寸和型式，来满足特定应用场合的需求。在这个过程中，设计师需要全面考虑多个性能指标，如减少摩擦、提升耐压性能、增强防腐蚀性和耐磨性等。对于任何特定的应用情形，设计师们必须在多种性能需求间取得均衡。

密封技术的应用涵盖了密封解决方案在实际环境中的具体运用，以及相关设计工艺参数的设定。这涉及在阀门、泵、容器和动力系统等设备中防止气体、液体或其他物质的泄漏，以及在实验室和工业装置中创造和维持特定的隔离环境。为实现这些目标，密封元件必须能够适应其所在的工作环境，包括承受不同的温度、压力和介质属性等。

数值模拟通过利用计算机建模技术，仿真实际操作或测试的条件，从而预测密封部件在多种工作环境下的性能表现和可靠性。在产品研发和设计的初期阶段，数值模拟的应用能够显著减少时间和资源的投入，同时帮助工程师在理论研究和实际应用之间找到有效的平衡。

综上所述，密封技术的设计、应用及数值模拟是一个涉及工程设计、材料科学和计算技术的综合性概念，旨在创造出更高效、更安全、更经济的密封解决方案。

4.1 密封设计基本准则

密封是工业生产中常用的一种技术手段，密封装置的作用就是将机器设

备内的介质与环境介质分离开，防止机器设备内的介质泄漏到环境中，或者防止机器设备中不同空间之间的介质流窜，以减少能量损失、提高生产效率、保证产品质量，并承担着保护安全和环境的重要作用。

密封件是最小的零部件之一，但应用却极为广泛，几乎存在于各行各业，主要包括以下几个方面：① 能源行业，如核电站、火电站、水电站等；② 化工行业，如石油、化学、煤化工、材料等；③ 机械制造行业，如机床、液压机械、铁路、汽车、飞机等；④ 电子、通信和半导体行业，如计算机、手机、电视、芯片等；⑤ 军工、航空和航天领域：如飞机发动机、液压系统、导弹、火箭、卫星等；⑥ 生活领域，如医药、食品、卫生间、水管、窗户玻璃、灯具、家用电器等。

在这些行业中，密封广泛应用于反应容器、储运容器、换热器、塔器、蒸馏釜、管道、阀门、泵、压缩机、风机、汽轮机、燃气轮机、发动机、传动系统、电机、轴承、变速箱、转向器、刹车系统、气密舱、半导体制程设备、燃料舱、深海探测系统等装置和装备中。随着技术的不断进步，以及对于环境保护和节能的需求不断提高，对密封件的要求也在不断更新和拓展。

为了保证密封装置的安全可靠，在密封研发和设计时，需要从以下四个维度，确定密封选择准则(见图 4-1)。

第一，明确和理解密封的应用场景。

第二，了解应用场景中的设计参数、介质相容性、瞬态工况以及安装位置

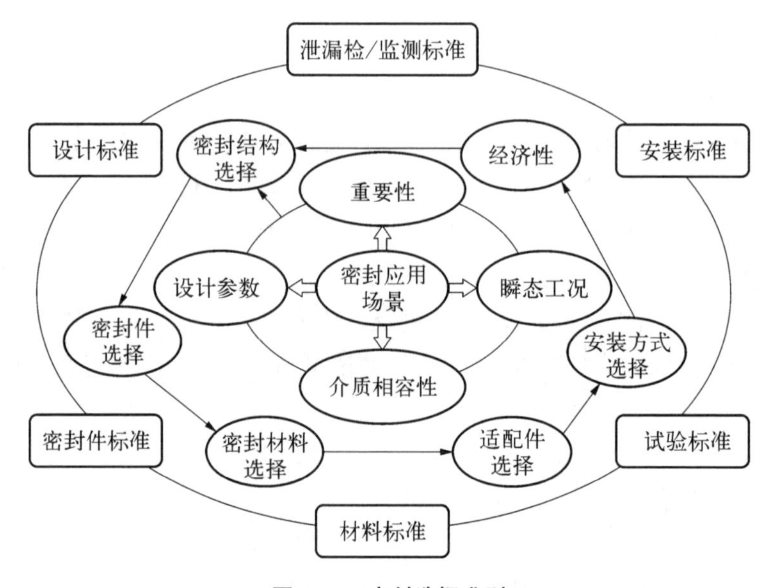

图 4-1　密封选择准则

的重要性，即系统是否存在冗余，在出现泄漏时是否有条件切换，泄漏介质有何危害。

第三，确定合适的密封结构，选择适配的密封件和密封材料，设计确定相关适配件，如螺栓、法兰、填料函、轴(杆)等，确定安装方式并制定相应规程，并综合考虑经济性。

第四，在上述确定条件的基础上，作为工程设计，尽量选用标准化部件，并符合相关设计、密封件、材料、试验、安装、泄漏检测等标准。

4.1.1 应用场景

4.1.1.1 设计参数

密封设计参数是根据实际应用场景工艺系统的设计参数来确定的，这些参数会直接影响到密封系统的选择和密封可靠性，具体如下：

1) 压力

流体介质压力是泄漏的主要推动力，压力等级是选择密封件的重要输入指标。压力一般分为四个等级[1]，其中低压的最大工作压力为0.1到不大于1.6 MPa；中压的最大工作压力为1.6到不大于10.0 MPa；高压的最大工作压力为10到不大于100 MPa；超高压容器的最大工作压力不小于100 MPa。

在设计和制造密封结构和密封时，必须选用符合规定的材料和技术标准，并按照压力等级来进行设计、制造、安装和检验。同时，在使用时，必须按照设计规定的压力等级和使用条件来进行操作，以保证密封的安全性和可靠性。

一般而言，在低压紧载荷的情况下，为确保密封具有良好的止漏效果，可以采用改性PTFE、膨胀垫片以及工程橡胶复合密封件等材料。而在中压环境下，则可以选择非金属与金属组合的密封件来实现有效的密封。对于高压情况，由于高压密封面所需的密封比压远超过中低压容器，非金属垫片材料难以承受如此大的压缩载荷，因此金属密封件成为更合适的选择。在高压容器中，常采用延性良好的退火铝、退火紫铜或软钢等金属材料作为密封件。对于超高压环境，则以高强金属材料为主，并辅以软金属或非金属材料来组成密封啮合面，形成密封组件。同时，还需要考虑采用自紧式密封结构，以确保在超高压条件下依然能够保持稳定的密封效果。

2) 温度

参考ISO 15848-1：2015/A1：2017[2]及相关标准，结合不同密封材料耐温性，将温度进行划分(见表4-1)。

表 4-1 温度等级

超级低温	超低温	低温	室温	高温	超高温	超级高温
<−196 ℃	−196 ℃≤ T<−46 ℃	−46 ℃至室温	+5～+40 ℃	室温< T ≤260 ℃	260 ℃< T ≤450 ℃	>450 ℃

密封系统所处的温度范围也是密封设计的重要考虑因素。不同的温度会对密封件的材料性能、热膨胀、热收缩和化学稳定性产生影响。因此，需要选择适合所需温度范围的密封材料和设计密封结构。

一般而言，对于超低温的密封，选择特殊的金属或除橡胶之外的高分子材料，但必须考虑其线胀系数、材料的脆性转变温度和低温机械性能。目前，低温密封材料的种类繁多，包括纯聚四氟乙烯、聚丙烯、聚酰亚胺等。其中，PTFE 是最常用的材料之一。大部分橡胶密封和纤维增强材料，耐温范围为−60～260 ℃。超过 260 ℃的工况，一般需要采用无机非金属或金属材料，如石墨、云母和蛭石等，或者金属密封件。

3) 流体介质

密封系统所用的流体介质对密封设计具有重要影响。不同的介质具有不同的化学性质，如密度、黏度、腐蚀性和压力特性等，需要选择相应的密封材料和密封结构来适应不同的流体介质，并关注相互的介质相容性。

4) 运行速度

密封系统中涉及的密封件和被密封部件的相对运行速度也是一个重要参数。运行速度会影响到润滑性能、摩擦和磨损等因素。因此，在密封设计中既要考虑合适的密封材料和密封结构，还要在有条件的前提下，增加冷却和润滑系统。

4.1.1.2 介质相容性

密封介质相容性是指密封材料与被密封介质之间的相互作用和适应性。正确选择具有良好相容性的密封材料对实现可靠的密封效果至关重要。以下是在选择密封材料时需要考虑的密封介质相容性方面的一些关键要素：

(1) 化学相容性：密封材料应与待密封介质在化学成分上相容，以避免与介质发生化学反应。了解介质的成分、pH 等因素对密封材料的影响是至关重要的。

(2) 温度相容性：密封材料在低温下可能会硬化或脆化，在高温下则可能会软化，甚至熔化，有些材料在接触高温时逐渐失去其机械强度或耐化学腐蚀的能力，因此所采用的材料应能在特定应用的整个温度范围内保持其物理和化学性能的稳定。不同材料在温度变化时具有不同程度的膨胀和收缩行为，这种行为会造成变形不协调，引起密封比压的下降。另外还需要考虑材料的热稳定性和化学稳定性，选用的材料应具有良好的热稳定性，能在特定应用的温度范围和同时存在化学物质腐蚀的条件下保持长期的密封性能。

(3) 压力相容性：了解介质的工作压力范围，并确保所选密封材料能够承受该压力范围。高压力可能导致密封材料的变形或破裂，从而导致泄漏。

(4) 摩擦和磨损：介质对密封材料的摩擦和磨损影响也需要考虑。一些介质可能具有颗粒物质或具有较高的磨蚀性，从而导致密封材料的磨损或损坏。

4.1.1.3 安装位置的重要性

工业生产中，存在许多连接的位置，都需要密封。不同安装位置会有不同的特征，即使密封结构、材料、密封件型式相同，因为系统工艺、维护成本、可更换性等不同，一旦造成泄漏，其危害程度存在很大的差异，危害程度包括能源浪费、物料流失、产品质量下降、设备损坏、环境污染、引发火灾和爆炸、造成停产、危及人身安全，带来巨大经济损失等。特别是核工业、石油化工等企业，密封的流体介质大多带有辐射、腐蚀性或易燃、易爆和有毒介质，而且伴有较高的压力和温度，一旦泄漏，会引起重大安全事故。因此，在做密封设计或选用时，要考虑密封安装位置的重要性，其主要体现在以下几个方面：

(1) 可更换性：系统是否存在冗余配置，即在出现密封失效时，是否可以及时更换而不影响整个生产装置的连续运行。

(2) 系统工艺：密封位置的工况条件是否苛刻，如涉及运行不稳定、危险介质，高温高压、有毒、易燃等，一旦泄漏可能导致火灾、爆炸、放射性物质泄漏等安全事故或环境污染。

(3) 维护成本：密封位置的泄漏可能导致频繁地维修和更换密封件，增加维护成本和停工时间。确保密封位置的可靠性可以降低维护成本，提高系统的可靠性和可维护性。

(4) 产品质量：在涉及制造加工过程的密封位置，如流程管道、设备接口等，良好的密封位置可以保证工艺介质的纯度和质量，避免污染和交叉感染。

4.1.1.4 瞬态工况

密封瞬态工况是指在密封系统所涉及的工艺系统中发生的临时或瞬间性的工况变化，通常有以下几种情况：

1) 压力冲击

当密封系统中发生压力突然变化时，可能会引起压力冲击。例如，当液体或气体通过时，阀门突然关闭或打开，液体或气体会对阀门产生压力冲击。这种瞬态工况可能会导致密封失效、泄漏或密封件损坏。

2）温度变化

密封系统中的温度变化也会引起瞬态工况。例如，在高温和低温环境中，密封件可能会受到热膨胀或热收缩的影响，引起变形不协调，导致密封性能的变化。温度变化还可能导致材料疲劳、变形或裂纹的产生，从而影响密封件的可靠性。

3）振动和冲击

在某些工业应用中，密封系统可能会受到振动和冲击的影响，例如旋转机械、运输设备等。这些振动和冲击会对密封件和连接部件施加额外的应力和力量，可能导致松动、磨损或疲劳断裂，从而影响密封性能。

4）流体流动变化

当流体在密封系统中发生突然变化时，会产生瞬态工况。例如，在管道中流动的液体或气体速度突然增加或减小，会引起流体冲击或产生涡流，对密封件和管道壁施加额外的应力和压力，影响密封载荷，可能导致泄漏。

针对密封瞬态工况，设计和选择密封系统时需要考虑其影响并采取相应的措施，包括选择合理的密封结构，耐压冲击和温度变化的密封材料，加强密封连接的稳定性和可靠性，使用减震、缓冲和吸震装置，以及优化流体流动设计等。此外，定期检查和维护密封系统，确保其在瞬态工况下的正常运行和性能，也是至关重要的。

4.1.2 密封装置设计

4.1.2.1 密封结构选择

根据获得密封比压方法的不同，可分为强制式密封、自紧式密封及半自预密封。中低压法兰密封中的平垫密封是最常用的强制密封型式。高压密封中常用的强制密封有平垫密封、卡扎里密封等。高压密封中的平垫密封一般采用金属环垫作为密封件。自紧密封广泛应用于高压密封中，常用的自紧密封主要有伍德式密封、O形环、C形环、B形环、三角形环、楔形环等。半自紧密封包括八角形环、椭圆形环密封和平垫自紧式密封双锥环密封、唇形径向密封。

自紧式密封是通过自身的结构特点，使垫片、顶盖与筒体端部之间的接触应力随工作压力升高而增大，并且高压下的密封性能更好，而密封所需的预紧力较小，通常在工作压力产生的轴向力的20%左右。这种密封可不用大直径的螺栓，建立初始密封所需的螺栓力比强制式密封时的螺栓力要小。自紧式密封根据密封元件的主要变形形式，又可分为轴向自紧式密封和径向自紧式密封，前者的密封性能主要依靠密封元件的轴向刚度小于被连接件的轴向刚度来保证；后者则主要依靠密封元件的径向刚度小于被连接件的径向刚度来实现。另外，还有一种半自紧式密封，其密封结构按分类原则属于非自紧式的强制式密封，但又具有一定的自紧性能，半自紧式密封利用螺栓预紧力使密封元件产生弹性变形并提供建立初始密封的比压力，当压力升高时，密封面的接触应力也随之上升，从而保证密封性能，如高压容器密封中的双锥密封结构。

4.1.2.2　密封件选择

在选择密封件时，可以考虑以下几个准则：

（1）工作环境：首先要了解密封件将要应用的工作环境条件，包括温度、压力、介质性质（酸碱、油水等）、腐蚀性、湿度等。

（2）密封性能要求：根据应用需求，判断所需的密封性能，包括静密封还是动密封、泄漏要求、振动或冲击耐受能力等。

（3）材料可用性：考虑材料的供应情况和成本因素，确保所选的密封材料容易获取，并且成本合理。

（4）可维护性和可靠性：考虑密封件的维护和更换频率，以及可靠性评估。选择具有良好可维护性和长寿命的密封件，减少维护成本和停工时间。

（5）被密封的表面特性：如表面粗糙度、平整度、平行度等。

（6）法规和标准要求：遵循适用的法规和标准要求，确保所选的密封件符合相应的认证和规范。

（7）供应商信息和技术支持：了解供应商的信誉和技术支持能力，确保在选择和应用过程中能够获得必要的支持和咨询。

综合考虑以上准则，并根据具体应用需求和条件进行筛选，选择适合的密封件，以确保其在应用中能够提供良好的密封性能和可靠性。

4.1.2.3　密封材料选择

随着材料工业的发展，可供选择的密封材料种类繁多，主要有非金属和金属两大类。非金属材料又分为有机和无机两类，常用的有机材料包括合成橡胶和合成树脂，无机材料有石墨、蛭石、玻璃纤维等。金属材料包括各种有色金属和合金材料。针对不同工况条件，需要密封材料具有不同的适应性，但作为密封材料的普遍要求如下。

（1）良好的介质相容性：一方面密封材料应不被介质侵蚀，另一方面密封材料应不对介质产生污染，以确保持续的密封可靠性和产品质量；

（2）良好的温度适应性（包括耐热性，常用热损失来衡量）：对于高分子材料而言，尤其需要关注其几个关键温度参数，如脆性转变温度、玻璃化温度、黏性流动温度以及熔化温度；

（3）良好的机械性能：具有高的弹性和压缩性，较小的永久变形及良好的抗蠕变性能；

（4）良好的紧密性：密封材料本身内部存在空隙，成为泄漏通道的主要因素，有效降低材料的初始孔隙率，是提高材料自身紧密性的有效措施；

（5）摩擦系数小：耐磨性好，且有与密封面结合的柔软性，耐老化性能好；

（6）对环境友好；

（7）节约总体费用。

常用的非金属密封材料以及所适用的范围见表4-2。

表4-2　非金属密封材料的选择

材料类别	名　称	代号	温度范围/℃	最大压力/MPa
橡胶	氯丁橡胶	CR	−40～120	≤1.6
	丁腈橡胶	NBR	−30～100	≤1.6
	三元乙丙橡胶	EPDM	−50～150	≤1.6
	氟橡胶	FKM	−20～200	≤1.6
石棉橡胶	石棉橡胶板	XB350	−40～250	≤2.5
		XB450	−40～250	≤2.5
	耐油石棉橡胶板	NY400	−40～250	≤2.5
聚四氟乙烯	聚四氟乙烯板	PTFE	−196～260	≤2.0
柔性石墨	增强柔性石墨板	RSB	−240～650	≤6.4
玻璃纤维	玻璃纤维密封垫	YL-1374	550	≤5.0
聚醚醚酮	PEEK密封圈		260	≤5.0
蛭石	蛭石波纹垫	BMC1103	≤1 000	≤5.0

注：石棉产品在很多国家中被禁用，国际项目谨慎使用。

金属密封材料的选择如下所示：

(1) 碳钢推荐最大工作温度不超过540 ℃，特别当介质具有氧化性时。优质薄碳钢板不适合应用于制造无机酸、中性或酸性盐溶液的设备，如果碳钢受到较大的应力，用于热水工况条件下的设备事故率非常高。碳钢垫片通常用于高浓度的酸溶液和许多碱溶液。

(2) 奥氏体不锈钢是一种镍基合金，具有良好的耐腐蚀性和机械性能。不锈钢304(06Cr19Ni10)是最常见的奥氏体不锈钢之一，具有良好的耐腐蚀性和机械性能；不锈钢316(06Cr17Ni12Mo2)在腐蚀性环境中的性能比304更好，对于酸性、碱性和氯化物介质具有较高的抗腐蚀性；不锈钢321(06Cr18Ni11Ti)具有良好的高温性能和抗氧化性能，适用于高温密封应用。

(3) 固溶沉淀硬化钴镍基合金通常具有高强度、优异的耐腐蚀性和抗磨损性能，适用于一些特殊的密封应用环境。以下是一些常见的固溶沉淀硬化钴镍基合金密封材料：钴基合金(GH5188)由钴、镍和其他合金元素组成，常见的合金包括钴铬钼合金和钴铬钼钛合金，这些合金具有较高的热稳定性、耐腐蚀性和机械强度，在高温、高压或腐蚀环境下具有良好的密封性能；镍基合金(GH4169)主要由镍、铬和其他合金元素组成，常见的合金包括Inconel合金、Hastelloy合金和Nimonic合金等，这些合金具有优异的耐高温、耐腐蚀和耐热循环性能，适用于高温高压密封应用，如航空航天、石油化工和能源行业等。

这些固溶沉淀硬化钴镍基合金密封材料通常具有高温强度、耐腐蚀性和机械性能的优势，可以在恶劣的工作环境中提供可靠的密封效果。在选择使用这些合金作为密封材料时，需要根据具体的应用条件和要求，结合合金的化学成分、热处理工艺和机械性能等因素进行选择，以确保达到预期的密封效果。

4.1.2.4 适配件选择

密封适配件是指用于连接和配合密封件的各种零部件，以实现密封系统的有效运行和密封效果。选择密封适配件时，以下几个因素需要考虑：

(1) 尺寸和几何匹配：确保密封适配件的尺寸和几何形状与密封部件相匹配，适配件应与密封件的安装孔、轴或连接接口等相适应，以确保紧密地配合；

(2) 材料选择：根据应用环境和介质的要求，选择合适的材料来制造密封适配件，考虑到介质的化学性质、温度范围、压力要求和耐磨性等因素，应选择具有良好耐腐蚀性、耐高温性和耐磨性的材料；

(3) 密封性能：密封适配件的密封性能至关重要，根据应用需求和工作条件，选择适合的密封适配件，确保其具有良好的密封性能，能有效防止介质泄漏或外界物质进入；

(4) 维护和更换：考虑到维护和更换的便捷性，选择易于安装和拆卸的密封适配件，确保适配件的更换过程简单，并能方便地维护和检修密封系统。

4.1.2.5 紧固方式选择

目前常用的紧固方法有：扭矩法、拉伸法、无反作用力臂扭矩拉伸法。扭矩法就是通过在螺母上施加一个转动力，将螺母不断向下旋，从而达到让螺栓杆被拉伸；拉伸法是直接将油缸通过螺纹套与螺栓杆相结合，当液压油缸活塞在高压液压力作用下向上顶升时，直接拉伸螺栓杆，然后通过拨动螺母转动一定的角度，保持螺栓的拉伸量；无反作用力臂扭矩拉伸法则是近年逐渐被采用的先进紧固方法。

1) 扭矩法

扭矩法通常是使用能够精确控制扭矩的工具对螺栓进行紧固，根据工具所采用的动力源，通常有液压扭矩扳手、气动扭矩扳手、锂电池扭矩扳手及手动力矩扳手。其最大的优点在于可以精确设定施加的扭矩，保证对不同的螺栓施加精度在±10%以内的扭矩，并且扭矩扳手体积小、扭力大，对大规格、狭窄空间里的螺栓均可以施加精确的扭矩。

在使用扭矩扳手紧固螺栓时，扳手必须支靠在一个牢固可靠的支点上，相当于外部的反作用力支点通过套筒和螺母对整个液压扳手系统产生翻转作用，使螺栓末端受到额外的偏载力矩。扭矩扳手紧固螺栓时因为作用力克服了螺纹副及螺母下表面与设备转动面之间的摩擦力，才能推动螺母不断向下转动做功，从而拉伸螺栓。但是因为反作用力支点的存在，导致紧固过程中摩擦接触面变化，进而导致摩擦力发生变化，最终引起螺栓预紧力一定的离散度。

2) 拉伸法

拉伸法通常使用的是螺栓拉伸器。将螺纹拉杆直接与螺栓杆的螺纹相结合，在高压油压的作用下，液压缸向上顶升时带动螺纹拉杆向上移动，从而直接拉伸螺栓杆。螺栓拉伸起来以后，再用拨杆拨动螺母转动到位，锁住螺栓杆的伸长量。螺栓拉伸器相对于液压扳手的最大优点在于使用纯拉力直接拉伸螺栓，对螺栓杆无扭转力和侧向偏载力。

根据拉伸工艺特点，为了获得目标预紧力，螺栓拉伸时，需要有一定的“超拉”，即预拉力要大于螺栓的目标预紧力，才能保证卸压后回弹到目标预紧力。为了弥补拉伸力从拉伸器转移到螺母时的损失，拉伸器工作时根据螺栓的长径比不同，需要超拉 20%～50%，但最大拉升应力不得超过螺栓材料的 90%$R_{p0.2}$。

3) 无反作用力臂扭矩拉伸法

无反作用力臂扭矩拉伸法需要结合使用反作用力垫圈或特制的机械式拉伸螺母，使传统液压工具在紧固中产生的反作用力通过简单的机构转移到该配件上，与作用力相互抵消，从而避免其他额外的反作用力支点，在紧固过程中不会对所紧固的螺栓杆产生附加翻转力，不会产生额外摩擦力的紧固方式。

按照密封位置的风险等级，紧固方式的选择原则见表 4-3[3]。

表 4-3　设备法兰密封结构紧固方式的确定原则

风险等级	紧　固　方　式
高风险	高精度预紧力控制紧固方式，包括带反作用力垫圈的扭矩拉伸法、带机械式拉伸螺母的扭矩拉伸法、液压拉伸法等
中风险	高精度预紧力控制紧固方式，包括带反作用力垫圈的扭矩拉伸法、液压拉伸法等
低风险	普通预紧力控制紧固方式，包括扭矩法等

4.1.2.6　经济性

密封经济性是指在设计和运行过程中，通过有效的技术措施和策略来提高系统、设备或产品的经济效益，以下是一些密封经济性的考虑因素：

① 能源效率：密封系统的能源消耗是一个重要的经济性考虑因素，通过减少泄漏，从而控制能源损失，可以降低运行成本；② 材料选择：选择适当的密封材料直接关系到密封系统自身的经济性，材料应具有耐用性、耐磨损性、耐腐蚀性和高温/低温性能，保证在寿期内密封稳定可靠，以减少维修和更换成本；③ 密封设计：优化的密封设计可以减少泄漏和损失，从而提高系统的效率，采用合适的密封技术和方法，如 O 形圈、密封垫片和密封胶等，有助于确保有效的密封性能；④ 维护和保养：定期检查、维护和保养密封系统对其经济性至关重要，及时发现和修复泄漏问题，避免设备故障和停机时间，可以降低成

本并提高生产效率；⑤ 密封性能测试：进行密封性能测试可以评估密封系统的效果，并及时发现潜在的泄漏风险，通过测试数据，可以识别问题并采取相应的措施，以提高密封性能和经济性。

总之，密封经济性的考虑因素包括能源效率、材料选择、密封设计、维护和保养、密封性能测试以及环境影响。综合考虑这些因素，并采取适当的措施，可以实现更高的经济性和效益。

4.2 螺栓法兰密封设计

工业设备、管道通常采用螺栓法兰实现连接，连接系统的密封性对于安全生产、节约能源以及环境保护等方面都有较大的影响。流程工业所需设备的种类、数量众多，因此也会用到数量众多、型号不一的各种法兰连接接头，特别是大型核电站、炼油企业，动辄需要数十万甚至上百万法兰连接接头。大型化、高参数化（设计条件）现已成为设备发展的一个基本趋势，螺栓法兰连接接头的密封可靠性就越发重要。螺栓和垫片在工业管道法兰连接中大量应用，在管道材料设计中，如何正确地选择螺栓和垫片对管道的安全有重要的影响。法兰常用螺栓分单头螺栓（又称六角头螺栓）和双头螺栓（又称螺柱）。美国标准中螺柱一般为全螺纹螺柱，而我国一般使用双头螺栓。由于双头螺栓的无螺纹部分直径大于螺纹根径，因此属于刚性螺栓，其抗疲劳及防松弛性能要低于全螺纹螺柱。常用法兰垫片有非金属垫片、半金属垫片和金属垫片。非金属垫片亦称软垫片，通常只是在设计温度较低的管道上使用；半金属垫片由金属材料和非金属材料共同组合而成，常用的有缠绕式垫片和金属包垫片，它比非金属垫片所承受的温度压力范围广；金属垫片全部由金属制作，有波形、齿形、椭圆形、八角形和透镜垫、O 形环和 C 形环等，这种垫片一般用在半金属垫片所不能承受的高温高压管道法兰上。

4.2.1 螺栓、法兰、垫片的选用原则

1) 螺栓选用原则

螺栓载荷是根据最小密封比压、垫片系数、介质压力、允许泄漏率、螺栓材料特性以及螺栓标准尺寸、法兰强度和刚度等因素来确定的，并考虑预紧和设计的不同要求，分别计算。

螺栓选用应考虑法兰型式、垫片类型、设计温度和设计压力等因素。螺栓

强度分为低强度、中强度和高强度，不同强度的螺栓要对应不同的设计参数和选择的垫片和法兰。螺栓材料需要考虑与工作介质相兼容，对于一些腐蚀性介质，应选择不锈钢、合金钢等材料，以确保螺栓能够承受介质的腐蚀和腐蚀产物的侵蚀。螺栓强度要符合设计的要求，在选择螺栓时，应注意强度等级、截面面积和拉伸强度等指标，确保螺栓不会出现松动、严重塑性变形或断裂。表 4-4 是从国标中摘录出的紧固件强度分类，从表中得到，对于中强度紧固件，没有碳钢材质。如果在遇到碳钢管道需要中强度紧固件的情况，需要选择高强度紧固件代替。但是在美国标准中的法兰标准 ASME B16.5(*Pipe Flanges and Flanged Fittings*)中，对于中强度紧固件，是有 A193 B5 和 A193 B7M 等碳钢紧固件的，可以先引用美国标准的中强度紧固件材料。

表 4-4　紧固件强度分类

高强度	中强度	低强度
GB/T 3098.1：8.8	GB/T 3098.6：A2-70	GB/T 1220：0Cr17Ni12Mo2
GB/T 3077：35CrMoA	GB/T 3098.6：A4-70	GB/T 1220：0Cr18Ni9
GB/T 3077：25Cr2MoVA	应变强化不锈钢紧固件：B8-2	GB/T 3098.1：5.6
	应变强化不锈钢紧固件：B8M-2	GB/T 3098.6：A4-50
		GB/T 3098.6：A2-50

对螺栓的螺纹和长度也有一定的要求。螺纹的精度要求高，保证螺栓和螺母可以紧密拧合。选择螺栓时应注意螺纹的精度、牙距、牙形等参数，确保螺栓和螺母之间的配合性能良好。螺栓的长度应考虑到垫片和法兰的厚度，确保螺栓有适合的长度。螺栓的长度要留有一定余量，以保证在加压后，螺栓能够得到紧固。商品级紧固件用其所具备的部分力学性能来标记性能等级，而不是借助所用的材料来规范其力学性能。紧固螺栓按 GB/T 5782—2016 选取，紧固螺柱按 GB/T 901—1988 选取。对于螺栓，其性能等级代号是用“.”隔开的两部分数字组合，例如 8.8、12.9 等。性能等级标记的第 1 部分数字表示的是螺栓公称抗拉强度值(单位为 MPa)的 1/100，第 2 部分数字则表示螺栓公称屈服点与公称抗拉强度的比值的 10 倍。

螺栓不仅受到拉伸力的作用，而且还受到弯曲、扭转及冲击等载荷的作用。为了对称紧固，螺栓个数应取偶数，最好是 4 的倍数，螺栓个数尽量多，可使垫片的受力比较均匀，密封性能就好。但是，螺栓的数目过多，加工、装拆过程就会变得麻烦，还会削弱法兰环的强度，且螺栓的间距会变小，安装时没有足够的扳手活动空间，造成螺栓无法紧固，同时过多的螺栓会使螺栓直径变小，安装时容易被拧断。

2）法兰选用原则

法兰是一种用于连接管道、设备进出口等结构的部件。它由两个平行的圆形面构成，通过一定数量的螺栓和螺母组成一对，通过紧固螺栓使两个法兰连接起来，从而实现连接和密封。在工业设备和管道系统中，法兰通常用于连接管道、阀门、泵、换热器、压力容器等设备和部件，以便进行流体的输送、控制和处理。法兰连接方式多样，包括螺纹连接法兰、焊接法兰、卡夹法兰等多种类型，不同类型的法兰适用于不同的应用场合和压力等级。螺纹连接法兰又称丝扣连接法兰，是一种简单、可靠的连接方式，适用于低压、小口径的管道和设备连接。焊接法兰适用于高压、大口径的管道和设备连接，焊接后连接处具有较好的密封性和强度。卡夹法兰是一种无需螺栓的连接方式，适用于密封要求较高的场合。无论是哪种类型的法兰，都需要选择适当的法兰材料、密封件等配件，以确保连接的可靠性和密封性。在使用法兰时，需要注意正确地安装、紧固和维护，以避免泄漏和故障的发生。法兰分类见图 4-2。

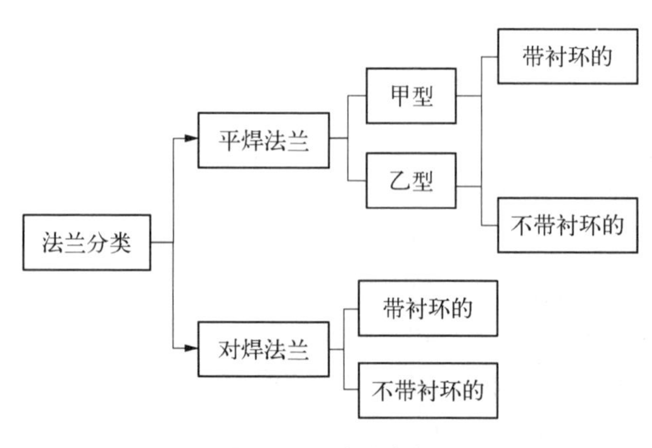

图 4-2　法兰分类

在两法兰盘之间，加上密封件，采用螺栓紧固，形成密封连接系统。不同压力等级的法兰厚度和使用的螺栓都不同。在进行法兰选择时，需要考虑多方面因素。

根据管道连接方式、密封型式和压力等级选择相应的法兰类型，如平焊法兰、对焊法兰、板式法兰、密封面类型等，并确定合适的密封面类型，如平面密封面、凹凸密封面和环槽密封面等，密封面类型的选择将直接影响法兰连接的密封性能。

结合系统的设计压力和设计温度，选择合适的法兰压力等级（PN 或 Class）和相应的材质，以承受管道系统内的工作压力和温度波动，一般而言，法兰压力等级应高于或等于系统的设计压力。材料应与系统设备的材质相符，以确保充分的完整性和耐腐蚀性，常用的材料有碳钢、不锈钢和合金钢等。

按照压力等级和相关标准，遵循当地和国际的法兰制造和连接标准，如 ANSI、DIN、JIS、GB 等，确定公称通径和尺寸，以确保与管道、阀门等系统设备的端部尺寸匹配，并确保产品质量和安全。

在选用法兰时，要充分考虑环境条件，如气候和腐蚀性介质，可能影响法兰的材料选择和保护措施。还需考虑安装、维修和更换的便捷。

总之，在选择法兰时，需要依据具体工程项目条件和实际需求，综合考虑以上各个因素进行选择。

3）垫片的选用原则

垫片是用于密封法兰连接口之间的部件，正确选择密封垫片是确保最佳密封效果的基本条件。密封垫片的选择，主要是根据使用条件下的环境温度、气压、运行工况条件，如设计温度、设计压力、工作介质特性、pt 值（压力与时间的乘积）等，同时还需要考虑装拆方便、经济性等因素，以下是选择垫片时需要考虑的主要原则。

（1）垫片材料应满足如下要求：① 具有良好的弹性和复原性；② 具有适当的柔软性，能够很好地与密封面啮合；③ 具有良好的抗拉强度等机械性能，且压缩变形适当；④ 不污染被密封介质，不腐蚀密封表面，不会因受介质的影响而产生大的膨胀和收缩；⑤ 耐工作介质的腐蚀；⑥ 具有良好的物理性能，不因低温而硬化脆变，也不因高温而软化塑流；⑦ 具有较小的应力松弛；⑧ 具有良好的加工性；⑨ 良好性价比以及易购性。常见的垫片材料包括非金属（如石棉、石墨、PTFE 等）、金属（如不锈钢、铜、铝等）和金属非金属复合材料。考虑到任何材料都有其局限性，完全满足上述要求的材料几乎没有。因此当采用一种材料制作的垫片不能满足使用要求时，可以采用两种或两种以上材料组合使用，如缠绕式垫片、金属包垫片等。

（2）垫片的类型：一般情况下应根据被密封介质的设计温度、设计压力确定。对高温高压状况，多采用金属垫片，可以选用金属环形垫片；对常压、低压、中温状况，多采用非金属垫片；介于两者之间的，可采用半金属组合垫片；对于温度、压力波动频繁的场合，宜采用回弹性好的自紧式垫片。

（3）垫片厚度：理论上相同材料的垫片厚度越小，其耐温、耐介质压力、抗压溃和抗吹出性能越好，但考虑到被密封面的表面状况、安装精度（包括平行度、平面度）、垫片尺寸大小等因素，需要对垫片的厚度进行综合考虑，同时还要考虑垫片的回弹总量。

（4）垫片宽度：需要考虑有效密封面宽度以及恒定载荷下的密封工作应力。密封面应在不超过宽度下限的情况下尽量取小，这样可以避免产生较大的螺栓力。

垫片的选择，需要综合考虑各种因素，发挥各种类型垫片的优势。如介质为气体、压力较高的场合，就不允许使用不带包边的增强石墨垫片。剧毒、易爆、强腐蚀、污染性强的介质和有害气体，不允许使用无石棉橡胶垫片。柔性石墨垫片用于不锈钢或镍基合金法兰时，垫片材料中的氯离子含量不得超过 50 mg/kg；缠绕垫片中的非金属填料中的氯离子含量应控制在 100 mg/kg 之内。柔性石墨材料用于氧化性介质时，最高使用温度应不超过 450 ℃。公称压力小于或等于 1.6 MPa 的法兰，采用缠绕式垫片、金属包覆垫片等半金属垫或金属环垫时，应选用带颈对焊法兰等刚性较大的法兰结构型式。在有压力、温度波动的场合可采用金属碰金属（MMC）垫片。

4.2.2 螺栓、法兰、垫片相互匹配原则

螺栓和法兰的匹配是为了确保螺栓、法兰和垫片均在合理的载荷范围之内，同时保证连接接头密封的可靠性。螺栓的选择应该考虑法兰的材质、连接方式和压力等级，选择符合标准的螺栓尺寸、材质和级别，并根据法兰数量和连接方式确定螺栓数量和间距，以确保法兰连接的牢固和密封性能。

法兰密封面与垫片的匹配是为了确保连接系统的密封性能。垫片的选择应该考虑介质性质、使用温度和压力、法兰面型式和表面粗糙度等因素，选择符合标准的垫片材料和型式，例如石棉垫片、非石棉垫片、PTFE 垫片、金属垫片等。

螺栓载荷与垫片的匹配是为了确保垫片能够承受合适的螺栓载荷，并保证连接的密封性能。选择垫片的厚度应该考虑螺栓的紧固力和预紧力，以及

垫片的压缩性和回弹性等因素。垫片的厚度应该选择适当，使其在螺栓紧固过程中能够达到预期的压缩量和回弹量，从而确保连接的密封性能。

总之，螺栓、法兰和垫片的选择和匹配需要综合考虑材料、型式、尺寸、载荷和环境等因素，以确保连接的安全可靠和密封性能。表 4-5 对常用的选择匹配作了示例说明。此外，在连接过程中，还需要注意润滑剂的选择、表面处理的质量和紧固力的控制，从而确保连接的牢固性和密封性。

表 4-5　螺栓法兰垫片匹配(供压力容器使用)

<table>
<tr><th rowspan="2">介质</th><th rowspan="2">压力/MPa</th><th rowspan="2">工作温度/℃</th><th>法兰</th><th colspan="2">螺　柱</th><th colspan="2">垫　　片</th></tr>
<tr><th>法兰类型</th><th>型式</th><th>钢号</th><th>型　式</th><th>材料</th></tr>
<tr><td rowspan="9">油气、过热水、蒸汽</td><td rowspan="2">≤1.6</td><td>≤200</td><td>甲、乙型平焊</td><td rowspan="2">等长双头螺柱</td><td>35，40MnB</td><td>非金属平垫片</td><td>合成纤维橡胶</td></tr>
<tr><td>201～250</td><td>长颈对焊</td><td>40Cr</td><td>缠绕垫片、波齿复合垫</td><td>08F+柔性石墨</td></tr>
<tr><td rowspan="2">2.5</td><td>≤200</td><td>乙型对焊</td><td rowspan="2">等长双头螺柱</td><td rowspan="2">35，40MnB</td><td>非金属平垫片</td><td>合成纤维橡胶</td></tr>
<tr><td>201～250</td><td>长颈对焊</td><td>缠绕垫片、波齿复合垫、金属石墨垫片</td><td>S11306 + 柔性石墨</td></tr>
<tr><td rowspan="3">4.0</td><td>≤200</td><td rowspan="3">长颈对焊</td><td rowspan="3">等长双头螺柱</td><td rowspan="2">40MnB</td><td rowspan="3">缠绕垫片、波齿复合垫、金属石墨垫片</td><td>08F+柔性石墨</td></tr>
<tr><td>201～350</td><td rowspan="2">S11306 + 柔性石墨</td></tr>
<tr><td>351～450</td><td>35CrMoA</td></tr>
<tr><td rowspan="2">6.4</td><td>≤200</td><td rowspan="2">长颈对焊</td><td rowspan="2">等长双头螺柱</td><td rowspan="2">40MnB、40Cr</td><td rowspan="2">缠绕垫片、波齿复合垫、金属石墨垫片</td><td rowspan="2">08F+柔性石墨</td></tr>
<tr><td>201～350</td></tr>
<tr><td>氢气与油气混合物</td><td>4.0～6.4</td><td>≤450</td><td>长颈对焊</td><td>等长双头螺柱</td><td>35CrMoA</td><td>缠绕垫片、波齿复合垫、金属石墨垫片</td><td>S11306 + 柔性石墨、S30408 + 柔性石墨</td></tr>
</table>

（续表）

介质	压力/MPa	工作温度/℃	法兰	螺柱		垫片	
			法兰类型	型式	钢号	型式	材料
氮气	≤2.5	≤150	乙型平焊	等长双头螺柱	40MnB	非金属平垫片	合成纤维橡胶
压缩空气	≤1.6	≤150	甲、乙型平焊	等长双头螺柱	40MnB	非金属平垫片	合成纤维橡胶
惰性气体	≤1.6	≤60	甲型平焊	等长双头螺柱	40MnB	非金属平垫片	合成纤维橡胶
	2.5	≤60	乙型平焊	等长双头螺柱		非金属平垫片	合成纤维橡胶
	4.0～6.4	≤60	长颈对焊	等长双头螺柱	40MnB、40Cr、40MnVB	缠绕垫片、波齿复合垫片	08F+柔性石墨
液化烃（储存容器）	1.6	≤50	长颈对焊	等长双头螺柱	40MnB、40Cr	缠绕垫片、波齿复合垫	08F+柔性石墨
	2.5	≤50	长颈对焊	等长双头螺柱			

4.2.3 螺栓、法兰、垫片设计规范

目前，在法兰密封连接的研究中，从一开始不考虑密封性，到考虑一定程度的紧密度，再到依据紧密度，来评估法兰密封连接，逐步改进了法兰密封设计。法兰密封连接计算的演变图见图 4-3。

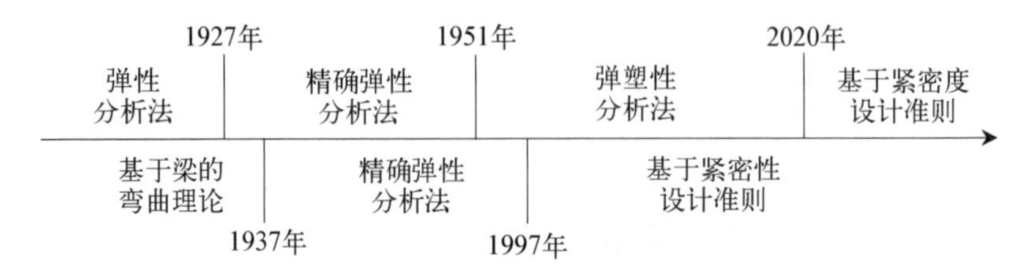

图 4-3 法兰连接计算依据演变图

ASME、PVRC、EN 1591、GB 和 HG 标准规范是关于法兰连接计算方法的重要指南。它们涉及的参数不同,代表着不同的意义和复杂的应力、位移、工况和紧密度关系。从实验的角度比较这些参数的意义,见表 4 - 6。颁布 EN 1591 系列标准标志着螺栓-垫片法兰连接紧密性设计的重要进展。在 EN 中,力学模型考虑了垫片和螺栓的压缩和拉伸,并计算载荷时考虑了径向压力、轴向热膨胀差(热载荷)、轴向力和外弯矩(外载荷)。同时,接头的完整性基于螺栓、垫片和法兰的塑性准则进行评估。

表 4 - 6　各个参数的意义和试验方法对比

符号	意　　义	试验方法	方法/标准
m	垫片系数	经验数值	ASME - 2007
y	密封比压	经验数值	ASME - 2007
G_b	垫片常数	密封性能试验	PVRC
a	预紧试验时 G_b 线相应斜率	密封性能试验	PVRC
σ_g	保持规定的紧密度所需要垫片应力	密封性能试验	PVRC
$Q_{s\max}$	最大垫片工作应力	压缩蠕变试验	EN 1591—2009
$Q_{\min(L)}$	最小垫片预紧应力	密封性能试验	EN 1591—2009
$Q_{s\min(L)}$	最小垫片工作应力	密封性能试验	EN 1591—2009
P_{QR}	蠕变系数	蠕变松弛试验	EN 1591—2009
E_G	卸载弹性模量	压缩及回弹试验	EN 1591—2009
a_G	轴向膨胀系数	膨胀试验	EN 1591—2009

国内的垫片尺寸标准根据使用习惯,一部分垫片将尺寸按 PN 系列和 CLASS 系列分别编排,其余类型垫片的尺寸标准并未分别编排。全国化工设备设计技术中心站联合有关部门在 2009 年发布了新的化工行业规范 HG/T 20592—HG/T 20635,该系列规范参考欧美国家先进标准并结合我国实际国情修订而成,囊括了目前国际上通用的两大管法兰、垫片和紧固件标准系列:PN 系列和 CLASS 系列。表 4 - 7 显示出了欧盟、国标(GB)及化工行业的垫片尺寸标准。

表 4-7　欧盟与国标(GB)及化工行业(HG)的垫片尺寸标准

<table>
<tr><th rowspan="2">垫片类型</th><th colspan="2">欧　盟</th><th rowspan="2">国　标</th><th colspan="2">化工行业规范</th></tr>
<tr><th>PN 标示</th><th>CLASS 标示</th><th>PN 标示</th><th>CLASS 标示</th></tr>
<tr><td>非金属平垫片</td><td>EN 1514-1</td><td>EN 12560-1</td><td>GB/T 9126.1—2023
GB/T 9126.2—2023</td><td>HG/T 20606—2009</td><td>HG/T 20627—2009</td></tr>
<tr><td>缠绕式垫片</td><td>EN 1514-2</td><td>EN 12560-2</td><td>GB/T 4622.1—2023
GB/T 4622.2—2023</td><td>HG/T 20610—2009</td><td>HG/T 20631—2009</td></tr>
<tr><td>PTFE 包覆垫片</td><td>EN 1514-3</td><td>EN 12560-3</td><td>GB/T 13404—2008</td><td>HG/T 20607—2009</td><td>HG/T 20628—2009</td></tr>
<tr><td>波形、平形和槽型金属垫片</td><td>EN 1514-4</td><td>EN 12560-4</td><td>GB/T 19066.1—2020
GB/T 19066.2—2020</td><td>无</td><td>无</td></tr>
<tr><td>包覆齿形金属垫片</td><td>EN 1514-6</td><td>EN 12560-5</td><td>GB/T 39245.1—2020
GB/T 39245.2—2020</td><td>HG/T 20611—2009</td><td>HG/T 20632—2009</td></tr>
<tr><td>金属环垫片</td><td>无</td><td>EN 12560-6</td><td>GB/T 9128.1—2023
GB/T 9128.2—2023</td><td>HG/T 20612—2009</td><td>HG/T 20633—2009</td></tr>
<tr><td>金属包覆垫片</td><td>EN 1514-7</td><td>EN 12560-7</td><td>GB/T 15601—2013</td><td>HG/T 20609—2009</td><td>HG/T 20630—2009</td></tr>
</table>

随着对法兰连接的安全可靠性和成本控制提出的更高要求，对影响法兰连接各种因素的研究和计算机模拟技术也在不断发展，未来会有更为详尽的密封参数和理论来完善螺栓-垫片-法兰连接的设计方法，使管道法兰连接接头的可靠性和经济性得到更好的提高。

4.2.4　螺栓、法兰、垫片连接结构的理论计算方法

为了加强计算可靠性便于常规工程应用且尽量地简化计算步骤，在保障法兰及螺栓强度、密封性的前提下，将 Taylor - Waters 螺栓预紧力计算方法

和 ASME PCC－1：2019[4]螺栓安装载荷的第一种简单算法进行糅合，同时加入 ASME PCC－1 螺栓安装载荷的第二种算法中比较典型的最大螺栓许用应力和最小螺栓许用应力进行辅助验证和限制。为避免螺栓、法兰以及垫片发生损坏，ASME PCC－1 附录规定对最大螺栓许用应力一般控制在螺栓室温屈服强度的 40%～70%，由用户自行选择，这里为便于统一计算选择为 70%。为避免因安装螺栓载荷计算不精确导致螺栓应力过低从而使密封失效，ASME PCC－1 附录规定对最小螺栓许用应力一般控制在螺栓室温屈服强度的 20%～40%，由用户自行选择，这里为便于统一计算选择为 30%。

在计算螺栓预紧力(安装载荷)时应对如下几个方面评估：预紧工况下所需最小螺栓载荷、操作工况下所需最小螺栓载荷、目标螺栓载荷、最大螺栓许用应力、最小螺栓许用应力。

预紧工况下所需最小螺栓载荷 W_a，如式(4－1)所示：

$$W_a = \frac{3.14 D_g b y}{n_b} \tag{4-1}$$

式中：W_a 为预紧工况下所需最小螺栓载荷，N；D_g 为垫片压紧力作用中心圆直径[5]，mm；b 为垫片宽度，mm；y 为垫片预紧比压，MPa；n_b 为法兰螺栓的个数。

操作工况下所需最小螺栓载荷 W_p：

$$W_p = \frac{(0.785 D_g^2 p + 6.28 D_g b m p)}{n_b} \tag{4-2}$$

式中：W_p 为操作工况下所需最小螺栓载荷，N；D_g 为垫片压紧力作用中心圆直径，mm；p 为介质压力，MPa；b 为垫片有效密封宽度，mm；m 为垫片系数；n_b 为法兰螺栓的个数。

目标螺栓载荷参照 ASME PCC－1：2019[4]附录中简单算法：

$$S_{b\,sel} = \frac{\sigma_{ga} A_g}{n_b A_b} \tag{4-3}$$

式中：$S_{b\,sel}$ 为螺栓安装应力，MPa；A_g 为垫片接触面积，mm^2；A_b 为螺栓根部截面面积，mm^2；n_b 为法兰螺栓的个数；σ_{ga} 为设计垫片装配应力，MPa。

最大螺栓许用应力 $S_{b\max}$：

$$S_{b\max} = 0.7 \sigma_s A_b \tag{4-4}$$

式中：σ_s 为螺栓材料室温屈服强度，MPa；A_b 为螺栓根部截面面积，mm^2。

最小螺栓许用应力：

$$S_{\mathrm{bmin}}=0.3\sigma_{\mathrm{s}}A_{\mathrm{b}} \tag{4-5}$$

螺栓安装载荷 W：当 $S_{\mathrm{bmax}} \geqslant \max(W_{\mathrm{a}}, W_{\mathrm{b}}, S_{\mathrm{bsel}}A_{\mathrm{b}}) \geqslant S_{\mathrm{bmin}}$ 时，$W=\max(W_{\mathrm{a}}, W_{\mathrm{b}}, S_{\mathrm{bsel}}A_{\mathrm{b}})$

$$\text{当}\max(W_{\mathrm{a}}, W_{\mathrm{b}}, S_{\mathrm{bsel}}A_{\mathrm{b}}) \geqslant S_{\mathrm{bmin}}\text{时}, W=S_{\mathrm{bmax}}$$
$$\text{当}\max(W_{\mathrm{a}}, W_{\mathrm{b}}, S_{\mathrm{bsel}}A_{\mathrm{b}}) < S_{\mathrm{bmin}}\text{时}, W=S_{\mathrm{bmin}} \tag{4-6}$$

上述计算仅考虑了预紧、工作状态以及螺栓载荷的比较选择，实际上，法兰的强度和所对应的最大载荷在最终确定 W 时，也需要一并考虑。

为了确保在安装法兰螺栓时螺栓的预紧载荷达到设定值，通常可采用不同的预紧方法，包括力矩法、测量螺栓伸长法、螺母转角法和应变计法等。不同的预紧方法具有不同的误差控制范围和成本。根据不同的工况和需求，可以选择适合的预紧方法来控制螺栓的预紧力。通常情况下，预紧精度较高的方法操作步骤较为烦琐，成本也较高。应变计法和测量螺栓伸长法的控制精度最高，但操作较为烦琐，成本也最高。目前在压力容器行业常规应用最广泛的是力矩法。力矩法操作简便直观，成本较低，只需使用扭力扳手、电动拧紧机等工具将螺栓拧紧到设定的力矩即可。因此，以下内容将重点介绍如何使用力矩法来控制螺栓的预紧力。

拧紧力矩的近似经验公式：

$$T_{\mathrm{b}}=\frac{KWd_{\mathrm{B}}}{1\,000} \tag{4-7}$$

式中：T_{b} 为拧紧力矩，N·m；W 为螺栓安装载荷，N；K 为扭转系数，无量纲；d_{B} 为螺纹名义直径，mm。

扭转系数 K，又称螺母系数，螺母系数主要与摩擦系数有关；而摩擦力又与螺栓、螺母的螺纹及垫片或支承面的润滑状态有关。这些因素都直接影响到实际转化为螺栓预紧力的准确性。通过力矩法控制螺栓预紧力的误差在30%左右。

在利用经验公式计算拧紧力矩时，正确选择扭转系数 K 值尤为关键。选取 K 值时，必须充分考虑诸多因素，包括螺栓的安装条件、零件的加工质量、润滑效果、表面清洁度以及质量控制成熟度等。根据普遍经验，当金属接触表面在充分润滑的条件下，摩擦系数通常在0.08～0.12；而在无润滑条件下，摩擦系数则通常在0.10～0.25。结合前人大量的工程应用经验，我们通常在计算时遵循以下规则：当螺栓连接接触面处于非润滑状态时，K 值通常取0.2；而当接触面处于润滑状态时，K 值则通常取0.15。

为了使金属与金属接触型(MMC)螺栓法兰接头的设计计算更为精确，欧洲标准协会(EN)在2006年发布了适用于MMC型螺栓法兰接头的计算prCEN/TS 1591-3。虽然prCEN/TS 1591-3还没有成为设计计算的标准，但这是目前为止解决MMC型法兰连接螺栓预紧力的唯一计算方法。

具体的计算方法如下所示[6]。

(1) 发生金属与金属接触时(MMC)所需要的最小螺栓预紧力：

在预紧状态下，发生MMC时垫片的最小压紧力 F_{GMMC}：

$$F_{GMMC}=A_g\sigma_{MMC} \tag{4-8}$$

式中：F_{GMMC} 为MMC所需要的最小螺栓载荷，N；A_g 为垫片接触面积，mm^2；σ_{MMC} 为MMC时的接触应力，MPa。

当法兰密封端面与垫片金属限制环接触时，垫片限位环上并不存在接触应力，只有垫片的密封环上有接触应力，螺栓载荷等于石墨环上的接触应力乘以面积，所以此时的螺栓预紧力：

$$F_{BMMC}=\eta F_{GMMC} \tag{4-9}$$

式中：F_{BMMC} 为螺栓预紧力，N；η 为安全系数，一般取1.1～1.2。

然后再考虑螺栓载荷的分散性。

(2) 考虑螺栓载荷的分散性[6]：

螺栓在安装时载荷具有一定的分散性，为了弥补由此造成的预紧力波动，考虑螺栓整体的分散性，对螺母和螺栓之间的摩擦系数取0.12，采用扭矩扳手紧固螺栓时，单个螺栓初始载荷离散度为

$$\varepsilon_{1+}=0.1+0.5\mu \tag{4-10}$$

$$\varepsilon_{1-}=0.1+0.5\mu \tag{4-11}$$

全部螺栓总载荷的离散度为

$$\varepsilon_{+}=\frac{\varepsilon_{1+}\ (1+3/n_B^{0.5})}{4} \tag{4-12}$$

$$\varepsilon_{-}=\frac{\varepsilon_{1-}\ (1+3/n_B^{0.5})}{4} \tag{4-13}$$

螺栓预紧力下限值：

$$F_{BOmin}=F_{BP}(1-\varepsilon_{-}) \tag{4-14}$$

螺栓载荷的上限值：

$$F_{BOmax}=F_{BP}/(1-\varepsilon_{-}) \tag{4-15}$$

(3) 最终载荷预紧力：

单个螺栓预紧力的范围为

$$F_{BO}^{1}=\frac{F_{BO}}{n_{B}} \tag{4-16}$$

4.2.5 安装紧固技术

1) 法兰连接各部件检查

在安装前，务必仔细检查垫片表面是否保持洁净干燥，以及是否存在缺陷或损坏迹象。通常情况下，不建议重复使用旧垫片。此外，还需确认所使用的垫片尺寸及等级与法兰上的标识完全一致。同时，对法兰面进行全面的检查同样重要，应查看其是否有划痕、腐蚀或毛刺等损坏现象。如果发现径向穿过法兰密封面的水纹线凹痕或划痕深度超过 0.2 mm，且其覆盖面超过了垫片密封面宽度的一半，那么必须对法兰表面进行相应处理或予以更换。另外，还要确保法兰背面的螺母支撑面位置保持平行且光滑，并检查法兰是否对中。具体的检查方法可参照 SH/T3501—2021[7] 中的管道安装要求进行。

安装前，必须根据设备及管道的设计要求，仔细检查所使用的螺栓和螺母是否准确无误。螺纹和接触面必须保持清洁，不得有污垢、铁锈、重皮、刻痕、毛刺、碎屑等任何可能在紧固过程中影响扭矩的外部物质。严禁使用经过焊接后再采用机加工方法修补的螺栓。在使用螺栓和螺母之前，必须对其进行清洗脱脂、干燥和润滑处理。根据实际需要，还可以涂抹高温抗咬合剂，以确保在螺栓紧固时具有较低的摩擦系数，并提高螺栓螺母的抗滑丝和抗腐蚀性能。对于螺栓螺纹、螺母螺纹、螺母承载面、垫圈以及法兰上的螺母支撑面，应使用统一的润滑油，以确保润滑效果的一致性。完成法兰安装和紧固后，至少有两个完整的螺纹露在螺母外部。

法兰连接应尽量保证与管道或容器同心，螺栓应能自由穿入。法兰螺栓孔应跨中布置。法兰间保持平行，其偏差不得大于法兰外径的 0.15%，且不大于 0.8 mm[4]。法兰接头的歪斜不得采用强制加载螺栓的方法消除。法兰连接应使用同一规格螺栓，安装方向应一致。螺栓应对称紧固，紧固后应与法兰紧贴，不得有缝隙。当需要添加垫圈时，每个螺栓不应超过一个。所有螺母应全部拧入螺栓。当钢制管道安装遇到下列情况之一时，如不锈钢、合金钢螺栓和螺母，设计温度高于 100 ℃或低于 0 ℃，露天装置，处于大气腐蚀环境或输送腐蚀介质，螺栓、螺母应涂刷二硫化钼油脂、石墨机油或石墨粉等。

2）螺栓紧固方法

法兰螺栓安装时，均要求跨中均布，对于侧向管法兰，主要是为了避免介质对螺栓的腐蚀，对于罐顶接管法兰，主要是避免管线推力直接作用在螺栓上。法兰垫片螺栓紧固需要按对角线成对进行，并做到对称、均匀、逐渐紧固，达到松紧适度。本书以 10 个螺栓为例，紧固顺序见图 4－4。

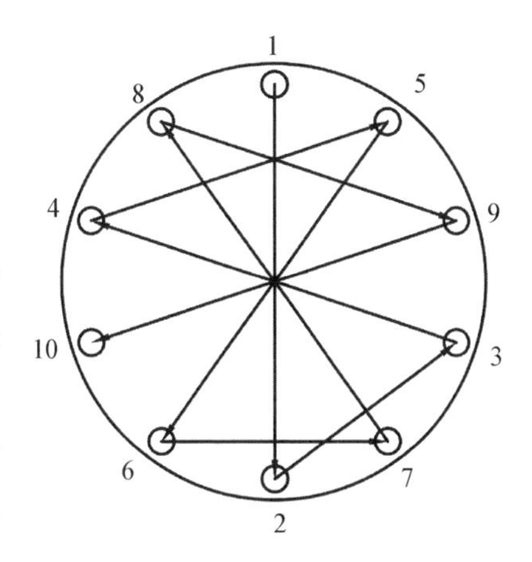

图 4－4　螺栓紧固顺序

在进行螺栓的紧固过程中，首先进行第一遍紧固。按照图示的顺序，成对地紧固螺栓，并施加紧固力，其数值应为所需施加紧固力的 30%。然后进行第二遍紧固，重复第一遍的加载顺序，逐渐增加紧固力值，达到所需施加紧固力的 60%。接着进行第三遍紧固，再次按照第二遍的加载顺序进行，逐渐增加紧固力值，直到达到所需施加紧固力的 100%。最后进行第四遍紧固，此时需逐个相邻地对每个螺栓进行紧固，以确保所有螺栓受力均衡。在锁紧后，螺栓顶端一般应超过螺母高度，并保持 1～2 个丝扣的高度。

在法兰紧固过程中，通常采用手工紧固和机械紧固两种方法。手工紧固常用锤击法和手工扳手，但锤击法无法准确控制紧固力的大小，甚至可能导致螺纹损坏和密封破坏。机械紧固工具包括力矩扳手、液压螺栓拉伸器、超声波螺栓伸长测试仪和螺栓应力测量仪。在使用力矩扳手进行紧固时，端面摩擦和螺纹副摩擦会影响预紧力矩的转化率，因此在计算预紧力矩时需要考虑这些影响因素。液压螺栓拉伸器、超声波螺栓伸长测试仪和螺栓应力测量仪能够有效控制螺栓的拉伸力大小。超声波螺栓伸长测试仪和螺栓应力测量仪的控制精度和成本要求比液压螺栓拉伸器更高，主要用于重要场合，例如核反应堆压力容器主螺栓安装、蒸汽发生器、稳压器人孔螺栓安装等。对于大直径法兰的紧固件，建议优先使用液压螺栓拉伸器，并按照正规的紧固程序进行紧固。在国内外的锁紧螺母标准中，一般没有涉及螺母的重复使用性内容，但通常规定螺母需要进行 5 次或 15 次的锁紧性能试验。实际上，这些试验次数仅仅是一种测试方法，并不意味着螺母只能使用 5 次或 15 次。通常情况下，经过几次拧入和拧出后，锁紧力矩会从较大值逐渐下降到较小值，并趋于稳定。然而，对于全金属锁紧螺母来说，多次拧入和拧出后可能会导致金属螺纹的磨损和局部塑性变形，从而使锁紧力矩值变得不稳定，甚至低于规定的拧出最小力矩值。因此，在重要的使用场合，建议适当限制螺母的重复装拆次数。美国航空航天紧固件设计手册建议全金属锁紧螺母可以重复使用约 10 次。而尼龙圈锁紧螺母的重复使用性能非常好，即使经过 100 次拧入和拧出，其拧出最小力矩仍能保持稳定不变。因此，在使用过程中，不必限制尼龙圈锁紧螺母的装拆次数。

4.2.6 典型密封件的载荷计算

法兰虽然结构简单，但受力情况较为复杂，故有较多的分析和设计计算方法，如 Bach 法、Timoshenko 法、Warters 法、Lake-Boyd 法、DIN 2505 法，这些解析计算方法中，Warters 法是比较成熟的，其采用适当的假设以后，使复杂的法兰应力和应变问题简化到可以手动计算的程度。在常用的尺寸和压力范围内，对于压紧面位于螺栓孔内侧的圆形法兰，按照此方法设计计算，能够得到比较满意的结果。所以，目前一些主要国家的锅炉和压力容器规范仍采用这个计算方法。但 Waters 法也有一些不足之处，如 Waters 法忽略了周向薄膜应力引起的法兰偏转，计算中将锥颈作为当量厚度圆柱壳。这些假设必然会给计算结果带来误差。本节在 Warters 法的基础上，考虑外弯矩和连接部件蠕变的影响，建立法兰偏转的解析计算方法。

以下举例说明螺栓载荷计算。垫片为符合 ASME B16.20a 标准的不锈钢柔性石墨缠绕垫。垫片为内外环型缠绕式垫片，金属带材料为 06Cr19Ni10，非金属带材料为柔性石墨带。垫片公称尺寸 NPS30，外径 $D_0=845$ mm，内径 $D_i=794$ mm，垫片厚度 $t_0=4.5$ mm，预紧比压 $y=70$ MPa，垫片系数 $m=3.0$。

螺栓为符合 ANSI B18.2.1a 标准的双头螺栓。螺栓公称尺寸 NPS1 - 3/4，数量为 28 个；螺母为符合 ANSI B18.2.2 标准的六角螺母。螺母公称尺寸 NPS 1 - 3/4，厚度 H 为 1 - 23/32。

设计条件下，螺栓除了承受流体介质产生的轴向力 F，还必须保持垫片密封所需的垫片压紧力 F_P。此压紧载荷以压力的 m 表示，垫片系数 m 是垫片材料和结构型式的函数。

设计条件下所需的螺栓载荷 W_p 为

$$W_p = F + F_p = \frac{\pi}{4}D_g^2 p + 2\pi D_g b m p \tag{4-17}$$

式中：F 为流体介质产生的轴向力，N；D_g 为垫片载荷作用中心圆计算直径，mm；p 为介质压力，MPa；b 为垫片有效密封宽度，mm。

1）预紧条件下的最小螺栓载荷

预紧垫片所需的最小螺栓载荷 W_a 为

$$W_a = \pi D_g b y \tag{4-18}$$

式中的 D_g 和 b 是考虑到由于法兰环的转动而引起的垫片沿径向压紧力分布不均匀而对计算所作的修正。当 $b_0 \leqslant 6.4$ mm 时，$b = b_0$；当 $b_0 > 6.4$ mm 时，$b = 2.53\sqrt{b_0}$。b_0 为垫片基本密封宽度，它与压紧面形状和垫片接触宽度 N 有关。当 $b_0 \leqslant 6.4$ mm 时，D_g 等于垫片接触面的平均直径；当 $b_0 > 6.4$ mm 时，D_g 等于垫片接触面外直径减去 $2b$。

2）最小螺栓总面积

操作状态下的最小螺栓面积 A_{po} 为

$$A_{po} = \frac{W_p}{[\sigma]_b^t} \tag{4-19}$$

预紧状态下的最小螺栓面积 A_a 为

$$A_a = \frac{W_a}{[\sigma]_b} \tag{4-20}$$

式中：$[\sigma]_b$ 为螺栓材料在常温下的许用应力，MPa；$[\sigma]_b^t$ 为螺栓材料设计温度下的许用应力，MPa。

ASME 规范要求对法兰做弹性应力分析，以验证法兰强度能否满足螺栓载荷要求。但 ASME 规范设计方法没有考虑连接的紧密性以及外载荷、变形或蠕变对连接性能的影响。

3）计算结果

垫片基本密封宽度 b_0 为 12.75 mm，垫片有效密封宽度 b 为 9 mm，垫片压紧力作用中心圆计算直径 D_g 为 827 mm。

由式(4－17)计算得到操作时需要的最小螺栓载荷 W_{m1} 为 8.5×10^5 N；由式(4－18)计算得到预紧状态下需要的最小螺栓载荷 W_{m2} 为 1.7×10^5 N；由式(4－19)计算得到操作状态下需要的最小螺栓面积 A_{po} 为 4 440 mm^2，由式(4－20)计算得到预紧状态下需要的最小螺栓面积 A_a 为 4 478.7 mm^2。

实际使用螺栓的直径为 30 mm，实际的螺栓总截面积 A_b 为 33 345.9 mm^2。

计算结果表明，螺栓法兰连接结构符合规范设计要求。

设计条件下螺栓设计载荷为 $W=W_{m1}=812\ 532.3\ N$。

预紧条件下螺栓设计载荷为 $W=0.5(A_m+A_b)[\sigma]_b=693\ 729.5\ N$。

选择安装载荷的方法是从预紧工况下所需的最小螺栓载荷、设计工况下所需的最小螺栓载荷和目标螺栓载荷中选择最大值。如果该螺栓载荷应力值介于最大和最小螺栓许用应力之间，则直接选择该值作为螺栓载荷。如果该值大于最大螺栓许用应力，则选择最大螺栓许用应力作为螺栓载荷。如果该值小于最小螺栓许用应力，则选择最小螺栓许用应力作为螺栓载荷。

总之，随着人们对法兰连接的安全和成本提出的更高要求，势必加强对法兰连接各种影响因素研究的深入和计算机模拟技术的不断发展，相信将会有更为详尽的密封参数和理论来完善螺栓—垫片—法兰连接的设计方法，使管道法兰连接接头的可靠性和经济性得到更好地折中。

4.3 密封数值模拟及分析技术

密封系统的结构通常较为复杂，一个常见的密封系统包含了主/副密封界面形式、密封元件种类和连接螺栓布置方式等要素，涉及材料非线性、接触非线性以及结构大变形等，使常规的理论分析方法很难预估密封系统的力学行为。另一方面，由于密封系统在服役过程中经历温度和压力瞬态，传统的试验分析难度大、成本高，无法对密封系统的密封性能做出准确的评估。

随着有限元理论的日益成熟，以及有限元商用软件的发展，有限元分析设计开始在工程领域广泛应用，而有限元分析技术也逐步成为解决密封件力学行为数值模拟和密封系统密封性能数值分析的有效手段。本节将分别对密封件力学行为数值模拟技术和密封系统密封性能数值分析技术进行介绍。

4.3.1 密封件力学行为数值模拟技术

影响密封系统密封性能的关键因素之一是密封件的力学性能，因此对密封件力学性能以及行为的表征至关重要。密封件力学行为数值模拟技术使用有限元工具以模拟密封件在不同温度、介质压力、元件应力等条件下的力学行为，并给出相应密封性能的评估。利用这种模拟技术，可以优化密封件的设计，提高其密封性能。以下对密封件几种典型力学行为数值模拟技术进行介绍。

4.3.1.1　螺栓预紧行为数值模拟

螺栓是连接法兰和容器(管道)的重要结构,而螺栓的预紧为密封件提供了初始压紧力,是建立合理初始密封的关键因素,将影响密封系统密封性能的最终评价;另一方面,螺栓预紧力的大小也显著影响密封系统的结构强度,将决定以 Waters 法为代表的强度设计准则评价结果。对于任意一种密封系统,施加合理的螺栓预紧力是使其达到满足要求的密封效果而又不产生强度失效的关键前提条件。因此,对螺栓预紧行为开展正确、有效的数值模拟是必要的[8],以下将简要介绍四种螺栓预紧行为的模拟方法。

1) 预紧力单元法

为了准确模拟螺栓在预紧力作用下的预紧状态,ANSYS 软件中提供的预紧力单元 PRETS179 能较好地模拟螺栓的受拉状态。首先采用 PSMESH 命令在螺杆中间位置定义一个预拉伸截面,并产生预紧单元,然后在预紧单元上采用 SLOAD 命令直接加载预紧力。

2) 降温法

温度降低将引起物体收缩变形,结构的变形受到约束,内部就会产生拉力。可以采用降温法来模拟螺栓预紧力状况,其基本思想是把初始载荷换算成对应的温度载荷加载到螺杆上。

假定螺栓最初安装的连接件上不产生预紧力,当螺栓上作用有负的温度载荷时(假定初始温度为 0),其他构件温度不变,这时螺栓必然开始收缩,螺栓将受到阻止其自由收缩的拉力,而被连接件则受到压紧力作用。通过换算使温度载荷等效于螺栓上施加的初载荷,便可以模拟预紧力。初始载荷下螺栓的初变形计算公式为

$$\Delta l_1 = \frac{W_i}{k_b} = \frac{W_i l}{EA} \tag{4-21}$$

$$k_b = \frac{EA_b}{l} \tag{4-22}$$

式中:Δl_1 为螺杆变形量,mm;W_i 为单根螺栓的初始载荷,N;l 为螺杆初始长度,mm;A_b 为螺栓截面,mm^2;k_b 为螺栓刚度,N/mm。

被连接件的变形计算式为

$$\Delta l_2 = \frac{W_i}{k_m} \tag{4-23}$$

式中：Δl_2 为被连接件的变形量，mm；k_m 为被连接件刚度，N/mm。

对处于不受力状态的螺栓连接施加预紧力矩，通过螺帽与螺杆之间的相对运动（旋紧），螺杆不断伸长，螺孔周围的底盘不断被压缩。螺杆中受到的拉力与底盘中受到的压缩合力通过螺帽处于平衡状态，并且随预紧力矩的增大而增大。

螺栓杆和被连接件变形总和为

$$\Delta l = \Delta l_1 + \Delta l_2 \tag{4-24}$$

令 $\Delta l = \alpha \Delta T l$，$\alpha$ 为线胀系数，ΔT 为相对于初始温度时的螺栓上作用的温度变化量，即 $\Delta T = T_1 - T_2$，则有

$$T_2 = T_1 - \frac{\Delta l}{\alpha l} \tag{4-25}$$

3）渗透接触法

通过 ANSYS 软件提供的接触副可以模拟螺栓的预紧力。首先在建立螺杆时减去施加预紧力矩之后螺杆和被连接件的变形总和，然后建立接触对，螺杆受到了拉力，被连接件受到压紧力作用，即可模拟出螺栓的预紧力效果。

4）预应力法

螺栓预紧力通过在螺柱单元上施加预应力进行模拟，具体实现方式如下：首先根据公式 $\sigma_0 = F/A$ 计算得到螺栓预紧力作用下螺栓上的理论轴向应力，其中 F 为单根螺栓预紧力，A 为单根螺栓的横截面面积；然后利用 ANSYS 软件，在螺柱单元上施加预应力 S_1^{pr}，获得螺杆上的轴向应力 σ_1；最后利用线性关系求得在螺杆上施加预应力 $S_0^{pr} = (\sigma_0/\sigma_1) \cdot S_1^{pr}$ 时，即可等效实现预紧力载荷下的应力状态。

4.3.1.2 螺栓应力松弛行为数值模拟

在承受高温载荷的承压螺栓结构，由于其较高的工作温度和较大的螺栓载荷，在其服役过程中将不可避免地发生因蠕变导致的应力松弛。这一力学行为将导致螺栓预紧力不断降低，当预紧力降至小于紧固连接所需的最小紧固力时，密封失效，从而发生泄漏。高温下螺栓的应力松弛已经成为导致螺栓紧固系统密封失效的主要原因之一。

目前一般采用基于蠕变的应力松弛模型以模拟材料的应力松弛行为，其中时间硬化蠕变方程可用来描述应力松弛第一、二阶段，能够相对准确地预测应力松弛，因此工程上应用较多。在 ANSYS 软件中，可以选择改进的时间硬

化蠕变模型来模拟材料的蠕变行为。

有限元模拟剩余螺栓预紧力随时间的变化曲线见图 4-5。初始螺栓预紧力较小时，螺栓的应力松弛现象不明显，松弛现象随初始预紧力的增大而愈加明显。在松弛第一阶段，螺栓预紧力下降很快，但随着时间推移，下降速度逐渐减慢。在第二阶段，松弛进一步减慢，随着时间的延长无限趋近于一个极限值。这是由于随着螺栓应力松弛的不断发生，应力不断减小，而由时间硬化蠕变理论的本构方程可知应力松弛速度与应力的正数次方成正比，因此，随着应力松弛的不断发生，松弛速度在不断减小。

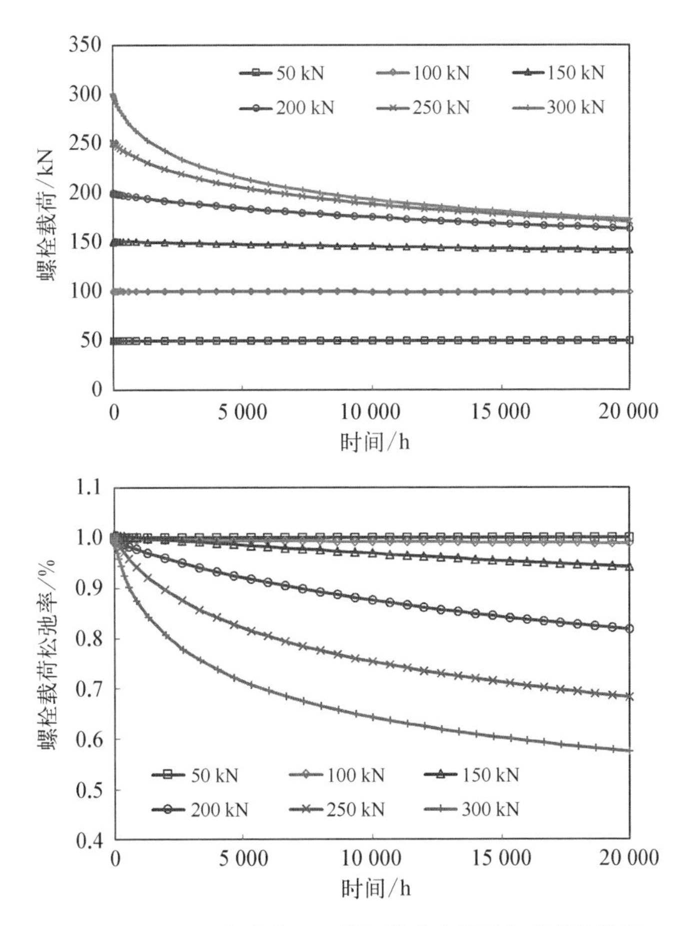

图 4-5　不同预紧力作用下的螺栓应力松弛行为数值模拟

4.3.1.3　密封元件压缩回弹行为数值模拟

ANSYS 软件提供了垫片单元，根据压缩回弹试验数据，能准确模拟垫片压缩回弹性能，但是只能局限于截面为矩形的规则垫片，对垫片结构型式要求较高，应用范围有限。目前工程项目中已能够建立实际密封元件进行分析，并采用弹塑性本构模型对其进行压缩回弹性行为数值模拟，这种方法不仅可以描述密封元件的具体结构型式，还具有较高的精度。本小节对几种典型的密封元件压缩回弹数值模拟技术及相应结果进行介绍。

1）柔性石墨垫片压缩回弹数值模拟

典型的柔性石墨垫片的结构型式见图 4－6，垫片由金属内环、石墨环和金属外环组成，内环起包容和支承石墨环的作用，外环限制石墨环过度压缩。石墨主要起密封作用，金属决定了垫片力学性能的好坏。该种石墨密封垫片在实际应用中的结构型式见图 4－7，上下两个密封面由一对法兰组成，装配时，垫片放在两法兰密封面之间，预紧螺栓直至金属法兰与金属限制环接触。

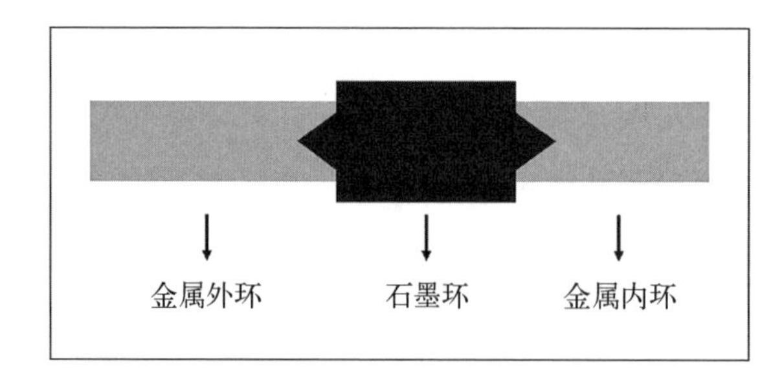

图 4－6　石墨密封垫片结构

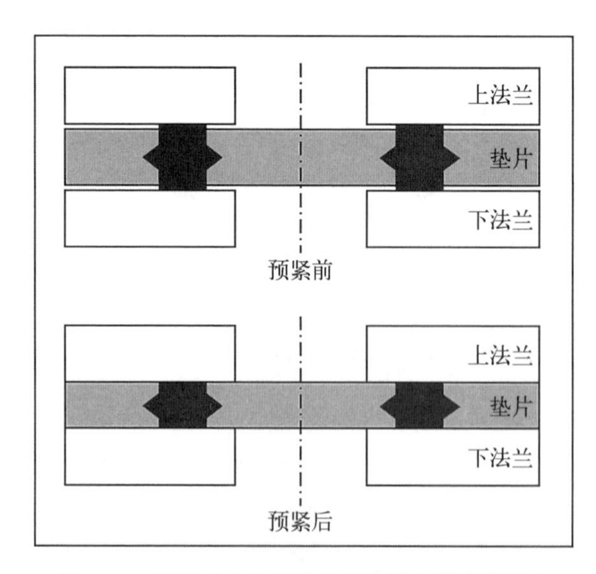

图 4－7　石墨密封垫片在实际应用中的结构型式

第一步，建立柔性石墨垫片有限元分析模型。对于螺栓-法兰-垫片这种典型的中心对称密封结构，采用1/8对称模型建模。采用Solid185单元对结构的螺栓、螺母、法兰、上下法兰接管进行网格划分，垫片结构采用Inter194单元进行网格划分，划分网格的模型见图4-8。通过Psmesh命令在螺栓上设定预紧单元。采用Targer170单元和Conta174单元分别在垫片上表面与上法兰下表面、垫片下表面与下法兰上表面、垫片金属环与石墨环之间、上螺母下表面与上法兰上表面和下螺母上表面与下法兰下表面之间设置接触。

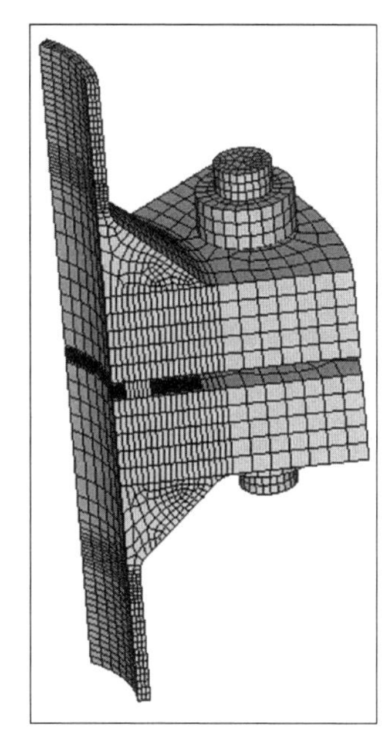

图4-8　石墨密封垫片在实际应用中的结构型式

第二步，对模型施加正确的载荷与边界条件。预紧力是保持螺栓-法兰-垫片密封结构稳定性的重要因素，在设计螺栓预紧力时，既要使得垫片受到适当载荷，顺利形成初始密封，又要保证垫片不会因受到过大载荷导致的垫片压溃。最为常见的预紧力计算方法是ASME规范[9]中法兰设计对螺栓预紧载荷的计算方法，其通过计算垫片系数 m 与预紧比压 y 从而得到预紧力。除了经典的ASME规范外，PVRC和EN 1591规范也是十分常见的预紧力计算方法。但是对于核级石墨密封垫片，目前并没有明确的预紧力计算标准。

本算例参考prCEN/TS 1591-3[10]中的对金属-金属接触型垫片的计算方法进行预紧力计算，采用Prets179单元施加预紧力。根据垫片实际工作服役过程中，由于内压而产生的拉应力导致垫片压紧力减小，而提供回弹的应力补偿效果进行相应的模拟，在法兰的上端施加等效拉应力。为使对称模型保持与全模型等效，在上下法兰、垫片两侧边界均施加对称边界。在下法兰接管的下表面施加固定约束。

第三步，对模拟结果进行后处理，分析结果合理性。在施加预紧力的过程中，由于还未发生金属与金属接触，垫片的石墨环承担较多压力，提取垫片石墨环的位移云图见图4-9，可以观察到位移变化比较均匀，最大位移发生在石墨环的上表面位置。

提取有限元模拟中垫片的压缩回弹曲线与试验得到的压缩回弹曲线进行对比，见图4-10。通过两者对比，可以发现有限元模拟曲线与试验曲线差别

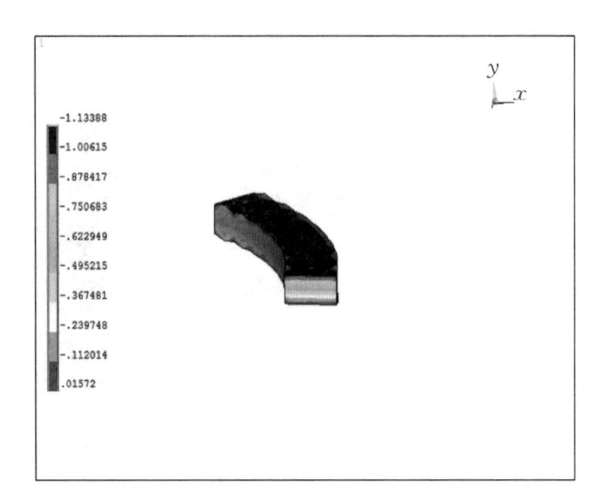

图 4-9　垫片石墨环的位移云图/mm

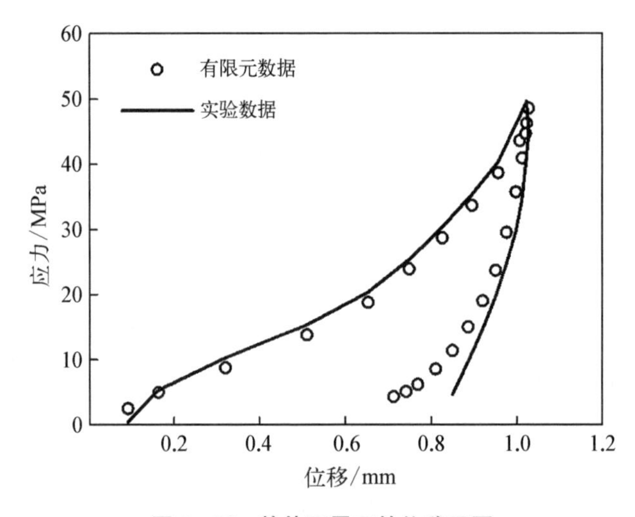

图 4-10　垫片石墨环的位移云图

不大。计算出试验与数值模拟结果误差值，通过与容许误差值进行对比，则可判断有限元分析方法的可靠性。

2）紫铜垫片压缩回弹数值模拟

紫铜垫片在运行过程中受到温度、压力的影响不断产生压缩回弹，其力学性能极其复杂，随着系统的运行，垫片压缩回弹能力的降低是泄漏的直接原因。利用紫铜垫片压缩回弹试验中的应力-应变数据，通过本构数据提取，将对应温度下应力应变关系输入垫片的本构关系中，采用多线性随动强化模型模拟紫铜垫片的非线性行为。由于结构的对称性，可以采用二维轴对称模型(见图 4-11)对压缩回弹行为进行数值模拟。不同温度下垫片压缩回弹的模拟结果与试验结果的对比见图 4－12 和图 4－13。结果表明，多线性随动强化模型能很好地模拟垫

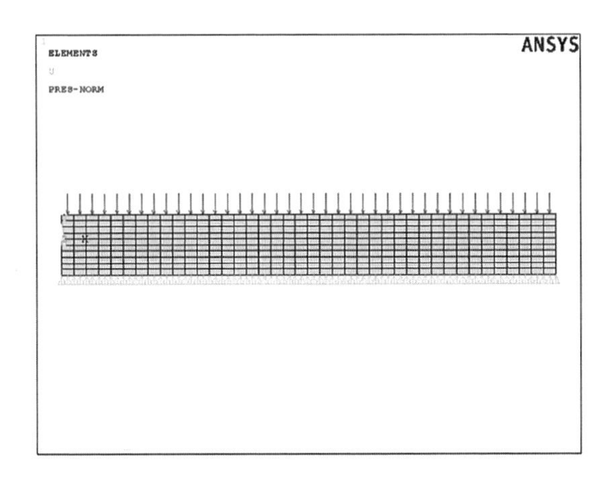

图 4－11　垫片模型

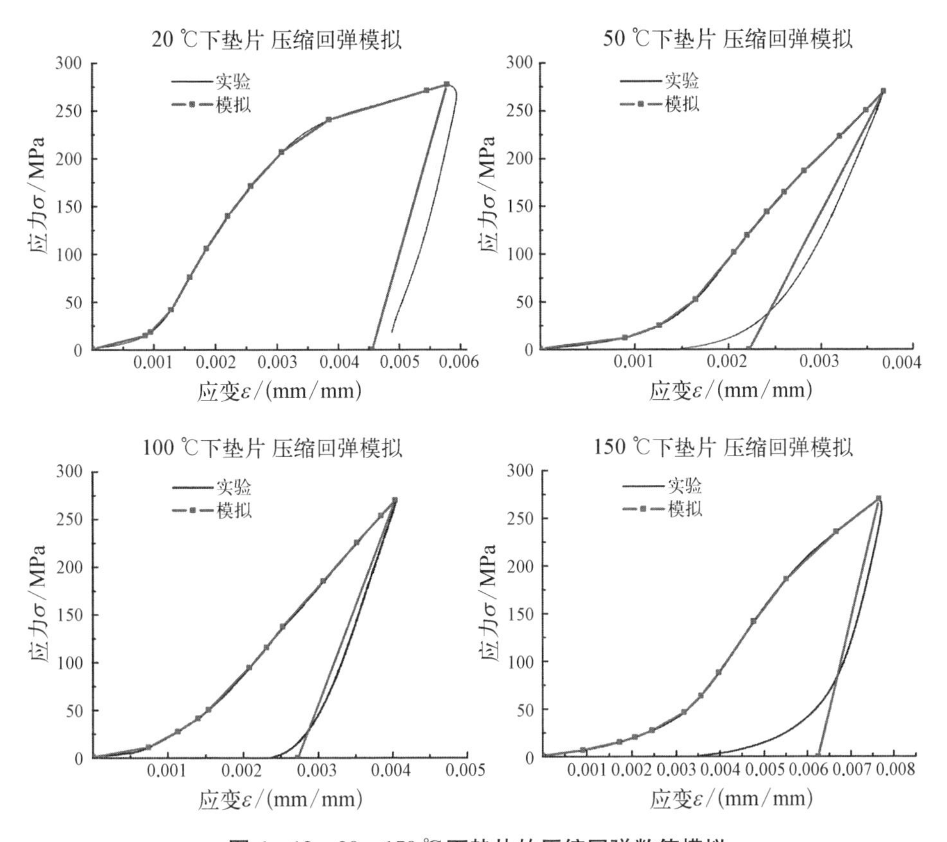

图 4－12　20～150 ℃下垫片的压缩回弹数值模拟

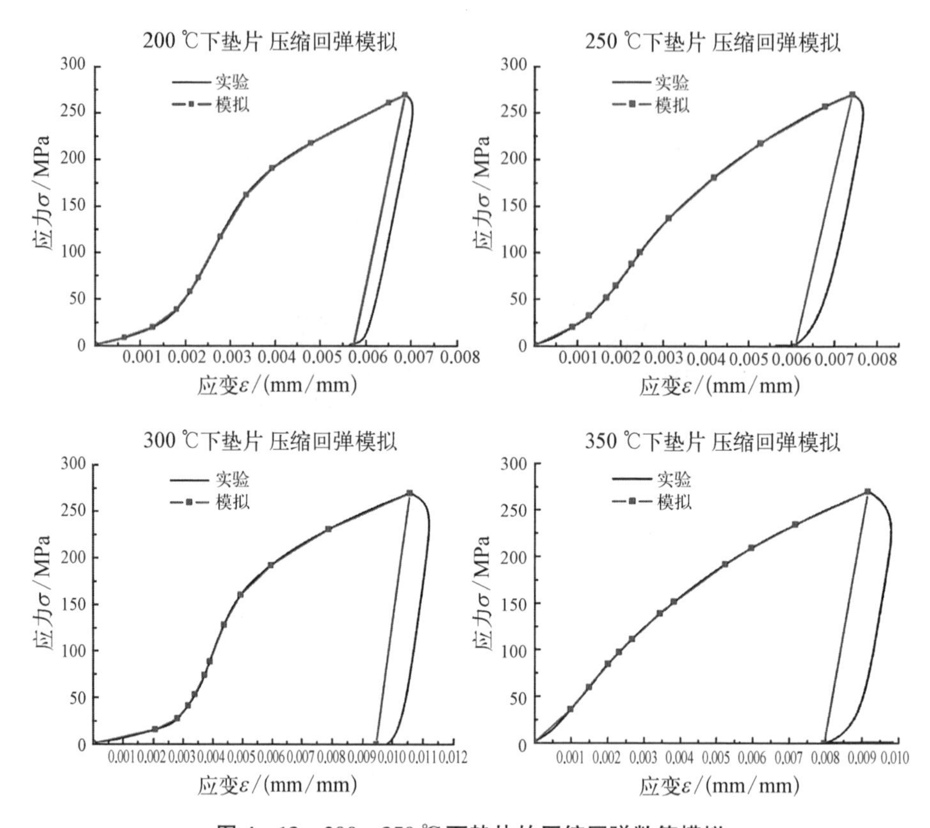

图 4-13 200～350 ℃下垫片的压缩回弹数值模拟

片加载过程中的压缩行为，卸载过程中某些温度下数值模拟结果与试验值误差较大，但是回弹量均小于试验值，应用于工程上是保守可行的。

3）O 形环压缩回弹数值模拟

与前述石墨或金属平垫片不同，O 形环是一种结构更复杂的密封元件，依靠螺栓预紧后环的变形所产生的回弹，使密封面产生一定的密封比压。此压力使空心环表面材料出现塑性变形[11]，从而填补密封面上的微观不平，最终实现密封。通过精确控制密封槽的深度，密封环可被压缩到预先设定的变形量，密封环产生塑性变形。密封在合理压扁后，应具有良好的回弹性能。回弹量是压缩下量中的一小部分，它用来补偿上、下法兰密封面变形产生的轴向分离量，回弹量越大，补偿性能越好。当顶盖上螺栓预紧之后，反应堆系统将升温至工作状态。升温时产生的力会使密封表面“脱开”。因此密封面必须设计成能靠密封环本身固有的回弹性来补偿这种密封面的分离。

在密封环的力学性能数值模拟方面，由于密封环在役期间处于结构非线性状态，表现为结构的响应随外载荷变化不成比例，因此，应力分析类型属于结构非线性分析。导致结构非线性的原因主要包括以下三种类型：① 状态非线性（接触问题等）；② 几何非线性（大变形、大应变等）；③ 材料非线性（弹塑性问题）。几何和材料非线性问题，可通过定义适当的材料本构模型予以考虑。对于导致状态非线性的接触问题，耗费的计算资源较大，合理建模至关重要。下面介绍 O 形环压缩回弹数值模拟方法及流程。

第一步，确定适用的本构模型。本算例使用的 Inconel 718 合金的力学性能为

常温时：$\sigma_{p0.2}=1.125$ GPa，$\sigma_b=1.365$ GPa，$E=210$ GPa，$\delta_5=27.0\%$；

300 ℃时：$\sigma_{p0.2}=970$ MPa，$\sigma_b=1.160$ GPa，$E=196$ GPa，$\delta_5=19.4\%$。

选取 ANSYS 软件中适用于比例加载和大应变分析的非线性等向强化本构模型（NLISO）定义 O 形环材料。该模型使用多线性表达服从 Von Mises 屈服准则的等向强化应力-应变曲线：

$$\sigma=k+R_0\varepsilon^{pl}+R_\infty[1-\exp(-b\varepsilon^{pl})] \tag{4-26}$$

式中：ε^{pl} 为塑性应变；k 为刚发生塑性应变时材料单轴试样的应力，MPa；R_0、R_∞、b 为材料常数，MPa。

根据单调拉伸试验数据确定 Inconel 718 合金 NLISO 模型参数为，

常温时：$k=1.05$ GPa，$R_0=1.65$ GPa，$R_\infty=155$ MPa，$b=240$；

300 ℃时：$k=850$ MPa，$R_0=3.70$ GPa，$R_\infty=133$ MPa，$b=800$。

此外该合金常温弹性模量 $E=210$ GPa，常温泊松比=0.3。NLISO 模型的塑性应变与应力的曲线形式见图 4-14。

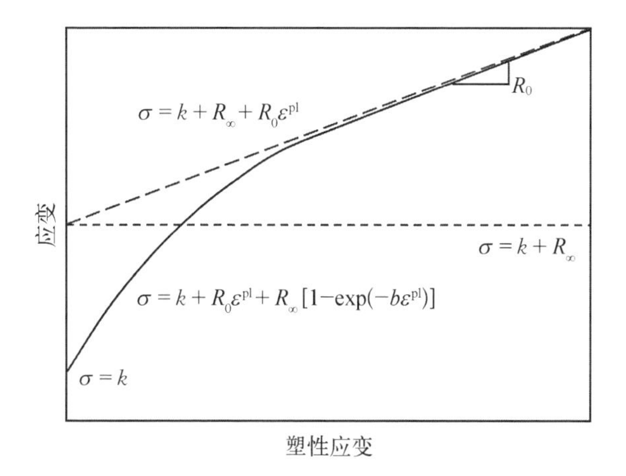

图 4-14　NLISO 模型塑性应力-应变曲线

第二步,建立有限元模型以及边界条件。取O形环以及O形环上、下支承面为研究对象,建立二维模型。接触分析中,定义上、下支承面为目标面,O形环的外表面为接触面,采用二维面-面接触单元Contac172和Targe169目标单元来模拟。有限元模型选用四节点平面单元PLANE182。在下支承的底面加全约束,上支承的顶部施加x方向约束。在上支承的上表面上施加位移,以模拟O形环的加载、卸载过程。取O形环外径为12.7 mm,壁厚1.27 mm,计算模型见图4-15。

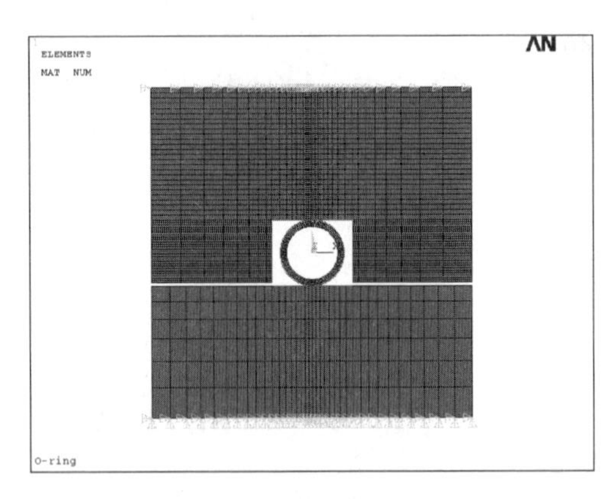

图4-15 ANSYS计算的有限元模型

第三步,对模拟结果进行后处理,分析结果合理性。图4-16给出了O形环在加载10%压扁度和卸载后的变形应力分布。如果密封环受到压缩,其环的外表面被密封槽的外径所限制,密封环则变成图4-17所示的"8"字形。图4-18给出了加载20%和45%压紧量的变形应力分布,由加载过程可以看出:加载开始时,O形环与凹槽中心接触,接触载荷随压紧量增加;然后接触区域

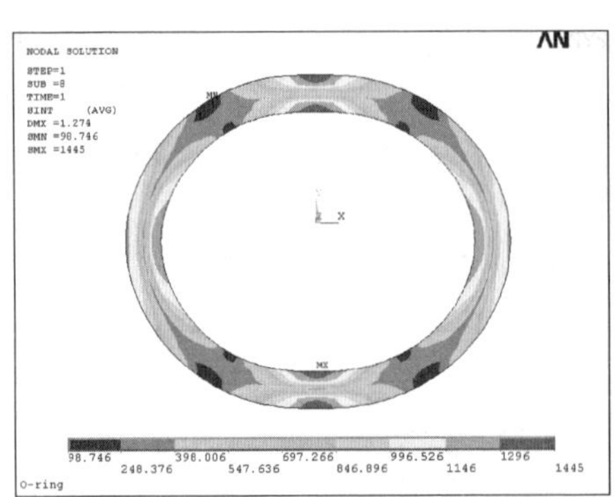

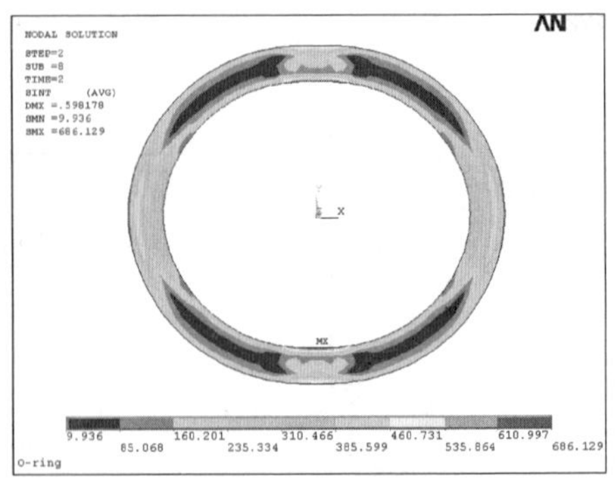

图4-16 10%压紧量和卸载后的应力分布

扩大，而接触中心点逐步卸载到相邻点，直至与凹槽中心完全脱离，形成8字形，与图4-19的实验现象较为吻合，因此基于接触算法的有限元数值方法可以较真实地模拟压扁回弹特性。

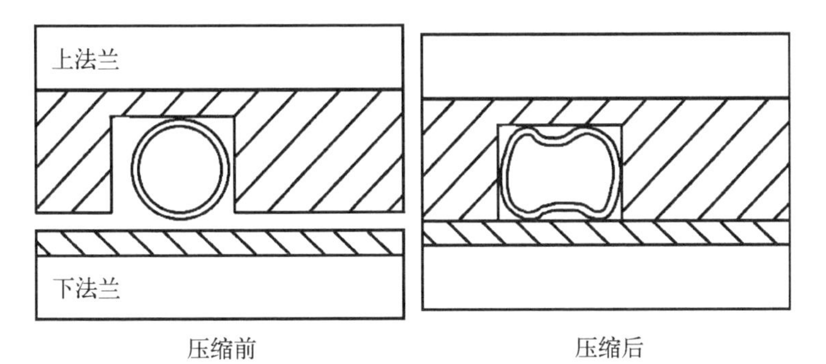

图4-17　O形环的变形和回弹

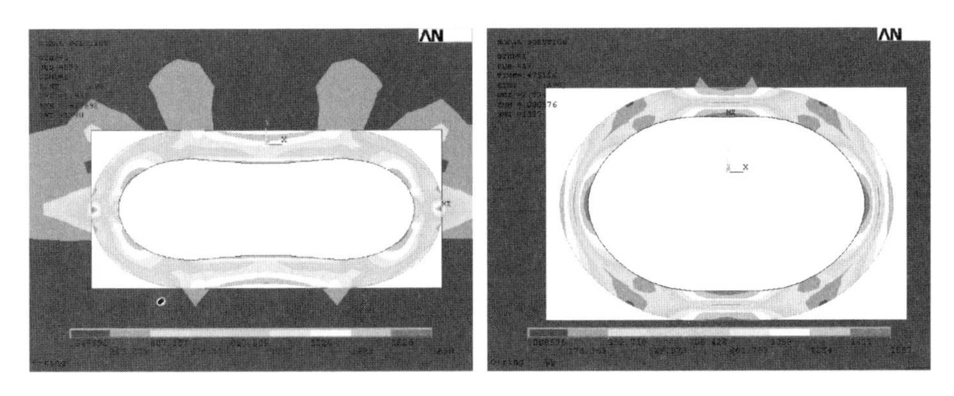

图4-18　20%和45%压紧量应力分布

图4-19　650℃、30%压缩比条件下试样的破坏图片

利用不同的加载值进行计算，得出加载到最大值及卸载完成后O形环最高处节点的位移值，二者的差值即为O形环的回弹量，由图4-20可见，在O形环加载到不同值后卸载，随着加载值的增加，其加载时位移与回弹量均呈线性增加。O形环压紧度=压紧量/直径，参考资料指出在350 ℃及10%的压扁量下，管材的总回弹量应不小于0.33 mm。有限元计算出10%的压扁量下的计算结果为0.33 mm，与试验结果接近。

图4-21给出了最大压紧度为10%压缩过程中O形环最高点处节点的应力应变响应情况。在卸载时，应力值迅速减小，在卸载后残余应变约为7.4%。

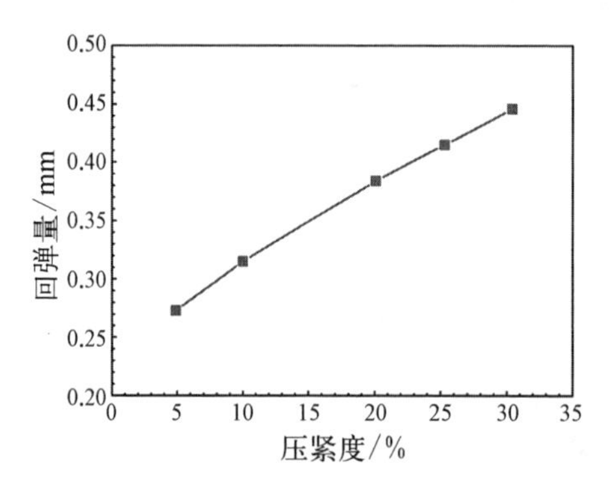

图4-20 回弹比与压扁度的关系曲线

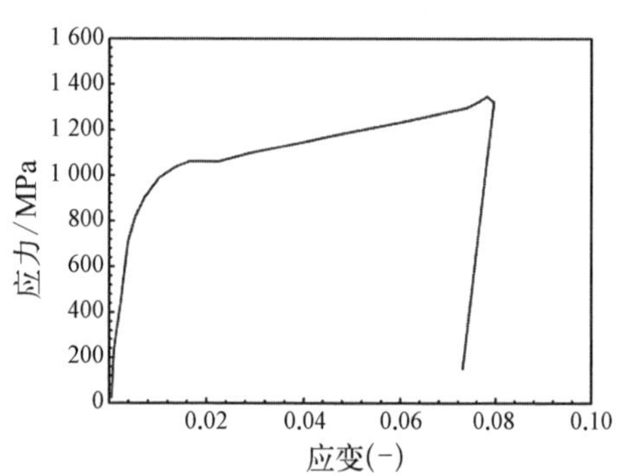

图4-21 压扁度为10%加载过程应力-应变曲线

图4-22给出了O形环最高点塑性变形在加载过程中的变化趋势，可以看出在加载达到一定值后，开始出现塑性变形，且塑性变形随着加载量的增加而增加。从图4-23中O形环最高点接触应力变化曲线可以看出，由于最高点逐渐与上端接触面脱离接触状态，因此图4-22中塑性应变到达最大值后保持不变。

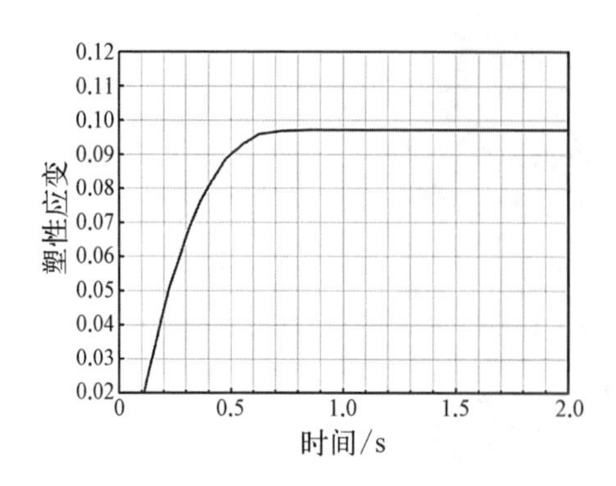

图4-22 O形环最高点塑性应变变化曲线

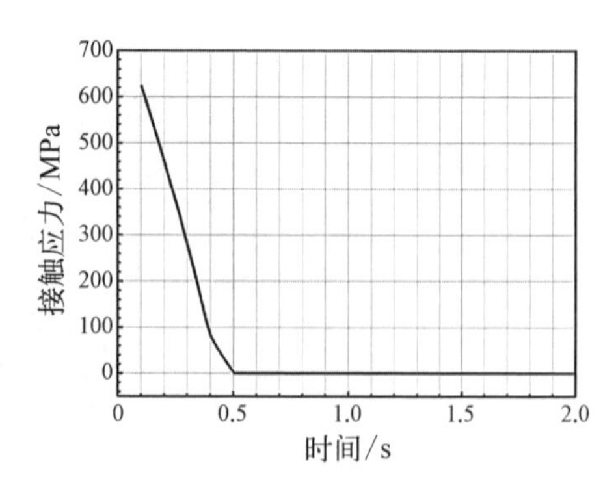

图4-23 O形环最高点接触应力变化曲线

由图 4－24 可以看出，在加载过程中，塑性变形最大的位置出现在 O 形环内壁的最高和最低点处，同时 O 形环在不同位置均出现了不同程度的塑性变形。

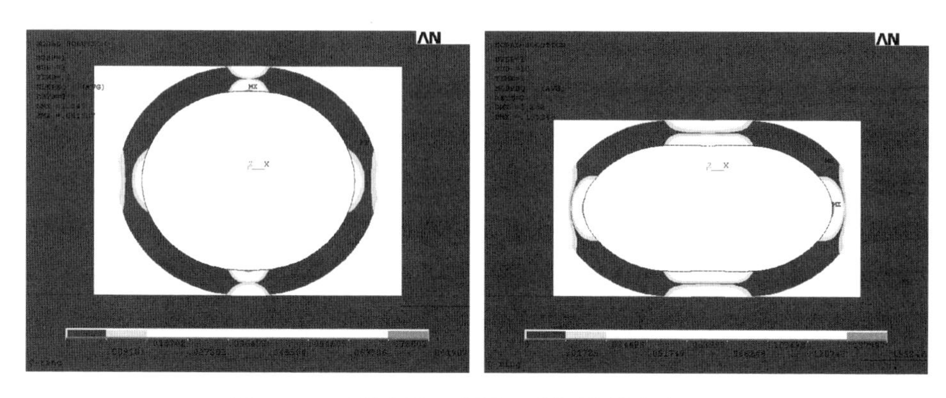

图 4－24　压缩量为 10%和 30%时塑性应变云图

4）C 形环压缩回弹数值模拟

C 形环相比 O 形环具有更加复杂的结构，其压缩回弹数值模拟的难度也相应更大[12]。典型的 C 形环由内置螺旋弹簧、中间包覆层和外密封层组成（见图 4－25）。在预紧力作用下，由弹簧提供反弹力，密封层发生塑性变形来填充密封面微观不平。本算例建立精细化的 C 形环模型，除了对其压缩回弹性能进行数值模拟，还就 C 形环结构特征对密封性能的影响进行了模拟研究。

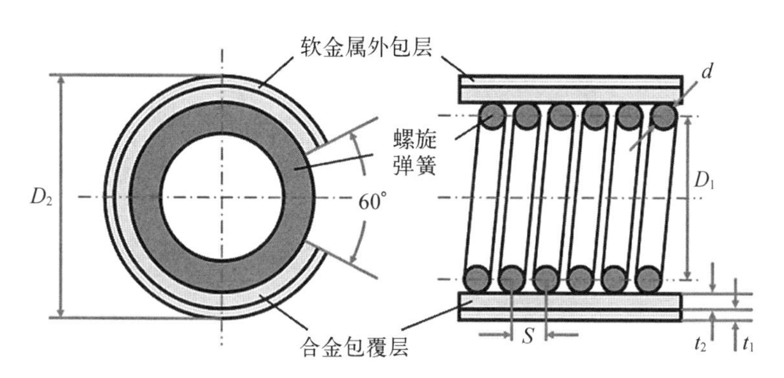

图 4－25　C 形环结构示意图

第一步，建立有限元模型，施加合理的边界条件及载荷。见图 4－25，t_1、t_2、S、d、D_1、D_2 分别指代密封层厚度、包覆层厚度、弹簧丝截距、弹簧丝径、弹簧中径和密封环直径，C 形环的密封层及包覆层的开口角度为 60°。为了真实考虑螺旋弹簧，需充分结合密封环周向结构特性和所受载荷特征，密封环主

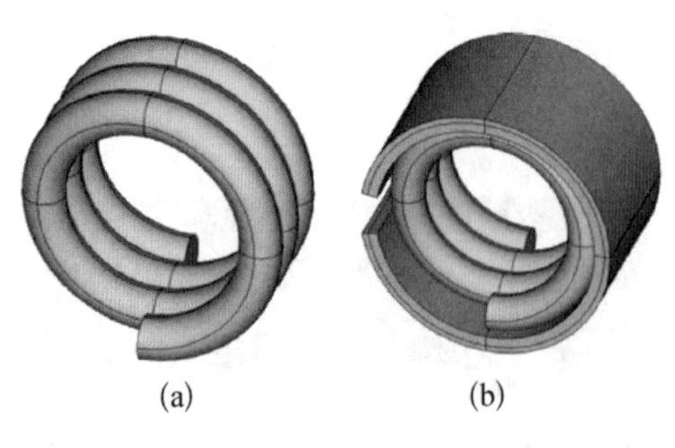

(a) (b)

图 4-26 几何模型

(a) 螺旋弹簧；(b) 密封环

要承受法兰轴向压缩，即每匝弹簧可视为一个周期。因此本研究截取三匝弹簧对应密封环进行三维建模计算分析，模型中主要包括螺旋弹簧、包覆层、密封层和法兰四个部分，几何模型见图 4-26。

内置螺旋弹簧基体、中间包覆层和外密封层的材料分别为 InconelX 750、Inconel 600 和 Ag（纯银）。其中，银屈服极限较低，主要起填充密封面泄漏通道的作用，硬金属合金包覆层对密封层起重要的支承作用，螺旋弹簧则提供主要的径向回弹力。压缩回弹过程中，三种材料均存在不同程度的塑性变形，考虑加卸载行为存在，材料模型选用双线性随动强化模型。为保证精度和效率，计算采用 20 节点结构单元 SOLID186，利用扫掠式网格划分算法，对结构规则区域进行六面体划分。上下法兰密封面与密封层、包覆层与弹簧基体间定义接触，使用 CONTA174 和 TARGE170 单元；密封层与包覆层间则定义为绑定。法兰、包覆层、密封层端面为对称约束，螺旋弹簧端面为对称约束；下法兰底面为全约束，上法兰顶面只有法向位移自由度。加载及边界条件示意见图 4-27。

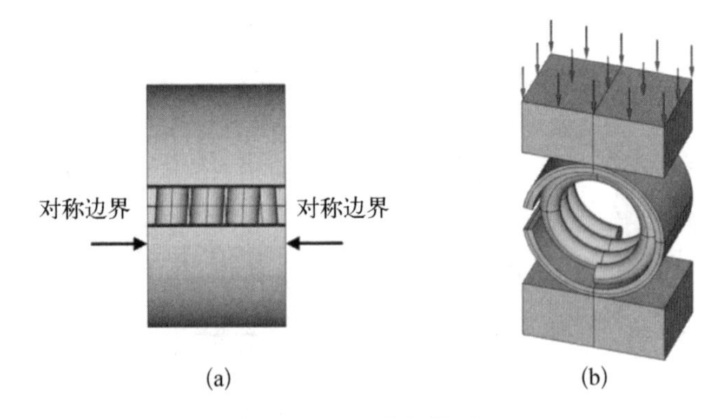

(a) (b)

图 4-27 分析模型

(a) 对称边界；(b) 加载条件

第一步，在上法兰顶面施加一个小位移，使得各部件之间的接触关系成功建立；第二步，在上法兰顶面施加真实的法向压缩位移，模拟压缩过程；第三步，施加真实的法向回弹位移，模拟回弹过程。需要注意的是，撤去位移约束后常遭遇分析不收敛的情况，此时卸载过程可以通过载荷控制的办法来实现，即提取压缩过程最终载荷步中顶面的支反力，通过施加面载荷的方式来模拟回弹过程。

第二步，对模拟结果进行后处理，分析结果合理性。图 4 - 28 展示了1.0 mm 初始压缩量下的密封环变形情况，可以看到密封层最顶部的最大位移为 1.008 mm，约等于初始压缩量，由此说明压缩位移主要由密封环变形承担，而法兰相对密封环刚性很大，变形可以忽略。

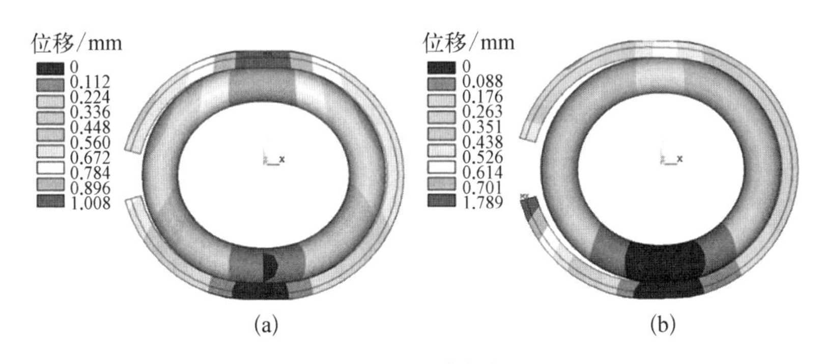

图 4 - 28　位移和变形

(a) 压缩状态；(b) 回弹状态

通过对分析结果进行后处理，可以绘制得到线载荷与压缩位移的关系曲线，即压缩回弹特性曲线，并与试验所得曲线进行对比，具体见图 4 - 29。可以看到，模拟结果与试验结果曲线吻合良好，尤其是在加载段前半段和卸载段曲线几乎完全重合，由此验证了前文所述数值模拟方法的有效性。

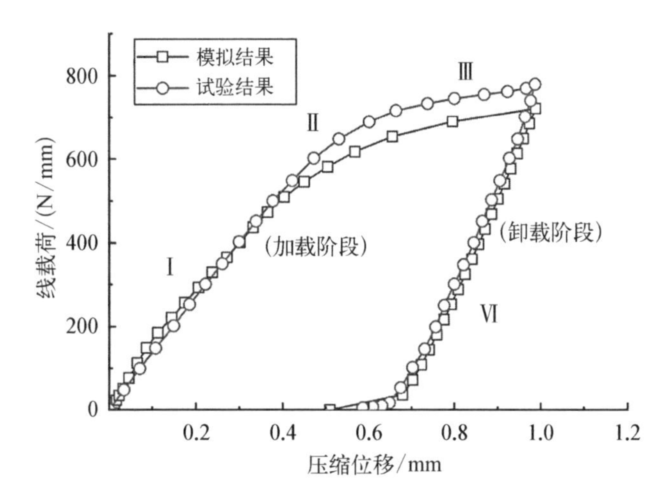

图 4 - 29　压缩回弹特性曲线试验与模拟结果对比

根据曲线特征，压缩回弹过程可分为四个典型阶段：区域Ⅰ中载荷与位移关系呈现线性关系，斜率为定值；当进入区域Ⅱ，结构出现塑性变形，斜率快速下降；紧接着便进入稳定区域Ⅲ；区域Ⅳ为卸载阶段，载荷与位移为线性关系，完全卸载时，结构中存在残余变形，而卸载段对应的压缩位移即为回弹量。

第三步，弹簧匝数分析。为确保数值模拟方法的稳定性，有必要对弹簧匝数的影响进行研究，探讨模型边界的影响。本研究采取通过建立不同匝数下的数值模型进行分析和对比的研究方式。图 4－30 展示了选取 1、3、5 匝弹簧模型计算所得密封特性曲线，可以明显看到，三条特性曲线吻合得非常好。图 4－31 还给出了三种模型的应力分布，通过仔细比较可以发现，三种模型的应力特点及应力峰值都基本相同，即与法兰接触的位置以及“腰部”位置的应力较大，此外，模型中每匝弹簧的应力状态也基本相同，由此充分验证了模型边界条件的正确性，也保证了下文做进一步分析及优化的可行性。

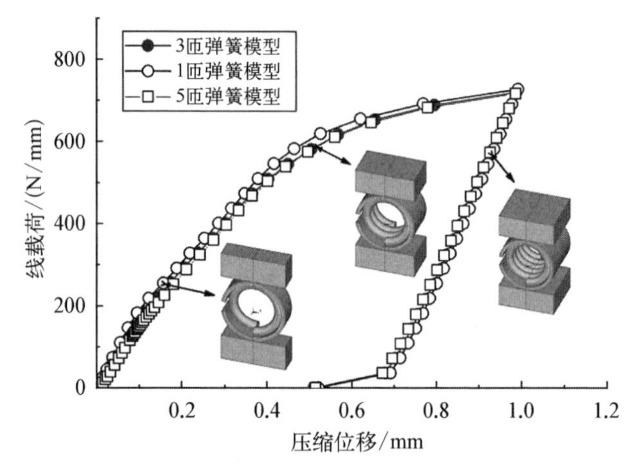

图 4－30　不同匝数模型密封特性曲线对比

第四步，密封面接触压力特性分析。

密封面接触压力是确保密封的关键。初始压缩量过大容易压塌密封环，而过小难以保证长期安全有效的密封，这就需要合理的压缩量来保证运行期间法兰密封面轴向分离得到有效补偿。由于试验无法获取密封面详细情况，图 4－32 展示了通过数值方法得到不同初始压缩量(0.3 mm、0.6 mm、0.9 mm、1.2 mm)下密封面压力分布情况。

可以看到，密封带上的接触压力在弹簧轴向呈现出了非常好的周期分布规律，但由于螺旋弹簧的固有结构特点，弹簧主要接触区域的压力明显要高于

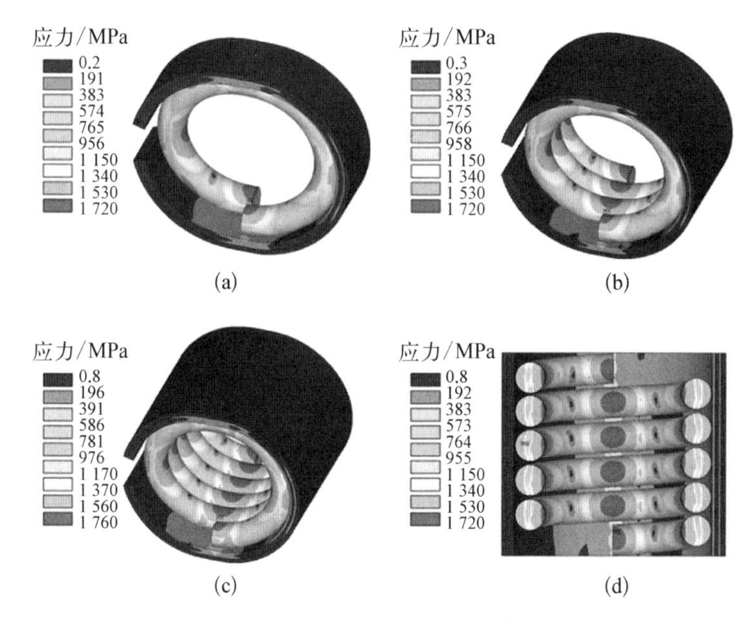

图 4－31　不同匝数模型应力分布

(a) 1 匝;(b) 3 匝;(c) 5 匝;(d) 水平剖面

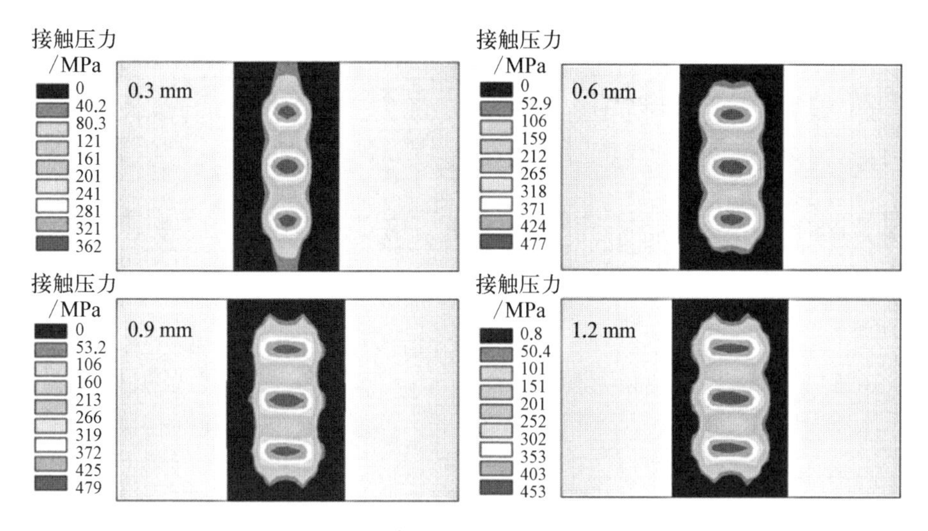

图 4－32　不同初始压缩量下的接触压力分布

弹簧间隙区域，这也提示我们在设计过程中需要充分考虑密封面接触压力分布均匀程度的这一性能指标。其次，随着压缩量的增加，接触区域面积在明显增大，但接触压力大小在压缩量为 0.6 mm 时就基本达到稳定，最大压力值没有继续增大，此现象可理解为由于承压面积在变大，导致压缩载荷被均摊出去。

4.3.1.4　密封元件材料棘轮行为数值模拟

密封元件在工作时容易发生塑性变形，导致垫片密封性能下降。服役过程中，垫片材料可能产生过量塑性变形或发生回弹不足，主要原因来自材料受循环加/卸载时的棘轮效应。本部分不对密封元件材料的棘轮行为数值模拟技术展开讨论，而只针对关键步骤及数值模拟结果进行简要介绍。

第一步，确定本构模型。首先，针对具体的密封元件材料，需要确定采用的本构模型，包括弹性与屈服函数、随动强化项、各向同性强化项与率相关的流动准则等。

第二步，确定本构参数。某一温度下参数确定一般需要若干不同加载率的单轴拉伸或压缩试验与某一组棘轮或循环加载试验数据，具体方法可见相关专著[13]。

第三步，开展棘轮行为数值模拟，分析结果。图 4-33 棘轮行为数值模拟曲线及与实验的对比为室温至 350 ℃范围内 3 种不同应力水平的棘轮实验模拟，本算例可以实现误差基本处于 5%以内。

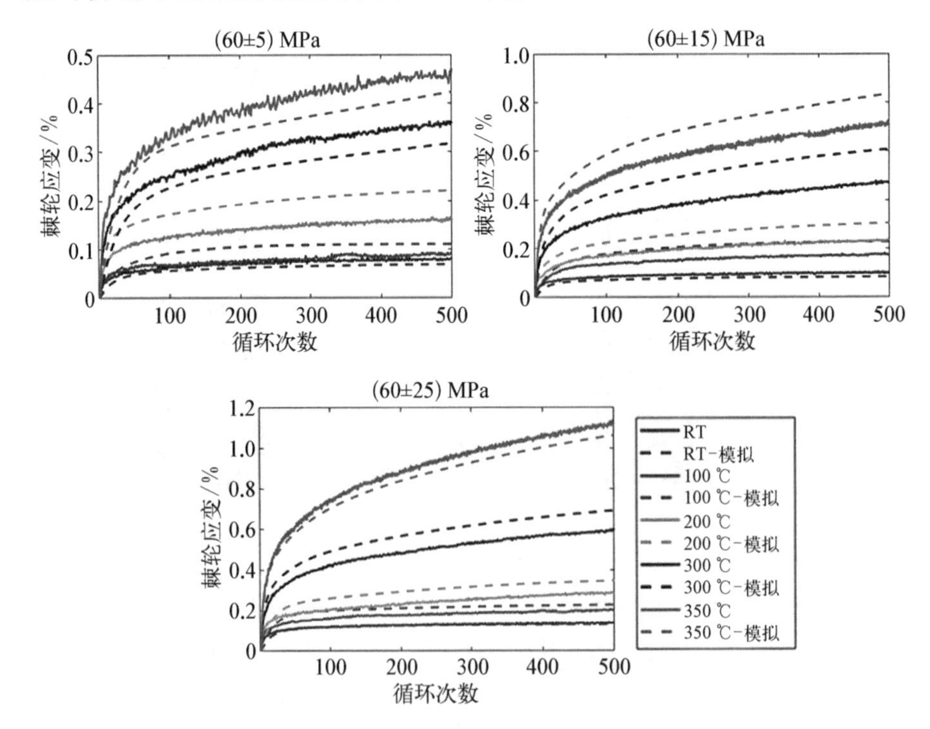

图 4-33　棘轮行为数值模拟曲线及与实验的对比

4.3.2　密封系统密封性能数值分析技术

密封系统密封性能数值分析是利用计算机模拟工具对密封系统进行建模、模拟和分析的过程，旨在求得系统的性能指标和优化方案。与单纯针对密封元件力学行为数值模拟相比，密封系统的结构，尤其是与核反应堆相关的主要密封系统为代表的结构，具有模型规模更大、跨尺度、接触对更多以及计算收敛难度更高的特点。针对这些问题，本节主要围绕密封系统的建模技术、运行状态的数值模拟以及密封性能的综合评价这三个方面展开详细介绍。

4.3.2.1　密封系统建模简化技术

密封系统结构复杂，采取合理的简化方法进行有限元建模是开展密封系统各项数值分析的关键。密封系统中最为典型的结构是由螺栓-法兰-垫片组成的连接结构，垫片的尺寸往往远小于法兰，而法兰的尺寸又比主设备更小，因此，为避免模型尺寸差异过大或者存在过多的接触对，工程中的密封系统密封性能分析往往只对主设备、法兰以及垫片进行有限元建模，而垫片在密封系统中的效果（主要是压扁回弹力）往往以在密封槽中施加均布载荷进行等效。

密封系统建模需要解决的另一个困难点在于合理简化模型，这是因为全模型包含多颗螺栓，建立全模型将引入非常多的接触对，从而降低计算效率。考虑到密封系统简化后结构具有旋转对称性，因此，建立的有限元模型往往只包含整个结构（含 N 颗螺栓）的 $1/N$。

最后，对于有周期性开孔结构的各类容器顶盖或封头，采用文献[14]中的方法对模型进行当量等效。

4.3.2.2　密封系统运行状态数值分析技术

不同密封系统采用的密封型式不同，本节以核反应堆中两种典型密封系统为例，简要阐述密封系统运行状态下密封性能的数值分析方法。

1) 反应堆压力容器主密封结构密封分析

反应堆压力容器支撑和包容堆芯与堆内构件，是组成反应堆冷却剂系统的重要承压设备，属于反应堆一回路关键的压力边界，其密封性能直接影响反应堆的正常运行。常见的反应堆压力容器是底部焊接半球形封头，上部法兰连接半球形封头的圆柱形容器。反应堆压力容器密封结构主要由法兰、主螺栓、顶盖和筒体构成，其密封性能依靠主螺栓紧固组件保证，两道密封槽与压力容器尺寸差异大，整体结构较为复杂。

反应堆压力容器长期在高温、高压、辐照以及酸性环境下运行，在役期间承受多种温度和压力瞬态，且由于反应堆压力容器螺栓结构尺寸大，对螺栓-法兰结构提出了非常严苛的要求，其受力关乎反应堆压力容器结构完整性，密封失效带来的放射性物质泄漏后果是灾难性的[15]。下面简要介绍开展反应堆压力容器主密封结构密封分析的步骤。

第一步，建立模型和边界条件。考虑到结构简化后具有对称性，计算模型取整个结构的 1/(2N)(包含半根主螺栓)。采用 Solid95 单元对顶盖法兰、筒体、螺栓、螺母以及垫圈进行网格划分，采用 Targer170 单元和 Conta174 单元分别在密封面上-下表面、垫圈-顶盖法兰接触面以及垫圈-螺母接触面设置接触，采用 Prets179 单元施加预紧力。计算模型见图 4-34。

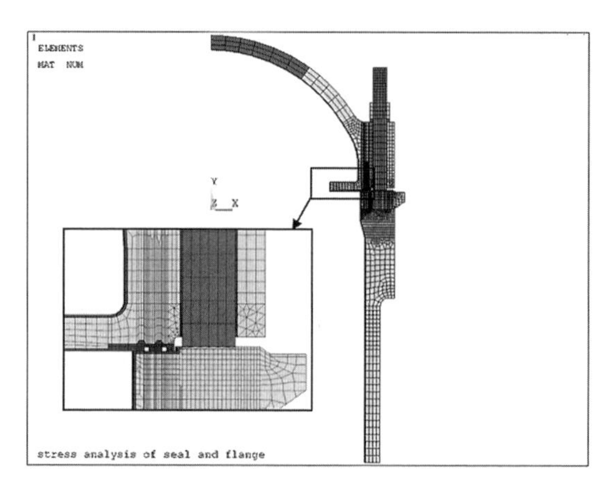

图 4-34 有限元模型图

C形环的压扁回弹力等效为均布压力的形式作用在密封面上，具体施加情况见图 4-35。压紧弹簧力、压紧筒法兰对压力容器的横向地震载荷以均布载荷形式施加在相关的节点上，具体施加情况见图 4-36。模型下部约束轴向位移。

第二步，密封计算结果及评价。完成第一步模型建立和边界条件设置后，即可进行有限元计算。本例中：第一类工况、第二类工况和水压试验工况下内、外C形环处上下法兰轴向最大分离量计算结果见表 4-8(表中数据为负值，表示法兰相对于初始状态进一步压缩)；第二类工况中，“反应堆升温”和“反应堆降温”这两条瞬态工况下内、外C形环处上下法兰轴向分离量随时间变化的曲线分别见图 4-37 和图 4-38。基于各工况下C形环分离量的计

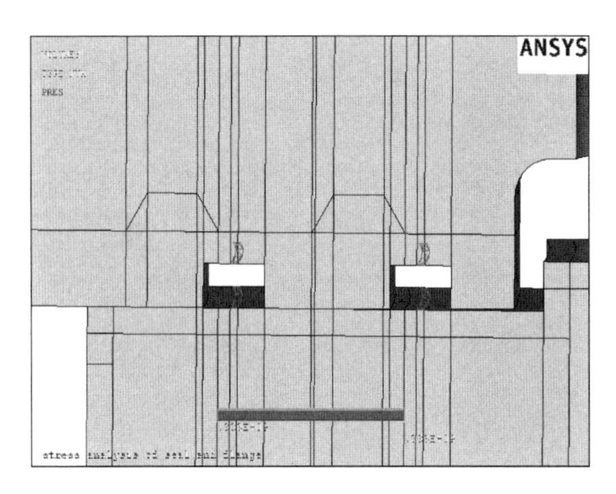

图 4-35　C形环回弹作用位置图

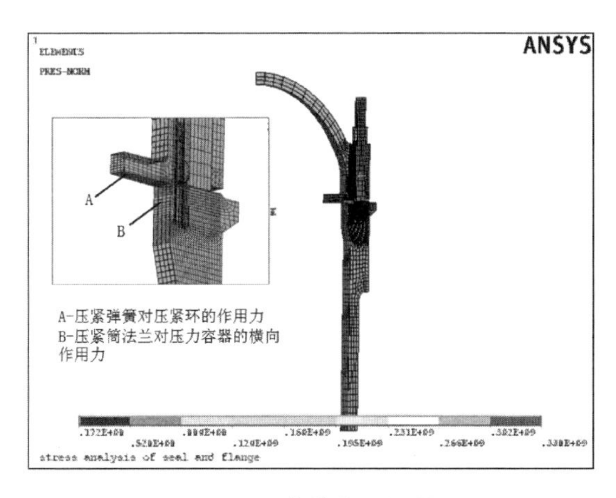

图 4-36　载荷作用位置图

算结果，根据工程经验，即可对本密封系统所关注的运行状态进行密封性能评价分析。

表 4-8　分离量计算结果汇总表

工　况	内环最大分离量/mm	外环最大分离量/mm	限值/mm
第一类工况	0.028	−0.083	0.2
第二类工况	0.189	−0.025	0.2
水压试验工况	0.024	−0.130	0.2

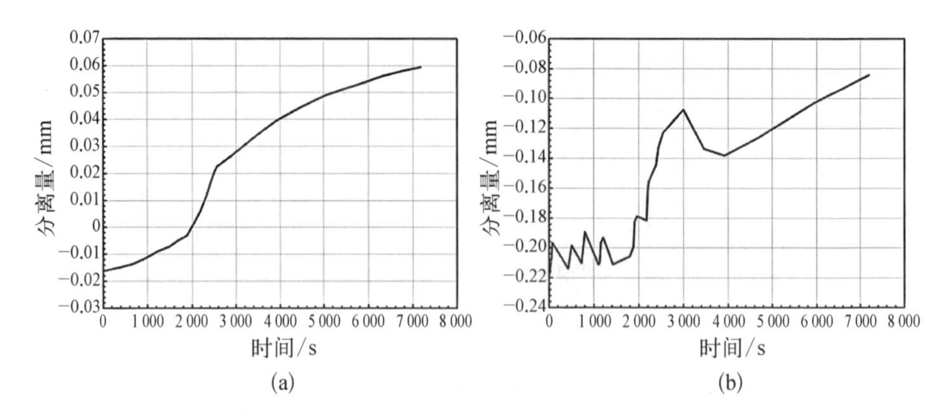

图 4－37　反应堆升温过程 C 形环分离量随时间变化

(a) 内环；(b) 外环

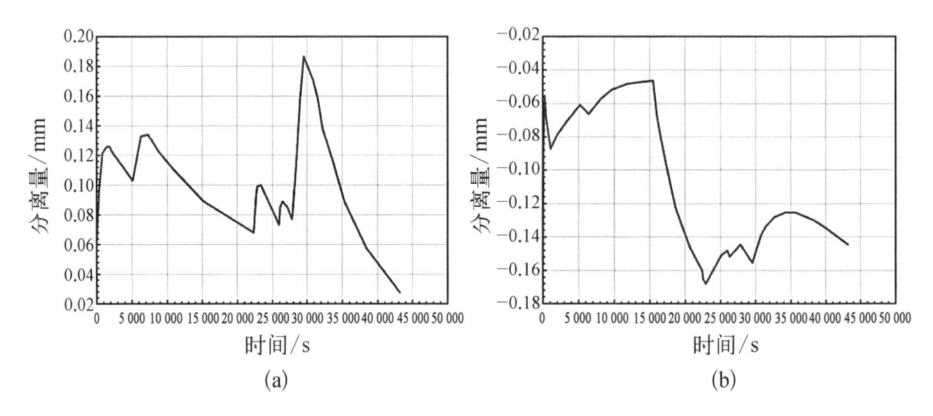

图 4－38　反应堆降温过程 C 形环分离量随时间变化

(a) 内环；(b) 外环

2) 反应堆冷却剂泵密封分析

反应堆冷却剂泵(主泵)的作用是为反应堆冷却剂提供驱动压头，保证足够的强迫循环流量通过堆芯，把反应堆产生的热量送至蒸汽发生器，产生推动汽轮机做功的蒸汽。反应堆冷却剂泵可以分为两大类：屏蔽电机泵和轴封泵。屏蔽泵主密封为双锥密封结构，主要由泵壳、法兰、双锥垫、双锥密封铜垫、主螺栓和螺母等组成。

本节对屏蔽泵主密封结构在六种典型瞬态工况下进行了密封分析，下面介绍主要的分析步骤与原理。

第一步，建立模型和边界条件。考虑到结构简化后具有对称性，计算模型截取整个结构的 $1/N$(包含 1 颗主螺栓)，建立的有限元网格模型见图 4－39。本例与反应堆压力容器主密封结构密封性能分析不同之处在于，对垫片本身进行了建模，而不以等效压缩回弹力的方式考虑垫片对法兰或泵壳的影响。通常，在缺失垫片压缩回弹性能或密封结构具有更复杂的型式时采取这种手段。

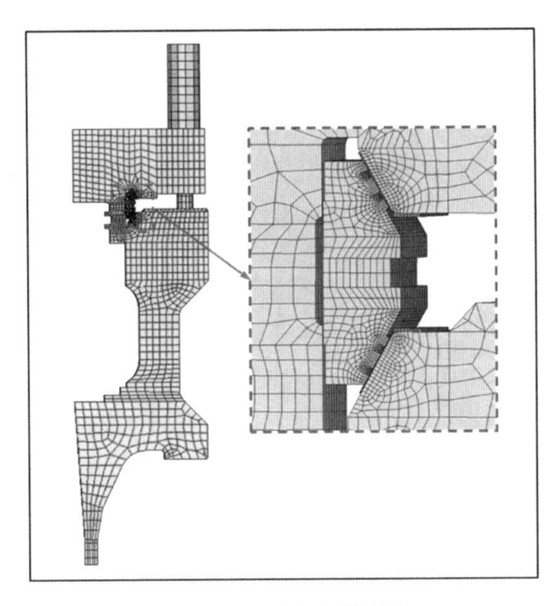

图 4-39 有限元模型图

有限元计算采用热和机械解耦的方法，先进行传热分析得到瞬态温度场，然后将温度场映射到应力模型节点上进行应力计算。传热分析采用三维 20 节点热实体单元(90 号单元)，应力分析采用三维 20 节点结构实体单元(186 号单元)。

泵壳与电机法兰之间、泵壳与铜垫片之间、电机法兰与铜垫片之间、电机法兰与双锥环之间、双锥环与铜垫片之间均设置接触，使用面对面接触 Conta174 单元和 Targer170 单元，用以模拟各部件之间的传热和接触力学行为。

计算结构温度时，在泵壳和电机法兰内表面施加温度边界条件，换热系数保守取无穷大，假设外表面为绝热，温度边界条件见图 4-40(a)。

计算结构应力时，在计算模型对称面上施加对称约束边界条件，泵壳下部施加轴向位移约束，位移边界条件见图 4-40(b)。模型内表面施加压力载荷，见图 4-40(c)。

第二步，密封计算结果及评价。完成第一步模型建立和边界条件设置后，

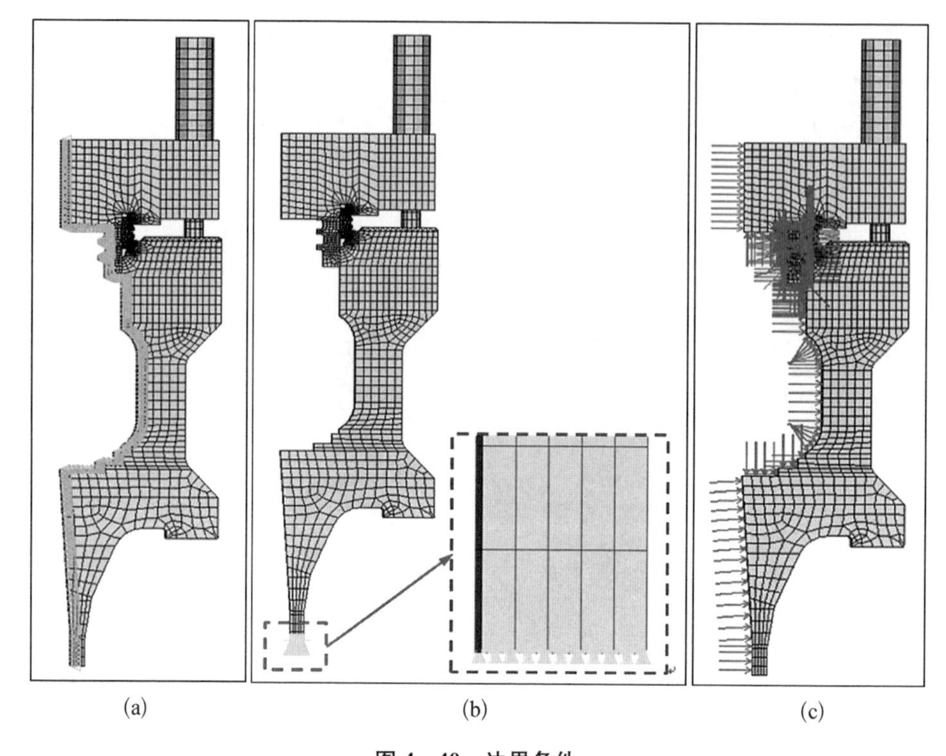

图 4-40 边界条件

(a) 温度;(b) 位移;(c) 载荷

即可进行有限元计算。本例中,主密封结构密封面分别用字母 A(上垫片内表面)、B(上垫片外表面)、C(下垫片内表面)和 D(下垫片外表面)标识,见图 4-41。假设每个密封面任意时刻接触压力大于要求的密封压力,则说明该密封面满足密封性能要求。

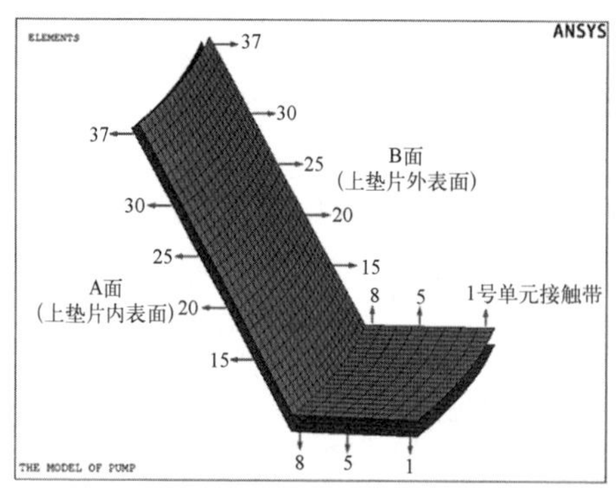

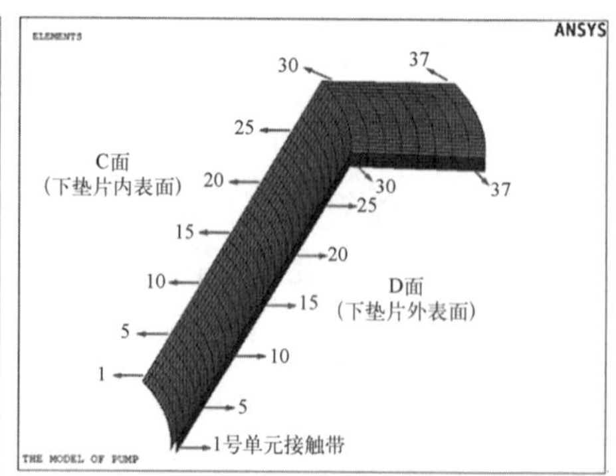

图 4-41 密封面标识

六种典型瞬态工况过程中，各密封面最大接触压力随时间变化历程见图4－42。瞬态一的过程中，某一时刻主密封结构的温度分布见图4－43，各密封面某一时刻的接触压力云图见图4－44。各工况下最大接触压力在时程中的最小值和最大值见表4－9。

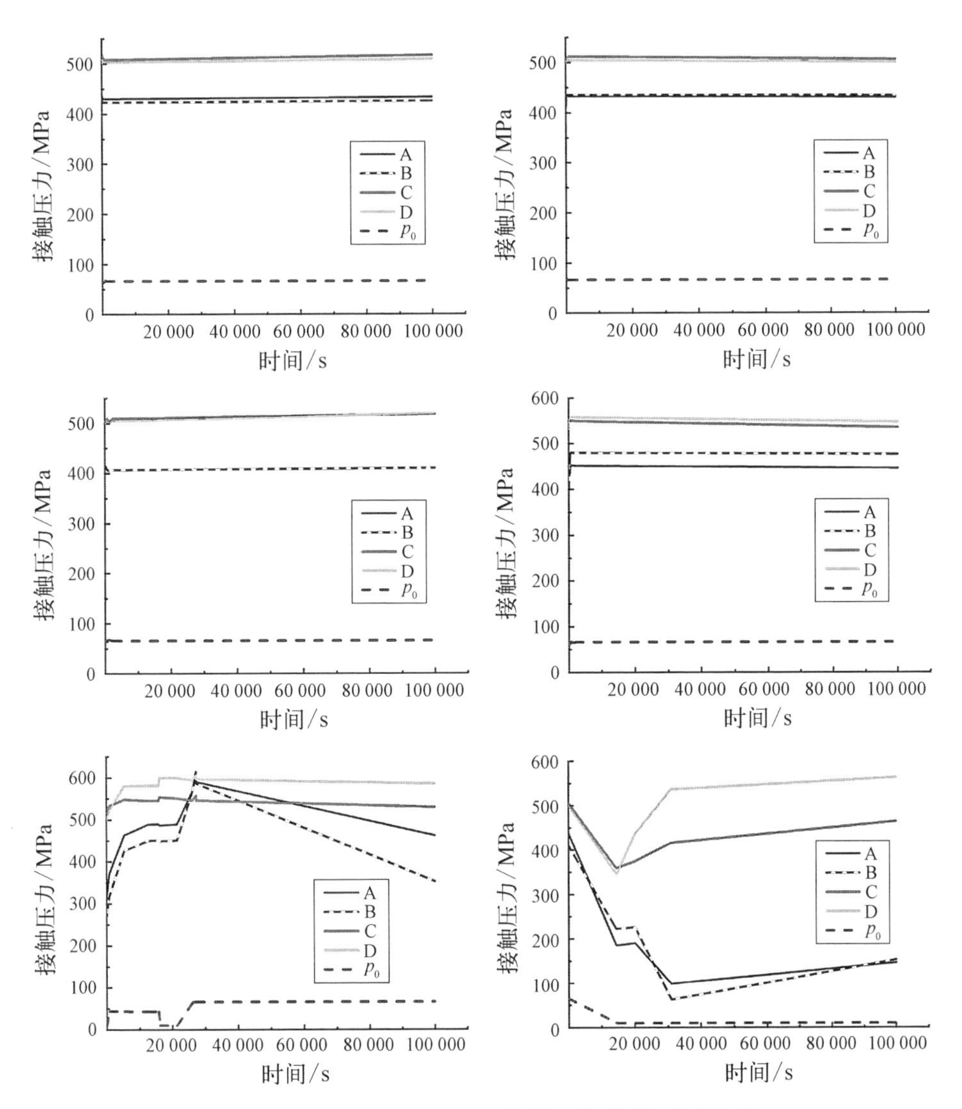

图4－42　各工况密封面最大接触压力随时间变化历程

将主密封结构密封面A、B、C、D的密封面压力与通过垫片系数换算所得的密封压力进行比较，则可以判断密封设计是否满足要求。

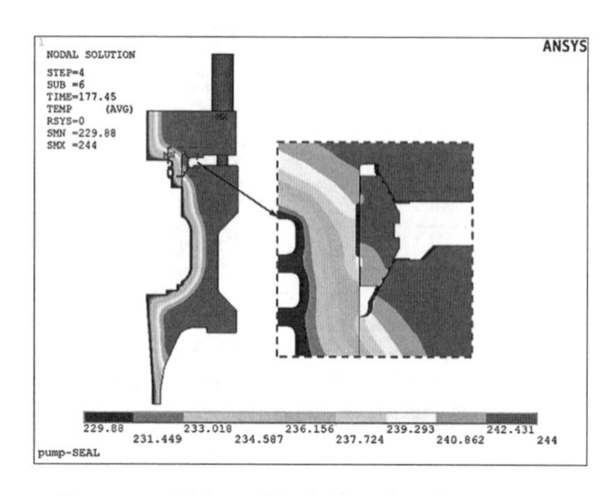

图 4－43　瞬态一过程中的温度分布(177.45 s)

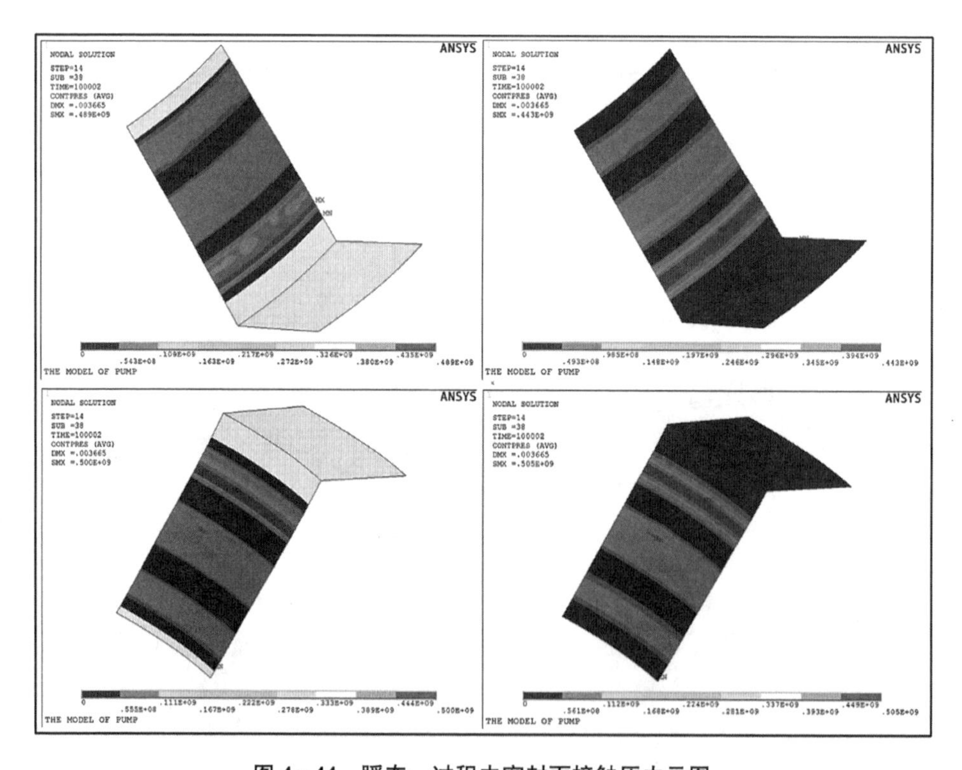

图 4－44　瞬态一过程中密封面接触压力云图

表4-9　密封面接触压力计算结果　　单位：MPa

密封面	A		B		C		D	
范围	最小	最大	最小	最大	最小	最大	最小	最大
瞬态一	429.9	437.0	423.2	427.3	505.3	516.9	500.4	509.4
瞬态二	431.0	434.2	412.4	436.1	505.5	512.2	500.1	505.1
瞬态三	420.5	434.5	406.4	414.9	503.9	518.4	499.7	520.0
瞬态四	427.9	452.8	400.7	480.3	535.5	551.1	531.5	558.6
瞬态五	310.8	614.0	269.1	604.5	510.8	557.1	498.8	605.8
瞬态六	98.3	438.1	62.7	410.3	359.0	506.3	347.0	563.2

参考文献

[1] 中国特种设备检测研究院.固定式压力容器安全技术监察规程：TSG 21—2016[Z].北京：中华人民共和国国家质量监督检验检疫总局，2016.

[2] ISO. The British Standards Institution：SIST EN ISO 15848-1：2015/A1：2017[S]. UK：BSI Standards Limited，2017.

[3] 中国特种设备检测研究院.法兰密封结构安装技术规范：CSEI/JX 0004—2018[S].北京：中国特种设备检测研究院，2018.

[4] The American Society of Mechanical Engineers. ASME PCC-1-2019 Guidelines for pressure boundary bolted flange joint assembly[S]//ASME. New York：Two Park Avenue，2019.

[5] 全国锅炉压力容器标准化技术委员会.压力容器 第1部分：通用要求：GB 150.1—2011[S].北京：中国标准出版社，2011.

[6] 文卫朋.MMC垫片性能分析及其螺栓预紧力计算[D].青岛：中国石油大学(华东)，2016.

[7] 中国石油化工集团公司.石油化工有毒、可燃介质钢制管道工程施工及验收规范：SH/T 3501—2021[S].北京：中国石化出版社，2022.

[8] 郑连纲，张丽屏，杨宇，等.反应堆压力容器的密封分析技术[J].核动力工程，2009，30(3)：4-6.

[9] ASME. ASME Boiler and Pressure Vessel Code，2004 Edition，Section：III[S]. New York：ASME，2004.

[10] CEN. Flanges and their joints. Design rules for gasketed circular flange connections. Part 2：Gasket parameters：EN 1591-2：2008[S]. London：BSI Standards Limited，2008.

[11] 邵雪娇，郑连纲，张丽屏，等.反应堆压力容器密封环弹塑性分析[J].应用数学和力

学,2014,35(1):23 - 27.
[12] 姜露,李辉,张瀛,等.弹簧金属C形环密封特性分析及优化设计方法研究[J].核动力工程,2021,42(增刊2):54 - 59.
[13] 康国政.非弹性本构理论及其有限元实现[M].成都:西南交通大学出版社,2010.
[14] Slot T, O'donnell W J. Effective elastic constants for thick perforated plates with square and triangular penetration patterns[J]. Journal of Engineering for Industry-Transactions of the ASME, 1971, 935 - 942.
[15] 姜露,张丽屏,傅孝龙,等.核反应堆压力容器主密封瞬态性能研究[J].原子能科学技术,2023,57(1):185 - 191.

第 5 章
填料密封技术

填料密封系统主要由一系列可压缩的材料组成，这些材料通常采用编织纤维环、石墨压制环或塑料环的型式排列成一个密封环结构，该结构被安置在称为填料箱（函）的专用腔体中，通过螺栓等填料压紧装置，施加适当的载荷以确保密封环紧密包裹着通过腔体的轴或杆。在轴或杆的旋转或轴向移动中（在某些情况下，轴保持静止并配合填料箱的移动），这种密封系统通过拦截流体的泄漏以实现密封效果，是适用于泵和阀门等设备的一种常见技术手段。

泵是将动力转换为流体动能的机械装置，通过动能或其他形式的外在能量传递至流体使其增压。泵的主要作用是传输水、油、酸碱液、乳化液、悬浮液及液态金属等各类介质，同时也可以输送液气混合体或含有悬浮固体的流体。泵按工作原理通常分为容积泵、动力泵及其他类型泵。在核动力装置中，常见泵型包括轴封泵、屏蔽泵、湿定子泵等，并根据其径向（导向）轴承的数量有三瓦泵、四瓦泵之分。此外泵还依照核安全等级划分为核一级、核二级、核三级以及非核级泵。热电厂广泛使用的泵型包括锅炉给水泵、冷凝水泵、油气混合泵、循环水泵以及灰渣泵等。泵的密封结构和密封类型对于泵选型与性能质量有着重要影响。泵轴封常见型式包括软填料密封、机械密封和橡胶油封，而近年来，机械密封逐渐成为主流。

阀门作为流体输送系统中起控制作用的关键装置，拥有截流、调节、导流、止回、稳压、分流或泄压等多种功能，可适用于控制空气、水、蒸汽、各类腐蚀介质、泥浆、油品、液态金属、放射性介质等多样的流体流动。阀门的密封能力指的是其各个密封区域阻断介质泄漏的有效性，它是评估阀门性能的关键技术指标之一。阀门的关键密封点位有，启闭件与阀座的密封面接触点、填料与阀杆以及填料箱的配合点、阀体与阀盖的连接点。其中，第一个泄漏点为内部泄漏，即俗称的不密闭，会影响阀门切断介质流动能力，对于截断阀类而言应禁止出现。第二和第三泄漏点为外部泄漏，指的是介质从阀内部至外界泄漏，可能造成物料流失、环境污染，在严重情况下甚至引发事故。特别是对于易燃易爆、有毒或放射性介质，防止外漏至关重要，因此阀门必须装备可靠的密封系统，鉴于阀门的结构特性和应用要求，现阶段阀门动密封主要采用填料密封型式。

5.1 填料密封

密封填料是一种旨在阻止工作介质泄漏或外部大气侵入的材料，其被填充在泄漏通道内并与设计工况及介质性质相匹配。该填料密封是一种径向接触式密封方式，根据其工作原理不同可以细分为填塞型软填料密封和成型填料密封（如挤压型弹性体密封圈）等多种型式，其中传统泵阀密封主要采用填塞型软填料密封。

软填料密封为压紧式密封，通常称为盘根（packing）。其设计理念是在机体内设有填料箱（函），将具备一定压缩性和弹性的填料置于其内部，并依靠盖板提供的轴向压紧力生成径向密封载荷。这种方法依赖密封材料自身的弹性变形来弥补接触面的啮合与磨耗，有效堵塞泄漏通道，实现将被密封空间与外界环境隔离，达到密封效果。适用于旋转、往复以及螺旋运动中的轴杆密封，同时也适用于多种静态密封情况。这种密封方式以其结构简单、操作方便、材料来源广泛、加工简单、成本低廉和适用性强等优势，在石油化工、核能、制药、印染、塑料等行业内的压力容器、反应釜、热交换器、阀门、压缩机、离心泵、柱塞泵、搅拌器等动静设备中得到广泛应用。其对于节能降耗和减少环境污染具有不可忽视的重要性[1]。

从古至今，软填料密封技术经历了漫长而不断的发展过程。在中国，早在一千多年前，人们就已开始使用棉、麻等纤维材料作为轴封，用以防止液体或气体的泄漏。而在国外，则是在 1782 年首次应用了填料密封技术，将其用于世界上首台蒸汽机的轴封，初始密封压力约为 5 N/cm^2。随着工业的迅猛发展和对密封性能要求的不断提高，特别是在石油、天然气勘探技术不断进步以及新型密封填料不断涌现的背景下，填料密封的应用范围和技术水平得到了持续拓展和提升。虽然机械密封技术一度对填料密封构成了挑战，有取而代之的趋势，但由于新材料、新结构和新工艺的不断涌现，填料密封依然在现代密封技术中占据着重要的地位。

填料密封的结构型式多样，主要由密封填料、填料函及填料固定件等构成。不同的填料材料和制备方式导致其适用范围和密封效果存在显著差异。传统密封填料多以石棉纤维为主，特点是成本低、易制备加工、承受高温、机械性能佳且有丰富使用经验。然而，由于石棉的人体危害和对轴的磨损问题，现在已广泛采用玻璃纤维、碳纤维、芳纶纤维、氟塑料纤维、柔性石墨等非石棉纤维制备的先进密封材料。非石棉纤维的多样性使得其性能各异，进而使得相应的密封填料性能也展现出较大差异。例如，柔性石墨自20世纪60年代起就成了一种同时具备多种独特性能的理想密封材料，解决了在高温、高压和强腐蚀条件下的密封难题。聚四氟乙烯(PTFE)的抗蚀性能极佳，芳纶纤维和碳纤维具备优良的机械性能，在机械设备密封中得到广泛应用。新型的机构和密封样式，如采用低摩擦、轻质、高效和长寿命组合的密封装置及无油润滑方式，极大地推进了填料密封技术的发展，并为传统的填料密封注入了新活力。

由于密封工况的多样性，理想的密封填料应满足以下条件：

(1) 具有一定强度和塑性，可在压紧力作用下形成足够的径向载荷，确保其与轴(杆)密切接触；

(2) 化学稳定性高，既不能污染介质，也不受介质溶胀影响，保证填料中的浸渍剂不溶解，并避免对被密封表面产生腐蚀；

(3) 自润滑性能佳，同时具备耐磨性，且摩擦系数较小；

(4) 在轴(杆)与填料函存在一定偏心情况下，具备适当的自适应弹性；

(5) 制作与安装相对简易。

由于单一材料难以完全满足上述所有要求，密封填料常采用一种或多种非金属纤维和金属箔、带、丝等为主材，并辅以油脂、石墨、氟油、硅油等增强其润滑性、防腐性及密封性。常见的填料类型包括：① 绞合填料；② 编结(织)填料；③ 塑性填料；④ 金属填料。

填料密封技术目前正朝无石棉化、长使用寿命、低泄漏率等方向发展。通过不同材料组合和结构设计实现更高性能的密封方案，是现代密封科学的一个重要发展趋势。在高温、低温、高压、高速等严苛工作环境中，低逸散、长使用寿命的密封填料是填料密封技术进步和应用的关键。

5.2　填料密封的典型结构及密封机理

填料密封的典型结构通常包括填料、填料箱(函)、压盖、配封体等。填料密封的机理主要依赖于填料密封圈与轴或阀杆表面之间的摩擦力。当旋转轴或阀杆运动时，填料密封圈受到压盖的压力作用，紧密贴合在轴或阀杆表面，形成一道阻止流体泄漏的密封屏障。理论上有间隙泄漏机理、多孔隙泄漏机理、黏附泄漏机理、动力泄漏机理等对其密封原理进行研究。有多种随着运动部件表面和填料材料之间的摩擦，填料密封圈在运动部件表面不断发生微小的磨损，从而不断调整密封接触面的形状，使密封面保持良好的密封性能。

5.2.1 填料密封的典型结构

图 5－1 所示为一典型结构的软填料密封。软填料依靠压盖轴向压紧，产生径向变形，填塞间隙而密封。软填料变形时，依靠合适的径向载荷紧贴轴(杆)和填料箱内壁表面，保证可靠的密封。

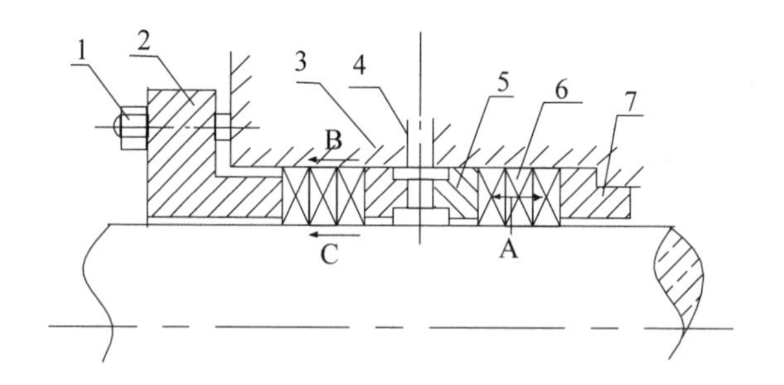

1—压盖螺栓；2—压盖；3—轴封箱；4—封液入口；
5—封液环；6—软填料；7—底(衬)套；
A—软填料渗漏；B—靠轴侧泄漏；C—靠箱壁侧泄漏。

图 5－1 填料密封的基本结构

在软填料密封中，内部流体可能通过下列途径泄漏：

(1) 流体穿过软填料本身的缝隙而出现渗漏；

(2) 流体通过软填料与轴(杆)之间的缝隙而泄漏；

(3) 流体通过软填料与箱(函)壁之间的缝隙而泄漏。

填料本身的缝隙可以通过压实填料、采用软金属包、与塑料垫混装和不同编织填料共用等方法来消除。箱壁内表面与填料之间的泄漏，可通过无相对运动或填料被压实而达到止漏目的。只有软填料与轴(杆)之间，因为有相对运动，难免存在微小间隙而造成泄漏。

图 5－2 所示为软填料耗损示意图。首先是新装填料(a)，填料内充满浸渍的油脂或石墨等填充物，质地柔软，保证一定的弹性来达到密封。但在工作过程中轴封箱因受摩擦热而膨胀，轴(或轴套)因磨损而变细(b)，需再补紧。经多次补紧，润滑剂丧失掉，填料又要消耗。最后填料被压实、变扁且发硬，会

使轴(或轴套)磨损加剧,填料失效(c)。因此,为了达到良好的密封,填料必须柔软、具有弹性。

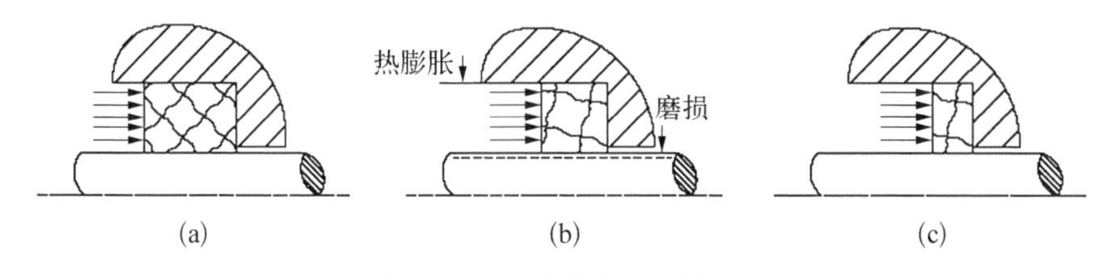

图5-2　软填料损耗示意图

(a) 新装填料;(b) 填料变化;(c) 经多次调节被压实失效

图5-3是软填料的受力图,由图可见,普通结构的填料密封的填料沿轴向的径向抱紧力分布不均匀,有时径向抱紧力甚至可以相差一倍,且与介质压力分布正好相反,这不利于填料对介质的密封,并会造成对轴的不均匀磨损[2]。因此,软填料密封必须解决以下问题:① 如何尽量使径向压力均匀且与泄漏压降规律一致,使轴套承压面的压力均匀,轴套磨损小且均匀;② 如何使填料密封结构具有补紧能力且填料材料具有足够的润滑性和弹性。填料的摩擦系数对箱壁和轴不一样,前者是静摩擦,后者是动摩擦;为了使沿轴方向径向压力分布均匀,可采用中间封液环将软填料密封分成两段;为了使软填料具有足够的润滑和冷却,可往封液环中间注入润滑液体(封液);为了防止软填料被挤出,可采用具有一定间隙的衬套。

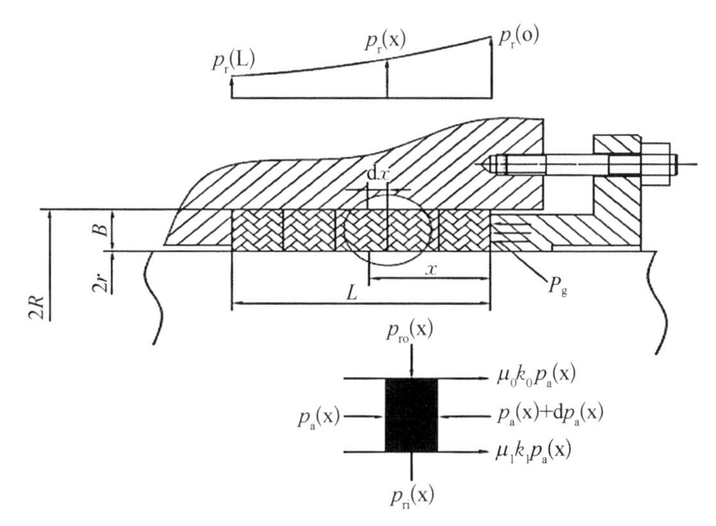

图5-3　填料密封受力情况

填料装入填料箱以后，经压盖对它作轴向压缩，使它产生径向载荷，并与轴（杆）紧密接触。与此同时，填料中浸渍的润滑剂被挤出，在接触面之间形成油膜，由于接触状态并不是特别均匀，接触部位便出现“边界润滑”状态，有点像滑动轴承（但又不是滑动轴承，因填料易变形），称为“轴承效应”；而未接触的凹部形成小油槽，有较厚的油膜，当轴与填料有相对运动时，接触部位与非接触部位组成一道不规则的迷宫，起阻止液流泄漏的作用，此称“迷宫效应”[3]。

5.2.2 填料的密封机理

根据对填料密封基本结构和工作机理的分析，提出了如下填料密封机理，以指导填料密封的研发和使用。

1）间隙泄漏机理

间隙泄漏是指流体通过宏观间隙发生的泄漏，所以为了防止流体形成此泄漏，对填料施加的压紧载荷必须使填料与被密封表面之间产生的接触比压高于流体压力，这一机理一直是填料理论研究的主要准则[3-4]。

2）多孔隙泄漏机理

密封系统各部件的表面不可能是理想的光滑表面，其微观形状是凹凸不平的，许多凹坑和凸起往往构成了不规则的相互连通的泄漏通道，这些通道就会产生多孔隙的泄漏。显然，追求表面过分光滑，无疑会增加加工成本，同时按轴承效应分析，过分光滑的轴难以形成必要的润滑膜，反而会降低密封的寿命。所以，要求密封填料具有良好的回弹性和柔软性，使其受压变形后能填充这些微观的泄漏通道，当密封表面相互运动时，填料能及时嵌入新的凹坑以堵住泄漏流体。这一机理要求填料具有良好的回弹性和柔软性，是填料研发和应用的基本观点[5]。

3）黏附泄漏机理

如果密封面的微观凹陷是一些与泄漏方向垂直而又不连通的“沟槽”，这时只要填料与凸棱贴紧，即使是未填密凹槽也不发生泄漏。但是，在往复运动的情况下，则可能发生黏附泄漏。这是因为液体与固体表面的黏附作用，使微观凹槽中留有少量液体，被运动表面带到外侧，当密封表面返回运动时，被带出的液体不能原封不动地带回，一定有少量液体被排流在外侧成为漏液，其漏液随往复次数和行程距离的增大而增多。为了防止或减少黏附泄漏，应尽量减少微观凹槽的深度，且使微观顶峰等高[6]。

4）动力泄漏机理

转轴密封表面上留有螺旋形加工痕迹，具有“泵液”的作用，当轴转动时，痕迹槽内的液体会沿螺旋槽轴向流动。如果流动方向与泄漏方向一致，其泄漏量随轴的转速增高而增大。防止转轴动力泄漏的有效方法是避免在转轴表面上残留螺旋形痕迹或控制痕迹的螺旋方向使之与流体泄漏方向相反[7]。

5）填料密封的“轴承效应”

填料装入填料箱后，经压盖对它作轴向压缩，使它产生径向力保持与轴紧密接触，建立起密封状态。与此同时，填料中浸渍的润滑剂被挤出，在接触面之间形成液膜，呈“边界润滑”状态，类似滑动轴承，故称“轴承效应”。早在20世纪60年代，A. L. Mathews等[5]就指出，填料在需要润滑这一方面与轴承原理类似。

6）填料密封的“迷宫效应”

填料被压紧后，未接触的凹部形成小沟槽，有较厚的液膜，当轴与填料有相对运动时，接触部分与非接触部分组成一道道不规则的迷宫，起到了阻堵液流泄漏的作用，故称“迷宫效应”。

早在20世纪60年代，Denny等[3]就曾提到过“迷宫”，他们认为填料函的操作像一个可调整的迷宫，迷宫的大小，取决于填料在轴向力作用下径向膨胀的能力，流体通过填料界面的泄漏可以认为是通过一个有效径向间隙为C_g的环隙，以层流的形式实现。间隙由无数类似迷宫的泄漏通道所组成，间隙的大小与密封比压成反比。

5.3　填料密封型式

通过对填料密封机理的分析和研究，人们提出了多种填料密封型式（见图5-4）。

填料密封的研究和发展主要围绕着下列要求展开，并由此形成不同的软填料密封结构型式。

（1）密封件应满足介质和介质压力的要求，使径向抱紧载荷沿轴向均匀分布，与介质压力分布相近，以保证填料的密封性和耐久性；

（2）根据介质的压力、温度和轴（杆）的速度大小，考虑冷却和润滑条件，以散除摩擦产生的热量，保证填料密封有良好的工作环境；

（3）密封结构应保证填料磨损时能及时补紧，应尽可能考虑采取自动补紧措施；

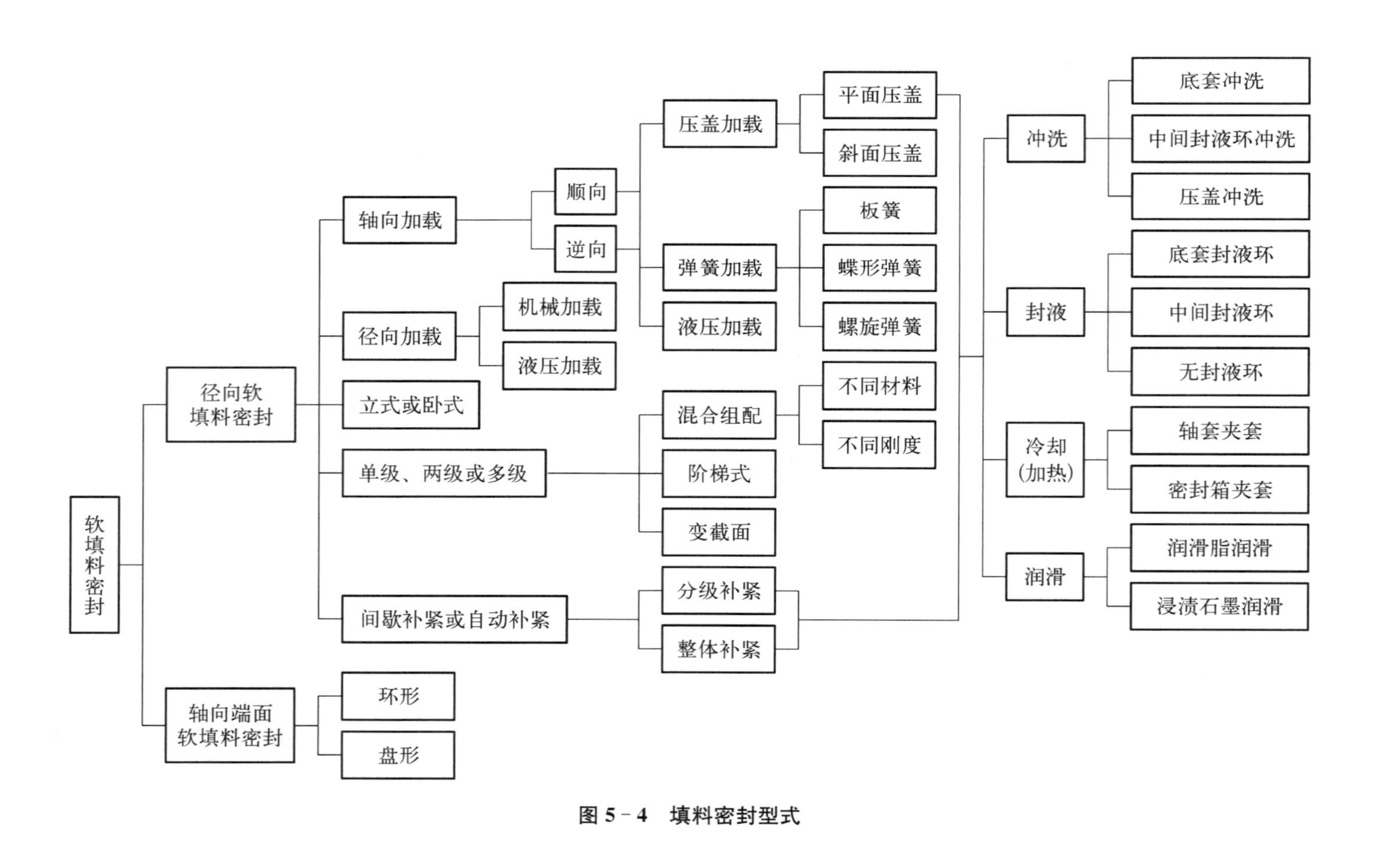
软填料密封
径向软填料密封
轴向端面软填料密封
轴向加载
径向加载
立式或卧式
单级、两级或多级
间歇补紧或自动补紧
环形
盘形
顺向
逆向
机械加载
液压加载
压盖加载
弹簧加载
液压加载
混合组配
阶梯式
变截面
分级补紧
整体补紧
平面压盖
斜面压盖
板簧
蝶形弹簧
螺旋弹簧
不同材料
不同刚度
冲洗
封液
冷却(加热)
润滑
底套冲洗
中间封液环冲洗
压盖冲洗
底套封液环
中间封液环
无封液环
轴套夹套
密封箱夹套
润滑脂润滑
浸渍石墨润滑

图5-4 填料密封型式

(4) 密封结构应保证填料拆装方便,以便及时更换填料,缩短更换间隔时间,确保设备长时间运转;

(5) 填料密封的轴套应考虑表面硬化,如涂敷耐磨层,降低粗糙度,以延长使用寿命,提高整个密封系统耐久性和可靠性;

(6) 为了防止填料挤出,应设置底套,为了防止含固体颗粒介质侵蚀和腐蚀性介质的腐蚀,结构上应考虑(压盖、封液环或底套)注入封液(自身或外来封液)等措施。

5.3.1　软填料密封典型结构

1) 传统式结构

见图 5-5,密封填料 1 置于填料函 2 中,通过压盖 3 将填料压紧在轴上。该结构具有结构简单、安装维修方便、造价低等特点,应用范围较广。但它也存在着因沿密封方向的径向比压分布不合理而带来的不足:功耗大、寿命短,需要进一步改进。

为此,可以采用各种锥度的压盖、封液环和底套以改变两端径向力分布,以增大填料两端的径向抱紧力。

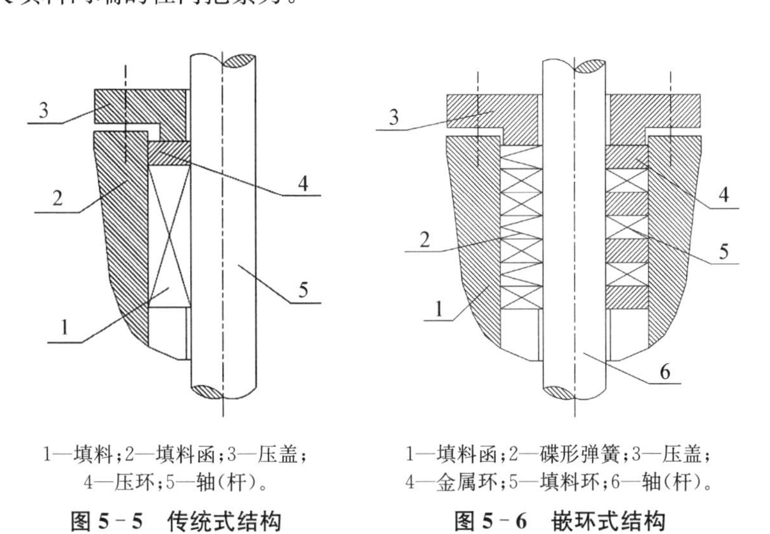

1—填料;2—填料函;3—压盖;
4—压环;5—轴(杆)。

图 5-5　传统式结构

1—填料函;2—碟形弹簧;3—压盖;
4—金属环;5—填料环;6—轴(杆)。

图 5-6　嵌环式结构

2) 嵌环式结构

见图 5-6,该结构依靠在填料环之间加入中间金属环而得到均衡的径向接触比压。一种在此基础上改进的结构是在填料中加入碟形弹簧,且弹簧的刚度沿函低方向逐渐增加。也可采用分段中间加封液环、加弹簧、双压盖和多压盖的结构，保持填料截面相同，使总体压力分布接近介质压力分布。

3）变截面式结构

见图 5-7，金属环和填料环的横截面积均沿函底方向逐渐缩小，当压盖压力作用在这些截面上时，填料的径向接触比压逐渐增加，从而达到接触比压合理分布的目的。

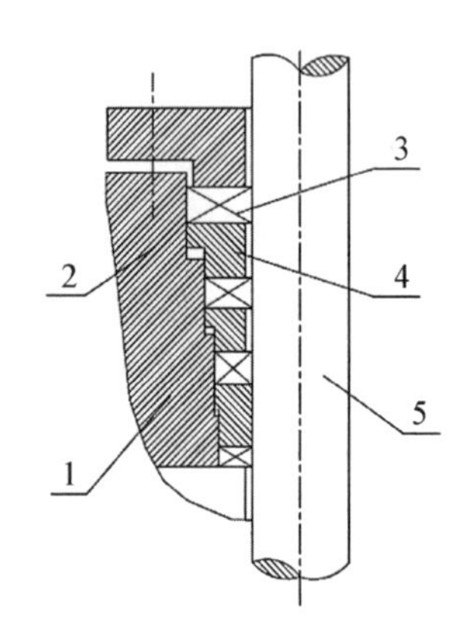

1—填料函；2—压盖；3—填料环；4—金属环；5—轴（杆）。

图 5-7　变截面式结构

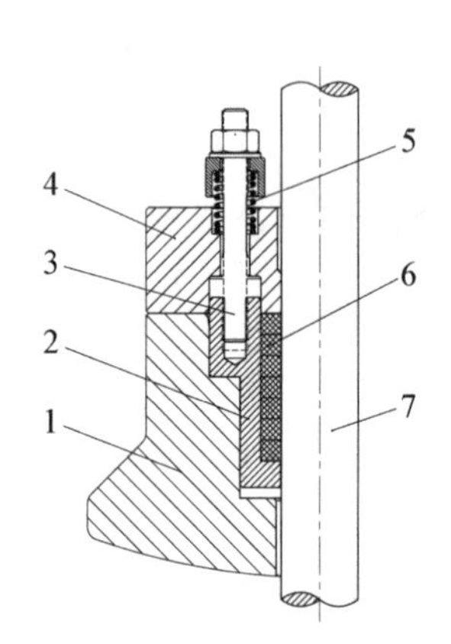

1—填料函；2—金属套；3—螺栓；4—压盖；5—弹簧；6—填料环；7—轴（杆）。

图 5-8　反向压缩式结构

4）反向压缩式结构

见图 5-8，一组填料环安装在一可移动的金属套筒之中，并由端盖贴紧。对填料的预压缩力由螺栓调节，在密封运行的过程中，由于介质压力作用在套筒上，进一步压缩了填料，从而使填料对轴颈的接触比压增加，同时也使填料环增加了贴紧程度，使得摩擦力比传统密封结构大约下降了 20%～25%。弹簧的作用是连续地调节压盖载荷，从而延长密封使用的寿命。

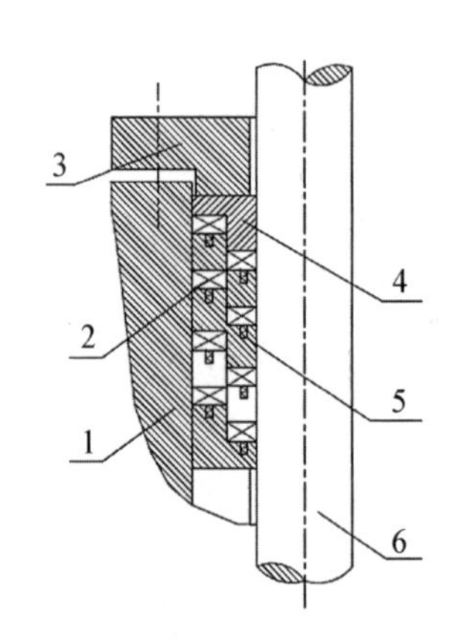

1—填料函；2—填料环；3—压盖；4—金属环；5—弹簧；6—轴（杆）。

图 5-9　自调式结构

5.3.2　自动补紧的软填料密封结构

软填料通常需要经常将填料磨合后补紧，采用液压加载和弹簧加载的方法可以自动补紧。见图 5-9，这种结构能单独调节每层填料环的压缩力，从而得到良好的径向接触比压分布。填料环安装在金属环之间，通过选择适当的金属环和填料环厚度，就能在填料密封中形成均衡的接触比压分布，弹簧可以起到补偿和稳定接触比压的作用。

5.3.3 轴向端面填料密封

轴向压紧、径向变形要求较大的压紧力，结果在轴与填料之间产生较大的摩擦力和摩擦热，从而增大了摩擦功耗。因此，改变轴向压紧、轴向变形的端面填料密封减少了摩擦，从而减少了摩擦功耗。

图 5-10(a)所示为一种用软填料密封环代替石墨环的端面软填料密封。将软填料密封改成端面填料密封，可以节省摩擦功耗和避免轴套的磨损，同时与机械端面密封相比，又可以省掉动环的辅助密封。这种密封使软填料径向接触代替辅助密封，轴向接触代替石墨环的作用。图 5-10(b)所示为一根软填料螺旋状盘绕在固定盘上的轴向端面软填料密封。填料事先呈螺旋状盘缠在压盖上，与装在轴上的摩擦盘接触，依靠螺栓压紧力产生所需要的接触应力。这种轴向端面填料密封的泄漏方向与离心力相反，泄漏量少，结构简单，更换填料方便，但必须注意软填料的缠绕方向要与轴的旋转方向相反。

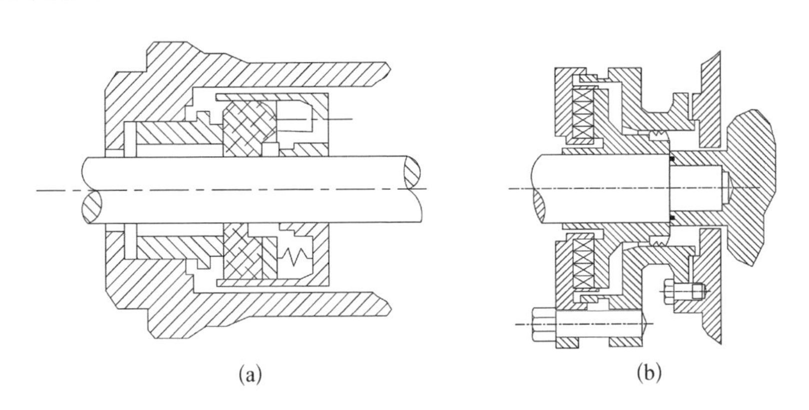

(a)　(b)

图 5-10　端面填料密封

(a) 端面软填料密封；(b) 轴向端面软填料密封

5.3.4 考虑润滑、冷却、冲洗等措施的软填料密封

1) 考虑封液的软填料密封

在填料密封结构中通过封液环将压力液体注入环内，使填料函达到更加可靠的密封，并使填料有足够的润滑和冷却(见图 5-11)。封液环通常装在填

料之中靠近压盖的地方，压力液体的压力须比填料箱的工作压力高，这个压力液体也称封液。

一般在下列情况下填料密封需要使用封液：① 在填料密封箱内压力低于大气压(即负压)下操作、不允许介质外漏(介质有毒、易燃等)和有固体颗粒介质的填料密封必须采用封液；② 介质的排出压力高、腐蚀性强、温度高或含固体颗粒；③ 介质泄漏易凝固、不允许漏入大气和有毒等危险。加封液的部位有中间封液环引入，也有从底套封液环引入。

封液的条件是：① 封液与被密封介质有相容性，可以少量漏入泵内，有润滑性且有压力源；② 封液压力应比密封箱压力高一些(至少大 0.10～0.15 MPa)；③ 封液量随轴径的大小而异，约在 2～10 L/min 范围内。

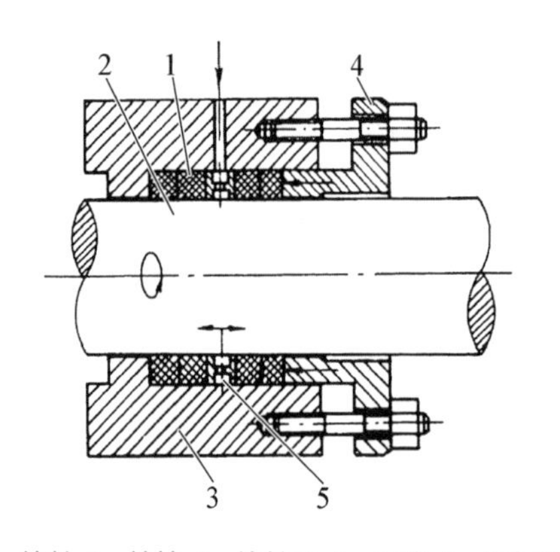

1—填料；2—转轴；3—填料函；4—压盖；5—液封环。

图 5-11　带封液的填料密封结构

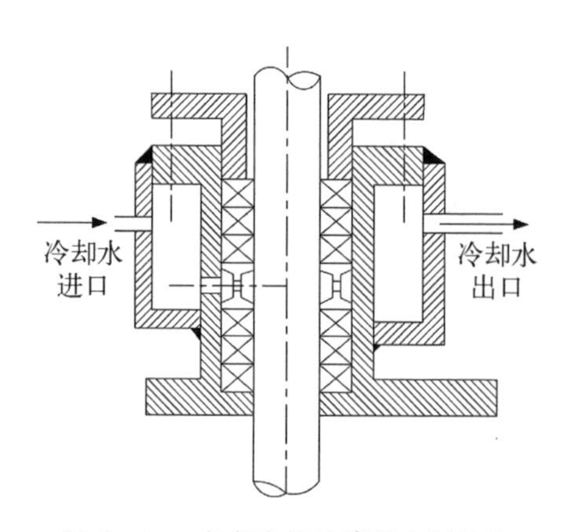

图 5-12　考虑冷却的填料密封结构

2) 考虑冷却的软填料密封

填料与轴之间存在相对运动，必然会造成摩擦磨损，从而产生大量热量。摩擦生热可能使填料性质发生变化，填料内润滑剂也将加速挥发，摩擦系数也会增大，最终均会直接影响填料的使用寿命和密封效果。因此，在一些填料密封结构中，可增加一些冷却系统，通过冷却将摩擦热及时导出，保证填料处于适当的工作温度(见图 5-12)。

冷却的方式有：

(1) 夹套冷却，用于冷却液与被密封介质不能混用时(包括压盖和轴套上的夹套在内)。由于纤维填料的孔隙率大，轴套冷却效果较好；

(2) 背冷，用于与泄漏液体接触时，使之与轴承(传热)隔绝并起防火作用，防止凝固的效果较好。各种冷却方式的工作条件见表5-1。

表5-1　填料密封不同冷却方式的工作条件

<table>
<tr><th>冷却方式</th><th>$t<80$ ℃</th><th>$t=80\sim<120$ ℃</th><th>$t=120\sim<140$ ℃</th><th>$t\geqslant140$ ℃</th></tr>
<tr><td>$p\geqslant1.0$ MPa
$v\geqslant20$ m/s</td><td>压盖背冷</td><td>压盖背冷</td><td rowspan="2">压盖背冷与水套冷却</td><td rowspan="2">压盖背冷
水套冷却
注液冷却</td></tr>
<tr><td>$p<1.0$ MPa
$v<20$ m/s</td><td>不用冷却</td><td>压盖背冷
或水套冷却</td></tr>
</table>

冷却水量可参考表5-2选用(适于轴径30～110 mm，冷却水温：15～20 ℃根据运转条件可增减20%～30%)。

表5-2　填料密封冷却水量选用

轴封箱温度/℃	30～50	50～70	70～90	90～110	110～140	140～170	170～200	200～250
封液环冷却/(L/min)	0.2	0.7	0.4	0.2	4.4	5.6	8	12.4
水套冷却/(L/min)	0.5	1.3	3.0	3.2	5.2	7.6	10	15.6

(3) 考虑润滑的软填料密封(见图5-13)

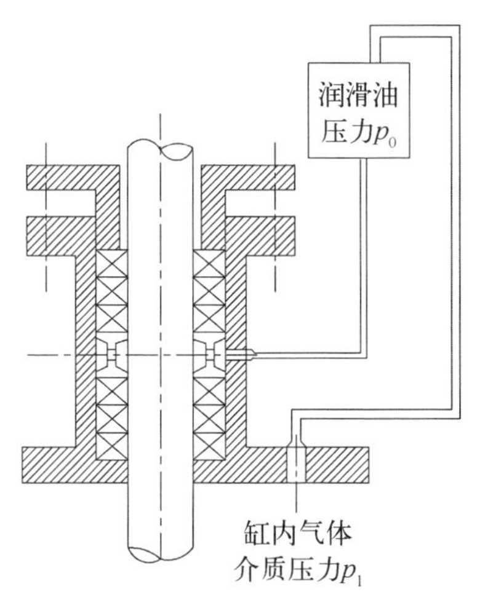

图5-13　其他填料密封结构

5.4 填料类型和材料

填料类型主要根据使用场景采用不同的按照编制工艺成型，主要由柔性、耐磨损的材料制成，典型的材料包括石墨、聚四氟乙烯(PTFE)、石棉、芳纶纤维等。用于处理较弱腐蚀性和一般温度压力的流体。填料材料的选择应根据工作条件、介质特性及设备类型，选择适合的材料，以保证密封系统的高效和长久性能。

5.4.1 填料类型

填料的种类很多，可以从其功用方面、构造方面和材料方面分类，最常用的有下列四类：① 绞合填料(见图 5-14)；② 编结(织)填料；③ 塑性填料；④ 金属填料。

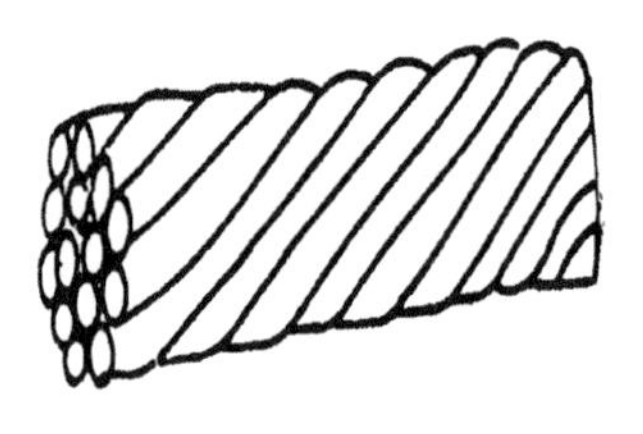

图 5-14 绞合填料

绞合填料十分简单，即把几股石棉线绞合在一起，将它填塞在填料箱内即可起密封作用。它的尺寸、股数和长短视需要而定，多用于低压蒸汽阀门，很少用于转轴或往复运动轴。但用各种金属箔卷成束再绞合的填料，涂以石墨，可用于高温、高压阀门。若与其他填料组合，也可以用于动密封。

编结填料是以棉、麻以及石棉等纤维纺线后编结而成，并在其中浸入润滑剂或聚四氟乙烯。按编结方式的不同，可分为夹心套层编结、发辫式编结和穿心编结等多种。

夹心套层编结：这种编结是以橡皮或金属为芯，再在外面一层套一层地编织纤维线，层数视需要而定[见图 5-15(a)]。表层多为棉、石棉或聚四氟乙烯纤维线，芯子只有表层为石棉时才用各种金属丝(铜、铅、蒙乃尔合金丝)。其断面呈圆形，有致密、强固、弯曲性能好等优点，密封性能较好。但其表层磨破以后，整个一层就会剥离。一般用于泵、搅拌机和蒸汽阀的轴封，极少用于往复运动轴。

发辫式编结：它由 8 股绞合线呈人字形编结而成，断面形状呈方形，浸渍润滑油和润滑脂并涂石墨[见图 5-15(b)]。其特点是松软，容易浸渍润滑剂，对轴的振动与偏心有浮动弹性，很适合于各种泵类作轴封。但其致密性差，在真空与高压下有较大的渗透泄漏。同时，股线很粗，表面不平滑，容易使轴磨损。

穿心编结：穿心编结用36股线，每股都呈对角线穿过填料面，有均匀、致密、强固、表面平整等优点[见图5-15(c)]。由于填塞在密封腔中与轴的接触面比发辫式大而且均匀，同时纤维间的空隙比发辫式小，所以密封性很好。且一股线磨断以后，整个填料不会松散，因此有较长的使用寿命，适用于高速运动轴，如转子泵、往复式压缩机和阀门等。

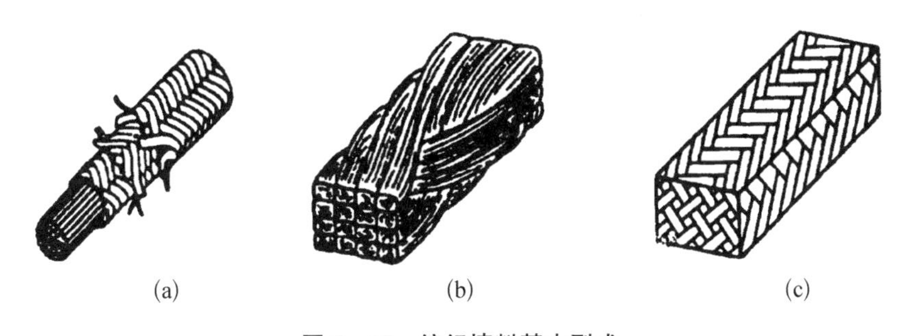

图5-15　编织填料基本型式

(a) 夹心套层编结；(b) 发辫式编结；(c) 穿心编结

塑性填料是经模具压制成型的环状填料，有绵状和积层两种型式。

1) 绵状填料——泥状填料

把纤维与石墨(或云母)、金属粉(或鳞片)、油脂和弹性黏结剂相混合，填入填料箱后经压盖压紧来使用。它没有固定尺寸，装填不好，往往影响密封性能。为此将它模压成环形，再在外层编结一层石棉纱或棉纱(根据需要也可以用金属丝)。这种填料不含或少含润滑油剂，所以高压下其体积减小甚微，可用于高速泵类和高压阀门。

2) 积层填料

在石棉布或帆布的表面上涂敷橡胶，然后一层层地叠合，或者一层层地卷绕，再加热加压成型(见图5-16)。最高使用温度可达120～130 ℃，密封性能良好。

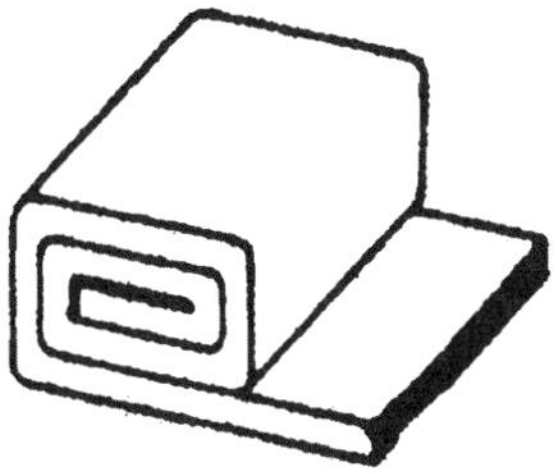

图5-16　积层填料

主要作往复运动的轴封和阀杆的密封；无接口的环状填料还可以用作往复泵的活塞环。

金属填料主要采用金属丝或金属箔绕制而成，具有优异的耐高低温性能和耐压性能，但是密封性能相对较差。

5.4.2 填料材料

填料的类型很多，按其材质的不同，可分为以下几种：

1) 石棉纤维填料

石棉是一种能劈分、有弹性、强度很高的耐热和耐化学侵蚀的纤维状天然硅酸盐耐焰矿物纤维，主要由氧化硅、金属氧化物(氧化镁、氧化铁、氧化亚铁、氧化铝、氧化钾、氧化钠)和水组成。自 1886 年奥地利工程师理查德·克林格引入以来，石棉已在密封行业中使用了一百多年，人们对它的性能和使用较为熟悉。石棉纤维填料是将石棉线浸渍不同的润滑剂，如矿物油、石墨和 PTFE 乳液等而制成的，PTFE 浸渍填料比油浸石棉填料性能有很大提高，增加了耐腐蚀性能和抗渗透性能，填料致密，富有回弹性和自润滑性，但降低了耐热性。其适用范围为：温度 −100～260 ℃，压力 12 MPa，pH 为 4～14，线速度小于 8 m/s。

传统石棉纤维编织填料在动密封领域具有较长的应用历史，但是由于石棉对人体的危害性，自 20 世纪 80 年代起已被逐渐禁用，目前含石棉填料已基本退出了密封应用领域，这也推动了各种代石棉密封填料的发展和应用。

2) 聚四氟乙烯(PTFE)纤维填料

PTFE 纤维编织的填料，具有化学稳定性极强、耐温度范围较宽(−200～260 ℃)、摩擦系数小、不损伤对偶件等优点，在化工介质中使用尤为普遍。但是该填料也存在着导热性差、线膨胀系数大，在高温、高压下易产生蠕变等缺点。

PTFE 纤维目前有三种生产方法：① 载体法，即利用易抽丝的物质为载体，与 PTFE 混合抽丝，然后去掉其载体而获得 PTFE 纤维；② 将 PTFE 塑料制成薄膜，以割裂方法制成纤维，俗称膜裂丝；③ 采用聚四氟乙烯分散树脂经推挤拉伸成一定厚度的薄膜，再切割制成纤维状，称膨体聚四氟乙烯纤维。早期由于膜裂丝价格较低，国内大部分 PTFE 填料均由其制成。但是随着膨体聚四氟乙烯技术的发展，目前大部分聚四氟乙烯编织填料均以膨体聚四氟乙烯纤维编织而成，产品具有极好的压缩回弹能力，较低的摩擦系数，高润滑，无污染的特性，对酸、碱、溶剂等强腐蚀性介质具有良好的稳定性，可用于腐蚀性的泵和阀门密封，尤其适用有卫生等级要求的行业。

纯聚四氟乙烯纤维编织填料尽管耐介质性能优异，摩擦系数低，但是其导热性能和耐磨损性能较差，因此以聚四氟乙烯为基，开发出了一系列改性聚四氟乙烯编织填料。目前应用最为广泛的就是通过石墨改性的聚四氟乙烯编织填料，它采用石墨填充聚四氟乙烯线编织并浸渍少量二甲硅油制成。填充石墨颗粒可以有效提高盘根的抗蠕变和耐高温性能，进而减少泄漏途径，更少的润滑剂流失，较少的摩擦热量产生，对酸、碱、溶剂等强腐蚀性介质具有良好的稳定性，可用于腐蚀介质的泵和阀门密封，同时是一种低磨损盘根，不会损伤轴。可用于除发烟硫酸、发烟硝酸、王水、氟和其他强氧化剂之外的所有介质，是氨水泵、柱塞泵、往复泵专用盘根。

3）柔性石墨成型填料及编织填料

柔性石墨是20世纪60年代出现的一种碳石墨材料，是由天然石墨经酸化、高温膨胀后制成，其基本性能与石墨相同，具有良好的化学稳定性，使用温度范围广，在低温下不脆，在高温下不老化、不软化、不分解，自润滑性良好，抗渗透性好，且制品具有良好的柔软性，较高的压缩回弹性，但其抗拉强度低，所以柔性石墨填料主要是由柔性石墨条料缠绕在芯棒上，然后在模具中压制成环状，由于条料有各向异性的特点，所以压制方法直接影响其使用性能，如果采用蠕虫直接压制成填料就会无此弊端。

此外，以纤维为骨架，其外围结合一层柔性石墨而制成的石墨线，以石墨线编织成填料就是目前发展较为迅速的柔性石墨编织填料，它的使用范围也因骨架和黏结剂的不同而不同，总体而言柔性石墨编织填料具有化学性能稳定，润滑性能良好，摩擦系数低，导热性高，对轴杆有保护作用等优点，被广泛应用于各行业泵、阀的密封。

柔性石墨强度较低，易磨损和变形，为了增强石墨编织填料的机械强度，经常采用金属丝或外钩编金属网增强，以提高石墨编织填料的抗压、抗松弛和导热性能。常用的金属丝材料包括304不锈钢、316L不锈钢、金属镍丝等，填料化学性能稳定，柔软，易成型，润滑性能良好，导热性高，不易硬化，在高温下具有较高的抗挤出和抗变形能力，密封效果稳定，特别适用于高温、高压的阀门密封。

4）聚芳酰胺纤维填料

聚芳酰胺（简称芳纶）纤维，具有高强度、高模量、耐热性好（分解温度为430 ℃），尺寸稳定性好、耐磨性好、不磨损对偶件等优点。它的化学稳定性也好，除了硫酸、氢氟酸等酸外，其他酸、碱、溶剂、蒸汽等都可使用。因此，它是一种理想的密封材料，也是目前一种主要编织填料原料。

目前应用于填料的聚芳酰胺包括芳纶1313和芳纶1414两种纤维，其中芳纶1414具有更好的机械性能和耐介质性能，是目前抗拉强度和耐磨性能最好的一种耐高温有机纤维材料。为了提高芳纶编织填料的润滑性能，通常将芳纶纤维浸渍特殊润滑剂（如硅油、聚四氟乙烯乳液等）后编织而成，在编织过程中再次浸渍高质量润滑剂，因此产品摩擦系数较低，即使轴在高速运转时也可以极大地避免轴的磨损，而且，摩擦生热较小，填料环和轴之间不会产生过多的热量，盘根在运转时能保持低温，柔软和柔韧，延长了填料的使用寿命，是很多高性能、多用途泵、阀的通用盘根。

5）碳/石墨纤维编织填料

聚丙烯腈纤维仅经低温氧化，由于加热温度低，可以获得含碳量较少（60%～70%）的碳化纤维，可以具有一定的耐火焰烧灼性能，也称耐焰碳纤维或预氧化丝，由于纤维表面碳化而中间仍未碳化，因而较柔软、耐磨、具有可挠性好等特点，但是耐热性和耐腐蚀性与完全碳化的纤维相比就要差些；聚丙烯腈纤维经预氧化（200～300 ℃）和高温（800～1 500 ℃）炭化处理可制成炭化程度较高的碳素纤维，也称碳纤维。与预氧丝相比，具有高强度、高模量、低密度、耐热性能和耐腐蚀较好等特点；碳纤维继续经高温石墨化处理即可获得碳含量更高的石墨纤维，它具有更高的强度、模量和耐高温性能，但脆性增加。三种纤维均可编织制成密封填料，在编织过程中一般都浸渍特种润滑剂和阻塞剂，填料表面还可采用石墨和二氧化钼处理。

预氧丝制造成本较低，经浸渍PTFE乳液后，可获得较低的摩擦系数，自润滑性能好，导热性能好（导热系数与金属相近），使用性能优于酚醛纤维填料。预氧丝浸渍聚四氟乙烯乳液经穿心编织工艺而成的盘根既坚固又柔韧，结构稳定，同时能有效阻止气体、液体的穿透。盘根化学性能稳定，润滑性能良好，摩擦系数极低，导热性高，对轴杆有保护作用等优点。适合使用在除强氧介质以外的蒸汽、水、溶剂、酸及碱环境工作的轴和活塞杆密封，特别适用于高温高压的阀门密封。

碳纤维制成的编织填料的导热性、耐化学腐蚀性、耐热性、自润滑性均优于耐焰纤维，但是这种纤维可挠性较差，给填料的编织带来一定困难，一般在编织中浸渍特种润滑剂和阻塞剂以克服传统碳纤维材料脆而易碎的缺点。它的适应工况通常为pH 1～13，适用温度范围−250～260 ℃。线速度：液体介质25 m/s，气体介质15 m/s。适用压力不大于20 MPa。碳纤维编织填料用途非常广泛、使用范围广，但由于其制造成本较高，因此，一般应用于比较苛刻的条件下，如高速、高压或有固体颗粒的介质中。适合使用在除强氧化介质外的蒸汽、水、溶剂、酸及碱环境工作的泵和阀门密封。应用于泵和阀门密封时，可以单独使用也可以作为端环与石墨模压环组合使用。

石墨纤维编织填料具有更高的强度、模量和耐高温性能，但脆性更大，编织难度更高，成本更高，一般仅应用于一些特殊的苛刻工况。

6）酚醛纤维填料

酚醛纤维由酚醛树脂加工而成，是一种低强度、低模量纤维，在高温下不熔融、不燃烧，而只能炭化，纤维具有良好的耐腐蚀性能，耐溶剂性能尤为突出。由于纤维表面接触角小，与 PTFE 乳液亲和性、接合强度较好，所以制成的填料间隙小，从而提高了其使用性能。

酚醛填料具有热稳定、低热膨胀的特点，在温度和压力交变的情况下仍能保持尺寸稳定，柔软耐磨，不会损坏轴或锭子，对介质无污染，是高性能、多用途泵、阀的通用盘根。适用于水、蒸汽、盐水、酸、稀碱液、一般化学品、溶剂、石油制品等介质。使用工况为：化学稳定性 pH 2～12，耐温范围 −100～250 ℃，线速度不大于 25 m/s，流体压力不大于 10 MPa。

7）聚砜纤维填料

聚砜是 20 世纪 60 年代出现的工程塑料，1965 年首先由美国联合碳化合物公司以商品出售，具有高强度、高模量、耐热、耐氧化、耐辐射、耐久性好的特点，但耐紫外线、耐有机溶剂性能较差、不宜在沸水中长期使用，最高使用温度达 300 ℃，价格适中，可以制成成型和编织填料使用。

8）聚丙烯腈纤维填料

采用机纺聚丙烯腈纤维包芯纱线穿心编织并浸渍四氟乙烯乳液而成，也称亚克力纤维填料。具有较好的耐磨性和弹性，可广泛用于水、蒸汽、稀酸和碱液、大多数化学品、气体等多种介质，是一种多用途的盘根，可用于泵、搅拌器、捏合机、阀门，用于化工、制药、造纸和食品等行业。

9）陶瓷纤维盘根

采用优质陶瓷纤维为主要原料，具有耐高温、耐化学腐蚀、低导热系数、高电绝缘强度等性能。其特点为无石棉，长纤维，强度大，弹性好，便于切割、缠绕等施工操作。适用于高温下的隔热、保温、密封、吸声等，是热风管道法兰、门炉、燃烧室、锅炉、烟囱门、隧道炉、容器门、人孔盖、高温法兰、阀门等高温长效静密封，最高使用温度可达 1 260 ℃。

10）植物纤维盘根

采用天然植物纤维经编织而成，并可浸渍天然或合成润滑剂以提高其润滑性能和耐磨耗性能。常用的纤维包括苎麻纤维、棉纤维等。

麻纤维一般较粗，摩擦阻力较大，但在水中纤维的强度增加，柔软性更好，对轴的磨损比石棉填料好，因此可用于一般清水、工业水和海水的密封。麻纤维填料不耐化学品，耐热性也较差。

棉纤维较麻纤维柔软，但是与麻纤维相反，它在水中会变硬膨胀，摩擦力较大，不耐化学品，但对氨水和氢氧化钠碱溶液的适用性却不亚于石棉，适用于食品、果汁、浆液等洁净介质的密封。

采用优质苎麻经过石墨四氟乙烯混合液渗透经穿心编织并浸渍润滑剂制成的盘根具有极高的自润滑性能和导热性，适合使用在泥浆泵、灰渣泵、污水泵、往复泵、搅拌器等设备装置的密封。

采用棉纱经过牛油和矿物油渗透经穿心编织制成的浸油盘根柔软而有弹性、易切割。大量润滑剂的存在使得盘根具有极高的自润滑性能和导热性，适合使用在旋转泵、柱塞泵、阀、搅拌机等设备装置中。

11）混合纤维编织盘根

不同纤维性能差异较大，芳纶具有较高的耐磨性能，聚四氟乙烯则具有极低的摩擦系数，但耐磨性能较差。因此，为了获得高性能、长寿命的密封填料，将几种纤维混合编织成填料，特别是将耐磨芳纶纤维做角线与聚四氟乙烯线编织而成的填料，有效结合了芳纶的耐磨特性和聚四氟乙烯的自润滑性、耐介质性能。具有低摩擦、高润滑的特性，对酸、碱、溶剂等强腐蚀性介质具有良好的稳定性。盘根良好的自润滑性能减少了密封件对轴的磨损，同时芳纶纤维可以保持盘根具有足够的强度和韧性，而通过浸渍聚四氟乙烯乳液可以进一步增加填料的抗腐蚀性能；而中心通过增加硅胶芯可以提高填料持久的弹力补偿能力，在较大振动、窜动、跳动下，仍有极佳的密封效果。

5.5 填料密封的基本性能和主要技术参数

填料密封的基本性能涵盖了多个关键方面，包括机械性能、耐磨性、抗挤压变形能力以及密封性能等。其中，填料压缩比是一个重要参数，它指的是填料在安装时的压缩量。为了确保足够的密封效果，必须合理控制填料的压缩比，以避免过度压缩造成对轴（杆）的损伤。此外，耐磨性能也是填料密封性能中不可或缺的一环，它确保了填料在长时间的运行过程中能够降低磨损损失，从而延长使用寿命。同时，抗挤压变形能力也是至关重要的，它能够防止因压力变化而导致的填料失效问题。最后，密封性能作为填料密封最为核心的功能，能够有效地防止流体的泄漏，确保设备的安全可靠运行。

5.5.1　密封填料的基本性能

1）填料的压缩回弹性能

填料在压盖压紧力的作用下，将产生压缩变形，总变形率为塑性变形率和弹性变形率之和。填料的塑性变形使它的密封性能对被密封表面的粗糙度甚至缺陷不那么敏感；填料良好的回弹性能可以补偿因体积损失引起的比压松弛，以及抵消被密封轴不圆度及偏心对密封作用的不利影响。

一些学者对填料压缩性能做了不同的研究。

（1）柳新法等[8]利用填料的压缩率 C 来评价填料压缩性能。

$$C=\frac{t_0-t_c}{t_0}\times 100\% \tag{5-1}$$

式中：t_0 为填料初始高度，mm；t_c 为填料压缩后的高度，mm。

（2）W. Ochonski[9]对压缩性能评价采用压缩剩余率 λ_s。

$$\lambda_s=\frac{t_c}{t_0} \tag{5-2}$$

式中：t_0 为填料初始高度，mm；t_c 为填料压缩后的高度，mm。

通过对浸四氟乙烯乳液石棉编织填料的试验得出，在 $p_{cx}=1\sim200$ MPa 的范围内，

$$\lambda_s=ap_{cx}^{b} \tag{5-3}$$

式中：a、b 为材料常数；p_{cx} 为填料的轴向比压，MPa。

（3）田代久夫等和 K. Hayashi 等[10]则利用压缩剩余率 ε_x 的对数形式。

$$|\varepsilon_x|=\ln\left(\frac{t_c}{t_0}\right) \tag{5-4}$$

分别通过试验得出：

$$|\varepsilon_x|=a_1p_g^{b_1} \tag{5-5}$$

$$|\varepsilon_x|=a_2p_g^{b_2} \tag{5-6}$$

式中：a_1、a_2、b_1、b_2 为材料常数；ε_x 为压缩剩余率；p_g 为压盖压紧比压，MPa。

对填料的回弹性能可用回弹率和回弹速率来评价，回弹率越大，补偿能力越强；回弹速率越高，补偿速度越快。

对于填料的压缩回弹性能，JB/T 6620、GB/T 29035 对编织填料和填料环的压缩回弹性能规定了相应的试验方法。相关标准对不同填料规定了相应的压缩回弹性能指标。

2）填料的比压松弛性能

填料在建立密封作用后，在一定时间内将发生比压松弛，即密封界面的接触比压或压紧比压随时间逐渐降低或丧失，它影响了填料的使用寿命或调整填料压盖的周期。K. Bohner 等[11]研究认为，比压松弛发生在填料第一次被压紧后的 10 min 内。田代久夫等研究表明，填料在用恒定压紧力多次重复加载出现的比压松弛中，第一次是最大的，随着压紧次数的增加，比压松弛逐渐减小，最后压紧力趋于稳定值[12]。这说明用恒定压紧力反复加载，可提高填料抗比压松弛的能力。此外，他们还提出了一种由一线性弹簧阻尼和一非线性弹簧阻尼组成的黏弹性模型，用于描述填料的比压松弛现象。

比压松弛性能直接决定填料压紧载荷随应用的变化，与填料密封的使用寿命直接相关。但是，目前对比压松弛性能的测试尚未制定标准试验方法。

3）填料的腐蚀磨损性能

填料的腐蚀磨损性能直接影响到填料密封的密封性能和使用寿命，填料密封中的腐蚀磨损不仅与轴的表面硬度、粗糙度等有关，还与轴和填料的材料有密切的关系。填料在使用时与运动轴接触，由于各种填料有不同的材质、工艺，所以在介质存在的情况下，轴除了与介质发生腐蚀作用外，还会与填料因存在电位差而发生电化学腐蚀，经过一段时间后，电位较低的轴就会被腐蚀，从而加速了磨损，最后导致密封失效。为了防止这一现象发生，在一些填料中加入牺牲金属或缓蚀剂是非常必要的[12-13]。

对于填料的摩擦磨损性能，标准 JB/T 6620、GB/T 29035 等均规定了相应的试验方法，大部分填料制品标准也规定了相应的制备值。

4）低逸散填料

密封和泄漏是一个相对概念，无泄漏是相对的，泄漏是绝对的。一般采用泄漏率来评定泄漏的程度。通常将超过了测漏仪器可分辨率的最低泄漏量称作“零泄漏”，美国国家航空航天局将零泄漏定义为室温和 300 psi（pound per square inch，约合 2 068 kPa）（表压）下氦气的泄漏率不超过 1.4×10^{-4} cm^3/s。而在化学化工行业，存在大量挥发性有机化合物（volatile organic compounds，

VOCs)，VOCs通常定义为20 ℃下具有大于0.03 kPa蒸气压的有机碳化合物，其泄漏量非常小，通常在ppm级，故称逸散性泄漏。但是这种逸散的易挥发物大多是有毒或易燃易爆的，是污染环境、影响公众健康的主要因素。1991年美国国家环境保护局修订的清洁空气法规定了蒸汽和轻液体的逸散量必须控制在500 ppmv以下，后修改为100 ppmv。对应零泄漏，将允许逸散的极限值定义为“允许泄漏量”或“零逸散”。不同标准对零逸散规定存在差异，如美国炼油厂对于阀门和法兰零逸散规定为500 ppmv，泵、压缩机等回转设备为1 000 ppmv；VDI2440则规定法兰允许逸散水平为1×10^{-4} mbar·L/(s·m)［合0.01 Pa·L/(s·m)］。ISO 15848－1《工业阀门——逸散性排放的测量、试验和鉴定程序　第1部分：阀门定型试验的分类系统和鉴定程序》中，对阀杆密封系统和阀体密封件的紧密性进行了等级划分。对阀杆密封分为A、B和C三个逸散等级，分别对应的单位阀杆外周长的逸散量为不大于1.78×10^{-7}、不大于1.78×10^{-6}和不大于1.78×10^{-4}［mbar·L/(s·mm)］，而对于阀体为50 ppmv。为了满足低逸散要求，特别是阀门密封，目前都在采用多种结构和材料的填料环，以满足低逸散的要求。

为了评价低逸散填料的基本性能，API622对低逸散填料的试验方法进行了详细规定。

5）密封性能

(1) 泄漏率L：

Denny等认为[3]，流体通过填料界面泄漏，等效于流体通过一个径向间隙为C_r的环形缝隙以层流的形式实现，

$$L=c\frac{\mathrm{d}p}{\mathrm{d}x}C_r^3 \tag{5-7}$$

式中：c为与流体黏度和轴径有关的常数。$\frac{\mathrm{d}p}{\mathrm{d}x}$为泄漏流体沿泄漏方向的压降。$C_r$为当量有效径向间隙，$C_r=E_1p_r^n$。其中$E_1$为填料的弹性系数；$p_r$为填料的径向比压，MPa。

根据前人关于弹性材料与刚性表面接触的真实面积与比压$p^{\frac{2}{3}}$成正比的结论，Denny等假设填料表面的微观不平峰是弹性的，在比压作用下体积变化很小，从而可以认为有效间隙C_g与径向比压的$-\frac{2}{3}$次方成比例，即$n=-\frac{2}{3}$，

从而导出填料密封的泄漏公式：

$$L = cE_1^3 \frac{\mathrm{d}p}{\mathrm{d}x} \frac{1}{p_r^2} \tag{5-8}$$

式中：E_1 为填料的弹性系数，MPa；p_r 为填料的径向比压，MPa。

对于填料泄漏率，目前 API 622、ISO 15848、GB/T 26481 对阀门填料的密封规定了密封性能试验方法，特别是对于低逸散填料的评定，这些标准规定了较详细的试验方法和评定准则。

(2) 侧压系数和摩擦系数：

侧压系数 k 和摩擦系数 μ 对于填料密封的轴向比压和径向比压的确定、摩擦力矩的估算和衰减指数的计算等都有直接的关系，是填料密封性能的两个重要指标[13]。

在轴向比压 p_{cx} 的作用下，填料被压缩，对填料函内壁和轴的密封表面产生径向比压。Denny 等最早提出了填料密封理论，并建立了径向比压 p_r 与轴向比压 p_{cx} 之间的关系式：

$$p_r = kp_{cx} \tag{5-9}$$

式中：k 为侧压系数。

为了简化计算，Denny 等假设 k、μ 为常数，k 值取决于填料的压紧力、弹塑性、加载速度和工作温度等。k 值的提出使人们能把填料的密封性能同它的物理性能特征系数联系起来，从而能对填料的密封性能进行单项的定量分析。K. Bohner 等[11]在考虑了材料的弹塑性、变形能力和填料的比压松弛现象后，对 k 做了较为详细的研究，他们认为在压紧状态下，k 和压紧力呈一定的线性关系。田代久夫等[10]对 k 和 μ 进行了更深一步的探讨，他们认为：① 在填料材料是轴对称正交异性弹性体的情况下，k 只是泊松比的函数；② 在填料材料是非弹性体的情况下，k 和 μ 分别是轴向比压 p_{cx} 的函数。

$$k = k_0 \cdot p_{cx}^a \tag{5-10}$$

$$\mu = \mu_0 \cdot p_{cx}^b \tag{5-11}$$

式中：k_0、μ_0、a、b 为材料常数。

K. Hayshi 等[14]基于对石棉、石墨两种填料的试验结果，将填料与轴的侧压系数 k_i 和填料函内壁的侧压系数 k_0 加以区别，并得出了与田代久夫等类似的结论。

对于侧压系数目前并没有标准试验方法，大多仅局限于试验研究。

(3) 轴向比压和径向比压的分布：

Denny 等认为填料密封的模型是[3]：填料函可作为一个环形槽，流体在其中流动。轴向压力使填料产生径向变形，阻止了环形槽中流体的流动，从而达到密封的目的。如果假定填料的摩擦系数和侧压系数不依赖于压盖压紧比压 p_g，那么在轴固定的静态安装条件下，填料的压紧比压分布是有规律的。对于单一填料而言，其轴向比压 p_{cx} 和径向比压 p_r 的公式分别为：

$$p_{cx}=p_g e^{-(\mu_i+\mu_o)kx/(R-r)} \tag{5-12}$$

$$p_r=kp_{cx} \tag{5-13}$$

式中：μ_i 为填料与轴的摩擦系数，无量纲；μ_o 为填料与填料函壁的摩擦系数，无量纲；k 为侧压系数，无量纲；x 为填料沿轴向的坐标；R 为填料函的内半径，mm；r 为轴(杆)半径，mm；p_g 为压盖压紧比压，MPa。

近年来的一些试验研究表明，轴向压力和径向压力的分布基本上符合 Denny 等所提出的形式，只是对其中的侧压系数和摩擦系数进行了进一步的探讨。

总的来说，目前填料密封的研究正朝着更为深入、细微的方向发展，以求在填料的密封机理、基本性能、密封性能等方面有新的突破，以满足各行业的机械设备对填料密封越来越高的要求。

由于填料密封在密封领域里始终占有相当重要的地位，所以国内外的专家和学者对它的研究一直持续不断。

5.5.2　软填料密封的主要参数

1) 上紧力和螺栓载荷

根据图 5-3 填料的受力情况，通过轴向力平衡，可以得到压盖对填料的压紧比压[15]：

$$p_g=(p/k)e^{2k}\mu^{1/b} \tag{5-14}$$

知道压盖对填料的压紧比压 p_g 以后，就可以确定螺栓的总上紧力。

$$F=p_g\pi(D^2-d^2)/4 \tag{5-15}$$

若已知侧压系数，便可根据式(5-14)计算填料压紧比压，从而确定螺栓上紧力，总上紧力除以螺栓根数，得出每根螺栓的载荷。若侧压系数 k 未知，可以用 $p_g=4.0$ MPa(对于石棉类填料)或 2.5 MPa(对于天然纤维类填料)来计算螺栓载荷或查阅有关图表。

表 5-3 所列为某些填料的侧压系数 k_1 与介质压力 p 的关系数据，使用时应注意：

对于填料宽度 $B=16\sim19$ mm，侧压系数 $k=k_1$；

对于 $B<16$ mm，侧压系数 $k=(0.7\sim0.75)k_1$；

对于 $B>19$ mm，侧压系数 $k=\min[1,\ (1.25\sim1.30)k_1]$；

对于所有浸渍填料，$k=k_1=1$。

表 5-3　某些软填料的侧压系数 k_1 值

填料型式	介质压力 p/MPa							备　注
	0.5	1.0	5.0	10.0	30.0	50.0	100.0	
干石棉软绳	0.37	0.37	0.37					填料绳直径为 16 mm
四氟塑料石墨填料	0.44	0.44	0.44					断面尺寸为 16 mm×16 mm 及 19 mm×19 mm
四氟塑料屑压制填料	0.55	0.60	0.65	0.65				
片状填料	0.60	0.60	0.65	0.70				
石墨石棉组合填料	0.50	0.50	0.45	0.40				
干棉纱填料	0.92	0.92	0.91	0.90	0.87	0.83	0.76	
调节阀填料			0.33	0.45	0.60	0.65	0.72	断面尺寸为 6 mm×6 mm

2) 摩擦功耗

由于填料对箱壁是静摩擦，填料环的外表面面积大于内表面面积，故此摩擦力大于填料对轴的动摩擦力。下面考虑填料对轴的滑动摩擦功耗。

软填料和转轴或往复杆之间的摩擦力 F_f 为

$$F_f=[\pi d\mu_d pb/(2k\mu_o)](e^{2k}\mu_o^{1/b}-1) \tag{5-16}$$

式中：F_f 为软填料和转轴或往复杆之间的摩擦力，N；d 为转轴直径，mm；b 为填料密封宽度，mm；k 为侧压系数，无量纲；μ_o 为静摩擦系数，无量纲；μ_d 为动摩擦系数，无量纲；p 为介质压力，MPa。

根据式(5－16)得到的摩擦力 F_f，可以确定摩擦力矩 M_f 和摩擦功耗 N_f

$$M_f = F_f \cdot r \tag{5-17}$$

式中：M_f 为摩擦力矩，N・m；r 为轴半径，m；

$$N_f = M_f\omega/102 \times 100 \tag{5-18}$$

式中：N_f 为摩擦功耗，kW；ω 为轴角速度，rad/s。

3) 泄漏量

软填料密封的泄漏可以按环形轴向缝隙流动时的公式计算，对于液体密封，泄漏量为

$$L = \frac{\pi d^2}{12\eta l}\Delta p h^3(1+1.5\upsilon^2) \tag{5-19}$$

式中：$\Delta p = p_2 - p_1$ 是填料箱内外侧压力差，MPa；d 为轴(或杆)直径，mm；l 为填料箱长度，mm；h 为间隙，mm；η 为液体黏度，Pa・s；υ 为偏心距 e 与间隙 h 之比，e/h。

一般泵用填料密封的允许泄漏量可参考表5－4。

表5－4　一般转轴用填料密封的允许泄漏量

允许泄漏量/(mL・min^{-1})	轴径/mm			
	25	40	50	60
启动30 min内	24	30	58	60
正常运行	8	10	16	20

注：参考工况，转速3 600 r/min，介质压力0.1～0.5 MPa。

填料密封的泄漏，主要是以界面泄漏形式出现的，但编结填料则有一部分渗透泄漏。当介质的渗透力强，或为气体时，这种渗透泄漏几乎难以避免。所以通常在填料之间隔以聚四氟乙烯垫片，或增设一只液封环，以改善润滑并防止渗透泄漏(同时也可以改善压紧力的分布)，特别是防止气体

泄漏。

对于气体密封的泄漏量为

$$Q=\pi dh\sqrt{2\Delta p/\rho} \tag{5-20}$$

式中：ρ 为气体密度，kg/m^3；d 为轴（或杆）直径，mm；h 为间隙，mm；$\Delta p=p_2-p_1$ 是填料箱内外侧压力差，MPa。

实践证明，实际泄漏量一般小于理论泄漏量，因此，理论公式可视为可能出现的最大泄漏量。同时，对气体而言，泄漏与气体密度 ρ 的平方根成反比，也就是说，气体越轻，越容易泄漏。而且填料接触长度 L 对泄漏量无影响。也就是说，填料根数可以取少一点，但实际上为了工作可靠，填料仍取 3 根以上。

应当指出，泄漏量与转速无关，所以理论计算公式对转动和往复运动都适用。

5.5.3 软填料密封的主要尺寸及确定

1）填料宽度 B

对于机器 $$B=(1.5\sim2.5)d^{1/2} \tag{5-21}$$

对于阀门 $$B=(1.4\sim2.0)d^{1/2} \tag{5-21a}$$

式中：d 为轴（杆）直径，mm。

2）填料高度（或长度）h

在未加载上紧前，对于机器 $$h_0=(6\sim8)B \tag{5-22}$$

对于阀门 $$h_0=(5\sim8)B \tag{5-22a}$$

在工作状态下，填料高度 $$h=K_c h_0 \tag{5-22b}$$

式中：h_0 为填料初始高度，mm；h 为填料工作高度，mm；K_c 为填料压缩系数。

3）填料密封箱高度 H

填料密封箱总高度为

$$H=h_0+2B+h_1 \tag{5-23}$$

式中：$h_1=(1.5\sim2)b$，b 是封液环（或填料环）的高度。

4）压盖及底套尺寸

压盖圆筒形部分高度为

$$h_g = (0.4 \sim 0.5)h_1 \tag{5-24}$$

压盖的法兰厚度为

$$h_f = 1.25d \tag{5-25}$$

底套深度为

对于往复杆　$h_n = \max\{25d^{1/2} + 10\ \text{mm}; 20\ \text{mm}\}$　(5-26)

对于旋转轴　$h_n = \max\{(1/3 - 1/4)d\ \ \text{mm}; 20\ \text{mm}\}$　(5-26a)

底套配合直径　$D_n = d + (1 \sim 1.5)B$　(5-27)

填料箱内径　$D_0 = d + 2B$　(5-28)

旋转轴(往复杆)与压盖(底套)之间的间隙为

$$\delta = \min\{(1/200 \sim 1/250)d\ \text{mm}; 0.8\ \text{mm}\} \tag{5-29}$$

上紧螺栓的螺纹内径

$$d_0 = \{3(D^2 - d^2)p/(n_b[\sigma]_p)\}^{1/2} \tag{5-30}$$

式中：n_b 为螺栓(柱)的支数，根据结构观点可取2，4，6，8，12，……级数；[σ]为许用应力；对于碳钢：[σ]=20～25 MPa；对于高压密封箱[σ]=20～35 MPa；对于 $p \geqslant 3$ MPa 的密封取高值。

5.6　填料密封设计、选用和安装紧固技术

填料密封设计涉及设计工况、密封性能要求和填料材料选择。首先要充分了解工作介质、压力、温度等工况，然后根据密封要求选用适当的填料类型。材料选择需兼顾耐磨性、抗挤变形能力、耐温耐压和环保因素等要素。选用填料时，根据实际需求考虑填料规格、压缩比和预紧力等技术参数。遵循个性化原则，根据使用环境和设备特性进行合适的选材。安装紧固技术关注填料的正确安放与预紧力控制。填料需平整铺设，优先选择分段装填法，跨接处错开，确保填料压缩均匀。可采用工具预压缩填料，缩短破碎期。预紧力控制要保持适度，既要保证足够的密封效果，又不至于导致填料损伤。

5.6.1　填料密封设计

填料箱十分简单,但必须遵循一定的原则进行设计,否则容易造成尺寸混乱。目前各部门都有自己的标准,但缺乏通用性与互换性。为了加强与国际产品交流与技术交流,在适当条件下可以考虑采用国际标准(ISO)。

填料箱除设有装填填料的空间外,还应设计相应的冷却(包括散热)、润滑、液封或冲洗结构。设计原则是: ① 容易加工;② 散热有效,接通冷却液比较方便;③ 留有液封孔口,且位置要恰当,便于与高压封液连通;④ 转轴应与机械密封互换;等等。

常用填料箱的结构有卧式的,也可以是立式的。一般结构最简单,它无液封环,也无冷却室,仅用于转速不高、介质腐蚀性不大的常温泵类、阀门和搅拌机等。对设有液封环的结构,在腔壁上对应设有注液孔,或注入润滑油,或与机械本身的高压介质相连通。当介质含有纤维物和沉淀物时,则与洁净的冲洗相连通。它们都用于常温介质,以各种离心泵为最多。而设有冷却室的填料箱,箱外有冷却液进行循环,为了防止热量通过轴传入轴承,填料压盖也进行冷却。这种结构多用在高温介质的密封,以热油泵、锅炉给水泵和搅拌轴最常见。另有一些结构较复杂,是应用于高温高压介质的填料箱。填料部位通过注冷液来冷却并循环,用于不允许泄漏的液体和气体,以泵、压缩机、搅拌机较多。

填料箱的尺寸没有固定的公式可以表达,主要靠长期使用经验来决定。通常腔的深度由根数来决定,宽度由轴径的大小来决定。

关于填料根数,它与介质内压有关,还与填料的种类和组合情况有关,在考虑了摩擦和发热以后凭经验选取,一般可参考表 5 - 5 和表 5 - 6。

表 5 - 5　转轴用填料根数的选择

介质压力/MPa	根　　数
>1～5	3～4
>5～10	4～5
>10～40	6
>40～64	7
>64～105	8

表5-6　往复与阀用填料根数的选择

介质压力/MPa	根　　数
≤10	3～4
>10～35	4～5
>35～70	5～6
>70～100	6～7
>100	7～8

填料的宽度根据与轴径的关系来选取，但推荐按国际标准化组织的标准系列(ISO 3069)进行选取。

当填料的根数和宽度确定以后，则容易决定填料箱的尺寸。若使用液封环，则填料箱深度应加上其宽度，此外，总深度还应加上压盖填入填料箱的深度，一般取5～10 mm，往复运动轴配合应深一些。于是得出填料箱的尺寸有，

轴(杆)径：d

填料宽度：B

填料箱内径：

$$D = d + 2B \tag{5-31}$$

填料箱深度：

$$\text{无液封环时}\ L_1 = nB + (5 \sim 10)\ \text{或}\ L_1 = 1.2nB \tag{5-32}$$

$$\text{有液封环时}\ L_1 = (n + 2)B + (5 \sim 10) \tag{5-33}$$

式中：n 为填料道数。

填料箱内壁的表面粗糙度 R_a 一般为3.2～1.6，与压盖的配合一般取 D_6/d_{c6}，要求较高时，取 D_4/d_{c4} 已足够。填料箱的内端面可以是垂直于轴线的平面，也可以是斜面。

有的轴封既用填料密封又用机械密封，则应使填料箱的尺寸做到二者可以互换。国际标准化组织已有这方面的标准，我国的水泵行业正准备采用这一标准。

5.6.2 填料的选用

选择填料时，通常考虑的因素有：机器的种类，介质的物理、化学特性，工作温度和工作压力，以及运动速度等，其中尤以介质的腐蚀性(以 pH 标志)、pv 值及使用温度最重要，填料的价格与来源也应兼顾。

从填料与介质的适性选择填料可参考表 5-7。表中所列 pH 是表征介质酸碱度的一个特征值。

表 5-7 填料的耐化学品性能

填料材料	酸碱度及 pH														
	极强酸	强酸			弱酸			中性	弱碱			强碱			极强碱
	0	1	2	3	4	5	6	7	8	9	10	11	12	13	14
棉							○		○						
麻							○		○						
塑性填料															
白石棉					○		○		○		○				
蓝石棉			○		○										
聚四氟乙烯浸渍白石棉			○		○		○		○		○		○		
聚四氟乙烯浸渍蓝石棉			○				○								
铅							○		○						
铝					○		○		○						
铜					○		○		○		○				
铅-塑性填料							○		○						
铝-塑性填料									○						
铜-塑性填料					○		○		○		○				
铜-石棉					○		○		○		○				

(续表)

填料材料	酸碱度及 pH														
	极强酸	强酸			弱酸			中性	弱碱			强碱			极强碱
	0	1	2	3	4	5	6	7	8	9	10	11	12	13	14
白石棉-塑性填料							○				○				
蓝石棉-塑性填料			○		○										
聚四氟乙烯纤维	○		○		○		○		○		○		○		○
碳纤维	○		○		○		○		○		○		○		○

通常软填料的压紧力小，pv 值太大时容易发生烧轴现象；硬质的金属填料可适用于较大的 pv 值。

5.6.3　填料的合理装填

填料的合理装填很重要。实践证明，装填质量不仅密封时间短暂，而且出现严重的发热与异常的磨损，填料本身也很容易损坏。

填料装填应按下列步骤进行：

(1) 清理填料箱，并检查轴表面是否有划伤、毛刺等现象，填料箱应做到洁净，轴表面应光滑。

(2) 用百分表检查轴在密封部位的径向跳动量，其公差应在允许范围内。

(3) 填料箱内和轴表面应涂密封剂或与介质相适应的润滑剂。

(4) 对成卷包装的填料，使用时应先取一根与轴径同尺寸的木棒，将填料缠绕在其上，再用刀切断。切口可以是平的，但最好呈 45°斜面。对切断后的每一节填料，不应当让它松散，更不应将它拉直，而应取与填料同宽度的纸带把每节填料呈圆环形包扎好(纸带接口应粘接起来)，置于洁净处。成批的填料应装成一箱。

(5) 装填时应一根根装填，不得一次装填几根。方法是取一根填料，将纸带撕去，涂以润滑剂，再用双手各持填料接口的一端，沿轴向拉开，使之呈螺旋形，再从切口处套入轴径。注意不得沿径向拉开，以免接口不齐。

(6) 取一只与填料箱同尺寸的木质两半轴套，合于轴上，将填料推入腔的深部，并用压盖对木轴套施加一定的压力，使填料得到预压缩。预压缩量约为

5%～10%，最大到20%。再将轴转动一周，取出木轴套。

(7) 以同样的方法装填第二根、第三根。但需注意，当填料根数为4～8根时，装填时应使接口相互错开90°；2根填料错开180°；3～6根错开120°，以防通过接口泄漏。对于金属带缠绕填料，应使缠绕方向与轴的旋转方向一致。

(8) 最后一根填料装填完毕后，应用压盖压紧，但压紧力不宜过大。同时用手转动主轴，使装配后的压紧力趋于抛物线分布。然后再略微放松一下压盖，装填即算完毕。

(9) 应当指出的是，装填最后一根填料后，如果压紧力过大，由于填料的塑性和与填料箱之间的摩擦力产生的阻尼作用，压紧力往往难以有效传递至填料的深部，尤其是对于软填料而言。这种情况下，靠近压盖的2～3根填料会承受绝大部分的压紧力，从而产生很大的径向力，导致这些填料出现异常摩擦。加之这些区域的润滑剂被大量挤出，即便不需要长时间运行，也会很快出现异常磨损。另外，如果一次性装填并压紧全部填料，也容易出现类似的问题。这种因随意使用填料而导致的差错屡见不鲜，应引起足够的重视并及时纠正。

(10) 进行运转试验的目的是检查密封效果并验证填料的发热程度。如果试验结果显示密封效果不佳，可以适当增加填料的压紧程度；而如果填料发热过于严重，则需要适当放松一些。调整过程中，需要不断观察，直到达到理想状态：即填料处仅呈现滴状泄漏且发热程度适中(填料部位的温升应控制在比环境温度高30～40℃的范围内)。只有在这样的条件下，填料才能正式投入使用。

5.6.4 填料的合理使用

填料在使用过程中有下列事项值得注意：

(1) 应经常检查泄漏情况，如发现泄漏量超过允许值时，应及时压紧调整。

(2) 轴的磨损、弯曲或是偏心严重是造成泄漏的主要原因。故应定期检查轴承是否损坏，并尽可能将填料箱设在轴承不远处。轴的允许径向跳动量在0.03～0.08范围内(大轴径取大值)，最大为$d^{1/2}/100$ mm。

(3) 转动机械，转子的不平衡量应在允许范围内，以免振动过大。

(4) 软硬不同的填料组合使用有良好的密封效果，但装填时硬填料应在深部，软填料应在压盖附近，且软硬填料应交替放置。

(5) 液封环的两侧(包括外加注油孔的两侧)应装同硬度的填料。当介质不洁净时，应注意液封环处不得被堵塞。

(6) 填料应定期更新。拆卸填料时应采用专用工具，且注意不得划伤填料箱内壁和轴表面。

(7) 当填料宽度与填料箱的宽度不符时，严禁用锤子敲扁。因为这样会使填料厚度不均，装入填料箱后，与轴表面接触也将是不均匀的，很容易泄漏。同时需要施加很大的压紧力才能使填料与轴有较好的接触，但此时大多因压紧力过大而引起严重发热和磨损。正确的方法是将填料置于平整洁净的平台上用滚子碾压。但最好采用专用模具，将填料压制成所需的尺寸。

(8) 当从外部注入润滑油和对填料箱进行冷却时，应保证油路、水路畅通。注入的压力只需略大于填料箱内的压力即可。通常取其压差为 0.1～0.5 MPa。

(9) 当用水泵抽送汽油、酒精及其他化学品时，应取所选填料置于盛有同样介质的容器中，只有不发生溶解和其他反应的情况下，方可使用。

(10) 对国外进口的填料，应向供方索取样本和说明书，在了解了填料的应用范围后，方可使用。否则应按第 9 条试验后再用。

5.7 软填料密封常见的故障及分析

软填料密封常见的故障、原因与纠正措施见表 5-8。

表 5-8 泵用填料的故障、原因及纠正措施

故 障	原 因	纠 正 措 施
泵打不出液体	泵不能启动(填料松动或损坏使空气漏入吸入口)	上紧填料或更换填料并启动泵
泵输送液体量不足	空气漏入填料箱	运转时检查填料箱泄漏。若上紧后无泄漏，需要用新填料；或封液环被堵塞或位置不对，应与密封液接头对齐；或密封液管线堵塞，需疏通密封液管线；或填料下方的轴或轴套被划伤，将空气吸入泵内，需修复或更换轴或轴套
	填料损坏	更换填料检查轴或轴套表面光洁度
泵压力不足	填料损坏	同上

（续表）

故 障	原 因	纠 正 措 施
泵工作一段时间就停止工作	空气漏入填料箱	同上
泵功率消耗大	填料上得太紧	放松压盖，重新上紧，保持有泄漏液。如果没有，应检查填料、轴套或轴
泵填料处泄漏严重	填料损坏	更换磨损的填料；更换由于缺乏润滑剂而损坏的填料
	填料型式不对	更换不正确安装的填料或运转不正确的填料；更换成与输送液体相适的填料
	轴或轴套被划伤	重新机械加工或更换
填料箱过热	填料上得太紧	放松以减小压盖压紧力
	填料无润滑	减小压盖压紧力；如填料烧坏或损坏，更换之
	填料种类不合适	检查泵或填料制造厂的填料种类是否正确
	夹套中冷却水不足	检查供液线阀门是否打开或管线是否堵塞
	填料填装不对	重新填装填料
填料磨损过快	轴或轴套损坏或划伤	重新机械加工或更换
	润滑不足或缺乏润滑	重装填料，确认填料泄漏量为允许值
	填料填装不对	重新正确填装，确认所有旧填料都已拆除，并将填料箱清理干净
	填料种类有误	检查泵或填料制造厂的填料
	外部封液线有脉冲压力	消除造成脉冲的原因

参考文献

[1] 张向钊，等. 密封垫片与填料[M]. 北京：机械工业出版社，1994.
[2] 邱晓来. 阀杆填料密封力的理论分析[J]. 流体工程，1989(5)：23-27.
[3] Denny D F, Turnbull D E. Sealing characteristics of stuffing-box seals for rotating shafts[J]. Proc. Inst. Mech. Engrs., 1960, 174(6): 16-21.
[4] 潘仁度. 密封的宏观性和微观性及其密封型式[J]. 流体工程，1991(6)：42-44.

［5］ Mattiws A L，Mckillop G P. Compression packings［J］. Machine Design，1967(3)：9－13.
［6］ 潘仁度. 流体的泄漏和密封［J］. 润滑与密封，1989(5)：54－58.
［7］ 李尚义. 弹性填料动密封机理分析［J］. 润滑与密封，1988(1)：20－23.
［8］ 柳新法，马素贞，吴金水，等. 膨胀石墨填料密封性能的初步研究［J］. 化工炼油机械，1998(1)：4－6.
［9］ 潘仁度. 阀门的零泄漏机理［J］. 流体工程，1988(9)：45－46.
［10］ 田代久夫，吉田总仁. 压盖填料密封性能研究. 日本机械学会论文集(C篇)，论文 No. 85－0168B(1631—1642).
［11］ Bohner K，袁玉球. 填料函内软质填料的横向应力比、变形和应力松弛［J］. 流体机械，1981(10)：23－28.
［12］ 李象远. 柔性石墨密封(下)［J］. 润滑与密封，1981(5)：46－56.
［13］ 宋鹏云，陈匡民. 软填料密封侧压系数分析［J］. 流体工程，1992(1)：22－26.
［14］ Hayashi K，Hirasata K. Experimental derirations of basic characteristic of asbestoid and graphitic packing in mounted condition. 12th Int. Conf. Fluid Sealing，1989.
［15］ 顾永泉. 流体动密封［M］. 北京：石油大学出版社，1990.

第 6 章 密封技术研发

密封技术是工程领域中将特定介质封闭在某一特定范围内的重要技术，广泛应用于各个行业和领域，如能源、核工业、化工、电子、航空航天和汽车等。密封技术的形成是一个渐进、迭代发展的过程，主要包括密封技术研发、试验验证、鉴定和标准等。

6.1 密封技术研发概述

密封技术的研发主要涉及以下几个方面：

密封材料的研究和选择，以确保密封件具有优异的耐热、耐腐蚀、耐压力以及长期稳定性等性能。

密封结构设计对于密封效果至关重要，通过对不同的密封结构进行模拟和实验研究，以寻找最佳的密封解决方案。

密封性能试验，需要开发一系列测试方法和试验设备，对密封件的密封性能进行评估和验证。

密封应用研究，密封技术在各个行业中应用广泛，需要对不同应用场景下的密封问题进行研究和应用实践，以提供有效的解决方案。

随着科技的进步和工业的发展，密封技术研究也在不断演进，为各个行业提供了更加可靠和高性能的密封解决方案。通过密封技术的不断改进和创新，可以提高设备的可靠性、延长设备的使用寿命，并且减少能源的消耗和环境的污染。

6.1.1 密封技术研发基础

密封技术研发基础主要基于科学技术发展成果、产业发展的趋势、客户应用场景和痛点解决需求这三个方面。

1）基于科学技术发展成果

密封属于应用技术范畴，任何应用技术的发展都基于科学发现和基础技术研究成果。

科学发现和基础技术研究为应用技术发展提供了根本支撑，使人们对自然和物质世界的理解更加深刻和准确，为应用技术的发展提供了创新思路、技术手段和前沿实验数据。

在这个过程中，科学家们进行创新的理论和实验研究，通过不断地发掘和发明新的技术手段和器材，从而支撑应用技术的发展。例如，化学、材料学、物理学等基础学科成果，为新材料、新能源，也为密封等应用技术的发展提供了坚实的基础。

材料科学的发展推动了复合材料、纳米材料和高性能材料的出现。例如，碳纤维、聚合物基复合材料和高强度金属材料的出现，为密封适应更为广泛的应用提供了基础条件，如超高温、超低温、超高压和超真空的密封技术的发展都与材料科学的发展密切相关。

新型实验理论和技术，如扫描电子显微镜、透射电子显微镜和X射线衍射仪等精细材料表征仪器、密封泄漏探测传感技术的发展，为密封性能的深入研究提供了关键支撑。

总之，科学技术的不断发展和深入研究给密封应用技术提供了巨大的推动力。

2）基于产业发展的趋势

随着国家高质量发展政策的推进，传统产业正不断地加速转型，如大型能源企业正在努力向化学和材料公司转型，新产品带来的新工艺需求；安全和环保的要求更加严格，如对易燃易爆有毒有害介质的密封要求，对挥发性有机物（VOCs）释放控制要求；先进装备制造蓬勃发展，如核动力装备、大型透平机械、航空航天装备、大型船舶等对密封技术的要求也越来越高。这些新兴产业发展极大地推动了密封技术的发展，具体表现在如下几个方面。

（1）更高的密封性能：实现从无可见泄漏到长周期超低泄漏和抗逸散微泄漏密封要求，并提出了严格的控制标准，如API 622、ISO 15848、VDI 2440等。

（2）更宽泛的适应性：密封材料要求能适应更复杂多变的工作环境，例如极端的温度、湿度、介质相容性(包括抗介质腐蚀、不污染介质)、耐辐射、抗压缩、耐磨损、超高温、超低温、超高压、超真空、高转速等,以满足各个行业的不同需求。

(3) 更高的连接效率:密封技术要求越来越高效、稳定、安全,同时还要提高密封连接的拆卸性、可重用性等特性,降低安装和维护的成本和风险。

(4) 更环保的材料需求:随着对环境保护的要求不断升级,密封材料也需要越来越环保、绿色,以避免对环境和健康产生负面影响。

(5) 更加智能化的需求:智能化密封技术的要求越来越高,例如预测性维护、自动化控制、远程监测等,可以提高生产线的效率和可靠性。

总之,随着国家高质量发展带来的产业政策调整,未来密封技术的发展趋势是更可靠、更绿色、更安全、更智能、更经济。密封技术需要不断地引入新技术、新材料、新概念,以适应产业发展的变化和新的市场需求。

3) 基于客户应用场景和痛点

理解认知客户密封应用场景,洞察客户核心需求,解决客户痛点是密封技术研发的重要基础之一。众所周知,不同客户的应用场景和需求差异较大,需要根据客户的具体要求,提供个性化的解决方案。

石油化工企业检修周期目前已延长至 5～6 年,并伴随苛刻的工艺参数,高温、高压、低温、交变载荷、热变形等条件,以及设备老化等不利因素,需要保持长期稳定性,这样的痛点需求,推动了新型密封技术的研究和发展。

核工业领域在面对高辐照、高温高压、耐腐蚀、稳定性等方面的要求时,需要具有更高的技术水平和更可靠的性能,才能满足更可靠的密封性要求,杜绝泄漏和污染的发生。

在低温工业领域,如 LNG、液氮、液氢等介质环境,许多高分子密封材料会变脆,失去弹性,甚至出现裂纹,而且与金属相比,其线胀系数有巨大差异,给密封比压的有效性带来重大挑战,因此,在低温工业中需要开发和使用具有良好弹性和耐低温变形性能的密封材料和结构。

透平机械具有高速旋转和高温特点,所需的密封件必须能够适应在高速旋转的环境下具有良好的耐磨性、对流体的耐受性,保持良好的密封性能,以避免泄漏导致机械效率下降和寿命缩短。

不同行业多样性的密封需求,要求密封技术的研发从材料的选择、结构设计、工艺、验证、鉴定等多方面进行研究创新。

6.1.2 密封技术研发路线

密封技术的研发首先需要从实际的需求出发，明确研究的方向和目的，洞察核心问题，调研了解运行工况、现有技术及存在问题、适用且可获得的材料和国内外的相关技术等。

针对需求特征，分析密封原理或存在问题的本质原因，并采取相应的技术措施，初步确定密封结构，选择合适材料，必要时进行力学分析，展开制造（成型）工艺研究，最终确定研制方案。

在上述基础上，进行试制和工艺性试验，返回迭代完善研制和产品设计方案，制造出定型产品，并进行型式试验或鉴定试验，形成制造标准作业程序（SOP）以及产品标准，开展产品制造和市场营销，明确包含出厂试验等质量控制措施，推进工程应用，做好用户反馈与持续改进。

具体而言，密封技术的研发技术路线主要分为以下几个方面。

1）密封件系统研发设计

研究不同环境下的密封系统设计，包括结构设计、材料组合设计、密封比压、温度、振动等参数优化设计。

2）材料及其仿真模拟研究

研究各种装置环境下的材料性能、连接方式及构造对密封件的影响，同时运用计算机仿真模拟探究其运作机理，为密封件设计和材料选择提供科学依据。

3）密封技术与润滑技术的深度研究

密封件和润滑技术之间关系密切。研究不同润滑方式对密封件性能的影响、如何实现新型润滑材料的安全应用和应对密封材料新技术的突破等。

4）智能化研究

基于物联网、云计算、大数据等技术的智能化设备和设施可以为密封件的安全运营和维修提供可靠的技术支撑。

5）安全性及环保技术研究

密封件的技术、设计和应用方式会对环境产生影响和安全隐患。如何减少泄漏、渗漏以及全面推广未来新型绿色密封材料，对密封研究的可持续发展至为重要。

研究人员需要抓住国家和产业发展战略，结合研究的具体需求，深入研究各个方向的新技术和新的应用，以推动密封技术的发展和完善。

6.1.3　密封技术研发方法

密封技术研发的方法论主要包括实验研究和建立各种数学模型。具体包括以下几种方法。

1）实验研究方法

密封技术的研究需要建立基于实验的技术体系，通过对不同材料、结构、工作条件等的实验研究，探究密封技术的特性和优缺点，寻找新技术、新应用。

2）数学建模方法

数学模型可以从多角度分析密封件的各种性能参数，包括接触应力、压力、温度、流量、弹性变形等因素的数学模型，然后通过计算机模拟和仿真等方法验证模型的准确性，可以确定密封元件的性能指标的计算方法，并对密封件的各种设计参数的优化提供依据。

3）理论分析方法

通过分析密封件工作状态、界面的物理化学特性、流体动力学等理论方面的内容，对密封件材料的性能、密封面的接触压力、沟槽设计等因素进行分析，从而提高密封件的耐用性和性能指标。

4）计算机辅助设计方法

设计人员可以借助计算机软件进行 3D 建模、仿真分析等辅助设计。这种方法不仅提高了设计精度，还具有较高的效率和廉价程度。

通过综合运用实验研究、数学建模、理论分析和计算机辅助设计方法等技术，可以深入探究密封技术的机理和特点，并搜寻信息互动的新途径，来驱动密封技术向着更加实用、可靠和高端化的方向推进。

6.1.4　密封技术研发实例

C 形密封环是核电站反应堆压力容器的关键密封件，其密封性能直接关系到整个反应堆压力容器的密封可靠性，因此开展 C 形密封环变形特性和力学行为的研究对提高和保证反应堆压力容器的密封性能具有重要意义。

C 形密封环技术研发流程从研发需求开始，到整个研发流程，到反馈改进、新的需求，形成闭环，是比较典型的密封技术研发并应用的实例，见图 6－1。

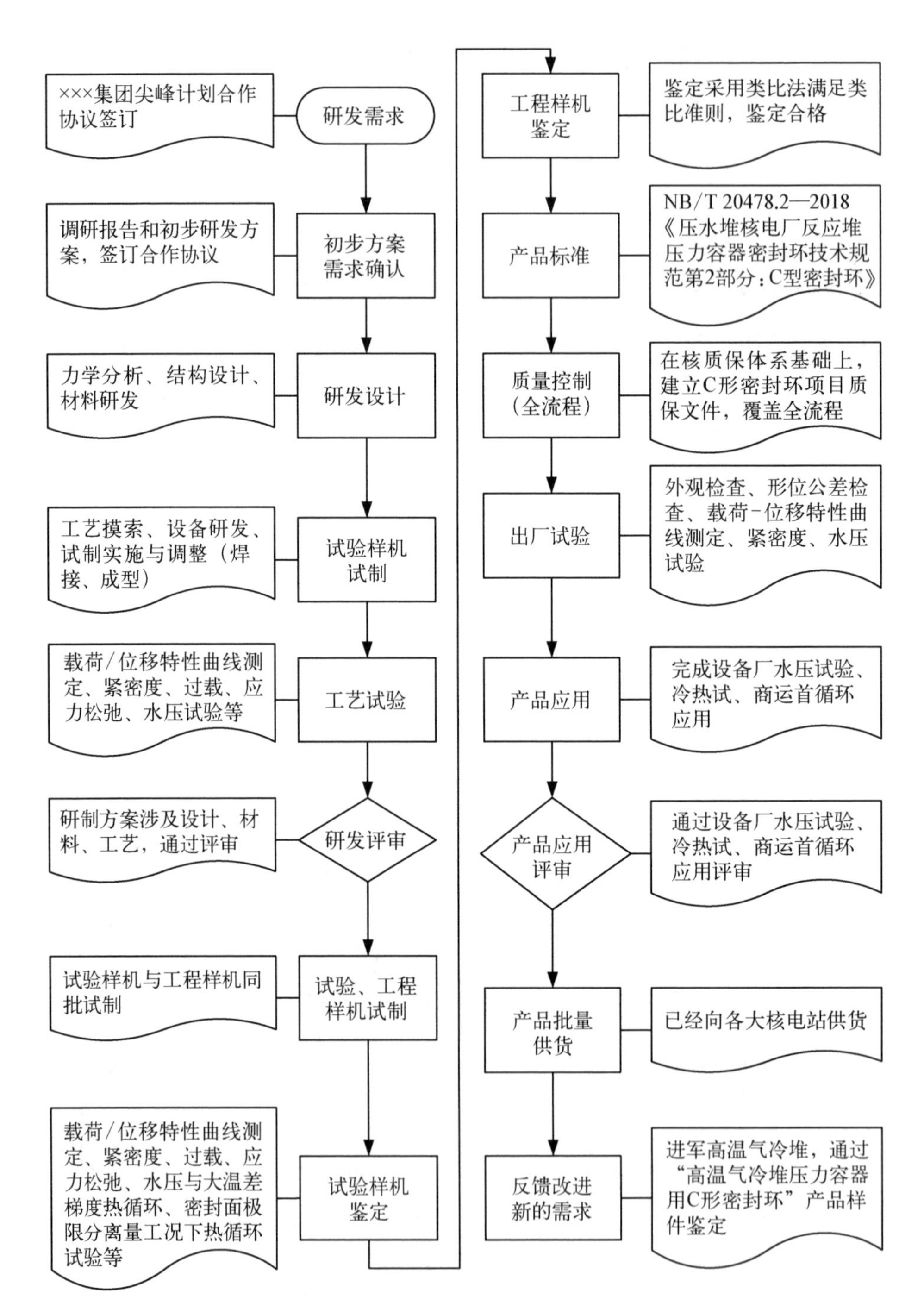

图 6－1　C 形密封环技术研发流程

6.2　密封试验技术

试验是指为了解某物的性能或某事的结果而进行的尝试性活动，而密封试验则是指为研究或证明密封材料与密封件的各项性能参数，根据一定的规则所进行的尝试性探究与验证活动，需要使用某种特定的设备、仪器及量具，是密封技术研究中的重要方法和常用手段。试验类型有不同的分类维度，按其目的可分为工艺试验、型式试验、出厂试验这三类。

1）工艺试验

在研发过程中，针对设计目标，分析与目标关联的主要物理量和工艺方法，以探索预期产品参数为目的进行的摸索性试验，持续试验并根据试验结果，迭代改进或调整技术路线，为产品设计提供技术支持。工艺试验的方法可以是标准方法，也可以是研发的某种新方法。工艺试验的项目和方法经过迭代后，成为设计和产品定型的输入条件，也会成为型式试验、鉴定试验、出厂试验的重要参考。

2）型式试验

对某种产品原理、结构、性能、工艺等方面的试验。通常在产品设计定型和确定标准制造工艺程序（SOP）之后进行，以验证产品是否满足设计目标要求和技术规范要求。

鉴定试验是核电产品鉴定体系中较为特殊的一类型式试验，是根据相关技术规范和标准，对某种产品或技术进行评价、检验和认证的试验。鉴定试验主要是为了保证产品或技术的质量和安全性，并通过权威机构的认证，使其能够获得市场认可和得到推广应用。核电密封的鉴定试验是实现工程应用的重要前提，因此，鉴定试验在核电产品研发过程中占有重要地位。当然鉴定方法除了试验法之外，还有分析法、组合法等。

3）出厂试验

在量化产品制造完成之后，以抽样的方式，对产品的主要物理量指标、密封性和耐压性的试验，以确保量化产品质量符合相关标准和规范要求，达到出厂标准，确保产品的质量和安全性。

试验技术作为核电密封研究中的一项重要基础技术，按照针对的物理量及试验技术原理，可主要分为成分分析技术、物理机械性能试验、密封性能试验、老化性能试验、模拟工况试验。

6.2.1 成分分析技术

成分分析技术是定性或定量地测定材料的化学成分和结构的一种技术方法，主要分为化学分析法和仪器分析法。

化学分析法是基于特定的化学反应式对物质的成分进行分析的方法，化学分析法是分析化学的基础，又称为经典分析法。化学分析法是一种被广泛使用的常规分析方法，同时由于它的准确度高，是一种仲裁分析方法。

仪器分析法是基于物质的物理和化学性质而利用设备仪器对物质的成分进行分析的方法。仪器分析法分为光学分析、电学分析、色谱分析、质谱分析及仪器联用分析技术等。仪器分析技术正向精细化、智能化、互联化的方向发展。

在密封包括核电密封领域中，通过成分分析技术，对金属材料和非金属材料的化学成分和结构等进行分析检测，在密封技术研究和密封质量控制方面起到了重要的作用。

1）金属材料成分分析

金属材料分析主要分为化学分析法和光谱分析法。

(1) 化学分析法：化学方法测定钢材中的各种元素的原理一般为通过化学方法将钢材中的特定元素溶解，然后根据其物理或者化学性质进行重量法或者显色法等方法测定。

其中钢铁的分析方法主要使用 GB/T 223 系列标准。

(2) 光谱分析法：光谱分析的原理是用电弧或者电火花的高温使得样品中各种元素从固态直接气化并激发而发射出各种元素的特征波长，用光栅分光后，直接成为按波长排列的“光谱”，这些元素的特征光谱线通过出射夹缝，射入各自的光电倍增管，光信号变成电信号，经仪器的控制测量系统将电信号积分并进行模数转换，然后用计算机处理，计算出各种元素的百分含量。

其中钢铁的分析主要使用 GB/T 11170—2008《不锈钢 多元素含量的测定 火花放电原子发射光谱法(常规法)》。

2）非金属材料成分分析

非金属材料成分分析方法主要以石墨、橡胶、塑料为例。

(1) 石墨成分分析方法详见表 6-1。

表6-1　石墨成分分析一览表

项目	基本原理	计算公式	公式备注
灰分[1]	将干燥试样在规定温度下灼烧至恒重,其残余质量与试样质量的比率即为灰分	$w_a = \frac{m_1 - m}{m_0 - m} \times 100\%$　(6-1)	式中: w_a 为灰分,%;m_1 为灼烧后试样与瓷舟总质量,g;m 为瓷舟质量,g;m_0 为灼烧前试样与瓷舟总质量,g
挥发分[2]	将规定试样在规定温度(400 ℃)下灼烧 10 min,减重质量与试样质量的比例即为挥发分	$w_v = \frac{m_0 - m_1}{m_0 - m} \times 100\%$　(6-2)	式中: w_v 为挥发分,%;m_0 为灼烧前坩埚与试样总质量,g;m_1 为灼烧后坩埚与试样总质量,g;m 为坩埚质量,g
固定碳质量分数[2]	分别测定试样的灰分和规定温度、规定时间内的挥发分,用差减法计算出固定碳的质量分数	$w_c = 100\% - (w_v + w_a)$　(6-3)	式中: w_c 为固定碳含量;w_v 为挥发分;w_a 为灰分
硫质量分数[3]	试样在 1 200～1 250 ℃氧化气氛中燃烧,使各种形态的硫被氧化成硫的氧化物,捕集于过氧化氢吸收液中,生成硫酸,用氢氧化钠标准滴定溶液滴定。根据滴定溶液的消耗量,计算试样中的全硫质量分数	$T = \frac{m_1 S_0}{(V_1 - V_0) \times 100\%}$　(6-4) $S = \frac{(V_2 - V_0)T}{m_2} \times 100\%$　(6-5)	S 为试样中硫的质量分数,%;V_2 为滴定试样所消耗的氢氧化钠标准滴定溶液体积,mL;T 为氢氧化钠标准滴定溶液对硫的滴定度,g/mL;m_1 为硫标样质量,g;S_0 为硫标样的硫质量分数,%;V_1 为滴定硫标样所消耗的氢氧化钠标准滴定溶液体积,mL;V_0 为空白试样所消耗的氢氧化钠标准滴定溶液体积,mL;m_2 为试样质量,g
氯质量分数[4]	将试样灰化除碳,氯化物经高温分解生成氯化氢气体,捕集于过氧化氢吸收液中,氯离子与硫氰酸汞反应生成氯化汞并游离出等当量的硫氰酸根,后者与铁离子生成红色络合物,以分光光度法测定试样中的氯质量分数	$w_{Cl} = \frac{A}{m}$　(6-6)	w_{Cl} 为试样中的氯质量分数,μg/g;A 为查找工作曲线得到的氯质量分数,μg;m 为试样质量,g

(续表)

项目	基本原理	计算公式	公式备注
全氟质量分数[5]	将试样经碱熔融分解过滤,用离子选择电极法测定试样的氟质量分数	$w_F=\frac{(C_1-C_2)V_0}{mV_1}$ (6-7)	w_F 为试样的氟质量分数,μg/g;C_1 为查找工作曲线得到的分取试液的氟质量分数,μg;C_2 为查找工作曲线得到的空白液的氟质量分数,μg;V_0 为试液总体积,mL;V_1 为分取试液体积,mL;m 为试样质量,g
可溶于水的氟化物质量分数[5]	试样经蒸馏一定时间后冷却过滤,用离子选择电极法测定试样中可溶于水的氟化物质量分数		
总硫、卤素质量分数[6-7]	试样粉碎后在氧弹中燃烧成气体并被吸收溶液吸收,吸收溶液使用离子色谱仪测定	—	—
游离态卤素质量分数[7]	试样粉碎后放入纯水中,加热到接近沸腾(95～100℃),加热规定时间,冷却后用滤膜过滤。将滤液及清洗液收集定容,使用离子色谱仪测定	—	—

(2) 橡胶成分分析项目与相关方法标准见表 6-2。

表 6-2 橡胶成分分析一览表

项目	方法标准
残留不饱和度	SH/T 1763—2020
残留单体和其他有机成分	SH/T 1815—2017
	SH/T 1760—2007
促进剂	GB/T 6029—2016
氮含量	SN/T 0541.5—2009
短链氯化石蜡	SN/T 3814—2014

(续表)

项　目	方法标准
多成分	SN/T 2945—2011
	SN/T 3816—2014
	SN/T 3714—2013
	SN/T 4843—2017
多环芳烃	SN/T 1877.4—2007
蒽油	SN/T 3603—2013
酚类防霉剂	SN/T 3124—2012
汞含量	SN/T 3520—2013
硅酸铝耐火纤维	SN/T 4313—2015
灰分	GB/T 4498.1—2013
	GB/T 4498.2—2017
	SN/T 0541.3—2010
挥发物含量	SN/T 0541.4—2010
挥发性成分	GB/T 39695—2020
结合丙烯腈含量	SH/T 1157.2—2015
聚合物	GB/T 39699—2020
可萃取2-巯基苯并噻唑	SN/T 4460—2016
磷酸三(2-氯乙基)酯	SN/T 3815—2014
偶氮二甲酰胺	SN/T 4842—2017
铅含量	GB/T 9874—2001
	HG/T 3871—2008
秋兰姆含量	SN/T 4775—2017

（续表）

项　　目	方 法 标 准
全硫	GB/T 4497.1—2010
	GB/T 41946—2022
	GB/T 4497.2—2013
壬基酚含量	SH/T 1830—2020
溶剂抽出物	GB/T 3516—2006
溶剂抽出物	SH/T 1539—2007
剩余不饱和度	SH/T 1762—2008
炭黑含量	GB/T 3515—2005
铁含量	GB/T 11201—2002
	GB/T 11202—2003
微观结构	GB/T 40722.2—2021
	SH/T 1727—2017
	SH/T 1832—2020
锌含量	GB/T 11203—2001
油含量	SH/T 1718—2015
游离硫	HG/T 3838—2008
总烃含量	HG/T 3837—2008

（3）塑料成分分析项目与相关方法标准见表 6－3。

表 6－3　塑料成分分析一览表

项　　目	方 法 标 准
灰分	GB/T 9345.1—2008
树脂含量	GB/T 3855—2005
孔隙含量和纤维体积含量	GB/T 3365—2008

(4) 通用成分分析项目与相关方法标准见表6-4。

表6-4 通用成分分析一览表

项目	方法标准
卤素、硫含量	BS EN 14582：2016
石棉含量	GB/T 23263—2009

6.2.2 材料、产品物理机械性能试验

密封材料和密封产品的物理机械性能是其达成密封效果的基础，物理机械性能试验技术是为了获得材料、产品的物理性能参数和机械性能参数，使用一定的设备仪器手段，以特定的试验方法流程所进行的试验。下面以非金属材料、石墨材料、垫片、填料为例来介绍密封材料和产品的物理机械性能试验技术。

1) 非金属材料物理机械性能试验

(1) 非金属材料物理机械性能试验项目与标准试验方法见表6-5。

表6-5 非金属材料物理机械性能试验一览表

试验项目	非金属材料	软木垫片材料胶结物	合成聚合物材料	层压复合垫片材料
	试验标准			
密度	GB/T 22308—2008			
压缩率回弹率	GB/T 20671.2—2006			GB/T 30709—2014
耐液性	GB/T 20671.3—2020			
密封性	GB/T 20671.4—2006			
蠕变松弛率	GB/T 20671.5—2020			GB/T 30710—2014
材料与金属表面黏附性	GB/T 20671.6—2020			

（续表）

试验项目	非金属材料	软木垫片材料胶结物	合成聚合物材料	层压复合垫片材料
	试验标准			
拉伸强度	GB/T 20671.7—2006			
柔软性	GB/T 20671.8—2006			
耐久性		GB/T 20671.9—2006		
导热系数	GB/T 20671.10—2006			
抗霉性			GB/T 20671.11—2006	
烧失量	GB/T 27970—2011			

（2）垫片材料压缩率回弹率试验方法（示例A）主要内容来自标准GB/T 20671.2—2006[8]与《法兰用密封垫片实用手册》[9]，具体如下。

A-1 适用范围

该国标方法详细规定了垫片材料在室温下进行短时压缩率和回弹率的测定步骤。这一方法主要适用于板状垫片材料、现场成形的垫片以及某些情况下从板材上切割而成的垫片。但需要注意的是，本方法并不适用于测试材料在长时间受力压缩下的压缩率（通常被称为“蠕变”）或回弹率（相反的过程通常称为“压缩永久变形”）。同时，该方法也未考虑非室温条件下的测试情况。若需要，通过试验获得的数据还可以进一步用于计算样品的弹性恢复率，即压缩后厚度以百分数形式表示的回弹量。

该试验方法不涉及与其使用有关的安全问题。使用者有责任考虑安全和健康问题，并在使用前确定规章限制的应用范围。

A-2 试验设备

试验设备为压缩率回弹率试验机，试验机应由以下部件组成：

A-2.1 砧板

砧板直径至少为31.7 mm，表面须硬化和磨光。

A-2.2 压头

压头的底部为经过硬化和磨光的钢质圆柱体,根据所测材料型号的不同而规定不同的直径(误差在±0.025 mm以内)。除非另有规定,各种型号的垫片材料所适用的压头直径见表6-6。

A-2.3 千分表

试验中显示试样的厚度的一个或几个指示表,分度值不大于0.025 mm。估读读数应精确到0.002 mm。

A-2.4 初载荷装置

该装置的初载荷应包括压头自重和另加的重量,误差在规定值的±1%以内。除非另有规定,各种型号的垫片材料所适用的初载荷见表6-6。

A-2.5 主载荷装置

施加规定的主载荷到压头上的装置。该装置可以由配重、液压缸、气压缸或其他能够提供主载荷的装置组成。其加载速度应为慢匀速,准确度为±1%。主载荷不包括规定的初载荷。除非另有规定,各种型号的垫片材料所适用的主载荷见表6-6。

A-3 试验样品

A-3.1 除了软木垫片和软木与泡沫橡胶材料的试样为面积6.5 cm^2的圆形外,表6-6所列的其他程序A到K的试样均应为正方形,最小面积为6.5 cm^2。试样应由单层或数层叠合组成,除了软木垫片、软木与合成橡胶、软木与泡沫橡胶材料的试样给出的最小公称厚度应为3.2 mm外,其他材料的试样给出的最小公称厚度为1.6 mm。如果给出的试样厚度不符合上述要求,其试验结果仅能视作参考数据。为便于阐明规范,当单层或多层叠加材料的厚度不在上述两种要求的厚度公差范围内时,供需双方应协商确认该公差范围。试样的厚度公差列于GB/T 20671.1—2020《非金属垫片材料分类体系及试验方法　第1部分:非金属垫片材料分类体系》的表3。试样的试验区域内,不得有接缝或裂纹。

A-3.2 上表所列的试验程序L的试样,其长度应至少为50.8 mm,宽度应大于试验用压头直径。试样应为单层,且无接缝或裂纹。此试验程序涉及的垫片无厚度公差给出,试验结果仅供参考。

A-4 试样调节或预处理,详见标准

A-5 试验温度

试验应在21～30 ℃下进行(包括试样和试验设备)。

表 6-6 垫片材料的调节和试验载荷

试验程序	垫片材料的型号	六位基础代码的前两位代码	调节程序	压头直径/mm	初载荷/N	主载荷/N	总载荷(初、主载荷之和)	
							N	MPa
A	辊压石棉板 抄取石棉板 柔性石墨	F11 F12 F5,F52	100 ℃±2 ℃下烘干 1 h,放入盛有适宜的干燥剂的干燥器中冷却至 21～30 ℃	6.4	22.2	1 090	1 112	34.5
H	石棉纸和板	F13	100 ℃±2 ℃下烘干 4 h,按试验程序 A 进行冷却	6.4	4.4	218	222	6.89
F	软木垫片 软木与泡沫橡胶	F21 F23	在温度 21～30 ℃、相对湿度 50%～55%的环境下放置至少 46 h	28.7	4.4	440	445	0.69
B	软木与合成橡胶	F22	在温度 21～30 ℃、相对湿度 50%～55%的环境下放置至少 46 h	12.8	4.4	351	356	2.76
G	经处理或未经处理的纤维素或其他有机纤维纸	F31 F32 F33 F34	在盛有适宜的干燥剂的干燥器中于 21～30 ℃下放置 4 h 后,立即放在温度 21～30 ℃、相对湿度 50%～55%的环境下放置至少 20 h	6.4	4.4	218	222	6.89
J	非石棉压缩板 非石棉抄取板	F71 F72	100 ℃±2 ℃下烘干 1 h,放入盛有适宜的干燥剂的干燥器中冷却至 21～30 ℃	6.4	22.2	1 090	1 112	34.5
K	非石棉纸和板	F73	100 ℃±2 ℃下烘干 4 h,按试验程序 J 进行冷却	6.4	4.4	218	222	6.89
L	氟碳聚合物 (现场成形垫片)	F42	不需调节	6.4	22.2	534	556	17.25

注：无水氯化钙和硅胶是公认适宜的干燥剂。

A－6 试验程序

A－6.1 首先测定在不放试样时总载荷下的压头偏移量，将这个压头偏移量的绝对值加到在总载荷下的厚度 M 中以得到校正读数。该偏移量是一个机械常数，不同的试验设备可能有所不同。

A－6.2 将试样放在砧板中心，施加初载荷，保持 15 s，记录初载荷下试样的厚度。立即以慢匀速的方式施加主载荷，在 10 s 内达到规定的总载荷。压头下降时，其端面应始终平行于砧板表面。保持该总载荷 60 s，记录此时的试样厚度。立即去掉主载荷，保持 60 s 后，记录此时试样在原初载荷下的厚度，此即为回弹厚度。

A－7 试验次数

从同一样本中切取若干个独立的试样，应至少进行 3 次试验，取平均值。

A－8 计算

A－8.1 压缩率和回弹率按式(6－8)和式(6－9)计算

$$\text{压缩率}=[(t_0-t_c)/t_0]\times 100\% \tag{6-8}$$

$$\text{回弹率}=[(t_r-t_c)/(t_0-t_c)]\times 100\% \tag{6-9}$$

式中：t_0 为初载荷下的试样厚度，mm；t_c 为总载荷下的试样厚度，mm；t_r 为试样的回弹厚度，mm。

A－8.2 当有要求时，弹性恢复率按式(6－10)计算

$$\text{弹性恢复率}=[(t_r-t_c)/t_r]\times 100\% \tag{6-10}$$

上述各值见图 6－2。

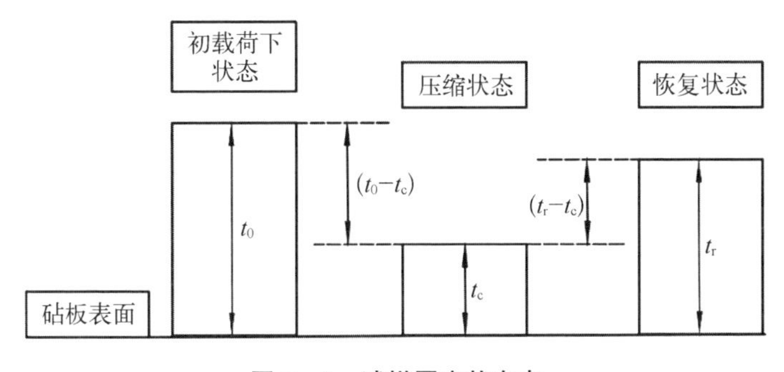

图 6－2 试样厚度状态表

2) 石墨材料试验

(1) 石墨材料试验项目与标准试验方法见表 6－7。

表 6-7 石墨材料试验方法一览表

材料	密度	抗拉强度	压缩强度	压缩率回弹率	热失重	线膨胀系数	肖氏硬度	应力松弛
	方法标准							
柔性石墨	JB/T 9141.1—2013	JB/T 9141.2—2013	JB/T 9141.3—2013	JB/T 9141.4—2013	JB/T 9141.7—2013 GB/T 33920—2017	JB/T 7758.5—2008	JB/T 7758.6—2008	JB/T 7758.7—2008

(2) 石墨热失重测定方法(示例 B)主要内容来自 JB/T 9141.7—2013 柔性石墨板材 第 7 部分 热失重测定方法[10],具体如下。

B-1 仪器和设备

B-1.1 标准筛:12 目和 32 目;

B-1.2 电热恒温干燥箱;

B-1.3 马弗炉;

B-1.4 分析天平:感量为 0.000 1 g;

B-1.5 干燥器;

B-1.6 不锈钢剪刀、瓷方舟。

B-2 试样要求及制备

B-2.1 样品不少于 80 g,其表面应无灰尘污染及油污。

B-2.2 沿样品对角线方向等距取三块大小相同的方形试样,其总重量不少于 40 g。将三块试样用四分法分为两份,一份为试样,另一份作为保留试样。

B-2.3 将试样用不锈钢剪刀剪碎,剪碎的试样先过 32 目筛,去掉筛下物;而后通过 12 目筛,去掉筛上物备用。

B-2.4 将制得的试样在(100±2) ℃烘箱中烘干后,放入干燥器内冷却至室温备用。

B-3 试验步骤

B-3.1 450 ℃热失重

称取 1.0~1.2 g(精确到 0.000 1 g)试样,平铺在预先在 800 ℃的马弗炉中灼烧至恒重的瓷方舟中,置入 450 ℃±10 ℃的马弗炉中,关闭炉门灼烧 1 h,取出,冷却 1~2 min,移入干燥器中冷却至室温,称重。

B-3.2 600 ℃热失重

除试验温度改为 600 ℃±10 ℃外,试验步骤和 3.1 相同。

B－4 试验结果和计算

B－4.1 热失重百分数 W' 按式(6－11)计算：

$$W' = \frac{G_0 - G_1}{G_0} \times 100\% \tag{6-11}$$

式中：W' 为热失重，%；G_0 为灼烧前样品质量，g；G_1 为灼烧后样品重，g。

B－4.2 450 ℃热失重需进行一组三份平行样的测定，600 ℃热失重需进行二组三份平行样的测定，取其算术平均值为测定结果，保留三位有效数字。

3) 垫片物理机械性能试验

(1) 垫片物理机械性能项目与标准试验方法见表 6－8。

(2) 核级石墨密封垫片压缩率和回弹率试验，泄漏率试验(示例 C)主要内容来自 NB/T 20366—2015 核电厂核级石墨密封垫片试验方法[11]，具体内容如下。

C－1 试验装置

C－1.1 试验在垫片性能试验装置上进行，试验装置由垫片加载装置、载荷和位移测量系统、加热和温度测量系统、泄漏检测系统、数据采集系统及试验法兰等组成，见图 6－3。

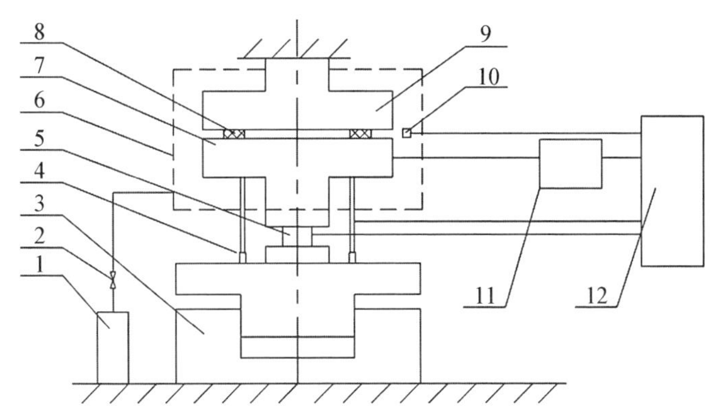

1—试验介质；2—截止阀；3—压力源；4—位移传感器；5—载荷传感器；
6—加热装置；7—下模拟法兰；8—垫片；9—上模拟法兰；
10—温度传感器；11—氦质谱检漏仪；12—数据采集系统。

图 6－3　垫片性能试验装置示意图

C－1.2 垫片性能试验装置适用于压缩率和回弹率试验、泄漏率试验、应力松弛率试验。耐压性能试验、热循环试验除外。

C－1.3 试验装置的仪表及检测仪器要求：

温度测量仪表分辨率至少达到 0.1 ℃，误差为全量程的 2%；

表 6-8　垫片物理机械性能试验一览表

<table>
<tr><th rowspan="2">试验项目</th><th>压缩率
回弹率</th><th>应力松弛</th><th>抗压强度</th><th>水压</th><th>蒸汽密
封性能</th><th>腐蚀性</th><th>密封特
性试验</th><th>密封性能</th><th>氦检漏</th><th>热循环</th></tr>
<tr><th colspan="10">试验标准</th></tr>
<tr><td>橡胶垫片</td><td></td><td></td><td rowspan="5">GB/T
22307—
2008</td><td></td><td></td><td rowspan="5">GB/T
27795—
2011</td><td></td><td rowspan="10">GB/T
12385—
2008</td><td></td><td></td></tr>
<tr><td>石棉橡胶垫片</td><td rowspan="9">GB/T
12622—
2008</td><td rowspan="9">GB/T
12621—
2008</td><td></td><td></td><td></td><td></td><td></td></tr>
<tr><td>非石棉橡胶垫片</td><td></td><td></td><td></td><td></td><td></td></tr>
<tr><td>聚四氟乙烯垫片和改性聚四氟乙烯垫片</td><td></td><td></td><td></td><td></td><td></td></tr>
<tr><td>膨胀聚四氟乙烯垫片</td><td></td><td></td><td></td><td></td><td></td></tr>
<tr><td>柔性石墨复合垫片</td><td></td><td></td><td></td><td></td><td></td><td></td><td></td></tr>
<tr><td>具有非金属覆盖层的齿形金属、波形金属和波齿形金属垫片</td><td></td><td></td><td></td><td></td><td></td><td></td><td></td></tr>
<tr><td>金属包覆垫片</td><td></td><td></td><td></td><td></td><td></td><td></td><td></td></tr>
<tr><td>聚四氟乙烯包覆垫片</td><td></td><td></td><td></td><td></td><td></td><td></td><td></td></tr>
<tr><td>缠绕式垫片</td><td></td><td>GB/T
14180—
1993</td><td>GB/T
14180—
1993</td><td></td><td></td><td></td><td>NB/T
20010.15
—2010</td></tr>
<tr><td>石墨密封垫片</td><td>NB/T
20366—
2015</td><td>NB/T
20366—
2015</td><td></td><td>NB/T
20366—
2015</td><td></td><td></td><td></td><td></td><td>NB/T
20366—
2015</td><td>NB/T
20366—
2015</td></tr>
<tr><td>金属 C 形密封环</td><td></td><td></td><td></td><td>NB/T
20478.2
—2018</td><td></td><td></td><td>NB/T
20478.2
—2018</td><td></td><td>NB/T
20478.2
—2018</td><td></td></tr>
</table>

位移测量仪表分辨率至少达到 0.01 mm，误差为全量程的 2%；

载荷测量仪表分辨率至少达到 0.01 kN，误差为全量程的 5%；

压力测量仪表分辨率至少达到 0.01 MPa，误差为全量程的 2%；

氦质谱检漏仪最小可检漏率至少达到 1×10^{-10} Pa·m^3/s，试验前用标准漏孔标定，标准漏孔每年至少校验一次；

采用游标卡尺或千分尺，以及温湿度表。

C-1.4 试验法兰采用模拟法兰，须具有足够的刚度，密封面应平整，密封面硬度应为 40 HRC～50 HRC，密封面表面粗糙度 R_a 应在 1.6～3.2 μm，密封面平整度满足表 6-9 规定。

表 6-9　平整度公差

标称直径	平整度/mm
DN15～DN200	0.15
DN250～DN400	0.25
DN450～DN600	0.40

C-2 试验准备

C-2.1 垫片预处理

试验前，垫片应在实验室环境条件下放置 24 h 以上。

C-2.2 实验室环境条件

除另有规定外，实验室环境条件应按表 6-10 规定。

表 6-10　环境条件

环境温度/℃	环境相对湿度/%	大气压/Pa
23±5	≤65	标准大气压(101 325)

C-3 压缩率及回弹率试验方法

C-3.1 目的

通过试验，确定垫片发生金属与金属接触时的垫片压缩率及回弹率，压缩垫片载荷和垫片的总回弹量。

C-3.2 垫片试验条件

除另有规定外，试验条件按表6-11规定。

表6-11 压缩率和回弹率试验条件

垫片初始载荷/MPa	垫片最终试验载荷/MPa	加载及卸载速率/($MPa \cdot s^{-1}$)	试验温度/℃	
			室温	高温
0.2～1	70±5	0.2	23±5	350±5

C-3.3 试验程序

C-3.3.1 测量并记录垫片实际测量厚度 T_0。

C-3.3.2 仔细清洁试验法兰密封面，垫片置于法兰中心位置。

C-3.3.3 根据规定调整试验所需温度，并保持温度恒定，恒温时间至少1 h后进行试验，对垫片施加初始载荷至规定值。

C-3.3.4 按规定的加载速率对垫片施加总载荷至垫片最终试验载荷值，记录垫片压缩量 ΔT_1，并按规定速率卸载至初始载荷值。记录垫片未回复的压缩量 ΔT_2。

C-3.3.5 记录加载及卸载过程中，对应位移和载荷的数据（含曲线）变化，用于试验结果的分析。

C-3.3.6 试验结束，将垫片从试验装置取出静置1 h后，测量石墨厚度并记录，用于计算总回弹量。

C-3.4 试验次数

根据NB/T 20367《核电厂核级石墨密封垫片鉴定规程》、NB/T 20365《核电厂用石墨密封垫片技术条件》和买方要求确定。

C-3.5 压缩率和回弹率计算及试验结果

垫片的压缩回弹率和总回弹量分别按式(6-12)、式(6-13)和式(6-14)计算：

$$\text{压缩率} = \Delta T_1 / T_0 \times 100\% \tag{6-12}$$

$$\text{回弹率} = (\Delta T_1 - \Delta T_2) / \Delta T_1 \times 100\% \tag{6-13}$$

$$\text{总回弹量} = T_3 - E' \tag{6-14}$$

式中：T_0 为垫片实际测量厚度，mm；ΔT_1 为垫片在总载荷下的压缩量，mm；

ΔT_2 为垫片在返回至初始载荷下的未回复的压缩量，mm；T_3 为试验结束，将垫片从试验装置取出静置 1 h 后，垫片石墨厚度，mm；E' 为试验结束，将垫片从试验装置取出静置 1 h 后，垫片金属外环厚度，mm。

最终的试验结果保留小数点后两位数字。

根据加载及卸载过程中，对应位移和载荷的数据（含曲线）变化，确定在金属与金属接触时所对应的载荷。

C－4 泄漏率（氦气真空检漏）试验方法

C－4.1 目的

通过试验确定垫片的泄漏率，验证垫片的密封能力。

C－4.2 试验人员要求

试验人员应符合 HAF602 的规定要求，经培训、考核后，取得证书，并持证上岗。

C－4.3 垫片试验条件

除另有规定外，试验条件按表 6－12 规定。

表 6－12　泄漏率试验条件

垫片试验载荷/MPa	加载及卸载速率/(MPa·s^{-1})	试验介质压差/MPa	试验时间/min	试验温度/℃	
				室温	高温
70±5	0.2	0.1	15	23±5	350±5

C－4.4 试验程序

C－4.4.1 仔细清洁试验法兰表面，垫片置于法兰中心位置。

C－4.4.2 根据规定调整试验所需温度，并保持温度恒定，恒温时间至少 1 h 后进行试验。对垫片施加载荷至规定值，保持恒定。

C－4.4.3 用氦质谱检漏仪或真空泵将密封空腔抽成真空，真空度（最大检漏口压力）小于等于 20 Pa。

C－4.4.4 进行氦气常压喷洒，试验时间 15 min。

C－4.4.5 试验时间结束记录氦质谱检漏仪显示的泄漏率数据。

C－4.5 试验次数

同“C－3.4”规定。

C－4.6 试验结果

C-4.6.1 试验结束，记录最终泄漏率数据。

C-4.6.2 最终的试验结果，保留小数点后两位数字。

4) 填料物理机械性能试验

填料物理机械性能试验项目、试验标准、产品标准的对照关系见表 6-13。

6.2.3 密封性能试验

密封性能试验是为了研究和验证密封产品或密封系统抵抗密封介质泄漏趋向能力的一种试验技术方法。密封性能试验的实现，是基于密封原理研究，综合分析密封使用工况与环境，形成特定的试验参数和试验流程设置，并通过相应的试验设备仪器，实现此特种情况下的密封性能参数获取，以评估及推测密封产品或密封系统在可能的工况下的密封性能表现。密封性能试验与现场实际工况密封表现的反馈密不可分，两者反复迭代，推进密封性能优化与密封性能试验技术的提高。

6.2.3.1 垫片密封性能试验方法

目前，国际上应用比较广泛的垫片密封性能试验标准主要有 ASTM F37、DIN 3535-4、DIN 3535-6、DIN 28090-2 以及 JIS B2490 等，我国则主要以 GB/T 12385 和 GB/T 20671.4 为主，其中 GB/T 20671.4 基本等同采纳 ASTM F37。表 6-14 列出了不同标准之间的异同。

由表 6-14 可以看出，不同标准对试验试样的尺寸、预处理条件、试验条件以及检漏原理都进行了规定。在试样尺寸方面，DIN 标准和 JIS B2490 规定相对明确，并对不同试验的厚度进行了规定，这对于垫片密封性能的比较具有较好的可比性。相对而言，GB/T 12385 尽管规定了公称尺寸，但是没有严格规定试样的公称压力和尺寸标准，导致试验试样尺寸存在一定差异，垫片厚度也缺少规定，这对于比较其密封性能存在不足；而 ASTM F37 和 ASME B16.20 在试样尺寸上规定也不尽详细。

在试样预处理条件上，除 ASME B16.20 没有明确规定，其他相关标准对预处理温度、湿度和处理时间均作了明确规定，其中大部分标准的预处理温度和湿度基本相同，差别主要在于处理时间的长短，由于大部分是室温处理，时间对垫片性能影响并不是很大，而 DIN 28090-2 的处理温度为 100 ℃，这对于非金属垫片特别是橡胶弹性体非金属处理具有比较大的影响。

在检漏试验方面，大部分标准以氮气为试验介质，要求较高时采用氦气作为试验介质，目前仅 ASME B16.20 采用甲烷为试验介质。而不同试验介质，

表 6-13 填料物理机械性能试验一览表

产品名称	试验标准	体积密度	摩擦系数	磨耗量	压缩率回弹率	热失重	硫含量	烧失量	灰分	浸渍液含量	酸失量	碱失量	腐蚀性	肖氏硬度	抗拉强度	弹性试验	产品标准涉及试验	产品标准
柔性石墨填料环	GB/T 29035—2022	●	●		●	●											●	JB/T 6617—2016
苎麻纤维编织填料环	GB/T 29035—2022	●			●	●											●	JB/T 13036—2017
柔性石墨填料	GB/T 29035—2022		●														●	NB/T 20010.14—2010
非金属密封填料	GB/T 23262—2009	●	●	●		●					●	●					●	JC/T 2053—2020
聚四氟乙烯编织盘根	GB/T 23262—2009									●							●	JB/T 6626—2011
非金属密封填料环	JB/T 6370—2011	●															●	JC/T 2053—2020
柔性石墨填料	JB/T 6370—2011	●			●	●											●	NB/T 20010.14—2010
柔性石墨编织填料模压环	JB/T 6370—2011	●			●												●	JB/T 7370—2014

（续表）

产品名称	试验标准	体积密度	摩擦系数	磨耗量	压缩率回弹率	热失重	硫含量	烧失量	灰分	浸渍液含量	酸失量	碱失量	腐蚀性	肖氏硬度	抗拉强度	弹性试验	产品标准涉及试验	产品标准
聚丙烯腈编织填料环	JB/T 6370—2011	●			●	●											●	JB/T 10819—2008
柔性石墨编织填料	JB/T 6620—2008	●			●	●											●	JB/T 7370—2014
石棉密封填料	JB/T 6620—2008				●												●	JC/T 1019—2006
芳纶纤维编织填料 酚醛纤维编织填料	JB/T 6371—2008	●	●	●	●	●					●	●					●	JB/T 7759—2008
碳化纤维/聚四氟乙烯编织填料	JB/T 6371—2008	●	●	●	●												●	JB/T 8560—2013
聚四氟乙烯编织盘根	JB/T 6371—2008	●	●	●	●												●	JB/T 6626—2011
碳（化）纤维浸渍聚四氟乙烯编织填料	JB/T 6371—2008	●	●	●	●	●					●	●					●	JB/T 6627—2008
聚丙烯腈编织填料	JB/T 6371—2008	●	●	●	●	●					●	●					●	JB/T 10819—2008

（续表）

产品名称	试验标准	体积密度	摩擦系数	磨耗量	压缩率回弹率	热失重	硫含量	烧失量	灰分	浸渍液含量	酸失量	碱失量	腐蚀性	肖氏硬度	抗拉强度	弹性试验	产品标准涉及试验	产品标准
聚丙烯腈编织填料环	JB/T 6371—2008		●	●							●	●					●	JB/T 10819—2008
苎麻纤维编织填料	JB/T 6371—2008	●	●	●	●	●											●	JB/T 13036—2017
苎麻纤维编织填料环	JB/T 6371—2008		●	●													●	JB/T 13036—2017
石棉密封填料	JB/T 6371—2008		●														●	JC/T 1019—2006
柔性石墨编织填料	GB/T 24526—2009						●										●	JB/T 7370—2014
石棉密封填料	JC/T 1019—2006	●				●		●		●	●						●	JC/T 1019—2006
油浸棉、麻密封填料	JC/T 332—2006	●								●						●	●	JC/T 332—2006

注：底色填充代表试验标准覆盖的范围，圆点代表产品标准覆盖的范围。

表 6-14　国内外主要的垫片密封性能测试标准的比较

标　准			GB/T 12385—2008[12]	ASTM F37[13] (GB/T 20671.4—2006)[14]	DIN 3535/4[15]	DIN 3535/6[16]	ASME B16.20[17]	DIN 28090-2[18]	JIS B2490[19]	NB/T 20366—2015[11]
适用范围			金属/非金属垫片	板状垫片	板状垫片	板状垫片	金属缠绕垫片	板状垫片	金属、非金属成型垫片	核级石墨密封垫片
测漏方法			集漏升压法	U 形量管	压降法	压降法		U 形管	皂膜流量计/氦质谱检漏仪	氦质谱检漏仪
测量范围/分辨率			$\geqslant 1\times 10^{-5}$ cm^3/s	0.3 mL/h～6 L/h	1×10^{-3} cm^3/min	1×10^{-4} mg/m·s		1×10^{-2} mbar·L/(s·m) [0.01 mg/(s·m)]	1.69×10^{-4}～1.69×10^{-2} Pa·m^3/s	1×10^{-10} Pa·m^3/s
试样	尺寸		DN80 PN≤50 mm	Φ43.69 mm×32.89 mm	Φ90 mm×50 mm×2 mm	Φ90 mm×50 mm		DN40 PN40	20K 40A/Φ104 mm×61 mm	DN15～DN600
	数量		≥3	3				3	3	
	预处理	温度/℃	21～30	21～30	23	23±2		100	23±2	23±5
		相对湿度/%	50±6	50～55	50	50±10			50±5	≤65
		时间/h	48	24	48	168		1	48	24

（续表）

标 准		GB/T 12385—2008[12]	ASTM F37[13] (GB/T 20671.4—2006)[14]	DIN 3535/4[15]	DIN 3535/6[16]	ASME B16.20[17]	DIN 28090-2[18]	JIS B2490[19]	NB/T 20366—2015[11]
试验条件	温度/℃	23±5	21～30	23±5	23±5	室温	30±1	23±5	23±5，350±5
	测量时间	2～10 min	0.2～60 min	10 min	10～120 min	15 min	2 h	10 min 11 段合计 3 h	15 min
	垫片预紧应力	7～70 MPa	20.7 MPa	32 MPa	32 MPa	35(150LB)，56(300，400LB)，70 MPa (≥600LB)	30 MPa	5-10-20-30-40 MPa（非金属垫片）12.5-25-50-75-100 MPa（缠绕垫片）	70 MPa
	应力维持时间	10 min	1 min				4 min	5 min	
	试验介质	99.9% N_2	燃料油 A 或 N_2	N_2	N_2	甲烷	N_2	He	He
	试验介质压力	1 MPa、PN=1.1	0.21 MPa	40 bar	40 bar	2 MPa (150 LB) 4 MPa (≥300 LB)	40 bar	2 MPa（非金属垫片）4 MPa（缠绕垫片）	真空(压差 0.1 MPa)
	检漏前保压时间	10 min	2 min	2 h	2 h	4h	2 h		
说明		仅 DIN 3535-4 要求在测量时表面覆厚度为 0.05 mm 的 PE 膜							

采用的测漏原理和泄漏率的表征方式差异较大。对于氦气介质，一般以氦质谱仪为检漏装置，该试验具有灵敏度高，误差小等特点，特别适合低泄漏密封材料的测试；对于普通密封垫片，大部分标准以氮气为试验介质，以体积泄漏率为泄漏量的表征，但是不同标准测漏方法有一定差异，ASTM F37、DIN 3535、DIN 28090、JIS B 2490 基本基于排气法这一基本原理，比较直观，误差较小，但测试精度取决于测试时间和测漏计的精度；GB/T 12385 包括集漏空腔增压法和压降法两种测试方法，并以增压法居多，该方法中集漏腔容积是关键，试验过程中集漏腔容积的变化影响测量准确度，同时对压力传感器灵敏度要求极高，以测漏腔压力 1 atm 计算，10 min 测试时间，泄漏率如在 1×10^{-5} mL/s，集漏腔压力变化仅 7 Pa(试验平台直径 200 mm，垫片外径 120 mm 计)。这样的要求一般传感器难以达到(一般较好的传感器精度 0.05%，100 kPa 传感器的最小测量值为 50 Pa)，这对泄漏较小的密封垫片其测试准确度相对较低。

泄漏率是表征密封件密封性能的最主要指标，其本质是单位时间内在一定压差下示漏介质通过泄漏点的流量。ISO 3530：1997 将标准泄漏率定义为：温度为(23±7)℃，入口压力为(100±5)kPa，出口压力为 1 kPa 时的干燥空气(露点温度低于−25 ℃)通过漏孔的流量。在垫片密封性能试验标准中，在泄漏率的表征上，主要分以下几种形式，如 GB/T 12385、ASTM F37、JIS B2490 和 DIN 3535/4 的体积泄漏率，DIN 3535/6、ASME B16.20、DIN 28090 - 2 的质量泄漏率以及氦质谱仪的真空度表征法；体积泄漏率简单明了，但是垫片的尺寸(包括厚度)、试验温度和环境压力对结果均有一定影响，因此必须明确这些相关因素才能进行合理的比较，GB/T 12385 考虑了温度和压力的影响，但是没有考虑垫片尺寸的影响，ASTM F37、JIS B2490 和 DIN 3535/4 明确了垫片的尺寸、试验温度，但是对试验环境压力的影响没有考虑，因此均存在不足；DIN 3535/4、ASME B16.20、DIN 28090 - 2 通过采用质量泄漏率消除了温度和环境压力对测试结果的影响，通过考虑垫片的名义直径考虑垫片大小对泄漏率的影响，但所考虑的尺寸因素有所差异，因此不同标准数据差别较大；相对而言，通过尺寸换算，这些试验结果之间还具有一定的可转换性。氦质谱仪的测试结果理论上与质量泄漏率或体积泄漏率间具有可转换性，但转换关系较复杂，目前只能通过经验进行简单比较。

对于真空泄漏率与质量泄漏率之间可以按理想气体方程进行换算：

质量泄漏率 L_{RM} 如式(6 - 15)所示：

$$L_{RM}=\frac{m}{t}=\frac{pV}{t}\times\frac{T_N}{T_M}\times\frac{1}{p_N}\times\rho_N \tag{6-15}$$

式中：T_N，标准状况的气体温度，273.15 K；p_N，标准状况的气体压力，1.013×10^5 Pa；ρ_N，标准状况的气体密度，mg/cm^3；T_M，测试温度，K；pV/t，在测试温度 T_M 下的气体泄漏率，mbar · L/s。

对于氦气 $\rho=0.1769\ mg/cm^3$，20 ℃时 1 Pa · m^3/s(=10 mbar · L/s)可换算相对应的质量泄漏率 L_{RM}：1 Pa · m^3/s=1.63 mg/s。

对于氮气 $\rho=1.165\ mg/cm^3$，相应质量泄漏率为 10.72 mg/s。

表 6-15 是不同泄漏率单位之间的换算关系。

表 6-15　泄漏率单位之间的换算关系

泄漏率单位	Pa · m^3/s	mbar · L/s	atm · cm^3/s	Torr · L/s	mol/s
Pa · m^3/s	1	10	9.869 23	7.500 62	$4.403\,19\times10^{-4}$
mbar · L/s	0.1	1	$9.869\,23\times10^{-1}$	$7.500\,62\times10^{-1}$	$4.403\,19\times10^{-5}$
atm · cm^3/s	0.101 325	1.013 25	1	0.76	$4.461\,53\times10^{-5}$
torr · L/s	0.133 322	1.333 22	1.315 79	1	$5.870\,44\times10^{-5}$
mol/s	$2.271\,08\times10^{3}$	$2.271\,08\times10^{4}$	$2.241\,38\times10^{4}$	$1.703\,45\times10^{4}$	1

密封材料特别是非金属密封材料在加载受力后其表面状态和内部结构随时间不断变化，这必然导致材料的性能随受力时间而变化，体现在密封性能上就是随受力时间的变化，垫片密封性能变化较大。为此，各标准通过垫片应力的加载时间以及检漏前的停留时间进行了充分考虑，但这方面各标准的考虑差异较大，从几分钟到几小时均有，多长的保压停留时间比较合理还待确定。此外，不同标准对垫片应力和介质压力的规定也有差异，合理选择对准确表征垫片的密封性能也具有重要作用。

随着现代社会的不断进步，工业生产规模日益扩大，人们对生活环境质量的要求也随之提高。过去，由于技术限制，人们常常将肉眼无法察觉的滴漏视为“无泄漏”，然而，这一概念已经无法满足当今社会的需求。因为即使肉眼无法观测到，仍然有大量微小的气体和蒸汽在悄无声息地泄漏，这种泄漏过去常被忽视。为了区分这种不易察觉的泄漏与明显的泄漏，人们将其称为“逸散”，即“fugitive emission”。特别是75%的来自阀门、泵和法兰的易挥发有机化合物(volatile organic compounds, VOCs)挥发的蒸气或气体的逸散，已经引起了人们的高度重视。由于这些逸散的蒸汽或气体可能对环境和人体健康造成危害，因此工业发达国家开始将控制这些易挥发有机物或危险性有害气体的逸散量作为重要任务。例如，美国国家环境保护局(EPA)在1991年修订了“清洁空气法”(clean air act)，其中对泵、阀门和法兰等部件的挥发物逸散量进行了严格的限制。以法兰为例，其规定的挥发物逸散量上限值为小于500 ppmv，这种极低的逸散量标准实际上意味着接近于“零逸散”的理想状态。因此，这一标准也被定义为“零逸散”。目前，国际工程界正在积极回应工艺流体“零逸散”的要求，热衷于开发和研制能够实现零逸散的密封新结构、新材料和新工艺等技术，以满足日益严格的环境保护要求。

6.2.3.2　检漏方法

检漏方法和仪器很多，根据所使用的设备可分为氦质谱检漏法、卤素检漏法、真空计检漏法等；按照所采用的检漏方法所能检测出泄漏的大小又可分为定量检漏方法和定性检漏方法；根据被检设备所处的状态又可分为压力检漏法和真空检漏法。下面根据被检设备所处状态的分类方法加以简单说明。

1) 压力检漏法

将被检设备或密封装置充入一定压力的示漏物质，如果设备或密封装置上有漏孔，示漏物质就会通过漏孔漏出，用一定的方法或仪器在设备外检测出从漏孔漏出的示漏物质，从而判定漏孔的存在、漏孔的具体位置以及泄漏率的大小。属于压力检漏法的有水压法、压降法、听声法、超声波法、气泡法、集漏空腔增压法、氨气检漏法、卤素检漏法、放射性同位素法、氦质谱检漏仪吸嘴法等。

2) 真空检漏法

被检设备或密封装置和检漏仪器的敏感元件均处于真空中，示漏物质施加在被检设备外面，如果被检设备有漏孔，示漏物质就会通过漏孔进入被检设备内部和检漏仪器敏感元件所在的空间，由敏感元件检测出示漏物质来，从而可以判定漏孔的存在、漏孔的具体位置以及泄漏率的大小。属于真空检漏法的有静态升压法、液体涂敷法、放电管法、高频火花检漏法、真空计检漏法、卤素检漏法、氦质谱检漏法等。

压力检漏法与真空检漏法各具特点，它们在检漏过程中的现象、所使用的检漏设备以及所能检测到的最小泄漏率分别展示在表6-16和表6-17中。

表6-16　压力检漏法

检漏方法	工作条件	现　象	设　备	最小可检泄漏率/（$cm^3 \cdot s^{-1}$）	备注
水压法	充水	漏水	人眼	5×10^{-2}～5×10^{-3}	
压降法	充0.3 MPa的空气	压力下降	压力表或压力传感器	1×10^{-2}	
听声法	充0.3 MPa的空气	嗞嗞声	人耳	5×10^{-2}	也可以用听诊器
超声波法	充0.3 MPa的空气	超声波	超声波检测器	1×10^{-2}	
气泡法	充0.3 MPa的空气	水中冒气泡	人眼	1×10^{-4}～1×10^{-5}	
	充0.3 MPa的空气	涂肥皂液发生皂泡	人眼	1×10^{-3}～1×10^{-4}	
集漏空腔增压法	1.1倍的工作压力	集漏孔腔内压力增加	微压力传感器、温度传感器、位移传感器	5×10^{-6}	
氨气检漏法	充0.3 MPa的氨气	溴代麝香草酚蓝试带变色	人眼	8×10^{-7}	观察时间20 s
	充0.3 MPa的氨气	溴酚蓝试纸带变色	人眼	1×10^{-10}	24 h累积
卤素检漏法		卤素检漏仪读数变化	卤素检漏仪	1×10^{-5}～1×10^{-9}	可与空气混合充入

（续表）

检漏方法	工作条件	现　象	设　备	最小可检泄漏率/($cm^3 \cdot s^{-1}$)	备注
放射性同位素法			闪烁计数器	1×10^{-6}	
氦质谱检漏仪吸嘴法			氦质谱检漏仪	1×10^{-7}～1×10^{-9}	可与空气混合充入

表 6-17　真空检漏法

	检漏方法	工作压力/Pa	现　象	设　备	最小可检泄漏率/($cm^3 \cdot s^{-1}$)
真空计检漏法	静态升压法		抽真空后，压力上升	真空计	5×10^{-6}
	液体涂敷法		涂敷液体后，压力变化	真空计	1×10^{-4}～1×10^{-3}
	放电管法		放电颜色改变	放电管	1×10^{-2}
	高频火花检漏法	1 000～0.5	亮点，放电颜色改变	高频火花检漏器	1×10^{-2}
	热传导真空计	1 000～0.1		热电偶或电阻真空计	1×10^{-5}
	电离真空计	10^{-2}～10^{-6}	真空计读数变化	电离真空计	1×10^{-8}
	差动热传导真空计	1 000～0.1		热传导真空计差动组合	1×10^{-6}
	差动电离真空计	10^{-2}～10^{-6}		电离真空计差动组合	1×10^{-9}
	卤素检漏法	10～0.1	输出仪表读数变化	卤素检漏仪	1×10^{-8}
	氦质谱检漏法	10^{-2}	输出仪表读数及声响频率变化	氦质谱检漏仪	1×10^{-11}～1×10^{-12}

6.2.3.3 泄漏检测-氦质谱仪检漏-护罩法

示例 D,主要来自 NB/T 20003.8—2021 核电厂核岛机械设备无损检测 第 8 部分：泄漏检测[20]。

D-1 设备与器材

D-1.1 仪器

应采用能够测量微量示踪氦气的氦质谱仪，通过检测仪器上的或附接于仪器上的仪表来指示泄漏。

D-1.2 辅助设备

稳压电源、辅助泵系统、多向接头、护罩、真空计。

D-1.3 校准漏孔

氦质谱检漏标准漏孔-渗透型标准漏孔：渗透型标准漏孔应是氦气经渗透穿过薄膜的漏孔,它应具有 $1\times10^{-7}\sim1\times10^{-11}$ Pa·m^3/s 的氦泄漏率,并应每年校准一次；

D-2 核查

D-2.1 仪器核查

D-2.1.1 预热

在使用校准漏孔进行核查之前，仪器应先通电预热，预热的最短时间应按照检漏仪制造厂的规定。

D-2.1.2 核查

核查检漏仪时,应采用符合 D-1.3 要求的渗透型标准漏孔作为校准漏孔。检漏仪对氦气的最小灵敏度至少应为 1×10^{-10} Pa·m^3/s。

D-2.2 被检系统核查

D-2.2.1 校准漏孔连接

将符合 D-1.3 要求的校准漏孔与被检件相连接,并尽可能远离检漏仪与被检件的连接处。在核查被检系统时,校准漏孔应打开。

D-2.2.2 响应时间

将被检件抽空至足以允许氦质谱仪与被检系统相连接的绝对压力后，校准漏孔向被检系统打开。校准漏孔应保持开启,直至检漏仪输出信号趋于稳定。

应记录校准漏孔向被检系统开启时的时间，以及检漏仪输出信号增大到最大值的 63%时的时间。这两个时间的间隔即为响应时间，记录稳定的仪器读数 M_1。

D-2.2.3 本底读数

本底读数 M_2 是在测定响应时间后确定的。校准漏孔向被检系统关闭，当仪器读数达到稳定时，记录仪器的读数 M_2。

D-2.2.4 初始校准

初始的被检系统灵敏度 S_1 应按式(6-16)计算：

$$S_1 = Q/(M_1 - M_2) \tag{6-16}$$

式中：S_1 为初始被检系统灵敏度；Q 为校准漏孔的漏率，$Pa \cdot m^3/s$；M_1 为校准漏孔向被检系统开启后的读数；M_2 为本底读数。

当泄漏检测装置的布置改变，即采用辅助泵而旁路至辅助泵的氦气流分配有所变化时，或校准漏孔有变动时，应重新进行核查。在完成初始的被检系统灵敏度核查后，校准漏孔应与被检系统隔离。

D-2.2.5 最终核查

当检测完成后，且被检件仍处于护罩中，在校准漏孔关闭的情况下，测定仪器输出读数 M_3。然后应再次将校准漏孔向被检系统开启，检漏仪输出增大至 M_4。最终的被检系统灵敏度 S_2 按式(6-17)计算如下：

$$S_2 = Q/(M_4 - M_3) \tag{6-17}$$

式中：S_2 为最终被检系统灵敏度；Q 为校准漏孔的漏率，$Pa \cdot m^3/s$；M_4 为检测完成后，校准漏孔再次向被检系统开启后的读数；M_3 为检测完成后的本底读数。

如果最终灵敏度 S_2 减小到初始灵敏度 S_1 的 35%以下，仪器应进行清洗或修理，并重新核查，然后对被检件重新检测。

D-3 检测方法和技术

D-3.1 护罩

对于单壁部件或零件，护罩(套袋)容器可用塑料等材料制成。

D-3.2 护罩中充以示踪气体

在按 D-2.2.4 完成初始核查后，被检件外表面与护罩之间的空间，在被检件被抽空以后应充以氦气。

D-3.3 测定或估计护罩内示踪气体浓度

测定或估计出充在护罩中的示踪气体浓度，示踪气体浓度至少达到 15%。

D-3.4 检测持续时间

护罩充入氦气，在经过由 D-2.2.2 确定的响应时间以后，记录仪器输出读

数 M_5。若输出信号不稳定，检测持续时间建议为至少3倍响应时间或10 min。

D-3.5 被检系统测得漏率

按照D-2.2.5进行最终核查后，被检系统漏率按如下内容确定：

D-3.5.1 对于输出信号不发生改变的场合（即 $M_2=M_5$），被检系统漏率应记录为“小于被检系统最小可检漏率”；

D-3.5.2 对于输出信号（M_5）发生改变的场合（但输出信号尚在可检测范围内），被检系统漏率 Q_S 应按式（6-18）确定：

$$Q_S = S_2 \times (M_5 - M_2)/\gamma \tag{6-18}$$

式中：Q_S 为被检系统漏率，Pa·m³/s；S_2 为最终被检系统灵敏度；M_5 为检测时的读数；M_2 为本底读数；γ 为检测时被检系统内的实际氦体积分数，%。

D-3.5.3 对于输出信号 M_5 超过被检系统可检测范围的场合，被检系统漏率应记录为“大于被检系统可检测范围”。

6.2.4　老化性能试验

材料在加工、存储和使用过程中，由于受到外界因素包括物理因素（光、热、电、磁、辐照、机械应力等），化学因素（空气、氧、臭氧、雨水、潮气、化学介质）及生物因素（霉菌、细菌等）各方面的作用，引起材料化学与机械结构的破坏，使材料原有的物理机械性能弱化及破坏，这种现象被通称为老化。老化性能试验是通过特定的老化介质选择和参数流程设置来模拟老化环境，测试材料的物理机械性能弱化及破坏的程度，以此来评估材料在实际工况下抗老化的能力。对核电密封来说，比较主要的是辐射（辐照）老化试验和热老化试验等。

1）不同材料的老化性能试验

老化性能试验项目见表6-18。

表6-18　老化性能试验一览表

材料	空气热老化	热氧老化	耐臭氧龟裂	人工气候老化	盐雾老化	湿热老化	实验室光源	β辐照
橡胶	●	●	●	●	●	●		
塑料	●			●		●	●	
非金属材料								●

2）非金属材料部件试验β辐照试验方法

示例E，主要内容来自 NB/T 20561—2019 核电厂非金属材料部件β辐照试验方法[21]。

E-1 试验装置

β辐照由电子加速器、束下装置和防护系统组成，见图 6-4。

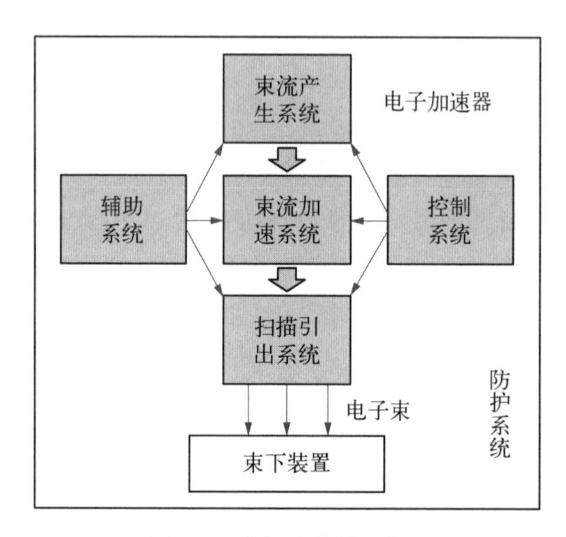

图 6-4 β辐照装置示意图

E-2 试验方法

E-2.1 总体要求

β辐照试验总体上应符合 GB/T 12727《核电厂安全重要电气设备鉴定》和 NB/T 20036.3《核电厂能动机械设备鉴定 第3部分：非金属物项鉴定》的要求。

β辐照的试验方法可根据条件采用β辐照法或γ等效辐照法。

E-2.2 β辐照法

β辐照法指试样直接在β辐照装置下进行试验。

辐照试验可按 GB/T 26168.2《电气绝缘材料 确定电离辐照的影响 第2部分：辐照试验程序》的要求进行。

E-2.3 γ等效辐照法

E-2.3.1 概述

γ等效辐照法是基于等损伤原则，采取γ辐照模拟β辐照效应，包括三个主要步骤：

(1) 材料试验——采用材料试样分别实施β辐照、γ辐照；

(2) 建立等效损伤模型——依据试验结果建立β-γ等损伤关系；

(3) 等效模拟——全尺寸样品γ辐照等损伤模拟试验。

E-2.3.2 材料试验

为确保测试的准确性，所选取的材料应具有代表性，并至少涵盖两种不同的厚度规格。在获取材料时，应优先考虑直接从成品物项上截取。此外，每组试样的数量应至少为7件，以确保测试数据的充分性和可靠性，并且其中有效的试样数量应不少于5件。

采用步进法进行β和γ辐照试验，模拟试样的损伤状态。一般采用等剂量累加的方式完成步进试验，累加剂量应根据试样的材料特性确定。每组步进试验应采取相同的剂量率，必要时可采取多种剂量率进行多组步进试验。剂量率应尽可能保守地模拟实际工况。

应选择辐照劣化跟踪特性好的状态指标建立β-γ等效剂量关系。

E-2.3.3 建立等损伤模型

等损伤模型应建立在材料试验数据分析的基础上，用于建模分析的有效试验数据应不小于4组。应分别就辐照损伤性能与辐照累积剂量建立关系曲线，相关系数(R^2)不宜低于0.95，并以此建立β与γ辐照剂量相关损伤参数的等效关系模型，获取等剂量转换系数。不同厚度试样得到的等效剂量转换关系可能不同，在应用时应根据实际的物项规格选取保守的转化系数。

E-2.3.4 等效模拟

针对实物样品的β辐照模拟可采用等效γ剂量进行。

当限于条件无法建立等损伤模型时，亦可保守地采用与β等剂量的γ辐照进行试验。

E-3 样品选择

β辐照试验针对直接暴露于事故后环境的设备和材料，如电缆和光缆、密封件等。样品为具有代表性的典型设备或部件。

γ辐照等效法，建立等损伤模型时应采用具有代表性的材料试样进行γ辐照和β辐照，在事故辐照模拟时应采用具有代表性的典型设备或部件样品。

试样或样品的选择应满足GB/T 12727的要求。

E-4 实施程序

E-4.1 环境条件

除特殊要求，β辐照试验应在常温和氧气含量足够的空气环境中进行。

E-4.2 β辐照试验程序

(1) 确定试样规格、数量及制备要求,完成制作及基准性能试验。

(2) 确定试验设备的相关参数,对试验剂量率进行标定。

(3) 根据试样大小,将其编号后合理地排列并放置在平台的有效辐照区域内。

(4) 人员撤出,并建立安全连锁。按程序启动β辐照试验装置,设备试验所需各参数,开始进行束流输出。

(5) 各项参数达到试验要求,实际输出束流值达到设定值且平稳运行,记录试验开始时间。

(6) 试样辐照时间达到所需试验时间后,将束流与能量降至零,取出辐照试样,并记录试验结束时间。

(7) 完成试样性能试验。

E-4.3 γ辐照等效法试验程序

(1) 按E-2.3.2和E-4.2的程序进行β辐照。

(2) 按E-2.3.2和相关标准(如GB/T 12727)进行γ辐照。

(3) 按E-2.3.2规定的状态指标对辐照后的试样进行性能测试。

(4) 按E-2.3.3的规定建立等损伤模型。

(5) 按E-2.3.4得到等效γ辐照剂量,并按相关标准(如GB/T 12727)进行γ辐照。

6.2.5 模拟工况试验

模拟工况试验是指在实验室内对密封产品的实际使用环境参数(温度、压力、介质等)进行模拟,以此更直观地评估密封产品在实际工况下的密封综合表现。

核电密封较为常见的模拟工况试验为热循环试验。热循环试验方法是在热循环(冷热交变)伴随压力交变的苛刻条件下,对密封件进行密封性能验证的一种技术方法。

1) 热循环试验方法

热循环试验方法见如下标准:

(1) NB/T 20366—2015《核电厂核级石墨密封垫片试验方法》;

(2) NB/T 20010.15—2010《压水堆核电厂阀门　第15部分:柔性石墨金属缠绕垫片技术条件》;

(3) NB/T 20010.14—2010《压水堆核电厂阀门　第14部分:柔性石墨

填料技术条件》。

2）核级石墨密封垫片热循环试验

示例F，主要内容来自NB/T 20366—2015《核电厂核级石墨密封垫片试验方法》[11]。

F-1 试验装置

F-1.1 热循环试验装置由加热系统、冷却系统、注水增压系统、循环系统、稳压系统、数据采集系统等组成，见图6-5。

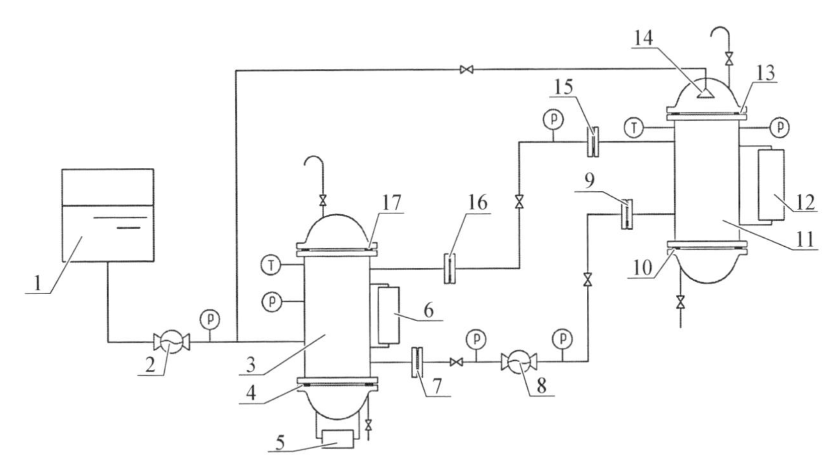

1—水箱；2—加压泵；3—压力容器；4—设备用垫片试验工位；5—冷却系统；6—加热系统；7—管道法兰用垫片试验工位；8—循环泵；9—管道法兰用垫片试验工位；10—设备用垫片试验工位；11—稳压器；12—加热系统；13—设备用垫片试验工位；14—喷淋；15—管道法兰用垫片试验工位；16—管道法兰用垫片试验工位；17—设备用垫片试验工位。

图6-5　热循环试验装置示意图

F-1.2 装置的设计和运行参数（包括设计极限条件和瞬态工况下的参数）应满足核电一回路的运行参数（除辐照条件）。

F-1.3 装置中的压力容器和压力管道应按照GB 150、JB 4732等国家相关标准进行设计制造。

F-1.4 试验人员资质及试验环境

试验人员须进行压力容器操作资格培训，考核合格后持证上岗。

试验场地要进行安全隔离。

F-2 试验要求

F-2.1 试验装置水压试验要求

试验温度为常温，试验压力为22.8 MPa，试验介质为去离子水。

试验次数：热循环试验前 1 次，试验中每隔 10 次进行 1 次。

试验评定：保压期间，试验装置无变形、无可见泄漏。

F－2.2 热循环试验要求

试验温度为 320 ℃，试验压力为 15.4 MPa，试验介质为去离子水，升降温速率不小于 50 ℃/h。

设备用垫片或买方要求特殊试验条件的，按照买方技术规格书的要求执行。

试验评定：热循环试验过程中，试验垫片密封面无可见泄漏。

F－3 试验程序

F－3.1 对试验垫片进行取样、外观、尺寸复检。从同一材料，同一制作工艺的产品中，随机抽取不少于一个垫片进行试验。

F－3.2 清洁试验垫片安装法兰面，按照垫片本身要求的螺栓总载荷将试验垫片安装在试验台架上。

F－3.3 试验装置水压试验：缓慢加压至 22.8 MPa，保压不小于 30 min 后，缓慢降压至 17.2 MPa，保压 10 min，缓慢降压至常压。

F－3.4 试验装置加压至试验要求压力 15.4 MPa，工作介质升温至试验要求温度 320 ℃，试验装置温度、压力达到稳定状态并保温、保压大于等于 90 min，后进行降温，降温方式采用冷却和喷淋消气的方式，不应采用排空介质的方式降温，使试验装置冷却到不大于 100 ℃。试验中升降温速率大于等于 50 ℃/h，每次热循环试验交变后，检查并记录泄漏情况。

6.3 核级密封件鉴定

密封件广泛应用于核电厂容器、换热器、管道、泵、阀、阻尼器、人员与设备闸门等机械设备中，这些机械设备根据其设计功能的不同，可分为安全相关设备与非安全相关设备。在设计基准事故与瞬态下参与，确保核电厂以下三大基本功能的设备为安全相关设备：

(1) 反应堆紧急停堆和维持反应堆在安全停堆状态；

(2) 堆芯和安全壳厂房的冷却(包括中期和长期冷却)；

(3) 放射性物质的封存和限制向环境的排放并控制在规定限制之内。

对于安装在安全相关机械设备中的密封件，如果其失效会导致设备不能完成上述安全功能，则为核安全相关密封件(核级密封件)，否则为非安全相关密封件。核级密封件主要包括安全相关机械设备中起压力边界作用的密封件，以及支持机械设备能动安全功能的密封件[22-23]。

鉴定用于验证设备或部件在规定的正常、异常与事故工作条件下，能够执行要求的安全功能。在核级密封件研制或设计选型中，需要对其进行鉴定。

对于安装在安全壳内且在设计基准事故下要保持规定功能的聚合物类密封件，一般要通过鉴定确定鉴定寿命，且在鉴定寿命达到前，要对其予以更换，以确保所安装设备在整个设计寿期内保持鉴定合格状态。鉴定寿命是指相对于一组规定的运行条件（不含设计基准事故条件），能通过鉴定证明密封件具有满意性能的时间间隔。在鉴定寿命终了时，密封件仍必须能满足设计基准事故及事故后所要求的安全性能[22-23]。

鉴定涉及的工作内容主要包括工作条件的确定、鉴定方法的选择以及鉴定文件的编制等。

6.3.1　工作条件

工作条件包括外部条件与内部条件。在核级密封件鉴定大纲中，要明确规定密封件在正常运行、异常运行、设计基准事件（design basis events，DBE）及严重事故下的工作条件[24]。

密封件工作条件的确定要综合考虑以下因素：

（1）所安装设备的位置；

（2）所安装设备的安全功能及持续时间；

（3）密封件在设备中的安装位置；

（4）密封件在设备中的安全功能及持续时间。

1）外部条件

外部条件是指密封件安装设备所处位置的环境条件，具体包括但不限于：

（1）压力；

（2）温度；

（3）相对湿度；

（4）辐照：γ、β、中子（正常和事故条件下的剂量与剂量率）；

（5）热力和化学条件：冷却剂丧失事故（LOCA）与主蒸汽管道破裂事故（MSLB）下热冲击以及喷淋液体等；

(6) 水淹等。

对于安装在反应堆厂房内的安全相关机械设备，由于其需要经受 LOCA 和/或 MSLB 等严酷的事故环境条件，因此可以将其所处环境称为“严酷环境”。而相比之下，安装在反应堆厂房以外位置的机械设备，在 LOCA 和 MSLB 等事故下，其环境条件通常与正常运行时保持一致，因此可以将其所处环境视为“温和环境”。

考虑到密封件安装在机械设备内部，因此，设备所处位置的外部条件一般可保守地包络密封件外部条件，需要时，可对密封件外部条件进行特定计算或分析，以合理降低密封件外部条件的严酷度。

2) 内部条件

内部条件是指密封件所经受的工艺条件，即其所接触的工艺流体介质造成的条件，具体包括但不限于：

(1) 介质类型及其化学成分；

(2) 介质温度及其变化；

(3) 介质压力及其变化；

(4) 介质辐照条件；

(5) 介质相对湿度(对于空气介质)等。

正常情况下，对于要求在事故下保持正常功能的密封件，其事故工况下内部条件一般不会比正常运行工况下严苛，但某些设备用密封件除外，如第二代及二代加机组 LOCA 事故下再循环阶段，安全注入系统(RIS)与安全壳喷淋系统(EAS)管线及其设备用密封件所受介质温度与辐照等内部条件要比正常运行以及从换料水箱抽水阶段严苛。

6.3.2 鉴定方法

可接受的鉴定方法包括试验法、分析法以及组合法，其中组合法为试验法与分析法的综合应用[22-24]。

6.3.2.1 试验法

试验法鉴定是对密封件样件在规定的运行条件下实施一有代表性的试验序列，在试验期间要求样件能够执行其安全功能。通常情况下，该样件是独特的并且能够代表电厂实际安装的设备。

典型完整的试验序列包括以下四个阶段试验，可以根据对待鉴定密封件所做的功能分析、材料组成、工作条件分析、老化机理分析以及失效模式与后果分析结果，对该试验序列做出合理调整：

1）基本性能检查与试验

对密封件样件进行功能特性测试。不同密封件产品，所需测试的项目有所不同。这些试验得到的结果可作为后续试验的比较基准或参考。

2）极限运行条件下的试验

这些试验可在影响量的额定范围内和限值下验证设备的功能特性。

3）耐久性试验和/或评价设备性能随时间变化的试验

可包括热老化、湿热老化、辐照老化与运行老化试验等，这些试验是为了检验设备的耐久性和/或获得评价设备性能随时间变化的数据。

4）设计基准事故（DBA）试验或严重事故（SA）试验

这些试验目的是验证设备在设计基准事故或严重事故工况期间和/或事故工况后始终能够完成设计的功能。

基本性能检查与试验以及极限运行条件下的试验可分别在新样件上进行；而设计基准事故试验或严重事故试验需在经过各种必要老化试验后的样件上进行。

密封件属于非地震敏感部件，因此不需要对其进行抗地震能力方面的分析或试验；如果密封件用于安全壳外，则一般不需要考虑设计基准事故或严重事故环境试验。

对于用于反应堆压力容器内以及附近的密封件，需要考虑中子辐照老化。对于由金属、无机非金属物及二者共同组成的密封件，不需要考虑热老化以及γ与β辐照老化。如果密封件组成含有有机材料，则对于 PTFE，如果辐照剂量小于 100 Gy，则在试验或分析中不用予以考虑；对于 PTFE 以外的聚合物材料，如果辐照剂量小于 1 kGy，不用予以考虑[25-26]。

老化可以通过施加比设备在正常运行条件下遭受的更加严苛的环境条件（机械、温度、辐照等）来加速，在这种情况下，施加的约束必须是合理的且不能超过每种材料的极限特性，以防产生正常运行条件下不会出现的劣化机理。

6.3.2.2　分析法

分析法鉴定是用定性和/或定量的推理来证明设备有能力完成其功能。分析法可基于设备的设计、在参考设备或该设备的一个变型设备上已做的试验以及根据计算和这些设备以前运行有关的经验反馈所进行的一套论证。

分析法鉴定包括纯分析法鉴定、类比法鉴定、计算法鉴定以及运行经验法鉴定。

1）纯分析法鉴定

纯分析法鉴定在于通过简单的逻辑推理证明设备适用于所要求的功能，这种方法特别适用于以下情况。

（1）基于设备设计，载荷对设备性能没有影响或影响可以忽略（如需进行辐照环境下鉴定的密封件中不含对辐照敏感的组成材料）；

（2）载荷对密封件所要求的功能没有影响或影响可以忽略。

这种分析方法适用于一些简单逻辑证明就认为是足够的密封件、载荷和特定的运行要求。

2）类比法鉴定

类比法是基于逻辑推理原则，将待鉴定密封件和已经过鉴定的类似密封件（称为母件）进行比较，以得到密封件的鉴定结果，类比法通常分三步进行。

（1）比较待鉴定密封件与母件的结构设计；

（2）比较待鉴定密封件与母件的功能条件与环境条件；

（3）对密封件设计中存在的每一种潜在失效风险进行评估与判断。

可通过与采用下列方法鉴定合格的母件进行类比鉴定，但用本身是通过类比法鉴定的设备来进行类比鉴定是不被接受的：

（1）试验法；

（2）含试验法的组合法。

采用类比法时，应确定相似性准则，以满足相似性准则作为判定密封件鉴定合格的依据。

3）计算法鉴定

计算法鉴定在于用分析计算或数学模型来证明施加在设备上的载荷对设备功能造成的后果是可接受的。

这种方法只适用于下述情况：

（1）考虑的失效模式与能被计算的物理参数变化相关，且能为物理参数变化确定防止失效发生的限制准则；

（2）可以对载荷进行足够保守的估计；

（3）计算模型具有代表性；

（4）计算程序和方法是有效的且被合理论证。

4) 运行经验法鉴定

运行经验法鉴定在于通过分析能代表待鉴定密封件的工业应用历史来推导其在安装期间执行功能的能力。

该鉴定方法被接受的前提是必须满足以下条件：

(1) 具有运行经验的密封件与待鉴定密封件必须相同或者对待鉴定密封件必须具有足够代表性(相同的设计、相同的制造商、相同的技术和工艺、相似的尺寸等)；

(2) 运行周期必须是可知的且足够长；

(3) 在工业运行期间的运行以及环境条件必须至少与待鉴定密封件一样严苛；

(4) 与运行经验相关的文件必须足够详细且能可靠地证明运行密封件的正确性能。

一般不单独使用该方法，其通常被补充地用作确认已通过其他方法完成整体鉴定的密封件的性能。该方法主要用于正常运行条件下的鉴定。

6.3.2.3　组合法

组合法鉴定在于对前面章节描述的鉴定方法的组合使用。根据所考虑的具体情况，可以选用不同的组合方法。

在任何情况下，任何被使用的方法都必须满足与其相应的要求。设备执行其要求功能的能力必须能够被实际参与组合的各方法予以完整论证。

6.3.2.4　鉴定方法的选择

鉴定方法的选择要综合考虑密封件的功能要求，环境和使用条件的严苛性，导致密封件失效的机理以及必要数据的可得性等。

当不存在分析模型时或当需要考虑的影响参量使分析法难以被应用时，优先考虑使用试验法。

分析法与组合法特别适用于：

(1) 密封件设计或制造发生重大变更后鉴定合格状态的评估；

(2) 基于一个或几个样件的鉴定结果来鉴定一个密封件族；

(3) 当试验法不适用时，如由于尺寸无法进行试验法鉴定。

6.3.3　反应堆压力容器C形密封环鉴定

6.3.3.1　结构介绍

C形密封环安装在反应堆压力容器顶盖的密封环槽内，用于反应堆压力容器顶盖与筒体之间的密封。现有的压水堆反应堆压力容器，为了保证压力容器底盖与筒体之间的密封性，在顶盖与筒体之间装有内外两道C形密封环。

C形密封环由三层组成：内层是弹簧，中间是包覆层，外层则是密封层。内层的弹簧是由Inconel X750丝材绕制而成的圆形螺旋并紧弹簧。中间层则采用Inconel 600带材构成，而外层则是使用纯银带材制成。内密封环的尺寸为Φ3 989.1 mm×12.9 mm，外密封环的尺寸为Φ4 071.7 mm×12.9 mm。C形密封环的详细结构见图6-6。

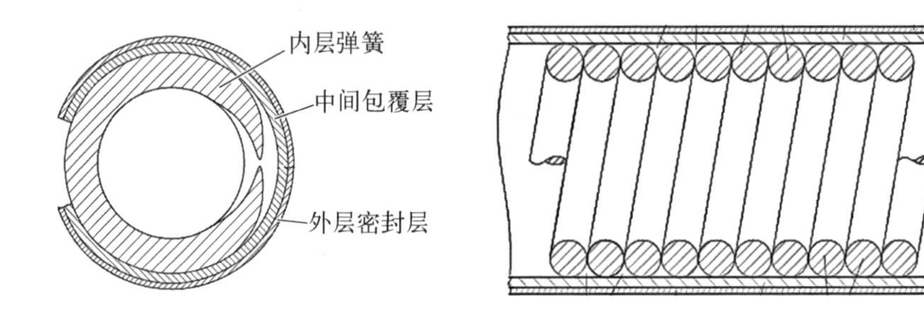

图6-6　C形密封环结构示意图

6.3.3.2　鉴定方法

由于反应堆压力容器C形密封环结构尺寸过大，无法采用试验法对其予以鉴定。因此，可对缩比模型进行相关试验，然后通过类比分析，将鉴定结果扩展到工程样件上。

缩比模型结构尺寸为Φ318 mm×12.9 mm，称为C形密封环试验环样件；C形密封环工程样件指全尺寸C形密封环。C形密封环试验样件仅密封环直径较工程样件小，其余结构与工程样件一致。

对试验环样件进行如下试验。

1）基本性能检查与试验

（1）试验前检查；

（2）载荷-位移特性曲线测定试验；

（3）紧密度测定试验；

（4）过载试验；

（5）水压试验；

（6）应力松弛性能测试试验。

2）极限运行条件下的试验

密封面极限分离量工况下热循环试验。

3）耐久性试验和评价设备性能随时间变化的试验

大温差梯度热循环试验。

C形密封环因其全部由金属材料构成，因此在试验序列中无需考虑热老化问题。由于它安装在反应堆压力容器内部，所以在进行鉴定时必须充分考虑中子辐照老化的影响。在鉴定过程中，我们可以采用纯分析法进行评估，即结合相关文献中各种相关金属材料的耐中子辐照试验数据，以及其在安装位置处预计会遭受的18个月中子辐照量，来论证其耐中子辐照的能力。此外，由于在设计基准事故工况下，对C形密封环的功能没有强制性的要求，因此在进行鉴定时，我们无需考虑热力事故试验。

工程样件采用类比法进行鉴定，即把工程样件与试验环样件进行类比分析，如果类比结果证明工程样件与试验环样件类似，则如果试验环样件鉴定合格，工程样件就鉴定合格。类比准则如下：

准则1：试验样件与工程样件为同一制造方；

准则2：试验样件与工程样件材料一致或更差；

准则3：试验样件与工程样件结构一致或更不利于密封；

准则4：试验样件与工程样件关键制造工艺一致或更难；

准则5：试验样件与工程样件安装方式一致或更不利于密封；

准则6：试验样件与工程样件运行工况条件一致或更苛刻；

准则7：试验样件与工程样件密封泄漏率指标一致或更高；

准则8：工程样件与试验样件载荷-位移特性曲线相似且理论工作点线载荷为规定线载荷范围。

其中，准则8中的工程样件的载荷-位移特性曲线通过计算法获得，把该曲线与通过试验法获得的Φ318 mm试验件样件的载荷-位移特性曲线进行对比分析，确定两者之间的相似性。为验证计算模型的正确性，在计算报告中也需要对Φ318 mm试验件样件的载荷-位移特性曲线进行计算，并把计算获得的结果与试验获得结果对比。

6.3.3.3　试验台架介绍[11]

试验在垫片性能试验装置和热循环试验装置上进行

1）垫片性能试验装置

垫片性能试验装置由垫片加载装置、载荷和位移测量系统、加热和温度测量系统、泄漏检测系统、数据采集系统及试验法兰等组成，见图 6－7。

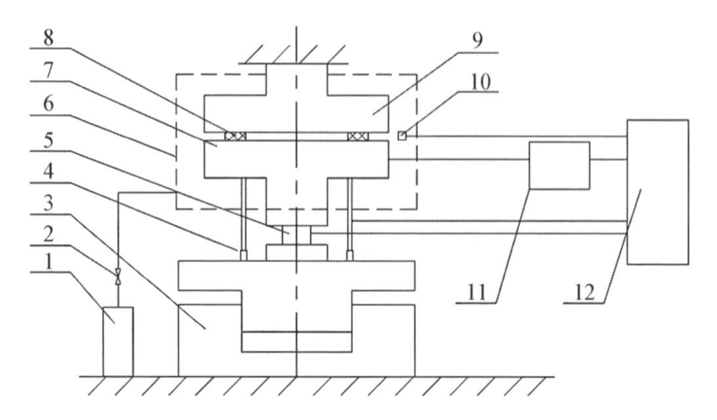

1—试验介质；2—截止阀；3—压力源；4—位移传感器；5—载荷传感器；
6—加热装置；7—下模拟法兰；8—垫片；9—上模拟法兰；
10—温度传感器；11—氦质谱检漏仪；12—数据采集系统。

图 6－7　垫片性能试验装置示意图

垫片性能试验装置适用于压缩率和回弹率试验、泄漏率试验、应力松弛率试验，耐压性能试验、热循环试验除外。

2）热循环试验装置

热循环试验装置可满足核电一回路的运行参数（除辐照条件），见图 6－8。

图 6－8　热循环试验装置照片

6.3.4 鉴定文件

1）标识文件

描述待鉴定密封件样机的特性（如需要，包括其变型），以便在以后检查确认设备是否完全与样机相符。其主要内容如下：

（1）待鉴定密封件描述，包括功能、结构、材料等，对于非金属材料，要指出材料制造商以及材料等级/牌号；

（2）工作条件；

（3）主要特性；

（4）图纸清单。

2）鉴定大纲

鉴定大纲是对密封件进行鉴定的策划性文件，描述了为确保样机鉴定所要完成的活动，该大纲应在鉴定过程开始之初进行编制，主要内容如下：

（1）待鉴定设备清单以及特性。

（2）正常运行环境条件及设备功能要求。

（3）事故期间与事故后运行环境条件及功能要求。

（4）鉴定方法的描述。

（5）关于设备加速老化方法的概要说明。

（6）如用到试验法，描述以下信息：

① 试验项目；

② 针对每个试验项目，简要描述试验条件、严苛程度、测量以及验收准则等；

③ 以表格的形式，标明试验顺序及每项试验使用的样机。

（7）如用到类比法，需做详细说明。如果类比内容与过程复杂，则可单独编写类比规格书，描述类比中具体要考虑的因素，以及类比的准则。

（8）如果用到计算法，需做简要说明。

（9）如用到经验反馈法，需做简要说明。

3）试验规格书

用于规定鉴定试验的具体内容与要求，其主要内容如下：

（1）对设备的一般特性描述及标识；

（2）试验程序（试验条件与参数）；

（3）试验严苛水平；

（4）进行的测量；

（5）验收准则；

（6）试验内容与顺序总结表。

4）试验报告

用于描述按照相关试验程序进行的某项试验过程与结果，主要内容如下：

（1）参考标准、规范与程序。本章节清晰指出适用的导则、标准、标识文件、试验规格书与试验程序等。

（2）试验的时间、实验室名称与地点信息。

（3）试验样机的标识与描述。本章节需要提供有关试验样机的以下信息：

① 规格型号；

② 样机编码；

③ 制造批号（如有）；

④ 试验机构确定的样机编号（如有）；

⑤ 制造厂。

另外，在本章节中需要指出在本试验前样机已经进行过的试验内容，即在该道试验前，已经进行了哪些试验。对样机需要提供照片，照片中需要包括样机编码信息。

（4）试验装置与测量仪表的描述：

① 本章节需要简要描述试验装置的显著特征与重要参数。

② 本章需要提供测量仪表的有关信息，如规格型号、厂内编号、测量范围、测量精度、有效期等信息。

（5）试验过程与结果描述。本章节描述样件的安装方式、接口信息、测量参数以及测量点的布置、实际试验条件与试验结果等信息。试验结果要包括所有在试验中获得的有关测量，尤其是那些与样机性能有关的参数。试验结果描述方式可以是数据表、温度压力曲线图以及地震反应谱图等，必要时，要采用图片以助于澄清相关信息。

（6）异常现象描述。在本章节中提供在试验中出现的异常现象以及对这些异常现象进行处置的方法与结论。异常现象包括对试验样机的变更以及对试验条件的变更。

（7）结论。本章节指出对试验结果的结论意见，该结论依据对试验结果的评估结果。

(8) 附录。附录中一般提供试验记录和相关照片等信息。

5) 鉴定总结报告

鉴定总结报告的目的是通过提供相关证据，宣布有关设备鉴定合格，其主要内容如下：

(1) 需要进行鉴定的设备的清单。

(2) 鉴定设备说明。

(3) 主要功能要求及其工作条件。

(4) 采用的鉴定方法。

(5) 概述各个鉴定方法所产生的结果(试验报告、类比报告、计算报告等)。

(6) 鉴定期间发生的任何异常事件。

(7) 有关设备满足规定要求的能力的结论：

① 鉴定通过且没有保留条件；

② 鉴定有条件通过(在鉴定总结报告中需要列出这些条件)。

参考文献

[1] 全国填料与静密封标准化技术委员会. 柔性石墨板材 第5部分：灰分测定方法：JB/T 9141.5—2020[S]. 北京：机械工业出版社，2021.

[2] 全国填料与静密封标准化技术委员会. 柔性石墨板材 第6部分：固定碳含量测定方法：JB/T 9141.6—2020[S]. 北京：机械工业出版社，2021.

[3] 机械工业填料静密封标准化技术委员会. 柔性石墨板 硫含量测定方法：JB/T 7758.3—2005[S]. 北京：机械工业出版社，2006.

[4] 机械工业填料静密封标准化技术委员会. 柔性石墨板 氯含量测定方法：JB/T 7758.4—2008[S]. 北京：机械工业出版社，2008.

[5] 机械工业填料静密封标准化技术委员会. 柔性石墨板 氟含量测定方法：JB/T 7758.1—2008[S]. 北京：机械工业出版社，2008.

[6] Characterization of Waste. Characterization of waste - Halogen and sulfur content - Oxygen combustion in closed systems and determination methods: BS EN 14582: 2016[S]. London: BSI Standards Limited, 2016.

[7] 全国教育装备标准化技术委员会化学分技术委员会. 离子色谱分析方法通则：JY/T 0575—2020[S]. 北京：行业标准信息服务平台，2020.

[8] 咸阳非金属矿研究设计院. 非金属垫片材料分类体系及试验方法 第2部分 垫片材料压缩率回弹率试验方法：GB/T 20671.2—2006[S]. 北京：中国标准出版社，2007.

[9] 李新华. 法兰用密封垫片实用手册[M]. 北京：中国标准出版社，2014：160-164.

[10] 全国填料与静密封标准化技术委员会. 柔性石墨板材 第 7 部分 热失重测定方法：JB/T 9141. 7—2013[S]. 北京：机械工业出版社，2014.

[11] 核工业标准化研究所. 核电厂核级石墨密封垫片试验方法：NB/T 20366—2015[S]. 北京：核工业标准化研究所，2015.

[12] 全国管路附件标准化技术委员会. 管法兰用垫片密封性能试验方法：GB/T 12385—2008[S]. 北京：中国标准出版社，2008.

[13] The American Society for Testing and Materials. Standard test methods for sealability of gasket materials：ASTM F37 - 06(2019)[S]. Washinton D C：ASTM Committee on Standards，2019.

[14] 咸阳非金属矿研究设计院. 非金属垫片材料分类体系及试验方法 第 4 部分 垫片材料密封性试验方法：GB/T 20671. 4—2006[S]. 北京：中国标准出版社，2007.

[15] DIN Standards Committee Gas Technology. Seals in gas supply - seals of It - Plates for gas valves，gas appliances and gas pipelines：DIN 3535 - 4：1978[S]. Berlin：Beuth Verlag GmbH，1978.

[16] DIN Standards Committee Gas Technology，DIN Standards Committee Elastomer Technology. Gaskets for gas supply - Part 6：Gasket material based on fibres，graphite or polytetrafluoroethylene (PTFE) for gas valves，gas appliances and gas mains：DIN 3535 - 6：2018[S]. Berlin：Beuth Verlag GmbH，2018.

[17] The American Society of Mechanical Engineers. Metallic gaskets for pipe flanges：ASME B16. 20：2017[S]. Washinton D C：The American Society of Mechanical Engineers，2017.

[18] DIN Standards Committee Pipelines and Steam Boiler Plants，DIN Standards Committee for Chemical Apparatus Engineering. Static gaskets for flange connections - Gaskets made from sheets - Part 2：Special test procedures for quality assurance：DIN 28090 - 2：2014[S]. Berlin：DIN Standards Committee Pipelines and Steam Boiler Plants (NARD)，DIN Standards Committee for Chemical Apparatus Engineering (FNCA)，2014.

[19] Japanese Industrial Standards Committee Standards Board，Technical Committee on Machine Elements. Test method for sealing behavior of gaskets for pipe flanges[S] JIS B2490：2008. Jokyo：Japanese Standards Association，2008.

[20] 核工业标准化研究所. 核电厂核岛机械设备无损检测 第 8 部分：泄漏检测：NB/T 20003. 8—2021[S]. 北京：原子能出版社，2021.

[21] 核工业标准化研究所. 核电厂非金属材料部件 β 辐照试验方法：NB/T 20561—2019[S]. 北京：原子能出版社，2019.

[22] The American Society of Mechanical Engineers. Qualification of active mechanical equipment used in nuclear facilities：ASME - QME - 1：2017[S]. Washinton D. C.：The American Society of Mechanical Engineers，2017.

[23] 核工业标准化研究所. 核电厂能动机械设备鉴定 第 3 部分：非金属物项鉴定：NB/T 20036. 3—2011[S]. 北京：原子能出版社，2011.

[24] French Society for Design，Construction and In-service Inspection Rules for Nuclear

island components. Design and construction rules for mechanical components of PWR nuclear islands: RCC - M - 2017[S]. Paris: French Society for Design, Construction and In-service Inspection Rules for Nuclear Island Components, 2017.

[25] Electric Power Research Institute. Qualification of active mechanical equipment for nuclear plants: EPRI NP - 3877[R]. Washinton D. C.: Electric Power Research Institute, 1985.

[26] Electric Power Research Institute. A review of equipment aging theory and technology: EPRI NP - 1558[R]. Washinton D. C.: Electric Power Research Institute, 1980.

第7章
质量控制

密封产品质量对流程工业的安全运行起着重要的作用，从市场需求调研、研发设计、样机试验、鉴定、采购、制造工艺、产品检验和试验、标识、包装、运输、安装调试、用户反馈、统计分析与改进等环节都需要建立完善的过程质量控制体系，以保证密封产品质量稳定、性能可靠，从而确保核电运行安全。

7.1 建立有效质量管理体系

按照 GB/T 19001—2016，建立和运行密封产品设计制造质量保证体系（通用质保体系）。编制质量管理手册、程序文件、过程作业指导书和质量记录等，以明确质量控制目标、质量控制标准、组织架构、职责分工、人员资格与培训、工作流程等控制。质量管理体系有效运行，需要获得有资质第三方机构认证，取得国家认证认可监督管理委员会认可的证书，每年开展内部审查和管理评审，接受第二方和第三方监督审查，保证质量管理体系持续有效。

对于核工业用密封产品，需要参照 HAF 003—1991《核电厂质量安全保证安全规定》[1]建立和运行核级密封产品设计制造质量保证体系（核质保体系）。建立核级密封产品质量保证大纲、专用程序文件、质保分级、质量计划、重要过程现场见证、质量记录和完工报告等重要过程控制文件。每年按照核质保体系要求开展内部监查和管理者审查，接受客户第二方质保监督检查，以确保核电用密封产品质量，满足客户专用需求。

核电工程密封项目或密封研发项目，需要根据项目运行控制要求，建立运行必要的项目质保体系，包括但不限于项目质量保证大纲、项目组织机构、职责分工、项目专用程序和技术规程等，以确保密封项目质量得到保障。

同时,还需要做好通用质保体系和核质保体系的充分融合运行,避免二者重复控制或产生控制盲点,以提高密封产品质量控制的"精准、及时、有效、经济"原则,这就要识别两套质保体系的差异情况,详见表 7-1。

表 7-1　通用质保体系与核质保体系主要差异

主要差异	通用质保体系	核质保体系	备　注
性质不同	非强制性推荐标准	强制性法规	
目的不同	提高产品质量,争取经济效益	保证核安全	
对象不同	各种类型和规模的组织	核电站业主、合同的供方	
质保分级	未有明确分级要求	建立质保分级管理要求	
质保组织	无独立质保部门要求 可指定管理者代表负责	组织独立质保部门要求	向最高管理者报告
管理程序	6 个"形成文件的程序"要求	对质量有影响的工作必须有书面程序	
人员资格	人员资格评定要求,非必要	与质量有关人员培训考核,专业技术人员资格培训后,由核安全局发证	
监查(审核)	每年一次内部审核要求	每年进行内部监查和外部监查要求	
管理审查	管理评审要求	管理者审查要求	
部分条款	与顾客有关的过程(产品、评审和服务)	无对应条款	
质保控制广度	要素全面	专业条款控制	
质保控制深度	一般	控制要求更细,深度较深	

7.2　供方管理措施

供方管理目标是保证供方管理的安全性、可靠性和效率,以符合核质保的要求。主要措施包括关注质量、安全和持续改进。质量管理涉及通过质量检查、质量保证和质量控制来保证产品和服务的标准和规格被严格遵守，以满足相关标准。安全管理包括实施严格的工作流程和控制措施。持续改进则是持续监控和评估供应商的性能，实施反馈和改正措施，以提高供方的效率和质量。通过制定严格的供方选择、评估和管理政策，确保供方具有足够的资质和能力，以提供符合要求的产品和服务。

7.2.1　供方选择与评审

对密封产品涉及重要采购物项，如：核电用1、2级奥氏体不锈钢板、柔性石墨、镍基材料等，需要编制《物项和服务采购控制程序》，明确物项供方选择与评审要求，确保供方具有良好的供货质量保证能力和交付能力，供方主要评审内容包括：

（1）有合法的生产经营资格证照（如营业执照、质量安全管理体系、制造许可证等）；

（2）技术能力、生产能力、质量保证能力和商务履约能力，必要时开展源地考察评审；

（3）供货产品质量稳定、可靠程度（提供样品检验报告、合格证明材料等）；

（4）具有良好社会信誉，诚实守信。

通过对物项供方技术、制造、质保和商务履约等能力进行评估后，颁发合格供方认定证书或报告，建立健全《物项和服务合格供应商清单》管理，定期进行评估，确保供方持续地具备供货能力。

7.2.2　重要物项源地监造

关键件、重要件采购物项，还应编制采购物项质量计划，根据物项重要程度设置H点（停检点）、W点（见证点）、R点（资料审查点）控制，按设点情况进行供方现场监督见证，保证供方制造加工、检验试验等过程严格按照规程进行，质量完全符合采购技术条件要求。现场监督见证人员应按规定实施检查或监督，以验证供应商是否按照采购要求和供应商承诺进行活动。

现场监督见证人员按照采购技术条件和质量计划控制点，逐一进行符合性检查，除见证确认签字外，及时做好源地见证相关记录，纳入采购物项完工报告内容控制。

7.3 检验和试验

检验和试验涉及包括原材料检验、过程控制、试验验证以及合规性要求。

7.3.1 原材料检验

核电用密封产品用原材料检验是确保密封产品质量的重中之重，检验包括材料化学成分、力学性能、无损检测、辐照检测、外观质量、尺寸精度等检验项目。除此之外，还需要检查验证对应原材料的质量证明材料（质量证明书、合格证）、完工报告等资料是否齐全有效。核电用密封产品主要原材料有，核电用柔性石墨，1、2、3级奥氏体不锈钢板，不锈钢带，丝材，银带等，除在供方现场见证取样和封样外，材料进厂时还需对关键指标进行复验，必要时委托第三方资格单位进行检测。

原材料检验后应指定批次管理，不同批次原材料不应混用。

7.3.2 中间品检验

中间品检验是在产品制造过程中对半成品进行检验，以确保产品质量的稳定性。对于密封产品，主要中间产品有金属环、石墨环、镍基管环或带环、丝材、银带等，在加工过程中，采取自检、首检、巡检等方式进行，以确保过程产品符合质量标准。

7.3.3 成品检验

密封成品检验主要分为出厂检验和型式试验，不同类型密封产品检验项目不同，目前密封产品主要检验项目有：外观、几何尺寸、压缩率、回弹率、应力松弛、泄漏率、水压试验等。

1）出厂检验

出厂检验项目主要包括外观质量、几何尺寸等，出厂时按照技术规格书或GB/T 2828.1—2012《计数抽样检验程序 第1部分：按接收质量限(AQL)检索的逐批检验抽样计划》抽样规则进行抽样检测，需要形成检验记录。

2）型式检验

型式检验项目，根据产品类别不同而不同，常见的密封性能试验有：蒸汽密封性能试验、热循环试验、寿命试验等。

3）型式检验条件

（1）新产品试验；

（2）产品转型；

（3）正式生产后在结构、材料、工艺上有较大改进，可能影响产品性能；

（4）停产3个月以上恢复生产；

（5）质量监督机构或客户方提出型式检验要求。

7.3.4　检验方法

针对密封成品检验项目，采用不同的检验方法，选择合适的检验和测试方法体系是确保密封产品质量的关键因素之一。主要检验方法有物理、化学、机械性能测试等多种。常用检验项目使用的方法和工具见表7-2。

表7-2　主要检验方法

检验项目	主要检验方法	备　注
外观	目视检查、放大镜	专业技术资格证VT
几何尺寸	采用游标卡尺、千分尺、深度尺、II尺、专用检具、二次元检测、角度尺、通止规等	
平直度	将密封产品平放在平台上，圆周上选择均布点进行检测，在自重作用下用塞尺测量不接触表面与平台平面间的间隙	专用检测台面
圆度	采用圆度检具检测	
曲率	采用曲率检测工具检测	
粗糙度	粗糙度对比样块进行比对检查 粗糙度检测仪检查	
铁素体检测	亚铁氰化钾试验	化学分析资格证
射线（RT）、渗透（PT）检测	射线、渗透专业检测规程（必要时委托第三方检测）	专业技术资格证
压缩率	按照密封性能专用检测规程检测	力学分析资格证

（续表）

检验项目	主要检验方法	备　注
回弹率	按照密封性能专用检测规程检测	力学分析资格证
有效回弹量	按照密封性能专用检测规程检测	
总回弹量	按照密封性能专用检测规程检测	
应力松弛	按照密封性能专用检测规程检测	力学分析资格证
泄漏检测	常用方法有：气泡法、压力降法、压力差法、微流量测试法、泄漏收集法、超声波探测法、卤素气体检漏法、氦气检漏法	专业技术资格证
水压试验	水压测试是在水管或设备上施加水压的过程。根据系统的工况，测试的水压可以低于、等于，或者高于正常工况水压。水压通常维持一段时间，以确保管道和设备的可靠性	根据不同类产品编制水压试验规格
蒸汽密封性能试验	按照密封性能专用检测规程检测	
热循环试验	按照密封性能专用检测规程检测	

7.3.5 计量器具控制

1）计量器具分类

应建立完善的计量器具管理台账，根据重要性可分为A、B、C三个等级，进行严格管理和统一编号建账，安排周期检定和校准，确保计量器具处于合格受控状态，具体分类见表7-3。

表7-3 计量器具分类

分类	分类说明
A类	(1) 最高计量标准器具，主要用于量值传递； (2) 重要计量仪器，主要用于检测产品的A类质量特性； (3) 按照国家规定的准确度等级，作为检定依据用的计量器具； (4) 用于贸易结算、安全防护、环境监测方面，国家强制检定目录的工作计量器具

（续表）

分类	分 类 说 明
B类	(1) 用于内部物资核算的工作计量器具； (2) 生产工艺、工序过程参数和质量状态控制的各种工作计量器具和标准物质； (3) 用于产品检验、测量和试验的工作计量器具，如测微类、游标类、表类量具和专用量具； (4) 用于检测产品B类质量特性的各种检测仪器； (5) 用于内部满足产品工艺参数比较测量用的标准实物样件
C类	(1) 生产设备上配套的、不易拆卸的、仅起指示作用的各种指示仪表； (2) 一般盘装表和监测用的计量器具，对产品测量无直接影响； (3) 生产、生活等方面所使用的无精度要求的计量器具； (4) 低值易耗的计量器具以及一般测量辅助器具

2) 计量器具管理措施

计量器具管理措施见表7-4。

表7-4 计量器具管理措施

分类	主要管理措施
A类	(1) 对A类计量器具应严格进行管理，建立计量器具管理台账和档案，定期清点核实，保证账、物一致。 (2) 列入强制检定，制定周期检定计划、维护计划，定期经本计量部门，上级计量部门和计量器具厂商检定维护，要100%完成检定，维护确认。 (3) 对A类计量器具的使用资质进行明确，杜绝无资质使用状况。 (4) 对A类计量器具在合格期内的使用状况进行监督，定期归入其档案
B类	(1) 对B类计量器具应重点进行管理，建立计量器具管理台账，确保账、物、证一致。 (2) 列入本计量器具周期检定计划，按期开展周期检定工作，每个周期要完成98%的计量器具检定确认。 (3) 对计量器具的使用过程加强监督，定期进行巡校，确保在用计量器具状态良好。 (4) 每月对计量器具(量具)周检状况进行计量考核。 (5) 加强对计量器具的采购、入库、领用、检定、报废全过程进行监控。 (6) 不断对计量器具的使用人员进行计量培训，对特殊关键工序人员进行重点培训

（续表）

分类	主要管理措施
C类	对C类计量器具，由于其变动性大、损坏更新频繁，根据使用要求实施如下管理。 (1) 根据使用要求，入库或使用前抽样，或整批抽样，实行一次性检定或确认。 (2) 以分供方产品合格证为依据，不再进行检定。 (3) 有特殊要求但不能自行检验时，委托上级计量测试部门进行检验。 按要求实行有效期标识管理，粘贴相应标识

3）密封产品主要涉及计量器具

检测密封产品质量常用的计量器具有，游标卡尺、千分尺、深度尺、周径尺、粗糙度仪、塞尺、百分表、半径样板、测厚仪、电子天平、杠杆百分表、光面环规、螺纹环规、压力表、压力传感器、温度传感器、真空氦漏孔、真空表等。按照计量器具使用分类和管理，定期做好检定或校准，保证计量器具有效。

7.3.6 检验标准

检验标准是检验和测试体系的指导文件，包括产品的检验标准、测试方法、工艺规范等，检验标准可以参考国际标准、国家标准、行业标准、客户提供技术规范、企业内部标准等。

7.3.7 检验计划控制

检验计划是指对密封产品的检验方式、方法、抽样准则等确定，需要得到供需双方共同认可，执行过程中严格执行，以确保密封产品的质量具有完全符合性。在具体的检验中，一般包括抽样计划的确定，可接受质量水平(AQL)值的确定，缺陷允收的判定等方面内容；一般来讲，先确定抽样计划和AQL值的大小，在具体的缺陷判定后，做批量的判定完成整个检验计划，达到检验的最终目的；当然，客户合同或技术规格书中有明确抽样规则的，应严格按照客户要求执行。

检验计划主要包括以下内容：物项名称、规格、数量、材质、检查项目、标准要求、检查方法、使用工具、抽样方法、抽样标准、AQL值、检验日期等，检验前应根据检验对象的重要程度编制检验计划。

7.3.8 试验设计

试验设计[2]，是整个试验计划的制定过程，主要包括项目名称，试验目的、依据、内容及预期达到的效果，试验方案，试验单位的选取，重复数的确定，试验单位分组，试验记录项目和要求，试验结果分析方法，已具备的条件，需要购置的仪器设备，参加研究人员的分工，试验时间、地点、进度安排和成本预算、成果鉴定等内容。而狭义的理解是指试验单位的选取、重复数目的确定及试验单位的分组。密封产品研发设计和制造统计中的试验设计主要指狭义的试验设计。

试验设计的目的是避免系统误差，控制、降低试验误差，无偏估计处理效应，从而对样本所在总体做出可靠、正确的推断。

试验设计的任务是在研究工作进行之前，根据研究项目的需要，应用数理统计原理，作出周密安排，力求用较少的人力、物力和时间，最大限度地获得丰富而可靠的资料，通过分析得出正确的结论，明确回答研究项目所提出的问题。如果设计不合理，不仅达不到试验的目的，甚至导致整个试验的失败。因此，能否合理地进行试验设计，关系到密封产品研发工作的成败。

常用的密封产品试验设计方法：试验设计在质量控制的整个过程中扮演了非常重要的角色，有助于密封产品质量提高，工艺流程改善的重要保证。常见的试验设计方法，可分为两类：一类是正交试验设计法，另一类是析因法。

1）正交试验设计法

正交试验设计法是研究与处理多因素试验的一种科学方法。利用一种规格化的表格——正交表，挑选试验条件，安排试验计划和进行试验，并通过较少次数的试验，找出较好的生产条件，即最优或较优的试验方案。如：

正交表的表示方法：一般的正交表记为 $L_n(m^k)$，n 是表的行数，也就是要安排的试验数；k 是表中列数，表示因素的个数；m 是各因素的水平数；常见的正交表：

2 水平正交表：$L_4(2^3)$，$L_8(2^7)$，$L_{12}(2^{11})$，$L_{16}(2^{15})$等；

3 水平正交表：$L_9(3^4)$，$L_{27}(3^{13})$等；

4 水平正交表：$L_{15}(4^5)$；

5 水平正交表：$L_{25}(5^6)$。

2）析因法

析因法又称析因试验设计、析因试验等，主要研究两个或多个变动因素效应的有效方法。许多试验要求考察两个或多个变动因素的效应。例如，若干因素变动对密封产品质量的效应，对试验装置的效应，对金属材料性能的效应，对试验过程方法效应等等。将所研究的因素按全部因素所有水平的一切组合逐次进行试验。

7.3.9 检验记录控制

密封产品主要检验记录，包括外观和尺寸检查报告、清洁度检查报告以及密封性能试验报告等，这些报告是密封产品质量的重要证明文件，可以用于产品质量追溯和质量改进分析，其主要控制要点有：

(1) 记录的形式、编号及要求；

(2) 记录的收集、标识和归档；

(3) 记录的保存和销毁；

(4) 记录的查阅、借阅；

(5) 记录样式的批准、更改及发放；

(6) 记录的保存期限。

7.4 质保分级控制

明确核电所需密封产品的质保级别，针对质保级别进行控制，为合理分配有限资源，充分保障不同级别密封产品的质量得到有效控制，满足核电工程公司、运行公司、核电业主及原始设备制造商供方的不同质保级别要求。但因密封产品是易耗件，核电每个检修周期内都需要更换，密封产品分级不同于核电主设备，没有专门的分级标准，主要源于核电机械承压设备分级作为参考，主要参考质保分级[3]见图 7-1。

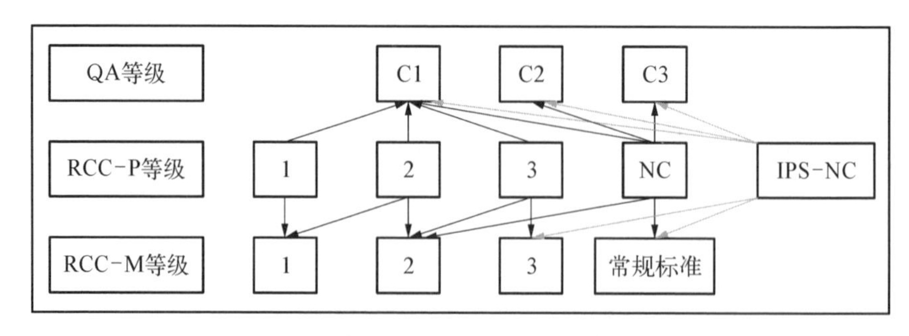

图 7-1 核电机械承压设备质保分级与制造分级关系

注：不同核电工程公司和运行公司对质保分级代号略有差异，
常见有：C1、C2、C3 和 QA1、QA2、QA3、QNC 级

不同质保等级控制要求不一样，具体见表7-5。

表7-5　密封产品质保级别控制要求

序号	质保级别	主要控制要求
1	C1/QA1	(1) 已立项项目，针对HAF 003编制项目质保大纲、程序文件、作业指导书、质量计划及相应记录，进行全流程控制； (2) 未立项项目，参照核质保体系文件，独立编制质量计划，必要时编制独立的设计、采购、制造、检查和试验相关文件，形成完整完工报告
2	C2/QA2/QA3	(1) 参照核质保体系控制，提供质量证明书和合格证； (2) 客户有要求时，编制项目文件或质量计划进行控制，形成完整的完工报告； (3) 凡未编制质量计划的，每月针对加工任务号汇总交付产品涉及任务单、工艺或图纸、制造记录、检验、试验等记录，按月度汇总整理存档备查
3	QNC级	按ISO 9001(GB/T 19001)质量管理体系控制，客户有特殊要求时按客户需求控制

7.5　质量计划

质量计划是对核级密封产品制造实施质量控制的重要质量管理文件，同时还是协调制造方同买方(见证方)之间质量监督活动的一份重要接口文件。

7.5.1　质量计划的内容

质量计划包括但不限于以下内容：

(1) 项目名称、产品名称、规格数量、技术要求、材料、批号、订单号(或合同号)等；

(2) 采购材料的验证；

(3) 产品全过程的关键制造工序和重要检验工序；

(4) 应遵循的文件(适用标准、程序或细则、操作依据)；

(5) 从事质量控制的单位；

(6) 控制点的选择；

(7) 需要形成的检查和试验记录或报告。

7.5.2 质量计划设点说明

(1) H 点：停工待检点，表示在指定该 H 点的单位不在场，该工序不得开始，除非预先获得该单位的书面许可。

(2) W 点：现场见证点。表示工作开展前，指定单位应被预先通知，但如果指定单位不在操作现场，制造商可以在合同规定的条件下进行操作。

(3) R 点：记录确认点。表示工序执行后应有相关记录、文件或报告，以便指定记录确认点的单位进行审查。

(4) I 点：内部检查点。对于有密封技术秘密要求的工艺技术记录，制造过程记录仅供现场检查，保存于制造方内部。

7.6 设备制造完工报告 EOMR

EOMR 是密封产品制造的过程文件、记录、报告，是质量控制的追溯文件，可以作为密封产品在设计、制造、检验和试验、安装、调试等过程中的备查资料，主要格式内容有：

(1) 符合性声明(或质量证明书)；

(2) 第三方监督的相关报告(如有)；

(3) 材料清单及相关的质量证明文件(包括所用材料的原始和入厂复验报告等相关质量证明文件)；

(4) 外购件清单及相关的质量证明文件(如有)；

(5) 最终阶段的质量跟踪文件(包括质量计划清单、签字版的质量计划及 H 点的放弃证明文件)；

(6) 成品检验报告；

(7) 密封性能试验报告(如压缩回弹、泄漏率、水压试验等试验报告)；

(8) 不符合项报告清单；

(9) 须审查的技术变更和澄清的清单及相关文件；

(10) 工厂质量放行单(如有)；

(11) 其他合同规定内容。

7.7 质保数字化要求

随着工业互联网应用的普及，质保数字化已成为制造业转型升级的重要方向，密封产品质保数字化通过数据采集、传输、处理和分析，实现质保过程的自动化、智能化、数据共享，提高生产效率和产品质量。

密封产品全面质保数字化基本要素如下：

(1) 智能化设备：质保数字化需要使用智能化设备，如工业物联网传感器、自动化成型机、智能化机床等，以实现生产过程的自动化和智能化。

(2) 数据采集与处理：质保数字化需要实现对生产数据的采集、传输、处理和分析，以便及时掌握生产过程中的数据变化、异常情况等。

(3) 生产执行系统(MES)：质保数字化需要实现生产执行系统，包括生产计划制定、工艺技术参数、生产进度管理、生产过程控制等，以实现生产过程的高效化和智能化。

(4) 质量管理系统：质保数字化需要实现质量管理系统，包括产品质量检测、质量监控、质量分析等，以保证产品质量的稳定性和可靠性。

(5) 数据安全保障：质保数字化需要实现数据安全保障措施，如网络安全、数据备份、灾难备份等，以保证生产数据的安全性和可靠性。

另外，质保数字化的全面实现需要密封产品制造方高层的对数字化工作的重视和持续的资源投入。作为公司战略规划的重要内容之一，这一进程要求全员参与，确保在运行过程中不断优化和改进，从而实现真正的线上线下同步运行。

7.8　核安全质量文化意识

建立密封产品核安全质量文化，强化员工的核安全质量意识、诚信意识和责任意识，营造全员参与质量管理的氛围，形成核安全质量文化意识形态，是确保密封产品质量保证安全的重要根本，我们需要做好如下几方面。

(1) 认真贯彻执行“四个凡事”、“两个零容忍”、“严、谨、细、实”的核安全质量文化理念，做好核安全文化培训和宣导。

① 四个凡事：凡事有章可循，凡事有据可查，凡事有人监督，凡事有人负责；

② 两个零容忍：弄虚作假零容忍，违规操作零容忍。

(2) 做好防造假控制，开展原材料供方提供质量证明文件，第三方检测报告，制造过程质量记录防伪核查机制，同时防造假核实过程做到何时、何地、与谁核实，形成核查记录台账。

(3) 对核安全要有敬畏之心，密封产品设计、制造过程如履薄冰，失之毫厘，谬以千里。

(4) 坚持密封产品的质量是“研发、设计、制造出来的,不是检验出来的”。

(5) 严格执行工艺技术标准和质量控制文件,守住每个细节过程的安全和质量屏障,尤其做好心理和意识形态的屏障。

(6) 定期开展核安全和质量文化意识培训,采用科学有效的绩效制度引导。

(7) 积极经验反馈,持续改进提升。

综上所述,核电用密封产品全生命周期中所涉及的市场需求调研、产品设计、材料采购、制造、检验和试验、包装标识、运输、存储、安装、调试和检修更换等全过程,任何一个环节都需要严格的质量控制,形成质量控制体系来保障密封产品质量,从而保证核电运行安全,提升经济效益。

参考文献

[1] 国家核安全局. 核电厂质量保证安全规定: HAF 003—1991[Z]. 北京: 国家核安全局,1991: 148-149.
[2] 国家质量专业技术人员资格考试办. 2010 全国质量专业理论与务实(中级)[M]. 北京: 中国人事出版社,2010: 92-93.
[3] 国家核安全局. 质量保证分级手册: HAFJ 0045[Z]. 北京: 国家核安全局,1991: 4-5.

第 8 章

密封失效分析

密封失效分析是用于确定工业设备的密封系统故障原因的技术方法。通过该分析过程，可以识别造成故障的主要因素，从而预防将来相同问题的发生。这通常涉及检查受损的密封系统、审视操作条件，以及对密封的材料、设计、安装方式、运行环境和维护活动等多个方面进行评估，以确定密封失效的根本原因。这促进了设计的改进、材料的更新、安装的优化以及维护策略的调整。随着密封技术的进步，耐用新材料的引入，以及智能监控系统的集成，均有利于增强密封元件的可靠性和整个设备的性能。

8.1　密封失效现象及其主要原因

密封的本质在于防止或者最大限度地减少泄漏。密封装置或密封件如果在其使用寿命期内的泄漏量保持在预设的允许范围之内，就可以被认定为是合格且可靠的。一旦泄漏超出这一允许范围，该密封就被判定为失效。失效的密封装置或密封件不再能够满足其密封的职能，这种情况通常是机械作用、材料性能退化或运行条件变化所导致。

密封失效主要表现为以下几种现象：

(1) 密封装置或密封件已完全失去密封功能，导致装置无法继续正常运转；

(2) 密封装置或密封件出现的泄漏量超出了预设的允许范围；

(3) 密封元件或密封装置因结构完整性缺失或损坏而无法继续执行其密封职能。

造成密封失效的原因很多，主要包括设计、选材、制造、安装、持续使用以及运行工况不稳定等，这些原因会导致密封装置在使用过程中，造成密封工作比压下降，从而在介质压力的推动下，介质通过泄漏间隙或通道发生泄漏，导致密封失效。

1）设计原因

在初始设计过程中，未能针对运行工况条件，包括压力、温度、介质相容性等因素，综合考虑合适的密封结构，合理选择密封件型式、密封件材料和合适的安装载荷等。

2）制造原因

密封件的制造质量也会对密封失效产生影响。密封件由于使用的材料不同，其性能也存在差异，如硬度、弹性模量、耐磨性等。在制造过程中出现的尺寸偏差、表面粗糙度等问题，会导致密封件的接触面积不充分、接触不良。加工工艺会影响密封件的尺寸精度和表面质量，如加工误差导致密封件尺寸不准确，表面粗糙度增加，细微裂纹和变形等，这些都会导致密封件在使用中容易发生泄漏失效。因此，密封件的制造过程应该严格控制，确保密封件的材料、尺寸、加工和设计都满足相关要求，以保证密封件的性能不发生严重衰减并有较长的使用寿命。

3）压力变化

介质压力变化会导致作用在密封件上的密封比压变化，如果持续发生压力波动，也会使密封件以及密封装置中的其他部件疲劳，当介质压力升高，甚至超过系统设计压力的时候，与前面的疲劳载荷共同作用，就会引起密封失效，甚至带来密封件"被吹出"的风险。

4）温度变化

介质温度变化会导致密封件的热胀冷缩，从而引起密封件密封比压的变化，影响密封性能。当系统出现温度交变时，密封装置内部不同部件因使用的材料性能差异会影响其在使用时的变形行为。如金属与金属、金属与非金属材料导热系数以及线膨胀系数不一致，基础尺寸不同、沿着直径方向和轴向各节点温度变化不同步等因素，引起轴向、径向、周向变形不协调，导致密封件的密封比压，或者增大，甚至产生被压溃现象，或者降低，不足以保证密封所需要的比压水平，引起密封失效。另外，一些非金属密封材料特别是大尺寸密封件，温度变化可能导致其尺寸的较大变化，会导致难以安装或在运行过程中因变形而导致密封比压变化而发生泄漏。

5）介质相容性不匹配

密封件在接触化学介质时，不仅需要保证密封件不被介质腐蚀（侵蚀），还要保证密封材料本身对介质不产生污染。在运行过程中，密封件始终与介质保持接触,如果选材不当,就会产生化学腐蚀,不仅会导致密封件自身质量的损失和性能下降,还会影响密封接合面之间的紧密性,从而导致密封失效。

6）材料蠕变和老化

密封材料在一定的应力作用下,其变形会随时间不断增加,即发生蠕变。蠕变是材料不可避免的一种现象,随温度和应力增加而增加,其本质是材料内部结构随时间和应力作用引起弹性变形向塑性变形的转化,从而导致密封件的永久变形的增加,密封材料产生失弹和密封比压下降,使泄漏增加乃至密封失效。对于非金属材料特别是橡塑密封材料,由于受温度、介质、大气等作用,会发生老化,引起材料硬化、失弹、龟裂等现象,从而失去密封功能。对于无机非金属材料,在持续的高温作用下,也会出现热损失现象,即密封件质量下降,引起密封比压下降和密封性能的劣化。

7）摩擦磨损

密封件在使用过程中会因摩擦和磨损作用而导致密封性能下降。静密封结构一般不存在摩擦磨损现象,但法兰的扭转也会对垫片造成严重摩擦损伤。摩擦磨损是影响动密封使用效果和寿命的一个主要原因,如机械密封和填料密封的泄漏失效很多就是由摩擦副和密封填料的摩擦磨损造成的。

8）安装不当

密封件的安装不当会导致密封面不平整、变形或损坏,从而影响密封性能,这是很多密封失效的主要原因。安装过程的不规范,法兰的安装误差(不平行、不同轴等)通常会导致螺栓载荷不足、分布不均或过载,从而引起密封面变形不均匀或过度受载乃至局部压溃或损坏,最终导致密封失效。

综上所述,导致密封失效的影响因素很多,大部分影响因素均能造成密封比压下降,从而在介质压力的推动下,导致密封失效。

密封失效主要解决方案包括:

(1) 更换密封件。密封失效的主要原因是密封件老化、磨损或损坏,因此更换密封件是最常见的解决方案。

(2) 调整密封件。有时候密封件的安装位置或紧固力度不正确,也会导致密封失效。此时可以通过调整密封件的位置或紧固力度来解决问题。

(3) 清洗密封面。密封面上的污垢或异物会影响密封效果,因此可以通过清洗密封面来解决问题。

(4) 更换密封面。如果密封面已经严重损坏或磨损,就需要更换密封面。

(5) 使用密封剂。在一些特殊情况下,可以使用密封剂来增强密封效果。

但是需要注意选择合适的密封剂，并按照使用说明正确使用。

8.2 常用密封装置的失效分析

螺栓法兰连接装置和阀门阀杆填料密封装置是核动力装备中最常见的两种密封装置，通常也是泄漏多发的位置，分析导致密封失效的本质原因，即密封工作应力 σ_{go} 缺失原因，是解决泄漏的关键前提。

8.2.1 螺栓法兰连接密封装置

在工业生产中，螺栓法兰连接密封装置(见图 8－1)是最常见的密封结构。

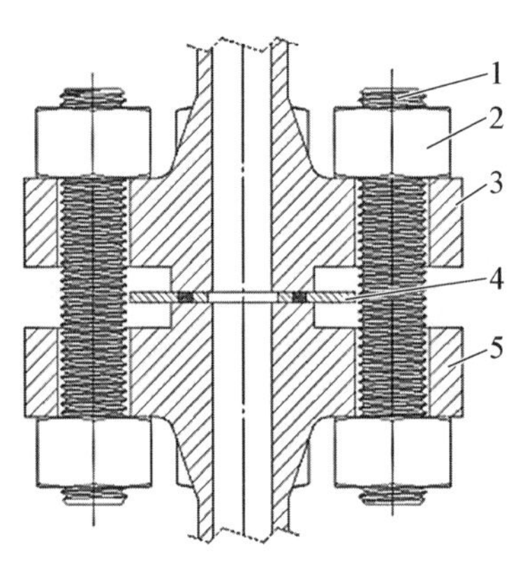

1—紧固螺栓；2—紧固螺母；3—法兰；4—密封垫片；5—法兰。

图 8－1 法兰螺栓连接密封装置

根据工程实践，螺栓法兰连接密封装置密封失效的主要原因有工艺原因、法兰原因、螺栓原因、密封件原因、安装原因五个方面。

1) 工艺原因

化工装置中存在大量的腐蚀介质，这些介质会对密封件的材料产生损害；高温环境会使得密封件的材料性质发生改变；高压环境下，密封件的材料会变形或者产生裂纹；介质对密封面或者密封件进行黏附，使得密封界面无法完全贴合；压力和温度波动，会引起变形不协调和疲劳载荷；机械振动，流体脉动等会对密封装置产生额外的载荷；管道推力过大，法兰存在强制分离趋向或挤压现象，并增大法兰偏转角。

2) 法兰原因

法兰强度或刚度不足，在介质压力和螺栓载荷的共同作用下，形成偏转超限、翘曲、变形或失稳。法兰生产、运输、安装过程中所受的物理荷载和其他因素的影响，导致法兰表面不平整、出现划痕、腐蚀、损伤等现象。法兰材料选择不当，同样会导致密封失效。

3) 螺栓原因

螺栓预紧力不足，会导致法兰之间的接触面积不充分，并可能导致垫片压缩不均匀，从而影响了密封性能；而螺栓预紧力过大容易导致垫片损坏或变形,从而影响密封性能,甚至有可能使得法兰变形。如果螺栓质量不好或者使用时间过长,会引起螺栓蠕变松弛、螺栓弯曲、螺栓螺母塑性变形超限、螺纹咬死,甚至出现螺栓断裂的情况,最终导致密封失效。

4) 垫片原因

垫片材料与运行工况不适配,受到介质侵蚀,可承受的密封比压降低;密封件本身质量不佳或者其制造工艺不符合标准,可能导致垫片本身性能下降,如回弹力缺失,紧密度降低,在使用过程中过度变形甚至破裂,垫片抗蠕变松弛能力不足等现象。

5) 安装原因

安装前,未对垫片及法兰密封接触面进行检查,并确定其表面粗糙度和平整度等参数是否符合要求;安装过程中,由于操作不当或者设备不洁净等原因,可能会在接触面上留下杂质;由于安装载荷的不均匀,可能导致接触面局部变形或者密封比压不足等问题。不同类型的密封件需要采用不同的安装方法,如果使用不当就可能导致接触面变形、密封应力不足;配对法兰不同轴并存在周向错位,法兰平行度超限,垫片安装前间隙过大,造成虚载荷等。这些不当安装均可能影响密封的可靠性和紧密性。

8.2.2　阀门阀杆密封失效

阀杆填料(见图 8-2)在运行过程中,如果存在以下问题,就可能导致填料密封失效。

1) 填料材料

填料材质过软或过硬,耐温性能和耐压能力不足,以及介质相容性不匹配,会引起填料密封失效。

2) 运行过程

随着阀门的开启和关闭,阀杆与填料之间产生摩擦磨损,磨损程度与填料的摩擦系数、阀杆表面硬度、粗糙度、平直度、阀杆与填料函的同轴度、线速度以及填料与阀杆表面密封比压有关,其中任一项指标出现异常,都会降低密封效果,导致泄漏增加乃至密封失效,从而降低填料密封的使用寿命。

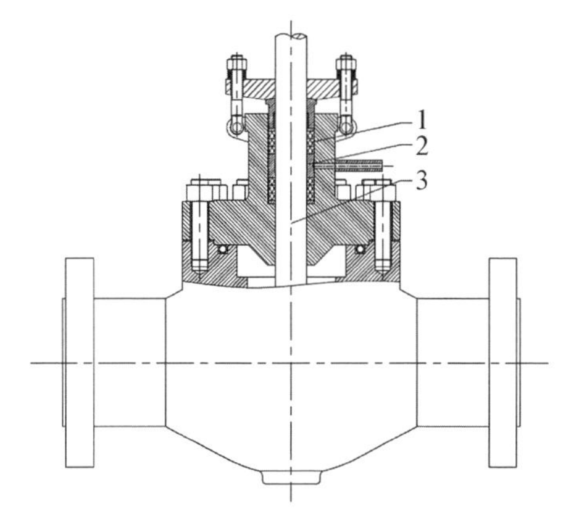

1—填料环;2—套环;3—轴。

图 8-2　阀杆填料密封结构

3）压缩载荷

填料通过径向载荷使其与阀杆及填料函紧密接触，其大小和分布的均匀性直接影响填料的密封效果和使用寿命，径向压紧载荷通常由填料轴向载荷转化而来，而填料轴向压缩载荷来自轴向压盖的加载，填料材料和结构及其侧压系数、压缩程度是影响轴向载荷转化为径向载荷大小并确保其均匀性的关键因素。压缩不够，径向载荷不足，直接影响填料本身的紧密性；压缩过度则会导致径向载荷过大与阀杆发生过度摩擦和磨损，加速密封填料的磨损，也会导致密封失效。

4）填料安装

填料在安装过程中，如果大小、尺寸、角度、方向、安装载荷、压缩程度、装配形位公差、阀杆和阀盖匹配等控制不好，会引起阀杆和填料的不均匀磨损，最终导致密封比压不足，引起密封失效。

5）化学和电化学腐蚀

填料材料中存在一定量的有害元素，如硫、氯、磷、氟等，持续接触，会对阀杆和填料函产生化学腐蚀。另外，对于石墨类填料，作为典型的阴极材料，在有电解质存在的条件下，极容易产生电化学腐蚀。阀杆一旦产生腐蚀，其与填料的摩擦磨损会急剧增加，接合面密封比压会降低并产生分布不均，从而加大了泄漏通道，增加了引起密封失效的风险。

8.3 典型密封失效案例分析

本节将对典型的密封失效案例进行分析，以期为读者提供避免密封失效的方法。

8.3.1 密封面异物导致密封失效

安装于反应堆压力容器顶盖的C形密封环（见图8-3），内外两环的尺寸分别为Φ4 071.7 mm×Φ12.9 mm和Φ3 989.1 mm×Φ12.9 mm，因其使用场景的极端重要性，从设计、制造、试验、验证、质量控制到最后安装，整个过程都需要严格控制，是核电站要求最严格的密封件。

2017年12月，某核电站某一机组出现压力容器泄漏管线温度报警，同时出现压力和温度上升的信号，经开盖对容器顶盖、筒体以及C形密封环检查，确认C形密封环存在泄漏。

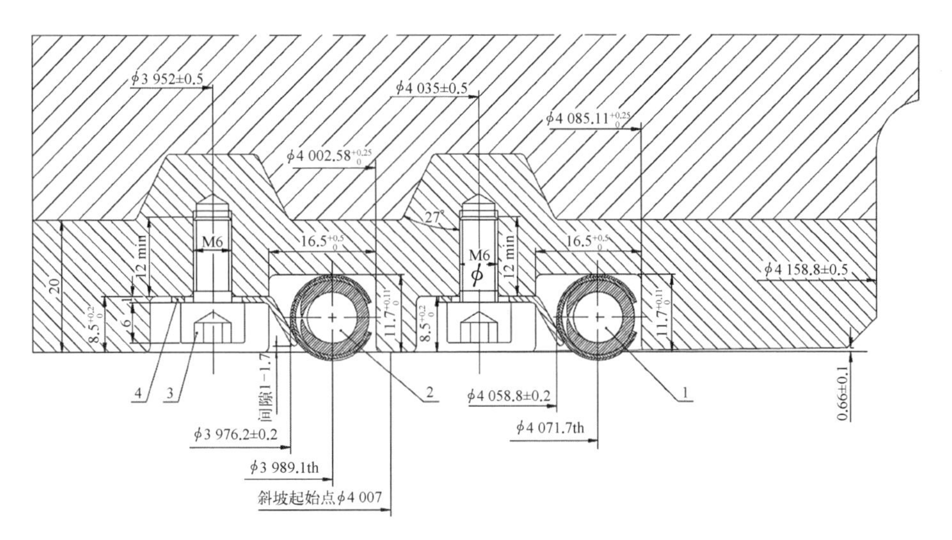

图 8－3　安装于反应堆压力容器顶盖的 C 形密封环

经过对主螺栓残余拉伸量、法兰间隙、固定螺钉等检测，均无异常，且满足相关规程要求。在对筒体密封面和 C 形密封环进行检查时，发现有一处密封线明显不连续，C 形密封环外侧与筒体接触处存在明显扩散状异物，并有凸起触感，擦除凸起后，密封面无损伤，而 C 形密封环对应泄漏位置存在明显破损，银层有部分脱落和凹陷。经过对 C 形密封环制造、运输、存储等过程追溯，经分析判断，密封环本身符合质量要求，最终确定是密封接合面之间存在异物，导致密封面封线不连续，导致泄漏发生。

8.3.2　压溃、过度塑性

核电非再生热交换器是蒸汽发生器排污系统（APG）中的重要设备，其管程设计压力为 8.5 MPa，水压试验压力为 12.75 MPa。上、下法兰密封结构为管板兼做法兰，密封垫片选用带内外环型（D 型）石墨金属缠绕垫片，其尺寸为 Φ465 mm×Φ444 mm×Φ416 mm×Φ405 mm×6.4 mm/5 mm，法兰盖紧固螺栓规为 M36，数量为 16，螺栓法兰密封结构见图 8－4。

蒸汽发生器排污系统的主要功能是将蒸汽发生器二次侧的排污水温度降至 60 ℃以下，以保证 APG 系统中除盐器树脂的良好工作条件，保证蒸汽发生器在不同工况、不同的二次侧流量下进行连续排污，并对排污水进行冷却和减压，最终在返回冷凝器继续使用或排放前对排污水进行处理。

再生热交换器有以下运行条件：① 在维修保养时的功率运行；② 热备

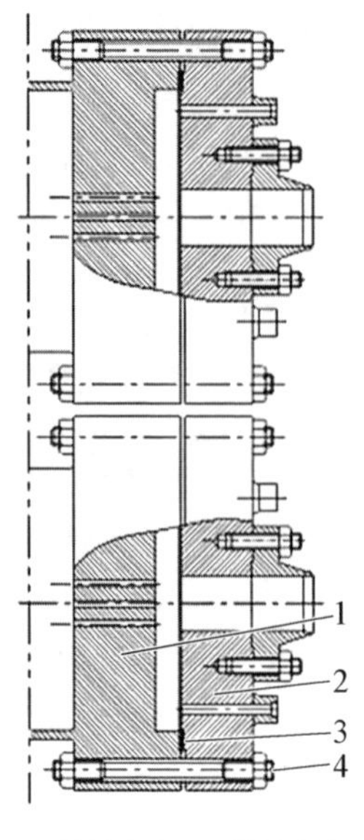

1—管板法兰；2—盖板法兰；
3—密封垫片；
4—紧固螺栓螺母。

图 8-4 螺栓法兰密封结构

用；③ 热态试验和临界前热态试验；④ 从冷停堆到热停堆或从热停堆到冷停堆的温度变化期间进行切换。根据多个核电站反馈，现场切换过程中泄漏情况比较严重，最初呈线状泄漏，到正常运行时约 5 s 泄漏一滴。螺栓拧紧力矩从 1 000 N・m 增加到 1 450 N・m 后，泄漏依然存在。

1）原因分析

所用密封垫片表面质量，尤其是密封面厚度与内外环厚度控制不严，与设计要求的压缩量不匹配，埋下了被过压的隐患。

水压试验前的初始安装，需要将介质推力预先加载到密封垫片上，对密封垫片而言，施加的载荷会出现过载现象，导致垫片本身出现严重塑性变形甚至被压溃，在正式运行过程中，由于存在温度变化，当螺栓因为升温而导致载荷下降时，垫片因不再具备回弹能力而导致泄漏。

所用密封垫片出现泄漏后，密封面已损伤，再次预紧只会加重塑性变形乃至压溃。

2）解决方法

针对垫片过载被过度压缩的主要原因，采用“金属碰金属”概念，对密封垫片进行重新设计，确保载荷和位移的高度匹配，保证密封有效。

重新计算螺栓载荷，保证与介质压力、密封结构相匹配。

8.3.3 法兰与密封件失配

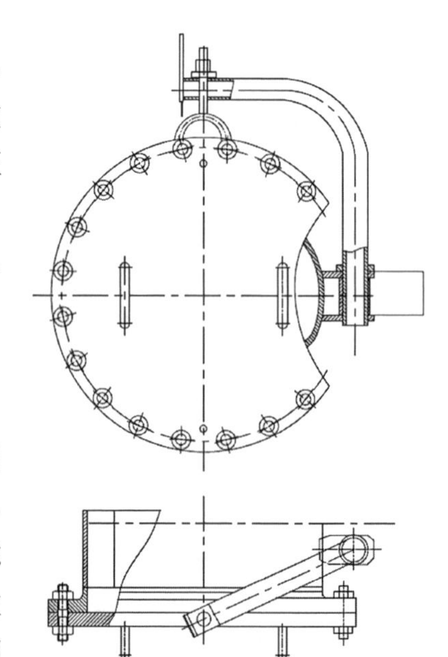

图 8-5 PTR 储罐人孔

某核电 PTR 常压储罐底部人孔（见图 8-5）垫片原设计使用三元乙丙橡胶垫片，尺寸为 Φ780 mm×Φ600 mm×3 mm，考虑到在辐照环境下，橡胶垫片的寿期有限，改成相同尺寸的无石棉垫片后出现渗漏和硼结晶现象。再次更改为石墨增强垫片，尺寸

修改为 Φ698 mm×Φ619×3 mm，但在运行中，仍有渗漏发生。

1) 原因分析

不同的密封件对垫片比压的要求不同，软质垫片密封应力较低，硬质垫片一般需要较高的垫片载荷来保证足够的垫片变形。垫片比压是通过螺栓加载法兰后传递给密封件的，所以必须保证这个螺栓法兰连接系统具有足够的强度和刚度，防止法兰在螺栓力作用下发生翘曲变形，从而引起垫片承载不均匀。根据现场反馈及对垫片分析，由于原垫片为三元乙丙橡胶，GB 150 系列国际推荐的初始密封比压为 1.4 MPa，即使密封面宽度为 90 mm，密封装置所能提供的螺栓载荷依然足够。更换成石墨增强垫之后，虽然其密封面宽度为 39.5 mm，按照工程经验值，其初始密封必须要 25 MPa 以上，但由于法兰强度和刚度不足，无法提供足够的压紧载荷以满足垫片预紧密封比压，最终导致密封渗漏失效。

2) 解决方法

在法兰螺栓系统所能提供的载荷条件下，为了保证密封比压的有效性，将密封面宽度减小至 15 mm，同时设置压缩限位环，从而降低因螺栓载荷引起的法兰偏转角，保证密封面在直径方向的载荷均匀性，最终解决了密封渗漏失效问题。

8.3.4　轴向变形不协调导致内漏

螺纹锁紧环高压换热器（见图 8-6）是采用螺纹锁紧环来替代传统法兰螺栓连接结构，用以克服介质推力，同时在锁紧环上设置两圈压紧螺栓提供密封工作载荷。所谓“外圈螺栓管外漏”，即采用外侧一圈外压紧螺栓（见图 8-6 中器件 2）给筒体与平盖封头之间的密封提供密封载荷，“内圈螺栓管内漏”，即

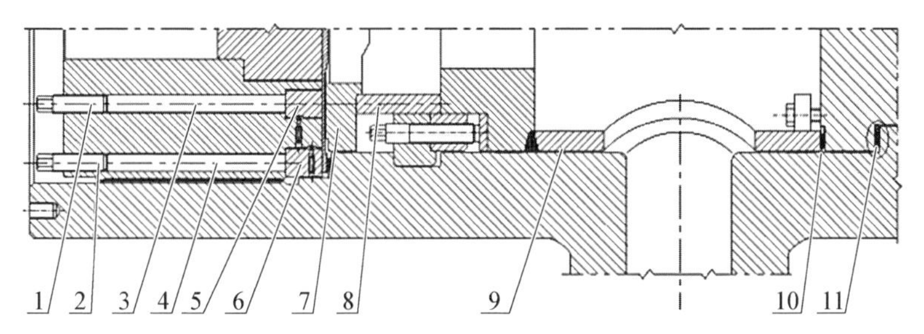

1—压紧螺栓；2—压紧螺栓；3—顶销；4—顶销；5—内圈压环；6—外圈压环；7—压环；8—内套筒；9—分程箱；10—密封垫；11—密封垫。

图 8-6　螺纹锁紧环高压换热器

采用内侧一圈内紧螺栓(见图 8-6 中器件 1)给管板与壳程筒体之间的密封提供密封载荷。这个载荷通过内套筒(见图 8-6 中器件 8)、分程箱(见图 8-6 中器件 9)等部件传递,距离较长。在运行过程中,密封垫片(见图 8-6 中器件 11)频繁发生泄漏(内漏),降低了换热效率,严重影响产品质量。

1) 原因分析

换热器管箱的密封垫片支撑点为基点,密封垫片(见图 8-6 中器件 11)到预紧垫片的压紧环(见图 8-6 中器件 6)之间内件的长度约为 1 230 mm,内件主要材料为 S32168,换热器管箱壳体材料为 12Cr2Mo1,这两种材料在不同温度下的线膨胀系数差异较大,见表 8-1。

表 8-1　材料线膨胀系数

材料	温度/℃										
	0	50	100	150	200	250	300	350	400	450	500
12Cr2Mo1	10.76	11.12	11.53	11.88	12.25	12.56	12.90	13.24	13.58	13.93	14.22
S32168	16.14	16.30	16.51	16.67	16.80	16.93	17.03	17.15	17.25		

注:在下列温度与 20 ℃之间的平均线膨胀系数,$1\times10^{-6}℃^{-1}$。

通过计算可得,在密封垫片到预紧支点间在 262 ℃温差下,内件与筒体之间存在 1.35 mm 的热膨胀差值。由于存在 1.35 mm 热膨胀差值,这个差值必须通过密封垫片进行吸收和补偿。也就是说,当垫片在常温状态下安装完成后,设备达到最高温度时,内件产生的 1.35 mm 热膨胀差值,必须全部由垫片吸收补偿,而一般的密封垫片根本不具备这么大的吸收和补偿能力,绝大部分的垫片会被巨大的压缩载荷所压溃,而基本丧失了垫片的回弹性能;当设备降温时,热膨胀差值缩小,此时,又需要密封垫片回弹来弥补这个差值;如此几个热循环后,密封垫片已经丧失压缩和回弹特性,就会出现设备高温时密封尚可,降温时出现泄漏的情况;而密封垫片一旦出现泄漏,往往因为高流速介质的冲刷,造成密封垫片和法兰面冲刷侵蚀,进一步加剧了介质泄漏。

2) 解决方法

(1) 减少热膨胀差值。

由于设备结构和材料已经设计定型,基本没有条件从结构和材料上进行改善。

(2) 通过设计新型的密封垫片，吸收和弥补热膨胀差值波动。

a) 设计金属碰金属结构的密封垫片，提高垫片抗压缩载荷能力；

b) 选择耐温耐压性能好，密封性能可靠的金属密封环＋恒应力石墨密封垫片结合的密封垫片(见图8-7)。

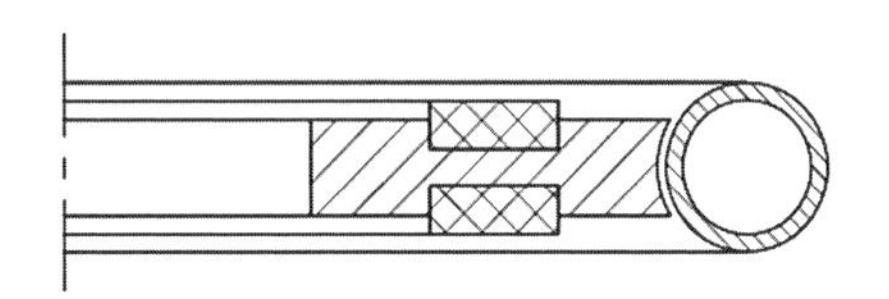

图8-7　密封垫片示意图

(3) 通过弹性密封组件来吸收热膨胀差值，减小对密封垫片的冲击。

在密封锁紧的小螺栓底部设置弹性密封组件，使中间内件处于一个弹性支座上，升降温度引起的热膨胀差值完全由弹性密封组件吸收，而密封垫片的整体载荷基本保持不变(见图8-8)。

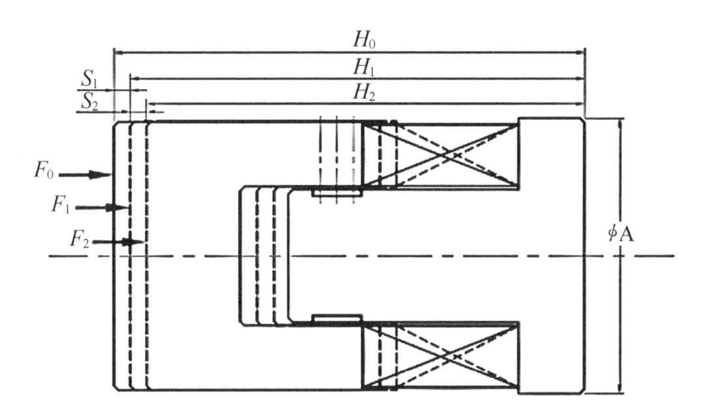

H_0—原始高度；H_1—安装后高度；H_2—膨胀变形后高度；S_1—安装压缩量；S_2—膨胀量；F_0—原始状态下，载荷为零；F_1—安装后载荷；F_2—膨胀变形后载荷。

图8-8　弹性密封组件示意图

8.3.5　频繁热交变

催化汽油吸附脱硫装置(S-Zorb装置)，采用吸附脱硫工艺技术。该技术基于吸附原理对催化汽油进行脱硫，通过吸附剂选择性地吸附含硫化合物中的硫原子而达到脱硫目的，具有脱硫率高(可将硫脱至10 μg/g之下)、辛烷值损失小、氢耗低和操作费用低的优点。反应器介质为氢气+汽油+吸附剂，操作压力约 2.6 MPa，操作温度约 416 ℃。采用流化床工艺，底部进料、顶部出料，在顶部设置了过滤器。反应器内的气相介质通过过滤器时，气相夹带的吸附剂颗粒会聚集在滤芯表面，形成滤饼。随着滤饼层厚度的逐渐增加，过滤器的压降也逐渐增加，当压降达到一个预先设定值时，SIS 系统启动自动反吹程序，去除滤芯表面滤饼。

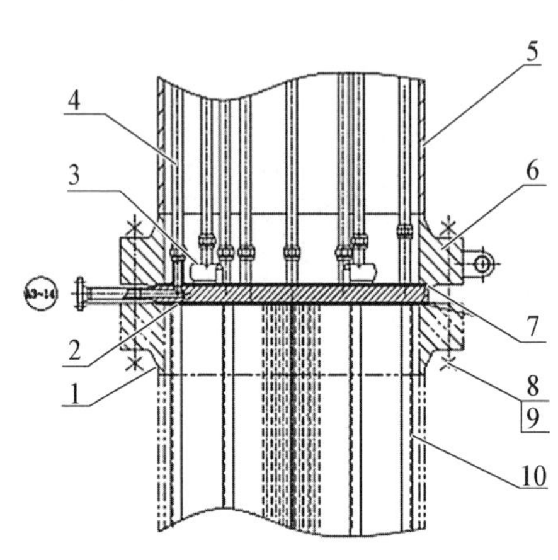

1—反应器法兰；2—管板；3—反吹歧管；4—反吹预热管；5—过滤器壳体；6—过滤器法兰；7—垫片；8—螺柱；9—螺母；10—滤芯。

图 8-9　反应器与过滤器连接结构图[1]

过滤器由壳体、管板、滤芯、内部反吹预热管、反吹歧管及外部反吹阀组成。外部反吹阀共 6 只，编号 A～F，每只反吹阀后路的管线一分为二，对应管板上的 2 个管口（A 阀对应 A3、A4 管口，B 阀对应 A5、A6 管口，以此类推）。管板上方的反吹歧管有 126 个脉冲喷嘴（用于加强反吹效率），一个脉冲喷嘴对应一支滤芯。结构见图 8-9。

根据现场反馈，反吹介质为 6.766 MPa、240 ℃的氢气，开工初期，一般是 2～3 h 反吹一次，末期一般 0.5 h 甚至更短，每个反吹循环时长 6 min。自首次开工以来，该装置的反应器大法兰长期存在泄漏问题，多次发生着火，严重影响了装置的安全生产和正常操作。

1）原因分析

（1）周期性地、按顺时针方向对 6 个分区进行反吹，压力和温度频繁地波动，会导致密封装置中各个部件变形不协调，导致密封工作比压下降，密封失效。

（2）温度变化引起的热胀冷缩使密封垫片所受压紧载荷即密封比压不断发生变化，产生棘轮效应，变形棘轮导致垫片厚度发生蠕变减薄和应力棘轮导致垫片应力逐渐减小，最终密封能力下降导致泄漏增大。

（3）在进行氢气反吹时，在反吹歧管上设置了加强喷嘴，让温度较低的高压氢气瞬时通过，形成强大的爆破力，形成一定的冲击载荷，这种冲击载荷对整个法兰连接系统，包括密封件，会产生周期性的不良影响。

2) 解决方法

(1) 反应器大法兰的泄漏原因包括工艺操作、垫片选型、螺栓布置、法兰型式等诸多因素，结合装置实际情况，使用回弹性能优良的垫片是有效措施。

(2) 基于“金属碰金属”的设计理念，结合多级线、面结合的密封型式，形成多级梯度密封，有效解决了反应器大法兰的泄漏问题。

8.3.6 介质相容性

密封垫片与介质的相容性是选用垫片时必须重视的一个关键因素。图 8－10 所示为某法兰垫片由于未能正确选择与介质相容的材料，导致垫片受到介质腐蚀而发生溶解损伤，产生严重泄漏现象。针对这类失效情况，需要根据所密封介质和工况，来选择合适的垫片密封材料，更换密封垫片。

图 8－10 因介质相容性问题造成的泄漏

8.3.7 检修失当

因检修失当造成密封失效的现象也经常发生，如某公司给水泵过滤器人孔检修后发生密封失效，该人孔密封检修前应用正常，但检修后发现有明显泄漏，经分析该人孔由于温度较高，检修时为了快速降低温度，直接进行了水冷，而水冷导致人孔盖发生明显变形，密封面平行度难以满足密封要求，从而产生泄漏。针对这种因检修操作失误造成的密封失效，只有查明失效原因，通过修正或更换受损元件来解决失效问题。

8.4 密封失效分析和预防

本节着重介绍密封失效原因的分析方法和相应的预防措施。

8.4.1 失效调查

1) 运行历史

(1) 安全运行时间；

(2) 泄漏时段：开、停车，波动，正常运行，恶劣天气等；

(3) 泄漏状况：判断是沿接头周边的一处泄漏还是多处泄漏，属于滴漏、蒸汽、间断、持续、重大或灾难性泄漏的哪一种；

(4) 先前遇到的问题，处理情况，包括各种报告或实际维修、系统运行的变化情况；

(5) 先前的安装记录和安装方法；

(6) 先前施加的螺栓载荷：载荷大小如何，施加和测量方法是什么，施加载荷多长时间。

2) 运行工况

(1) 天气状况，包括有无异常状况、暴雨、大风、严寒等；

(2) 正常的温度、压力、介质、流速、其他载荷；

(3) 预料的温度、压力、介质、流速、其他载荷的波动；

(4) 知晓但未预料的温度、压力、介质、流速、其他载荷的波动，包括流体锤击现象；

(5) 近期的任何变化，包括工艺、介质、流速或其他方面的变化；

(6) 测量实际容器、法兰、螺栓的温度；

(7) 运行时对接头或螺栓添加保温或移走保温层；

(8) 人为失误、轮班或变动、培训以及其他因素。

3) 采取过的措施

(1) 是否对螺栓热态预紧，预紧次数、方法和结果如何；

(2) 是否替换垫片，结果如何，同一种类的垫片还是不同种类的垫片；

(3) 是否采用密封剂堵漏，多少量、采用什么方法、结果如何。

4) 实际状况，检查和维修状况

(1) 先前的检查和维修记录；

(2) 实际工艺流程、管道支架、周围环境的变化状况；

(3) 实际的拆卸状况，有无螺栓缺失，缺失数量为多少，与泄漏有无关系，垫片的压缩状况如何，螺纹和螺母支撑面是否有润滑；

(4) 法兰接头的所在位置，是邻近接管还是接近其他固定支撑点，是否有适当的支承，热膨胀是否受到限制；

(5) 法兰密封面状况，包括是否有腐蚀、划痕、焊接残渣、泄漏通道、细微裂纹等损伤；

(6) 泄漏是否起源于另外的腐蚀和不同热膨胀问题；

(7) 法兰是否已被改变，如移去凸台，或将原来环形垫更换为用于凸面的缠绕垫；

(8) 法兰是否达到最小厚度要求，接触法兰应用的标准和按规定所做的计算结果如何；

(9) 测量法兰现在的安装误差，并了解先前的安装误差；

(10) 外部载荷（重量或热载荷）有没有支承；如有支承，状况如何；

(11) 螺栓或法兰是否有保温，保温状态如何；

(12) 所有螺栓的有效长度是否一样。

5) 先前实际的安装状况

(1) 安装人员资质、培训状况如何；

(2) 安装方法；

(3) 安装人员进行安装是否方便，包括工具、安装场所、螺母沉槽的进入等；

(4) 使用的安装工具。

6) 与标准的相符性

(1) 垫片；

(2) 螺栓、螺母、垫圈（是否整体硬化）、法兰；

(3) 外载荷（重量、动载荷或热载荷）支承装置（或无支承件）、管道热膨胀限制装置。

7) 法兰设计的检查

(1) 包括除内压的其他外载荷、压力波动、热载荷等，这些载荷影响垫片载荷和接头密封性；

(2) 接头柔性，包括螺栓的柔度和法兰的刚度；

(3) 螺栓材料的选用；

(4) 螺栓间距；

(5) 垫片选用；

(6) 垫片所在位置和接触面状况；

(7) 法兰类型等。

8.4.2　失效分析

采用故障树分析方法可以对泄漏发生的起因有较好的认识，也是提出防止和挽救措施的最好方法。图 8-11 螺栓法兰接头泄漏的故障树分析可以较好地从结果到原因找出与泄漏事故有关的各种因素之间的因果关系和逻辑关系，以寻找潜在的事故和进行事故预测的分析方法。

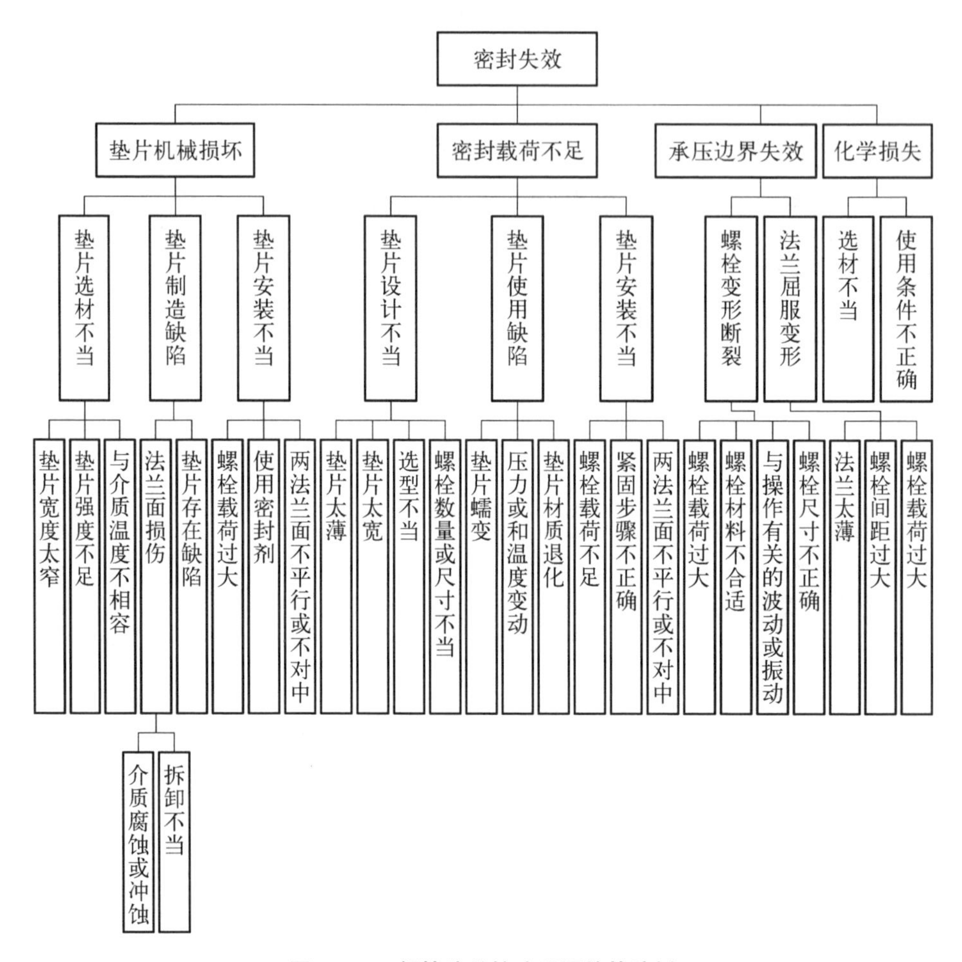

图 8-11　螺栓法兰接头泄漏的故障树

8.4.3　预防失效措施

针对上述失效原因，分别采取必要的预防措施，包括：

(1) 改进安装方法；

(2) 使用有资质的安装人员；

(3) 调整法兰至规定的安装误差；

(4) 替换不符合规定的螺栓、螺母材料；

（5）正确润滑螺栓和螺母支承面；

（6）确保垫片置中；

（7）正确选用垫片类型、宽度、材料，以适合接头操作工况；

（8）移除法兰面缺陷；

（9）正确选用螺栓安装载荷；

（10）在安全允许范围内热态预紧螺栓；

（11）增加螺栓有效长度或增加接头柔度措施；

（12）替换损坏的法兰或螺栓；

（13）改用螺栓材料或活套法兰，减少螺栓和法兰间的热膨胀差；

（14）改进管道支架和约束设计；

（15）缓慢升温或降低冷却速度和减少温度变动。

参考文献

[1] 毕兆吉. S-Zorb装置反应器大法兰的泄漏分析与处理[J]. 炼油技术与工程，2019，49(11)：16-19.

第 9 章 核电设备密封工程案例

在当前追求能源结构多样化与清洁能源转型的背景下，核能作为一种高效且低碳的能源选择，显得尤为关键。随着核技术的不断进步，全球普遍对核电站设备的安全性和可靠性给予了高度重视。在众多安全关键技术中，核电站的密封技术尤为重要，因为它直接涉及放射性物质的防护和环境安全。

密封技术的创新与进步，尤其是在核电设备密封的研发与应用方面，近年来取得了显著成绩。尤其是国产化和自主研发方面，我们见证了核反应堆压力容器、一回路压力容器、蒸汽发生器以及其他关键设备如堆芯测量机构和控制棒驱动机构的密封技术的重大突破。这些创新成果不仅提升了设备的密封能力，确保设备在整个使用周期安全可靠地运行，还实现了由原本的进口依赖向国产化转变，有效缩短了采购周期，降低了成本。

9.1 核电密封的作用及国产化现状概述

在核动力设备中，密封件虽然是较小的零部件之一，但它们的重要性不可小觑。密封性能的任何缺陷都可能导致泄漏，威胁核电站的安全运行并可能造成环境污染。为此，在密封工程的设计、制造、检验、质量保障以及使用全周期内，必须系统性地审视密封材料、结构设计以及密封件本身的可靠性验证等多个方面，确保核设备能够安全稳定地运行。

在坚持我国自主化与国产化的核电战略指引下，经过持续的技术积累与创新，我国核电一回路系统及相关设备的密封技术和产品已在很大程度上实现了自主化生产，在运行中的或在建的核电站项目中得到了广泛应用。

压水堆核电站的一回路系统是将核裂变能传给冷却水的热能装置。高温、高压、带有放射性的水作为一回路系统的工作介质，通过堆芯被加热后，在冷却剂泵的作用下，流入蒸汽发生器，将热量传递给二回路系统，释放热量后返回到反应堆再次被加热，重复循环。该系统主要由反应堆压力容器、稳压器、蒸汽发生器、堆芯测量机构、控制棒驱动机构耐压壳体以及主冷却泵等设备构成，其中每一处密封的完整性都至关重要。

在我国大型压水堆核电站中，反应堆堆芯的额定热功率约为 3 000 MW，冷却剂的运行温度为 310 ℃，运行压力达到了 15.5 MPa。鉴于此种极端的温度与压力条件，一回路系统设备的密封性有着非常高的要求，其不可识别的泄漏量应不大于 230 L/h。若一回路的泄漏率超出了这一限定值，相关机组必须进行后撤，达到冷停堆的状态。常规百万千瓦级压水堆核电站总体性能指标见表 9-1。

表 9-1 常规百万千瓦级压水堆核电站总体性能指标

技术特征	技术参数
环路数/个	3
压力容器设计寿命/年	60
一回路压力/MPa	15.5
一回路温度 $T_{入}/T_{出}$/℃	292.4/329.8
换料周期/月	18
堆容器内径/高度/m	3.99/12.99
电厂布置	单/双堆

9.2 反应堆压力容器密封环

核电站的反应堆压力容器是其重要组件之一，位于核反应堆的核心位置，主要功能是容纳核燃料，承受工作时产生的高温高压，并确保安全防护以及放射性隔离。为了便于燃料更换和设备维护，该压力容器设计了配有主法兰的开闭结构，通过特制的金属 C 形密封环来实现密封功能。

金属 C 形密封环(简称 C 环)为反应堆压力容器主法兰密封系统中的关键

部件。它在反应堆的操作期间发挥着至关重要的作用，确保防止冷却剂介质从主法兰处外泄，进而维护核反应堆的安全和稳定运行。

主法兰的密封方式采用双道 C 环设计，包括内 C 环和外 C 环，其安装方式和细节见图 9 - 1。在正常运行过程中，通常只有内 C 环处于密封并承担压力的状态。在内 C 环和外 C 环之间配备了泄漏监测装置，如果内 C 环发生泄漏，系统便能进行实时监测。由于采用双道密封设计，C 环发生严重外漏的概率是很小，但是一旦发生外部泄漏，就可导致放射性物质外溢，将对外部环境和健康造成严重危害，还可能引起核安全事故，造成经济损失和社会影响，因此，必须严格控制 C 环的设计验证和工艺质量。

图 9 - 1　反应堆压力容器主法兰及 C 环

目前，压水堆核电站核燃料换料周期为 18 个月，每次开盖更换核燃料时 C 环均需要被更换，因此，正常情况下 C 环使用周期为 1.5 年。而高温气冷堆核电站无需通过拆卸压力容器主法兰进行换料，因此，原则上密封 C 环设计寿命要求达到 40 年以上。

9.2.1　应用条件及参数

采用 C 环密封的压水堆核电站主要有 CPR1000、华龙一号、EPR 等机组，反应堆冷却剂为含硼水，核反应堆压力容器设计和运行参数见表 9 - 2。

这些机组的设计和工作参数相近，EPR 机组参数略高于其他机型。

高温气冷堆的一回路压力容器主要包括反应堆压力容器、蒸汽发生器壳

表 9-2　压水堆核反应堆压力容器设计和运行参数

设计和运行参数		反　应　堆		
		CPR1000	华龙一号	EPR
介质		含硼水	含硼水	含硼水
设计压力/MPa(abs)		17.23	17.23	17.6
设计温度/℃		343	343	351
工作压力/MPa(abs)		15.5	15.5	16.1
工作温度/℃	进口	292.4	291.7	296
	出口	327.6	328.3	327

体、热气导管壳体，这三个压力容器共有 6 对大尺寸的连接主法兰，采用 C 环密封设计。与压力容器连接的各种管嘴，包括氦气管嘴、主给水管嘴、主蒸汽管嘴、控制棒管嘴及内部构件隔离等都采用 C 环密封设计。主要设计和运行参数见表 9-3。

表 9-3　高温气冷堆主法兰及管嘴设计和运行参数

设计和运行参数	构　件					
	主法兰	氦气管嘴	主给水管嘴	主蒸汽管嘴	控制棒管嘴	内部构件
介质	氦气	氦气	过热水	过热水蒸气	氦气	氦气
设计压力/MPa(g)	8.0	8.0	21.1	15.6	8.0	0.2(压差)
设计温度/℃	350	350	270	576	350	350

铅基堆反应堆容器顶盖法兰也采用 C 环密封设计，主要设计和运行参数见表 9-4。

由于以上几种核电机型在设计参数、固有安全性、运行维护以及换料周期等方面存在差异，因此它们在 C 环的力学设计、材料选择以及相关验证工作上也有所不同。

表9-4　铅基堆反应堆设计和运行参数

设计和运行参数		参数详情
介质		液态铅铋合金(LBE)
密封介质		氩气(可能含有铅铋气溶胶)
设计压力/MPa(g)		1.25
设计温度/℃		400
反应堆正常运行工况	运行压力/MPa(g)	常压
	反应堆进口温度/℃	320
	反应堆出口温度/℃	480
	反应堆平均温度/℃	400
反应堆排铅铋工况	压力/MPa(g)	0.10～1.25
	温度/℃	300

9.2.2　结构与装配

1）结构

C环由三部分组成，包括弹簧、中间包覆层和密封层，沿径向外圆周水平面有均匀的开口，断面形似英文字母“C”，结构示意见图9-2。

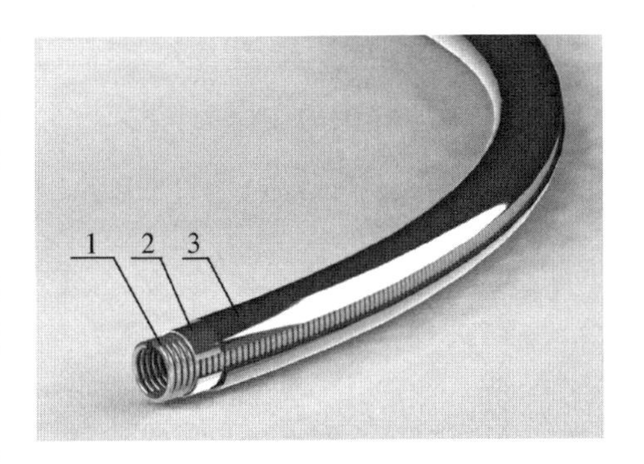

1—弹簧；2—中间包覆层；3—密封层。

图9-2　C环结构示意图

弹簧主要用于提供密封载荷及回弹补偿，弹簧的力学特性决定了C环的预紧载荷和密封特性。

中间包覆层为金属薄带材，紧紧包裹在弹簧外表面，在密封预紧和运行过程中将弹簧节距间不连续的集中载荷转化成连续的载荷传递给密封层。

密封层采用具有良好密封特性的柔性材料，在压紧载荷作用下与法兰密封面相互啮合，形成连续的密封线，实现密封功能。C环实样见图9-3。

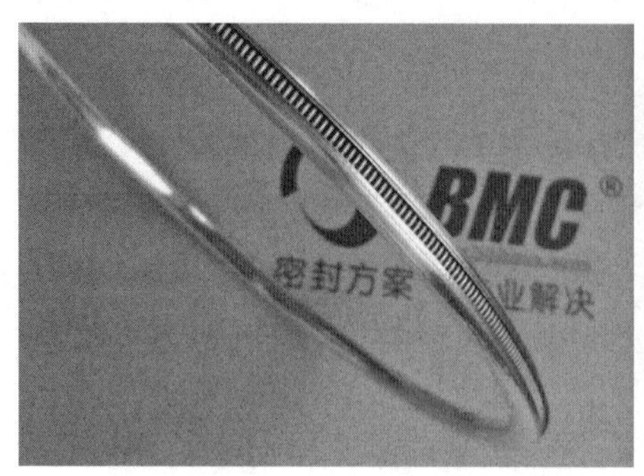

图 9-3　C 环实样图

C 环是一种近似线密封设计，与金属环垫的线密封相比，它同时又具有非常好的压缩回弹特性，因此，C 环具有优良的密封特性。在高温高压、超高真空和低泄漏等工况条件下具有广泛应用。同时，C 环还具有设计灵活的特点，可以满足多种密封结构使用，比如普通管道法兰、超大设备法兰和异型结构等，通过采用不同材料组合，精确设计密封线载荷等措施，可解决多种具有较高密封性能要求的特殊密封结构的难题。

与传统密封件和密封材料相比，C 环具有以下特点：

(1) 采用全金属材料加工制作，具有耐高温、耐老化、耐辐照和耐有机溶剂等特点；

(2) 具有极好的密封紧密度，可满足低泄漏逸散级密封要求；

(3) 具有耐高压特性，最高耐压可达 380 MPa；

(4) 采用弹簧结构作为位移补偿元件，具有回弹量大、抗疲劳的特性；

(5) 密封面宽度小，可满足各种结构和紧固件的轻量化设计；

(6) 加工尺寸灵活，可制作直径最小为 5 mm，最大可达 10 m 以上的密封件。

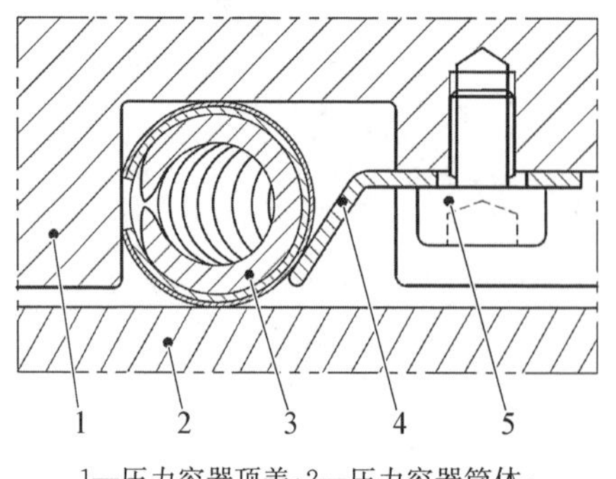

1—压力容器顶盖；2—压力容器筒体；3—C 环；4—固定夹；5—固定螺钉。

图 9-4　C 环安装示意图

2) 装配

核反应堆压力容器主法兰用 C 环安装在压力容器顶盖法兰密封槽内，并用固定夹和固定螺钉卡扣固定(见图 9-4)。

CPR 机组、EPR 机组和华龙一号机组的反应堆压力容器密封主法兰槽结构和截面尺寸见表 9-5 和图 9-5、图 9-6、图 9-7。

表9-5　反应堆压力容器主法兰密封槽尺寸

名　称	CPR机组	EPR机组	华　龙　一　号	
			中核	中广核
密封槽直径/mm	$\Phi 4\,002.58^{+0.25}_{-0}$ $\Phi 4\,085.11^{+0.25}_{-0}$	$\Phi 4\,930.61^{+0.25}_{-0}$ $\Phi 5\,035.51^{+0.25}_{-0}$	$\Phi 4\,296.3^{+0.25}_{-0}$ $\Phi 4\,400.2^{+0.25}_{-0}$	$\Phi 4\,290^{+0.25}_{-0}$ $\Phi 4\,390^{+0.25}_{-0}$
密封槽深度/mm	$11.7^{+0.11}_{-0}$	$11.7^{+0.11}_{-0}$	$11.7^{+0.11}_{-0}$	
密封槽宽度/mm	$16.5^{+0.5}_{-0}$	$16.5^{+0.5}_{-0}$	$16.5^{+0.5}_{-0}$	
密封面粗糙度 R_a	0.8	1.6～3.2	0.8	

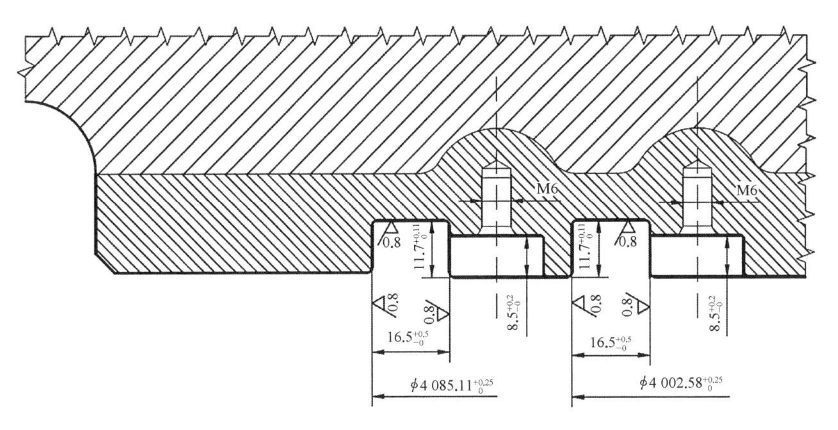

图9-5　CPR机组压力容器主法兰密封槽尺寸

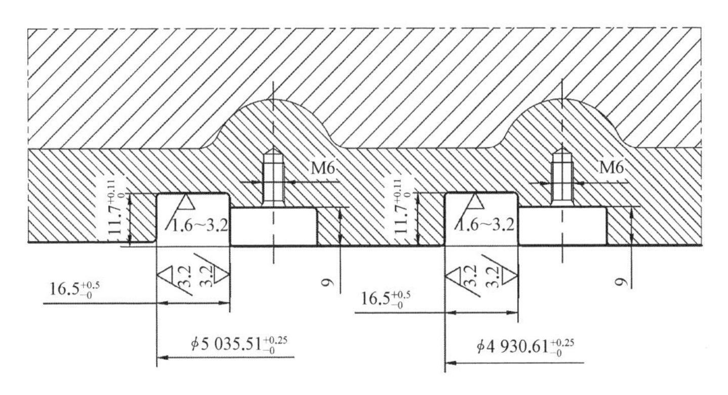

图9-6　EPR机组压力容器主法兰密封槽尺寸

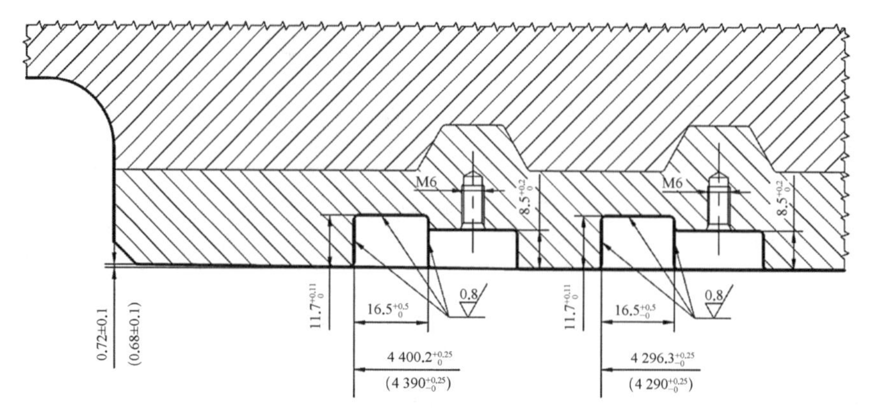

图 9-7　华龙一号机组压力容器主法兰密封槽尺寸

注：括号内尺寸为另一种设计

对应密封槽安装的 C 环尺寸见表 9-6。

表 9-6　反应堆压力容器主法兰环尺寸

名称	CPR 机组	EPR 机组	华龙一号
内环尺寸	Φ3 989.1 mm×12.9 mm	Φ4 917.2 mm×12.9 mm	Φ4 295.7 mm×12.9 mm(中核) Φ4 289.5 mm×12.9 mm(中广核)
外环尺寸	Φ4 071.7 mm×12.9 mm	Φ5 022.1 mm×12.9 mm	Φ4 399.7 mm×12.9 mm(中核) Φ4 389.5 mm×12.9 mm(中广核)

9.2.3　材料选用

C 环弹簧、中间包覆层、密封层各个部件的功能不同，选用材料的原则主要考虑温度、压力和介质等影响因素。

1）弹簧

弹簧材料需要有良好的机械性能，并且在应力和温度条件下具有优良的抗松弛性能。

Inconel X750(中国牌号 GH145，新牌号为 GH4145)合金主要是以 γ' [Ni_3(Al、Ti、Nb)]相进行时效强化的镍基高温合金，在 980 ℃以下具有良好的耐腐蚀和抗氧化性能，800 ℃以下具有较高的强度，540 ℃以下具有较好的耐松弛性能，同时还具有良好的成形工艺性能和焊接性能。该合金主要用于制造航空发动机在 800 ℃以下工作并要求强度较高的、耐腐蚀的环形件、结构件和螺栓零件、在540 ℃以下工作的具有中等或较低应力并要求耐松弛的平面弹簧和螺旋弹簧[1]。Inconel X750材料在压水堆核电站已经有良好的使用经验。

压水堆核电站设计温度343～351 ℃，高温堆主法兰设计温度350 ℃，铅基堆密封设计温度400 ℃，这些密封工位选用Inconel X750材料均满足设计要求。Inconel X750丝材化学成分应符合表9-7要求，加工成弹簧时效热处理后的力学性能应符合表9-8的规定。

表9-7　Inconel X750丝材化学成分要求(质量分数)　　单位：%

Ni	Cr	Fe	Ti	Al	Nb+Ta	Mn
≥70.00	14.00～17.00	5.0～9.0	2.25～2.75	0.40～1.00	0.70～1.20	≤1.00
Si	**S**	**P**	**Cu**	**C**	**Co**	**B**
≤0.50	≤0.010	≤0.030	≤0.50	≤0.080	≤0.10	≤0.007

表9-8　弹簧丝材时效热处理后力学性能

试验温度	抗拉强度 R_m/MPa
室温	≥1 140

2) 中间层

中间包覆层选材主要考虑耐温和耐腐蚀影响，同时也需要考虑材料机械性能。其主要作用是一方面将弹簧节距间不连续的集中载荷转化成连续的均布载荷；另一方面，保证C环形成密封屏障，并在运输、安装过程中保持一定的刚度。

压水堆和高温堆核电用密封件的中间包覆层主要选用Inconel 600带材，化学成分应符合表9-9要求，室温力学性能应符合表9-10的规定。

表9-9　Inconel 600带材化学成分要求(质量分数)　　单位：%

Ni	Cr	Fe	S	Cu	Si	P
≥72.00	14.00～17.00	6.00～10.00	≤0.010	≤0.50	≤0.50	≤0.030
C	**Co**	**Mn**				
≤0.15	≤0.10	≤1.00				

表 9-10　Inconel 600 带材力学性能

抗拉强度 R_m/MPa	屈服强度 $R_{p0.2}$/MPa	标距为 50 mm 的 断后伸长率 A/%	维氏硬度 /HV
≥550	≥240	≥30	≤173

3）密封层

金属材料具有结构致密，耐高温、耐老化等特点，但大多数金属材料硬度较高，不适合用作密封啮合层。密封层材料选择很大程度上决定了密封件的紧密度水平，同时密封层材料与介质直接接触，需要考虑两者的介质相容性问题。结合压水堆和高温气冷堆核电站的设计和运行参数，密封层材料选用质量分数高达 99.99%以上的银(Ag)，其力学性能应符合表 9-11 的规定。

表 9-11　室温下密封层(Ag)材料的力学性能

抗拉强度 R_m/MPa	屈服强度 $R_{p0.2}$/MPa	断后伸长率 A/%	维氏硬度 /HV	弹性模量 E/GPa
157～196	实测	实测	40～60	43.0～114.6

铅基堆密封由于液态铅铋对金属材料有强烈的溶出性腐蚀，C 环密封层和中间包覆层都有可能与铅铋介质直接接触，因此，铅基堆用 C 环的中间包覆层采用了高铬合金材料，密封层需要采用特殊的柔性材料。

9.2.4　性能及试验

主法兰用 C 环工程产品直径一般为 3～6 m，按照目前的工程惯例，C 环试验采用与工程产品相同材料、相同工艺、具有相同结构和截面尺寸的缩小直径样环进行，样环直径尺寸为 Φ318 mm，结构见图 9-8。

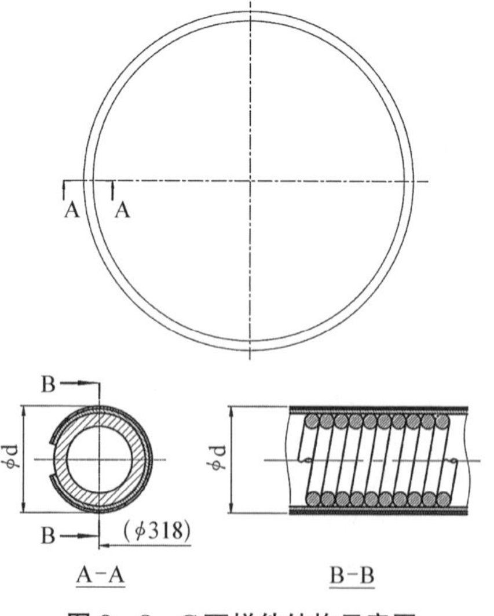

图 9-8　C 环样件结构示意图

正式试验前，需要对选取缩小比例

Φ318 mm 试验样环的合理性进行分析论证和验证。通过样环试验曲线与力学模型计算曲线进行对比(见图 9 - 9),两者趋势一致,同时将模型进一步外推到 1∶1 工程样机(见图 9 - 10)计算分析,可以得出 Φ318 mm 样环试验结果具有代表性。

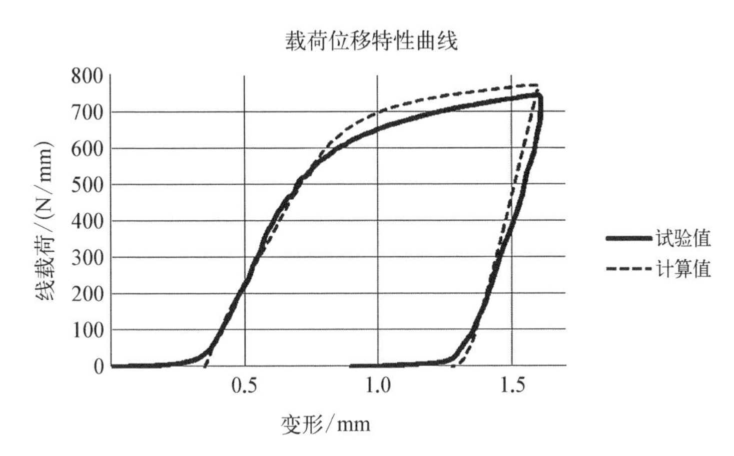

图 9 - 9　试验值与计算值曲线对比

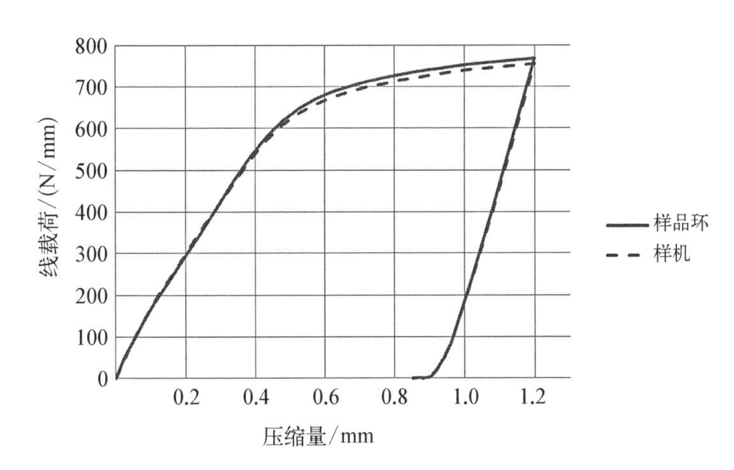

图 9 - 10　样品环与工程样机计算值对比

C 环的型式试验和出厂试验都用样环进行,以压水堆核电站反应堆压力容器用 C 环为例,C 环验证项目包括载荷位移特性曲线试验、紧密度试验、水压试验、热循环试验、极限分离量试验等。

1) 载荷位移特性曲线试验

C 环载荷位移特性曲线示意见图 9 - 11。

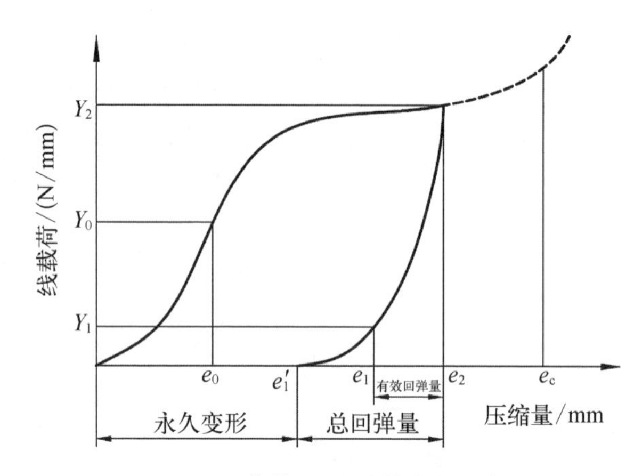

图 9-11　载荷-位移特性曲线示意图

符号说明：

Y_0 为达到初始密封状态时，C 环所必需的单位长度上的载荷，N/mm；

Y_1 为从压缩状态 e_2 处卸载至密封失效时，C 环单位长度上的载荷，N/mm；

Y_2 为保持密封且对应于压缩状态 e_2 时，C 型环单位长度上的载荷，N/mm；

e_0 为达到初始密封状态时，对应 C 环的压缩量，mm；

e_1 为从压缩状态 e_2 处卸载至密封失效时，对应 C 环的压缩量，mm；

e_1' 为载荷卸载至初始载荷时，对应 C 环的永久变形量，mm；

e_2 为保持密封状态，对应 C 环的理论工作点压缩量，mm；

e_c 为过载压缩量，mm。

指标要求：

(1) $\Delta p=0.1$ MPa 压差条件下，氦气真空泄漏率 $L\leqslant1.33\times10^{-9}$ Pa·m^3/s；

(2) 有效回弹量(e_2-e_1)$\geqslant$0.20 mm；

(3) 总回弹量(e_2-e_1')$\geqslant$0.25 mm；

(4) C 环压缩至密封槽深度 $11.7^{+0.11}_{-0}$ mm 时，线载荷 680×(1±10%)N/mm（在有些项目中，该值允许偏差为+15%，-5%）。

实施载荷位移特性曲线试验在专用的密封性能试验台架上进行，试验台架由加卸载系统、氦真空检漏系统、控制系统、模拟安装法兰等组成。试验台架见图 9-12，试验样环件见图 9-13。

典型的试验线载荷-变形(位移)特性曲线见图 9-14。

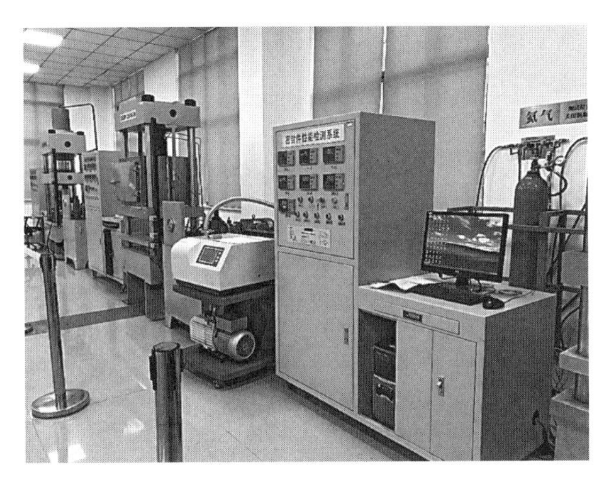

图 9－12　载荷-位移特性曲线试验台架

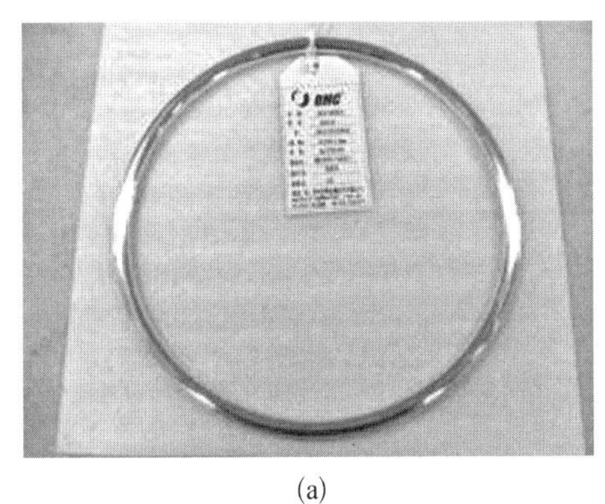

(a)

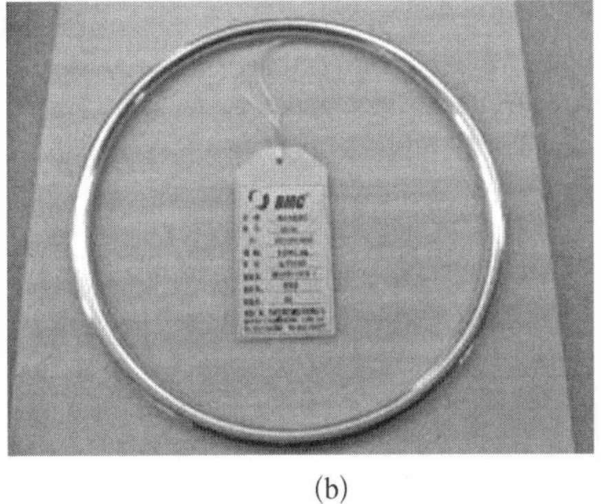

(b)

图 9－13　C 环试验前后照片

(a) 试验前;(b) 试验后

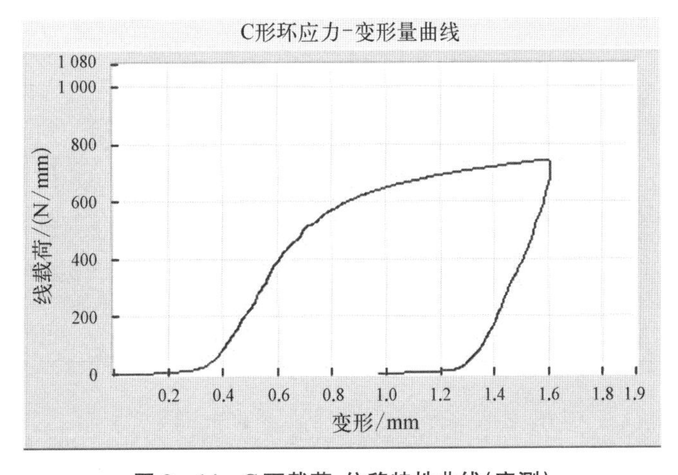

图 9－14　C 环载荷-位移特性曲线(实测)

表 9－12 是典型的压水堆核电站压力容器用 C 环线载荷-变形(位移)测试数据。

表 9－12　载荷-位移特性测试数据

项　　目	试验温度	
	室温(23 ℃±5 ℃)	高温(343 ℃±5 ℃)
初始密封线载荷 Y_0/(N/mm)	468	465
理论压缩量线载荷 Y_2/(N/mm)	731	726
密封失效线载荷 Y_1/(N/mm)	102	49
有效回弹量(e_2-e_1)/mm	0.24	0.30
总回弹量(e_2-e_1')/mm	0.64	0.59

2) 紧密度试验

C 环紧密度试验也称氦气泄漏率试验，试验在专用的密封性能试验装置上进行。密封性能试验装置由加卸载装置、载荷测量系统、位移测量系统、温控系统、氦质谱检漏仪、数据采集处理系统及试验模具等组成(见图 9－15)。

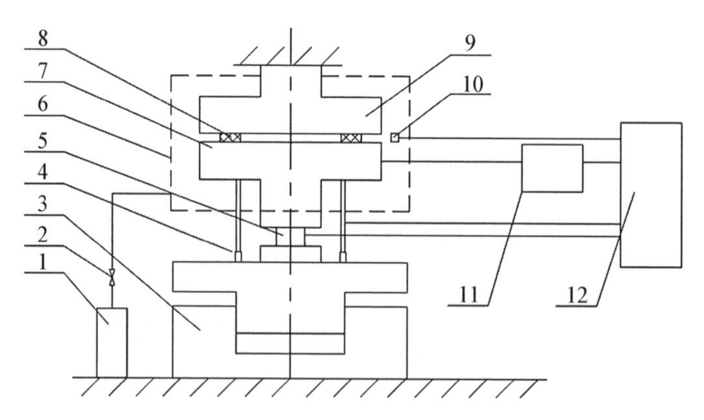

1—氦气；2—控制阀；3—加卸载装置；4—位移测量系统；5—载荷测量系统；6—温控系统；7—下模板；8—试验模具；9—上模板；10—温度传感器；11—氦质谱检漏仪；12—数据采集处理系统。

图 9－15　紧密度试验装置示意图

试验样环放置于专用试验模具中，试验模具的材质、密封面状态、密封槽尺寸应经设计并具有代表性。

在室温(23 ℃±5 ℃)试验条件下,C 环压缩到 $11.7^{+0.11}_{-0}$ mm 高度时,测得的紧密度小于等于 1.0×10^{-12} Pa·m³/s(氦质谱仪最低检出限值);在高温(343 ℃±5 ℃)试验条件下,测得的紧密度小于 1.0×10^{-11} Pa·m³/s。

当 C 环压缩量达到 3.51 mm 时,密封紧密度小于 1.0×10^{-10} Pa·m³/s,此时 C 环仍具有良好的密封性。

3) 水压试验

C 环水压试验条件为 30 MPa,保压 30 min,保压期间要求 C 环密封面不得有任何可见的泄漏和异响,卸压后检查 C 环应无破损、无裂纹、折叠、脱落和起皮现象。

4) 热循环试验

C 环温差热循环试验条件如下:

(1) 最高温度:(345±5)℃;

(2) 最高压力:(15.5±0.5)MPa;

(3) 试验介质:去离子水;

(4) 升降温速率:≥56 ℃/h;

(5) 循环次数:≥15 次。

试验结果:

(1) 最高试验温度 344.4～345.6 ℃,最高试验压力 15.2～15.6 MPa。

(2) 升降温速率:15 次热循环试验平均升温速率为 66 ℃/h,平均降温速率为 90.6 ℃/h。其中最高升温速率为 75 ℃/h,最高降温速率为 122.7 ℃/h;最低升温速率为 57 ℃/h,最低降温速率为 71.8 ℃/h。

(3) 试验期间 C 环密封面无可见泄漏。

5) 极限分离量试验

反应堆压力容器的顶盖法兰在介质压力和螺栓载荷的共同作用下,不可避免地会产生偏转,在 C 环密封处形成分离,并随着启停过程,温度、压力均会随之发生变化,从而造成分离量的变化,并引起密封结构的变形不协调,因此,有必要在考虑瞬态工况下的极限分离量条件下,进行 C 环密封性能的试验。

以 CPR1000 机组反应堆压力容器为例,首先对反应堆Ⅱ类瞬态工况及反应堆压力容器密封最为不利的瞬态进行了计算分析。

通过建立三维有限元模型对反应堆压力容器密封性能进行研究,模型中考虑的部件有反应堆压力容器顶盖、上下法兰、螺栓、筒体及 C 环。建模结果见图 9-16。

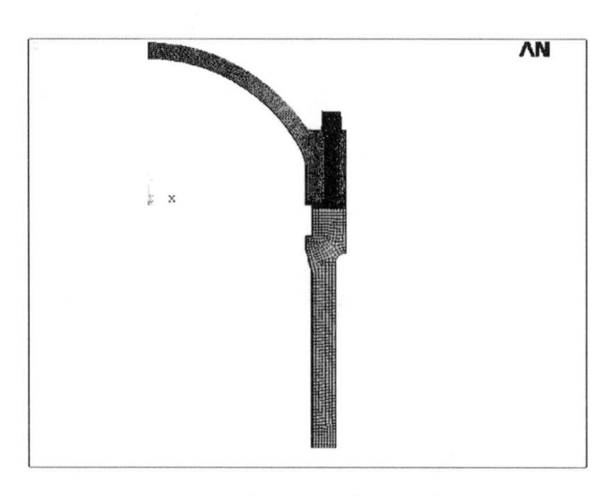

图 9-16　主法兰密封面分离量计算有限元模型

采用顺序耦合的方式，首先进行热分析。分析得到了用于结构分析的瞬态温度场分布，以体积载荷的形式施加在模型上进行结构分析。

其次进行结构分析，结构分析中将热单元转换为结构单元，并将热分析结果以体积载荷的形式施加于模型上，同时还施加瞬态压力载荷、机械载荷等进行分析。采用 ANSYS 软件中的预紧单元 PRETS179 模拟反应堆压力容器主螺栓的整个预紧过程及运行过程。另外，采用接触单元模拟了垫片与螺母、垫片与顶盖法兰、顶盖法兰密封面与筒体法兰密封面之间的接触非线性，并考虑了接触面之间的摩擦。

通过分析，得到升降温瞬态下反应堆压力容器内环处最大轴向分离量为 0.085 mm，ANSYS 分析结果见图 9-17。

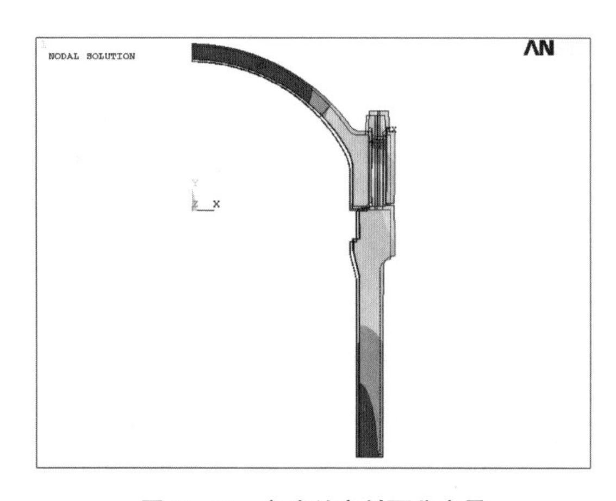

图 9-17　主法兰密封面分离量

极限分离量试验要求密封面在分离量不小于0.1 mm的状态下，C环经历不少于2次的热循环且不得出现可见泄漏。

试验结果：

(1) 密封面分离量0.14 mm；

(2) 第1～3次热循环试验过程中，未出现可见泄漏；

(3) 第4次热循环降温过程中，测定泄漏率为0.025 L/h。

6) 其他试验

除了压水堆核电C环进行的试验项目，其他核电根据设计工况特点，也会涉及不同的试验项目。

高温气冷堆核电根据其自身特点，采用了氦气作为试验介质，进行了100次瞬态试验，瞬态试验装置模拟法兰安装形式，见图9-18。

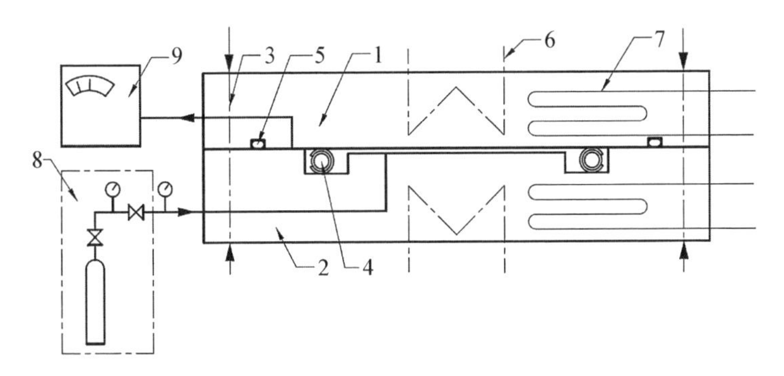

1—上模拟法兰；2—下模拟法兰；3—加载螺栓；4—C环；5—辅助密封件；6—加热系统；7—冷却系统；8—试验介质；9—检漏系统。

图9-18　瞬态试验装置示意图

试验平均值结果见表9-13，试验泄漏率趋势曲线见图9-19。

表9-13　瞬态试验结果汇总表

高温平均泄漏率/(Pa·m³/s)	常温平均泄漏率/(Pa·m³/s)	平均升温速率/(℃/h)	平均降温速率/(℃/h)
3.56×10^{-9}	3.49×10^{-10}	62.16	60.55

经大量试验研究和工程应用分析，发现反应堆压力容器用C环有以下特点：

(1) 线载荷越大，紧密度越好；

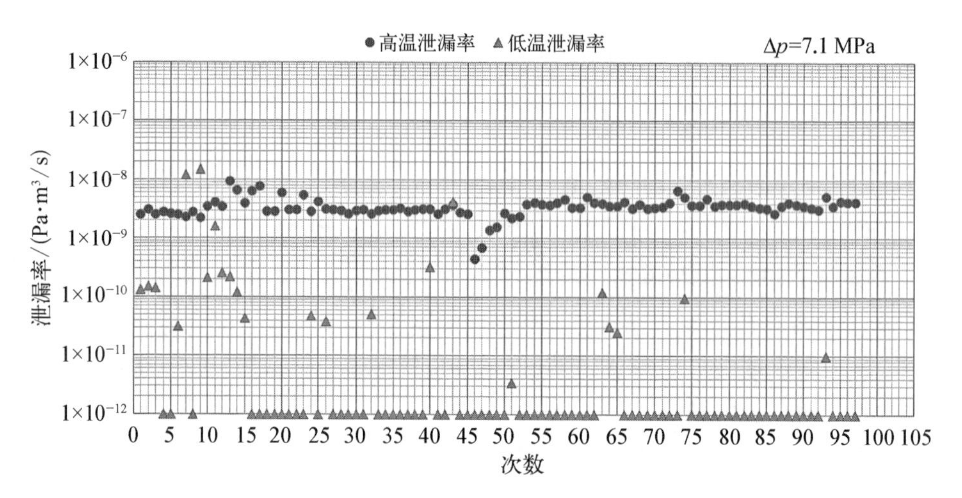

图 9-19 瞬态试验泄漏率趋势

(2) 线载荷大于 400 N/mm 是建立初始密封的必要条件;

(3) 弹簧的丝径对 C 环的回弹性有明显影响;

(4) 线载荷小于 900 N/mm,C 环对不锈钢法兰密封面不会造成压痕。

表 9-14 是典型核电机组反应堆压力容器主法兰密封 C 环设计参数和技术指标。

表 9-14 C 环主要设计参数和技术指标

主要参数	压水堆	高温堆	铅基堆
介质	水	氦气	铅铋/铅铋蒸气
线载荷/(N/mm)	680±68	≤550	360±36
有效回弹量/mm	≥0.20	≥0.22	≥0.10
总回弹量/mm	≥0.25	≥0.38	≥0.25
泄漏率/(Pa·m³/s)	≤1.33×10⁻⁹	≤1.0×10⁻⁸	≤1.0×10⁻⁶

9.2.5 运行反馈

目前各核电站,都已经完成了 C 环国产化替代,总体运行稳定,未出现严重的泄漏事故。但使用初期,出现过一些现象,比如对压力容器密封面造成压痕,也有运行期间 C 环泄漏量上升等情况,这主要是核反应堆从设计上已经充分考虑了密封的安全冗余,包括双道密封设计、泄漏监控设计和金属碰金属设计,即使出现泄漏,也有足够的安全措施和反应时间进行处置。

9.2.6 发展方向

C环的发展方向涉及以下几个方面。

1) 材料改进

C环通常采用镍基合金材料制造,未来随着材料技术的发展,会采用高强度、耐高温、抗腐蚀性能更好的材料,以提高C环的耐用性和使用寿命。

2) 制造工艺改进

通过改进C环的制造工艺,例如采用先进的材料成型技术和表面处理技术等,来提高C环的制造质量和密封性能。

3) 尺寸优化

金属C环的尺寸和形状对其密封性能有着重要的影响,会通过优化尺寸和形状,来提高C环的密封性能。

4) 智能化应用

将C环与智能传感器等技术结合,实现对C环使用寿命和性能的监测和评估,以及对反应堆系统的维护和管理。

9.3 稳压器密封垫片

稳压器作为核电站一回路系统中核心设备之一,位于反应堆压力容器和蒸汽发生器之间的管路上,其主要功能是平衡由一回路冷却水温差引致的水体积变化,并调控一回路系统冷却剂的工作压力。此外,稳压器还有助于预防堆芯中潜在的偏离泡核沸腾现象,这对于燃料元件的传热效率是至关重要的。

稳压器人孔密封垫片用于稳压器顶部人孔的密封,稳压器是直立式,结构呈圆柱形筒体,容器顶部球形封头设置一个用于检修的人孔,人孔法兰面与水平面成一定角度,人孔采用可拆换的密封结构连接。稳压器结构示意图见图9-20,稳压器设计参数见表9-15。

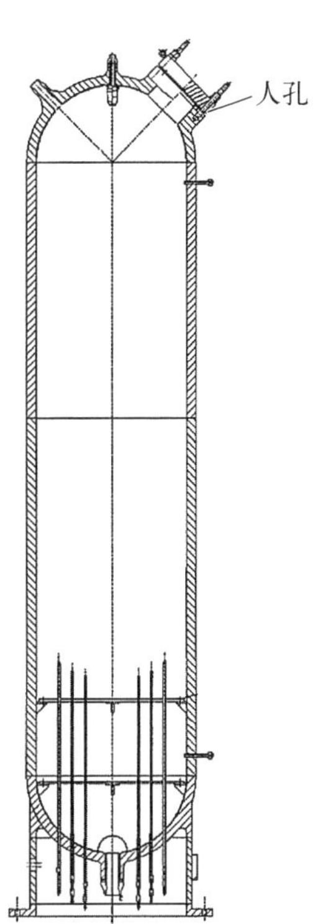

图9-20 稳压器结构示意图[2]

表 9-15　稳压器设计参数(CPR1000)

设计绝对压力/MPa(abs)	17.23	喷淋流量/(m^3/h)	151～200
设计温度/℃	360	波动流量/(m^3/h)	3 010
运行压力/MPa(abs)	15.5	连续喷淋流量/(L/h)	2 301
运行温度/℃	345	辅助喷淋流量/(m^3/h)	9.5
满负荷蒸汽容积/m^3	15.15	外部最大直径/mm	2 350
满负荷水容积/m^3	25.18	圆柱体部分壁厚/mm	108
要求最小水容积/m^3	5.32	空重/t	79
冷态时最小容积/m^3	39.75	波动管接管直径/mm	355

稳压器人孔密封垫片是稳压器中至关重要的部件,密封性能应保证稳压器长周期可靠运行。目前,我国已经实现了稳压器人孔密封垫片的自主研制,已在国内机组中实现工程应用。

9.3.1　工况条件

稳压器在启动、正常运行以及停堆过程中,稳压器状态从满水启堆,正常运行时一半容积为水,另一半为保持一定压力的蒸汽,再到停堆时通过顶部喷淋形成满水。人孔密封位于稳压器顶部,在反应堆启堆-运行-停堆过程中经液相-气相-液相的变化,承受常温-高温-常温的交变,以及承受常压-高压-常压的压力交变,工作条件在核电机组的密封中最为苛刻。

稳压器人孔密封垫片与稳压器本身质量保证等级相同,为 QA1 级设备,稳压器人孔密封垫片设计技术参数见表 9-16,技术指标见表 9-17。

表 9-16　稳压器人孔密封垫片设计参数

设计压力/MPa(abs)	17.23	运行压力/MPa(abs)	15.5
设计温度/℃	360	运行温度/℃	345
升降温速率/(℃/h)	56	工作介质	蒸汽,液态水
水压试验压力/MPa(abs)	24.6	水压试验温度/℃	120

表 9-17 稳压器用人孔密封垫片技术指标

参　数	指 标 值	温　度
回弹率/%	≥20	常温/360 ℃
回弹量/mm	0.5	常温/360 ℃
应力松弛率/%	<10	常温/360 ℃
密封性能/(Pa·m^3/s)	≤1×10^{-6}	常温/360 ℃
热循环试验	无可见泄漏	345 ℃

9.3.2 密封结构描述

稳压器人孔密封结构由稳压器人孔管座、稳压器人孔密封垫片压板、人孔盖板及稳压器人孔螺栓组件等组成，结构见图 9-21。

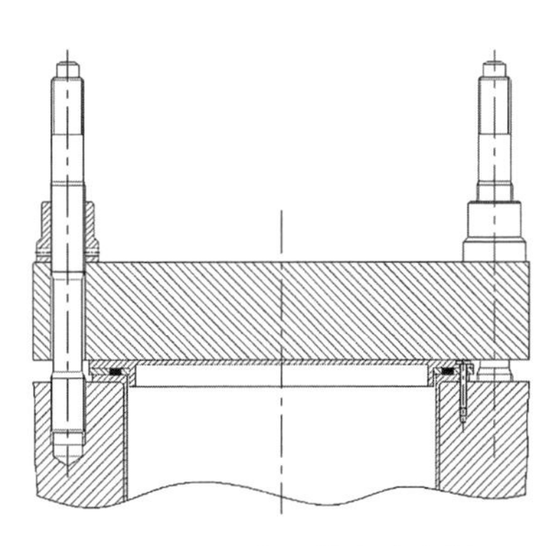

图 9-21 稳压器人孔密封结构示意图

稳压器人孔密封垫片由金属外环、膨胀石墨环和金属内环组成，其结构见图 9-22。金属外环设置 3 个安装定位孔，通过人孔密封垫片压板、人孔密封垫片压板固定螺钉和人孔法兰座上的螺纹孔相互配合连接固定于人孔法兰座，金属外环厚度与中间膨胀石墨环厚度精准设计，以准确控制密封垫片压缩量，

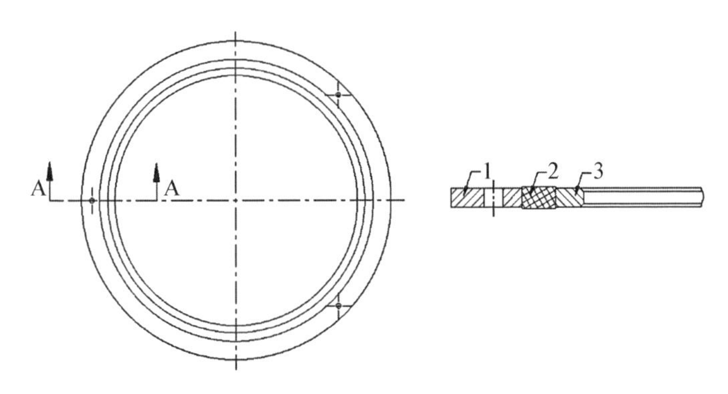

1—金属外环；2—膨胀石墨环；3—金属内环。

图 9-22 稳压器人孔密封垫片结构

并对膨胀石墨环形成径向支撑，保证其在运行状态中保持结构稳定，密封垫片压紧后金属外环与法兰直接接触，为金属碰金属（metal-to-metal）设计，使密封比压恒定或恒定在一定范围。

稳压器人孔密封垫片的结构设计用于确保在反应堆运行过程中提供有效且可靠的密封。该密封垫片由三个主要部分组成：金属外环、膨胀石墨环和金属内环。

金属外环具有几个关键功能，包括通过设置的3个定位孔固定垫片于人孔法兰座，确保安装过程中的准确与简便。金属外环的厚度与中间膨胀石墨环的厚度之间进行精准设计，以精确控制垫片的压缩量，并为膨胀石墨环提供必要的径向支撑。这种支撑结构在系统运行状态下保持结构的稳定性。当垫片被压紧时，金属外环与法兰会直接接触，形成了一种金属碰金属（metal-to-metal）的接触设计，确保了密封比压恒定或保持在一个预定的压力范围内。

膨胀石墨环是由柔性的密封材料制成的，旨在阻止介质泄漏。这种材料的厚度是经过设计的，与金属环的厚度相比，它能在密封压力下保持适当的压缩率，以确保在运行状态下有足够的密封比压。

金属内环同样为膨胀石墨环提供径向支撑，与金属外环共同作用，确保膨胀石墨环在运行期间结构的稳定性和持续有效的密封性能。这种设计保证了整个密封系统的可靠性和安全性，对于维护堆芯的完整性和防止介质泄漏至关重要。

9.3.3 材料选用

稳压器人孔垫片由耐高温、耐高压、耐腐蚀及耐辐照的不锈钢和石墨材料组成。

金属外环和金属内环的材料采用奥氏体不锈钢 022Cr19Ni10（Z2CN18-10）或 022Cr17Ni12Mo2（Z2CND17-12），按照 NB/T 20007.5—2021（RCC-M M3307）的3级规定。另外金属内、外环材料应进行高温（360 ℃）拉伸试验，要求 $R_{p0.2}^{t} \geqslant 129$ MPa。金属外环和金属内环的材料应用同种不锈钢制造，膨胀石墨环材料成分要求见表9-18。

表9-18 膨胀石墨环材料成分

总硫含量/(mg/kg)	<200
总卤素含量/(mg/kg)	<200

（续表）

氯离子(游离态)含量/(mg/kg)	<30
氟离子(游离态)含量/(mg/kg)	≤50
低熔点金属/(mg/kg) (低熔点金属至少需检测铅、汞、锌、镉、锡、锑、铋、铜)	≤500,任一元素最大 200
总汞、砷、铅、硫、锌/(mg/kg)	≤300
碳含量/%	>99.5
灰分/%	<0.5

9.3.4　密封垫片力学性能指标

稳压器人孔密封垫片力学性能指标：

稳压器人孔密封垫片应进行初始压紧载荷(R_{j3})测试,R_{j3}≤900 000 N；

稳压器人孔密封垫片应力松弛后的残余载荷(R_{jr})的测试,R_{jr}≥680 000 N,且 R_{jr}≥0.9R_{j3}；

使人孔法兰与压板和密封垫片金属环均达到金属与金属接触时的载荷即为垫片初始压紧载荷(R_{j3})；

使稳压器人孔垫片初始压紧后,使垫片厚度恒定且持续在 1 h(应力松弛)后的载荷即为垫片应力松弛后的残余载荷(R_{jr})。

9.3.5　密封垫片密封性能测试结果

稳压器人孔垫片测试样件结构见图 9－23,测试试验结果见图 9－24。

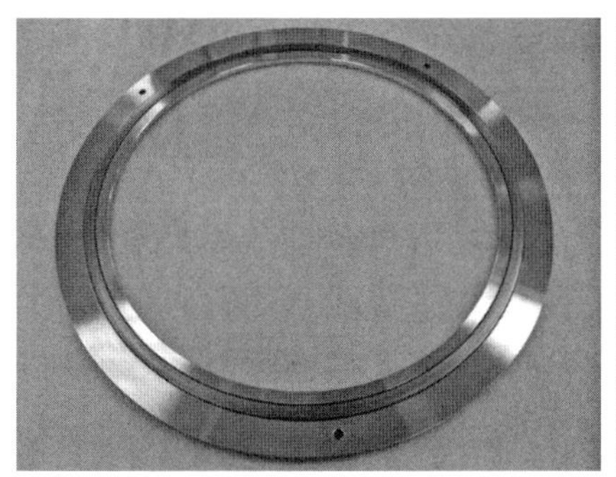

图 9－23　稳压器人孔密封垫片测试样件

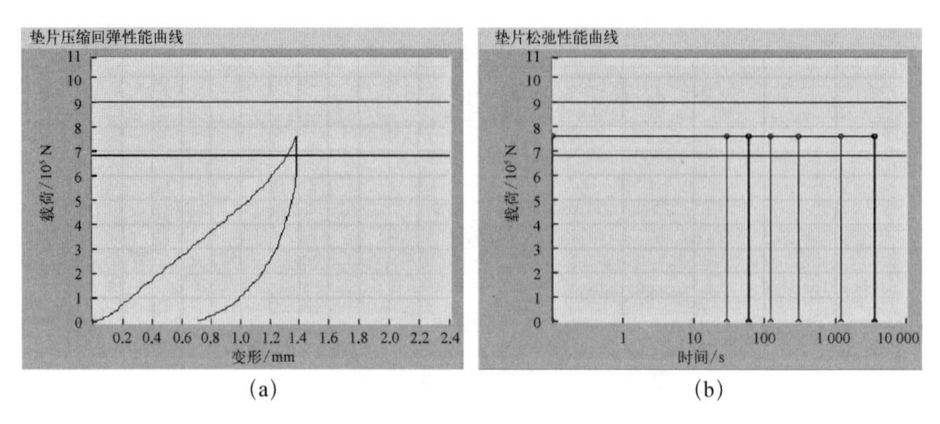

(a) (b)

图 9-24 稳压器人孔密封垫片力学性能测试

(a) 初始压紧载荷(R_{j3})测试曲线;(b) 应力松弛后的残余载荷(R_{jr})的测试曲线

9.3.6 运行反馈

目前,自主研制的稳压器人孔密封垫片已在国内运行机组上得到广泛应用,运行状况良好。

9.4 蒸汽发生器用密封垫片

蒸汽发生器是核电站冷却剂系统(一回路系统)中的关键设备,在核反应堆中,核裂变产生的热量由冷却剂带出,通过蒸汽发生器换热产生汽轮机所需蒸汽,将热量传递给二回路工作介质,使其产生具有一定温度、一定压力和一定干度的蒸汽,再进入汽轮机中做功,转换为电能或机械能。蒸汽发生器结构示意图见图 9-25,蒸汽发生器设计参数见表 9-19。

表 9-19 蒸汽发生器设计参数

一次侧设计压力/MPa(abs)	17.23
一次测设计温度/℃	343
一次侧运行压力/MPa(abs)	15.5
二次侧设计压力/MPa(abs)	8.6
二次测设计温度/℃	316

（续表）

二次侧运行压力/MPa(abs)	7.0
二次侧运行温度/℃	290

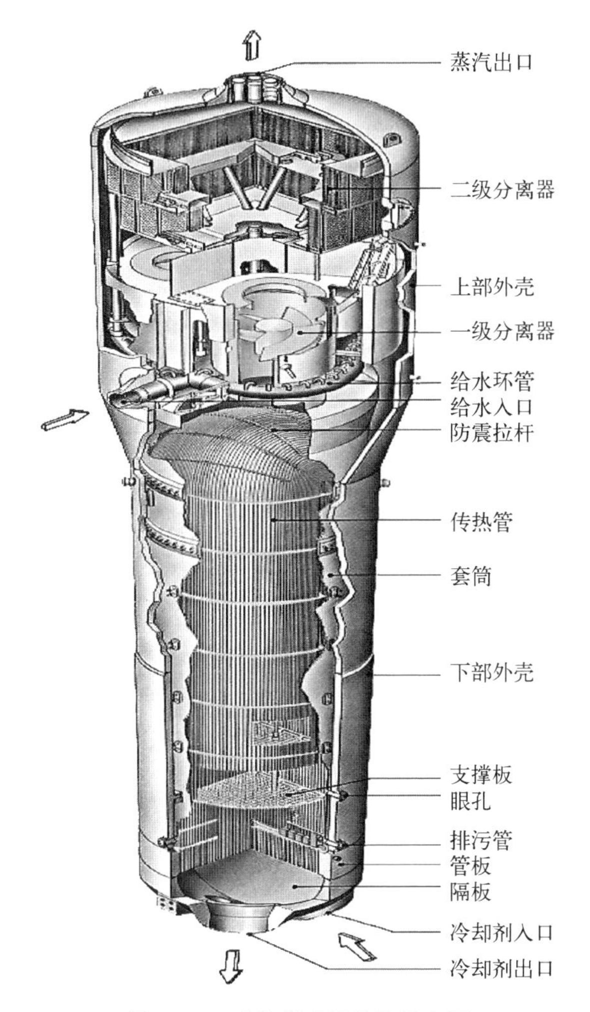

图9-25　蒸汽发生器结构示意图

蒸汽发生器在工作过程中既是一回路的设备，又是二回路的设备，称为一二回路的枢纽。蒸汽发生器密封垫片包括一次侧人孔密封垫片、二次侧人孔密封垫片、手孔密封垫片和眼孔密封垫片。目前，我国已经实现了蒸汽发生器用密封垫片的自主研制，已在国内机组中实现工程应用。

9.4.1 工况条件

蒸汽发生器密封垫片与蒸汽发生器本身质量保证等级相同，为 QA1 级设备，设计参数见表 9－20，蒸汽发生器用密封垫片指标见表 9－21。

表 9－20 蒸汽发生器用密封垫片设计参数

名 称	水压试验压力/MPa(abs)	设计温度/℃	运行压力/MPa(abs)	运行温度/℃	工作介质
一次侧人孔	24.6	343	15.5	330	液态水
二次侧人孔	12.9	316	7.0	饱和温度	蒸汽，液态水
手孔	12.9	316	7.0	饱和温度	液态水
眼孔	12.9	316	7.0	饱和温度	液态水

表 9－21 蒸汽发生器用密封垫片性能指标要求

安装位置	试验温度/℃	回弹率/%	回弹量/mm	应力松弛率/%	密封性能/($Pa\cdot m^3/s$)	热循环试验
一次侧人孔	常温/350	≥20	≥0.5	≤10	1.0×10^{-6}	345 ℃ 无可见泄漏
二次侧人孔	常温/316	≥20	≥0.5	≤10	1.0×10^{-6}	285 ℃ 无可见泄漏
手孔	常温/316	≥20	≥0.5	≤10	1.0×10^{-6}	285 ℃ 无可见泄漏
眼孔	常温/316	≥20	≥0.5	≤10	1.0×10^{-6}	285 ℃ 无可见泄漏

9.4.2 密封结构描述

1）蒸汽发生器一、二次侧人孔垫片

蒸汽发生器一、二次侧人孔密封结构相同，均由人孔管座、人孔密封垫片压板、人孔盖板以及人孔螺栓组件等组成（见图 9－26）。

蒸汽发生器一、二次侧人孔密封垫片由金属外环、膨胀石墨环和金属内环组成，其结构见图 9-27。金属外环设置 3 个安装定位孔，通过人孔密封垫片压板、人孔密封垫片压板固定螺钉和人孔法兰座上的螺丝纹孔相互配合连接安装于人孔法兰座，通过人孔盖和压紧螺栓压紧。金属外环厚度与中间膨胀石墨厚度精准设计，以准确控制密封垫片压缩量，并对膨胀石墨环形成径向支撑，保证其在工作状态时保持结构的稳定，密封垫片压紧后金属外环与法兰直接接触，为金属碰金属设计理念，使密封比压恒定。

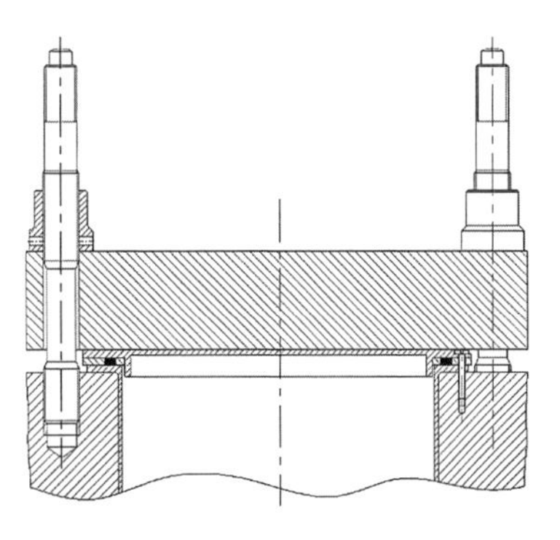
图 9-26　蒸汽发生器一、二次侧人孔密封结构

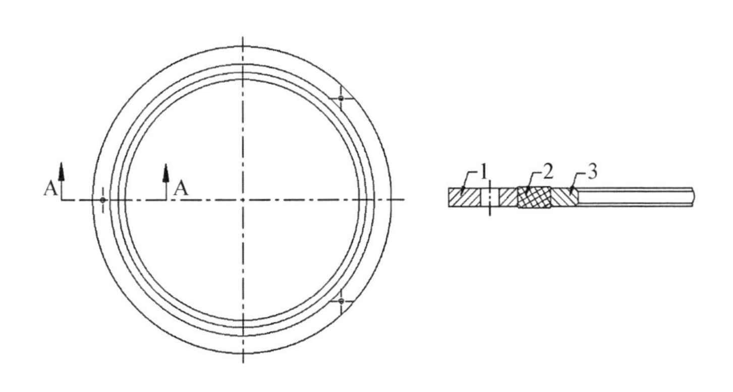

1—金属外环；2—膨胀石墨环；3—金属内环。
图 9-27　蒸汽发生器一、二次侧人孔密封垫结构

膨胀石墨环，由柔性密封材料制成，其功能是阻止介质的泄漏，其厚度与内外金属环厚度差异设计，使其在工作状态下保证有足够的密封应力。

金属内环对膨胀石墨环形成径向支撑，同金属外环共同保证其在工作状态时使膨胀石墨环保持结构的稳定，使密封持续有效。

2) 蒸汽发生器手孔垫片

蒸汽发生器手孔与蒸汽发生器一、二次侧人孔结构的密封原理以及设计理念一致，由手孔管座、手孔密封垫片压板、手孔盖板以及手孔螺栓组件等组成，结构见图 9-28。

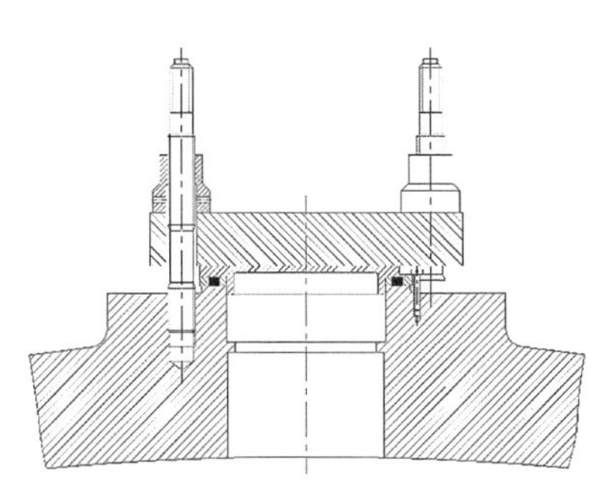
图 9-28　蒸汽发生器手孔密封结构

蒸汽发生器手孔与一、二次侧人孔密封垫片结构、尺寸略有不同，其差异为手孔密封垫片外固定环未设置定位孔且尺寸不同，结构见图 9 - 29。

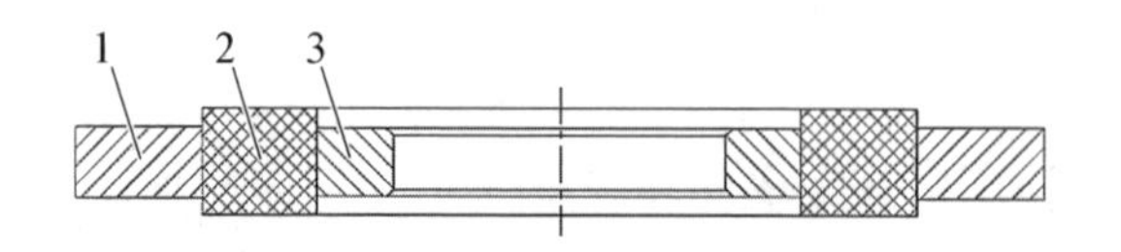

1—金属外环；2—膨胀石墨环；3—金属内环。

图 9 - 29　蒸汽发生器手孔密封垫片结构

3）蒸汽发生器眼孔垫片

蒸汽发生器眼孔密封结构由眼孔管座、眼孔密封环、眼孔密封环压板、眼孔盖以及眼孔螺栓等组成，结构见图 9 - 30。

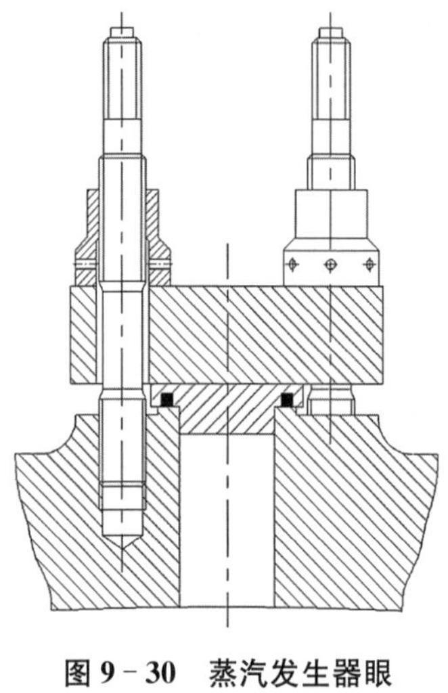

图 9 - 30　蒸汽发生器眼孔密封结构

蒸汽发生器眼孔密封环采用膨胀石墨制成，其结构见图 9 - 31。首先眼孔密封环安装于眼孔密封环压板，然后再安装于眼孔管座，通过眼孔盖和压紧螺栓压紧。眼孔密封采用金属碰金属设计理念，眼孔密封环厚度与眼孔密封环压板安装槽精准配合，通过准确控制密封环压缩量使眼孔密封环的密封比压恒定。

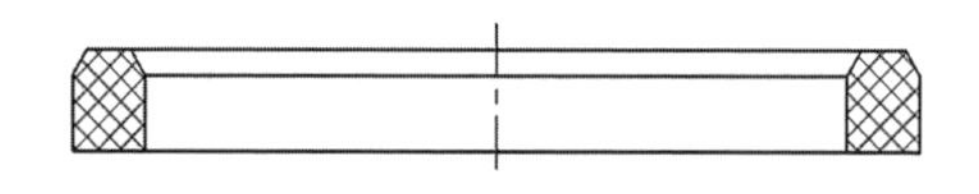

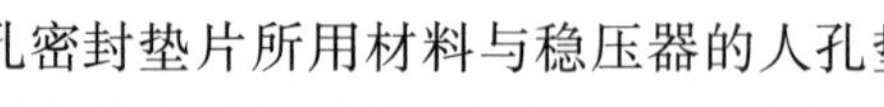

图 9 - 31　蒸汽发生器眼孔密封环结构

9.4.3　材料选用

蒸汽发生器人孔密封垫片所用材料与稳压器的人孔垫片所用材料相同，由耐高温、耐高压、耐腐蚀及耐辐照的不锈钢和石墨材料组成，见 9.3.3 节。

9.4.4　密封垫片力学性能

1）蒸汽发生器密封垫片力学性能指标

蒸汽发生器密封垫片力学性能指标见表 9 - 22。

表 9－22　最小残余载荷 R_{jr} 最大初始压紧载荷 R_{j3}

名　称	R_{jr}/N	R_{j3}/N
蒸汽发生器一次侧人孔	680 000	900 000
蒸汽发生器二次侧人孔	680 000	900 000
蒸汽发生器手孔	185 000	253 000
蒸汽发生器检查孔	35 000	52 000

2）密封垫片力学性能测试结果

(1) 蒸汽发生器一次侧人孔垫片测试。

蒸汽发生器一次侧人孔垫片测试样件结构见图 9－32，测试试验结果见图 9－33。

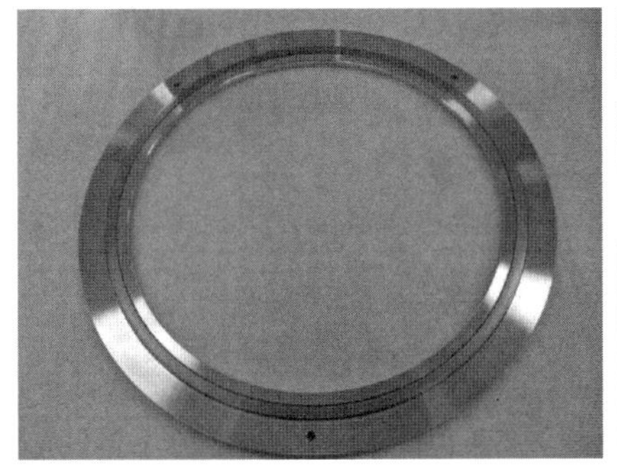
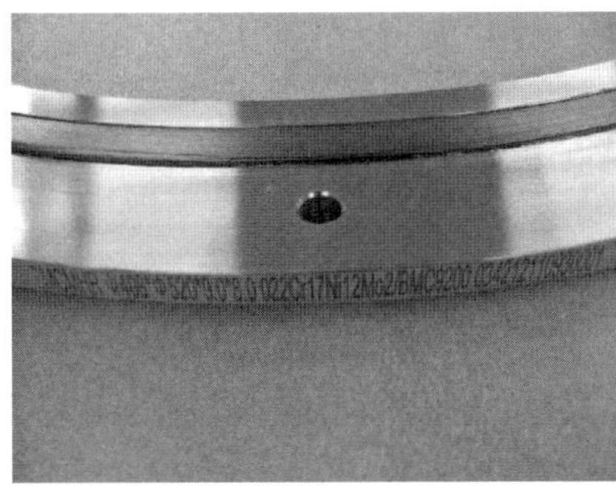

图 9－32　蒸汽发生器一次侧人孔垫片测试样件

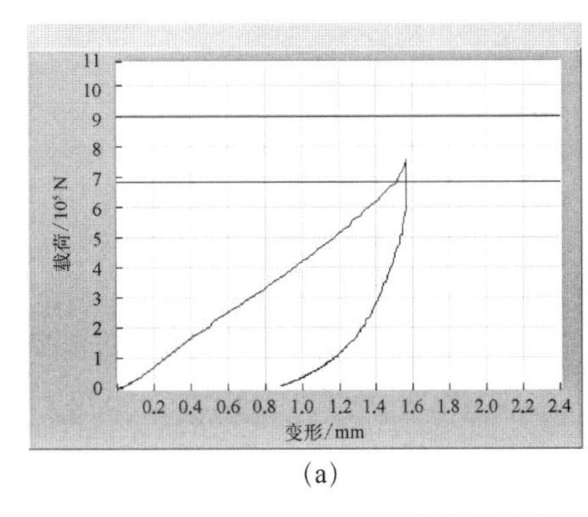

(a)

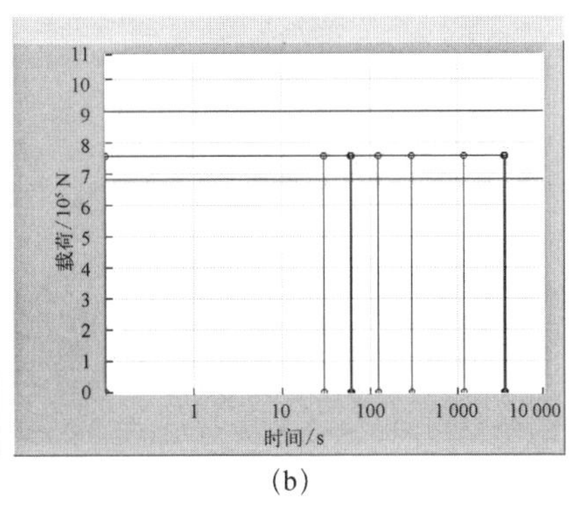

(b)

图 9－33　蒸汽发生器一次侧人孔垫片力学性能

(a) 蒸汽发生器一次侧人孔垫片最大初始压紧载荷 R_{max} 测试曲线；
(b) 蒸汽发生器一次侧人孔垫片应力松弛后的最小残余载荷(R_{jr})测试曲线

(2) 蒸汽发生器二次侧人孔垫片测试。

蒸汽发生器二次侧人孔垫片测试样件结构见图 9－34，测试试验结果见图 9－35。

图 9－34　蒸汽发生器二次侧人孔测试验件

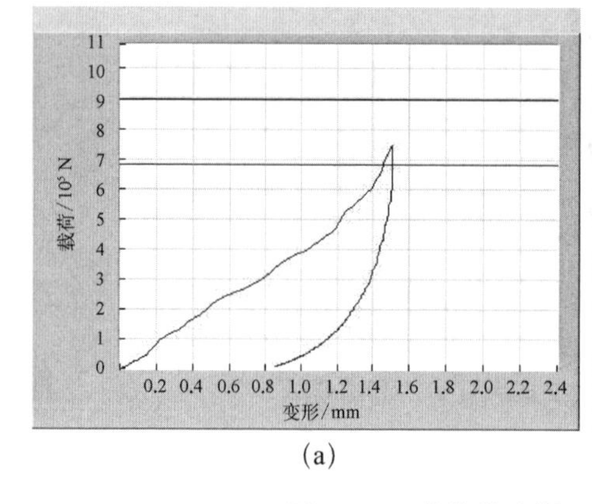

(a)

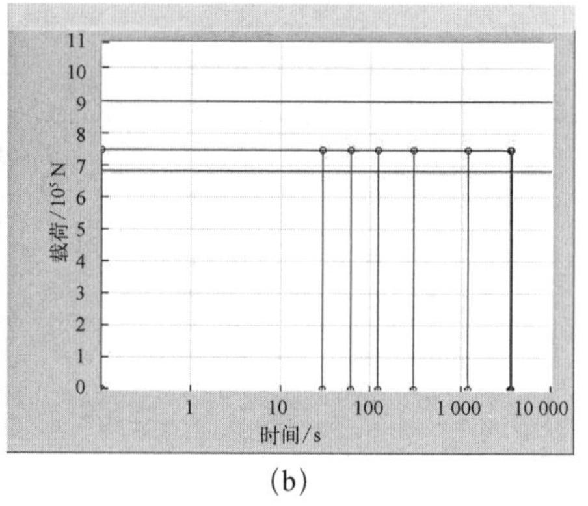

(b)

图 9－35　蒸汽发生器二次侧人孔垫片力学性能

(a) 蒸汽发生器二次侧人孔垫片最大初始压紧载荷 R_{max} 测试曲线；
(b) 蒸汽发生器二次侧人孔垫片应力松弛后的最小残余载荷 R_{jr} 测试曲线

(3) 蒸汽发生器二次侧手孔垫片测试。

蒸汽发生器二次侧手孔垫片测试样件结构见图 9－36，测试试验结果见图 9－37。

(4) 蒸汽发生器二次侧眼孔垫片测试。

蒸汽发生器二次侧眼孔垫片测试样件结构见图 9－38，测试试验结果见图 9－39。

图 9-36 蒸汽发生器二次侧手孔垫片测试样件

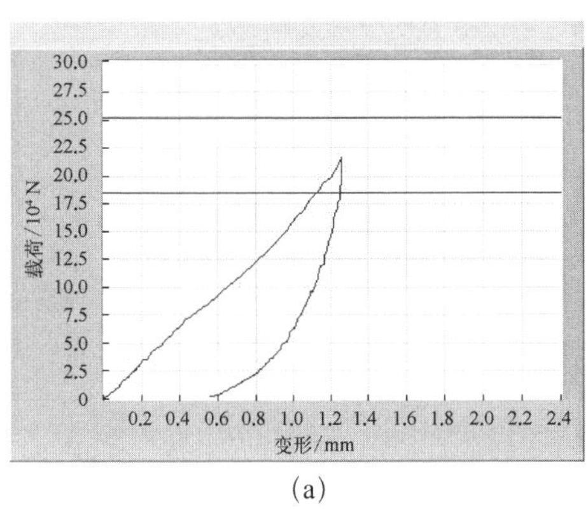

(a)

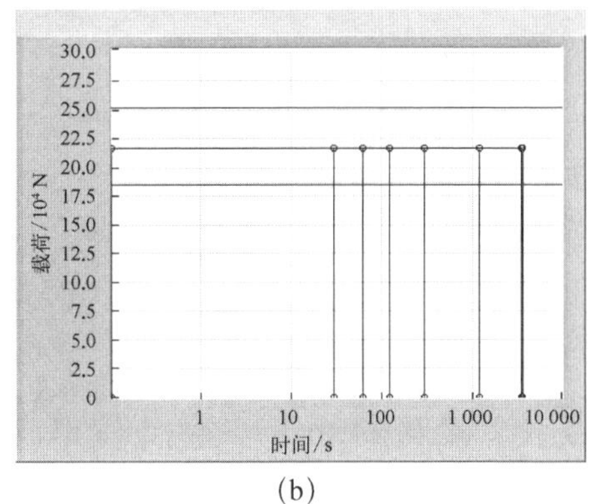

(b)

图 9-37 蒸汽发生器二次侧手孔垫片力学性能

(a) 蒸汽发生器二次侧手孔垫片最大初始压紧载荷 R_{max} 测试曲线；
(b) 蒸汽发生器二次侧手孔垫片应力松弛后的最小残余载荷 R_{jr} 测试曲线

图 9-38 蒸汽发生器二次侧眼孔垫片测试样件

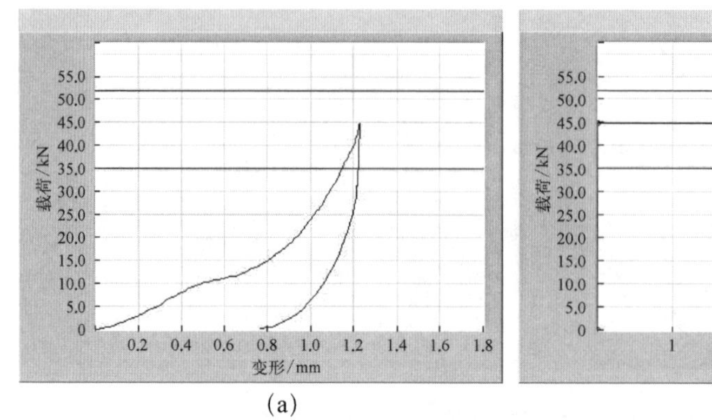

(a)

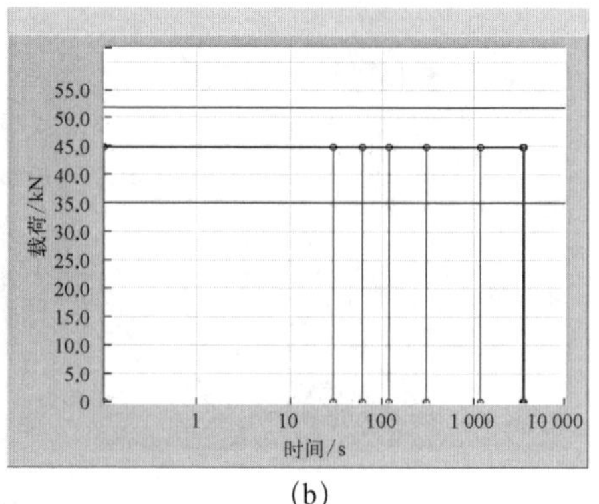

(b)

图 9-39 蒸汽发生器二次侧眼孔垫片力学性能

(a) 蒸汽发生器二次侧眼孔垫片最大初始压紧载荷 R_{max} 测试曲线；
(b) 蒸汽发生器二次侧眼孔垫片应力松弛后的最小残余载荷 R_{jr} 测试曲线。

9.4.5 运行反馈

目前，我国自主研制的用于核电一回路的蒸汽发生器人孔密封垫片，已在国内运行机组上得到广泛应用，运行状况良好。

9.5 堆芯测量系统堆芯测量密封组件

一、二代核反应堆，堆芯测量机构设置在压力容器底部，采用间断测量、离线计算的模式，设备规模庞大、控制复杂、故障率高。三代核电吸取福岛核事故教训，采用堆芯测量堆顶贯穿、连续测量、在线监测，成为三代核电设计的硬性要求。2013年，针对传统一、二代核电堆芯测量方式的缺陷，国内研究机构联合相关企业，自主研制出了可用于第三代核电站的堆芯测量机构用密封组件，并实现了工程应用。

堆芯测量机构的密封组件是堆芯测量系统的关键设备之一，其与压力容器堆芯测量系统管座和密封堵头连接构成一回路系统压力边界的一部分，对堆芯测量系统可靠性至关重要。

压水堆核电反应堆堆顶堆芯测量系统布置中子通量、温度探测和水位测量探测器组件共计 48 个，共 12 个密封组件，核反应堆堆芯测量机构见图 9-40。

9.5.1 堆芯测量密封组件应用条件及性能指标

堆芯测量系统堆芯测量密封组件安装管座作为核反应堆一回路压力边界

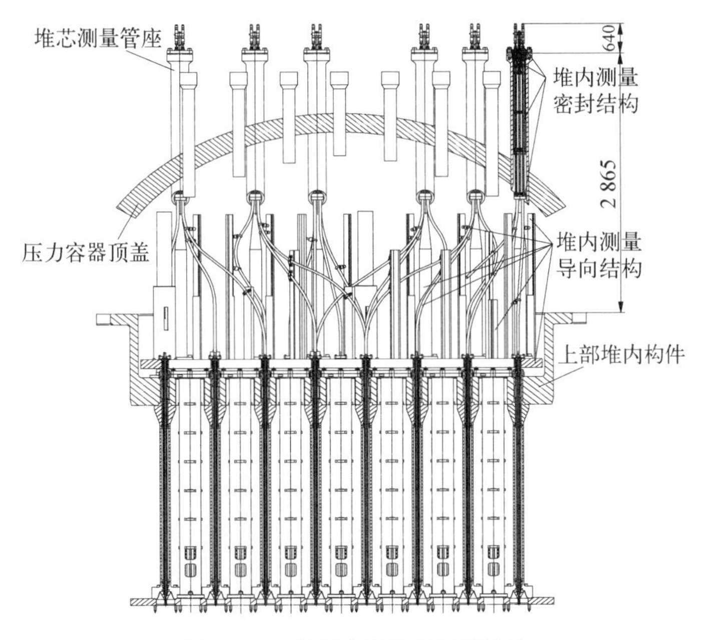

图 9－40　核反应堆堆芯测量机构

的一部分，其密封性能需要满足设计温度、设计压力、泄漏率等性能指标要求，同时还需要满足密封结构可以实现方便快速拆装、更换的要求。

密封组件在反应堆启堆、运行以及停堆过程中保持液相，承受温度、压力交变工作条件。

堆芯测量系统堆芯测量密封组件设计参数见表 9－23。

表 9－23　堆芯测量系统堆芯测量密封组件设计参数

设计压力/MPa(abs)	17.23
运行压力/MPa(abs)	15.5
设计温度/℃	343
运行温度/℃	310
升降温速率/(℃/h)	56
水压试验压力/MPa(abs)	24.6

堆芯测量系统堆芯测量密封组件指标应满足表 9－24 要求。

表 9-24　芯测量系统堆芯测量密封组件指标

参　　数	指　标　值
压缩率/%	10～25
回弹率/%	≥35
应力松弛率/%	<10
泄漏率/(Pa・m^3/s)	≤1×10^{-6}

9.5.2　堆芯测量密封组件描述

堆芯测量密封结构主要由压力容器贯穿件管座、密封组件、密封堵头以及压紧螺栓组成，其中，密封组件内外侧设置起密封作用的内、外两圈石墨环。密封结构的安装流程是：将密封堵头安装于压力容器管座，密封堵头轴向受弹性支撑；然后将密封组件整体套装在密封堵头与压力容器管座之间；最后，通过将压紧盖与压力容器管座外部通过螺栓压紧，以提供足够的预紧力压紧石墨环，使石墨环与密封堵头与压力容器管座之间产生径向密封应力，在运行状态下，介质压力推动密封环底部的 T 形托环，形成自紧密封，从而阻断冷却剂泄漏，起到密封作用。堆芯测量密封结构见图 9-41。

密封组件由压紧盖、内石墨环、外石墨环以及石墨 T 形托环组成，其中，内、外圈石墨环安装在托环的内、外侧，压紧盖与石墨托环配合连接形成了一个整体的密封组件，见图 9-42。

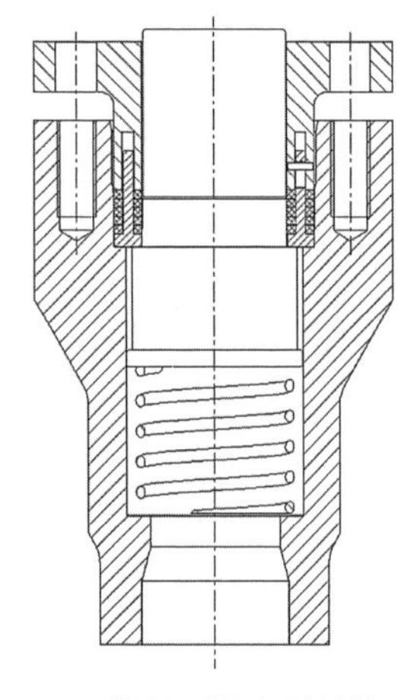

图 9-41　堆芯测量密封结构示意图

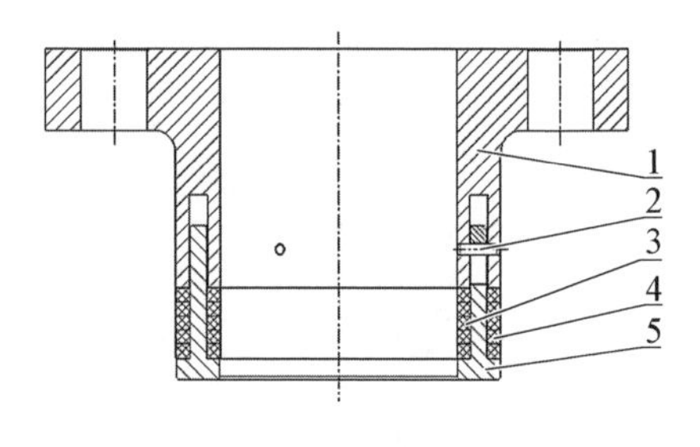

1—压紧盖；2—连接销；3—内圈石墨环；
4—外圈石墨环；5—石墨托环。

图 9-42　堆芯测量密封组件

通过此密封组件可以实现将密封组件整体安装在密封堵头与压力容器管座之间，以起到密封作用，也可以实现从压力容器贯穿件管座中将密封组件整体拆卸，以确保堆芯测量密封组件能够快速拆装。此结构确保了堆芯测量组件在每个换料周期的快速拆装的条件，满足密封要求，保证持续可靠运行。

密封组件更换可采用两种模式：一是密封组件整体更换；二是更换密封组件的内、外石墨环，其余金属部件按要求清洁去污后，检查合格后安装内、外石墨环重复使用。具体更换模式可从经济性、过程速度及环保等因素综合考虑选择。

9.5.3 材料选用

对于堆芯测量密封组件，与核电其他系统设备密封一样，所有接触反应堆冷却剂的零件都选用耐高温、耐高压、耐腐蚀及耐辐照的材料组成，使用不锈钢和石墨两种材料。

不锈钢选用核电中常用材料奥氏体不锈钢。不与反应堆冷却剂接触的密封组件的金属零件，如压紧盖和固定螺栓，其材料钴含量（质量分数，下同）应不大于0.2%，其他材料钴含量应不大于0.1%。

膨胀石墨性能应满足以下指标要求，见表9-25。

表9-25 膨胀石墨环材料成分

灰分/%	< 0.5
碳含量/%	> 99.5
氯离子含量/(mg/kg)	< 30
硫含量/(mg/kg)	< 200
氟含量/(mg/kg)	≤50
总卤素含量/(mg/kg)	< 200
低熔点金属含量/(mg/kg)	≤500
总汞、砷、铅、硫、锌/(mg/kg)	≤300

9.5.4 堆芯测量密封组件性能测试结果

堆芯测量密封组件性能测试包括压缩回弹曲线、应力松弛曲线以及模拟实际运行工况条件，验证试验结果分别见图 9-43、图 9-44 和图 9-45。

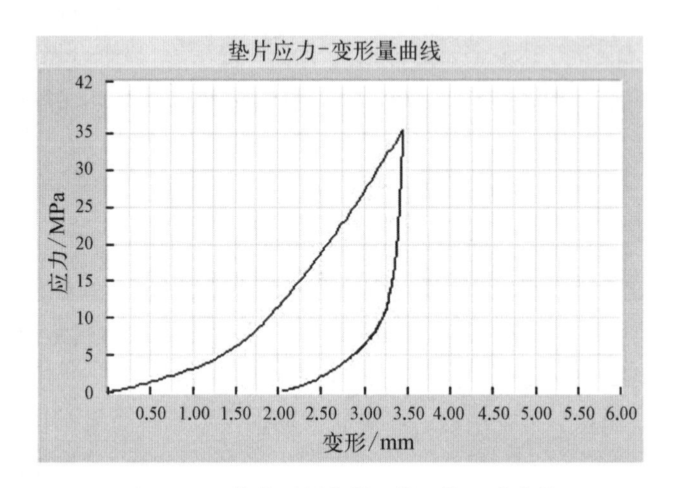

图 9-43 堆芯测量密封组件压缩回弹曲线

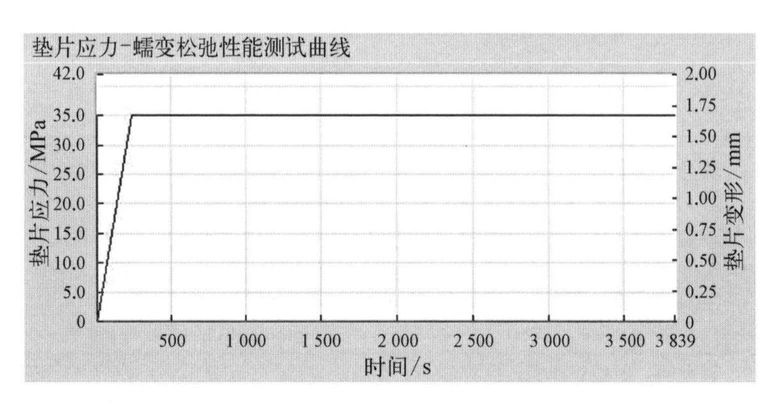

图 9-44 堆芯测量密封组件应力松弛曲线

9.5.5 运行反馈

目前，自主研制的用于第三代核电站的堆芯测量机构用密封组件，实现了堆顶贯穿、连续测量、在线监测的硬性要求，目前已在运行核电机组中成功实现工程应用，运行状况良好。

<table>
<tr><th rowspan="2">序号</th><th rowspan="2">产品编号</th><th rowspan="2">试验日期</th><th rowspan="2">尺寸规格</th><th rowspan="2">材质</th><th rowspan="2">单根螺栓载荷/(N·m)</th><th colspan="4">试验条件</th><th>试验结果</th></tr>
<tr><th>试验温度/℃</th><th>试验压力/MPa</th><th>升降温速率/(℃/h)</th><th>试验次数</th><th>密封面有无可见泄漏</th></tr>
<tr><td>1</td><td>BMCRCS001-1-07
BMCRCS001-2-07</td><td>2013-08-07～
2013-08-17</td><td>Φ89.6×Φ100×Φ26
Φ112.6×Φ123×Φ26</td><td>BMC8214N/
9204/304</td><td>350</td><td>345±5
(稳态)</td><td>15.5±0.5
(稳态)</td><td>≥56</td><td>10+4</td><td>密封面无可见泄漏</td></tr>
<tr><td colspan="2">判定结果</td><td colspan="3">☑合格 □不合格 □其他</td><td colspan="2">签章</td><td colspan="4"></td></tr>
<tr><td colspan="2" rowspan="3">试验结果说明</td><td colspan="9">前10次大温差热循环试验(全保温)
1. 试验介质为去离子水。
2. 升降温速率:10次热循环试验平均升温速率为66.1℃/h,平均降温速率为65.4℃/h。
3. 单次最高升温速率为67.6℃/h,单次最高降温速率为66.8℃/h。
4. 单次最低升温速率为63.5℃/h,单次最低降温速率为63.4℃/h。</td></tr>
<tr><td colspan="9">后4次大温差热循环试验(未保温)
1. 试验介质为去离子水。
2. 升降温速率:4次热循环试验平均升温速率为59.4℃/h,平均降温速率为66.9℃/h。
3. 单次最高升温速率为63.5℃/h,单次降温最高速率为67.8℃/h。
4. 单次最低升温速率为57.0℃/h,单次最低降温速率为65.7℃/h。</td></tr>
<tr><td colspan="9">泄漏检查:
1. 试验过程中在安全区域内进行目视检查未发现可见泄漏,未发现有蒸汽逸出。
2. 试验过程中对关键部位(密封部位)进行全程摄像监控,经检查未发现可见泄漏,未发现有蒸汽逸出。
3. 热循环试验结束后,介质压力降到常压,介质温度降至100℃以下,近距离目视检查密封部位,未发现可见泄漏,未发现有蒸汽逸出。
4. 热循环试验结束,拆除密封组件检查,未见水渍。</td></tr>
</table>

图9-45 堆芯测量密封组件模拟实际运行工况条件验证试验结果

9.6 控制棒驱动机构耐压壳体密封组件

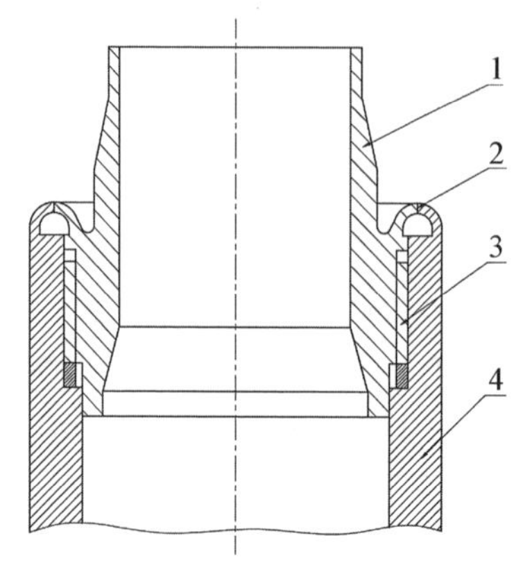

1—耐压壳体；2—Ω 密封焊；
3—梯形螺纹；4—贯穿件管座。

图 9-46 原有 CRDM 耐压壳体密封结构

控制棒驱动机构(简称 CRDM)是核反应堆的重要组成部分，是确保反应堆安全可控的重要动作部件，承担着反应堆的启动和关闭、反应堆堆芯功率调节和发生事故工况时的快速停堆等重要任务。

原有的 CRDM 耐压壳体，采用 Ω 环焊接密封结构。核反应堆常规设计寿期为 40 年，换料周期为 18 个月，因此在整个寿期内需进行多次换料，且在每次换料时需进行切割和焊接[3]。

原 CRDM 耐压壳体与压力容器管座贯穿件 Ω 密封焊结构见图 9-46。

9.6.1 应用工况及性能指标

CRDM 作为反应堆控制系统和安全保护系统的关键设备，直接影响核安全。CRDM 安装在反应堆压力容器(RPV)的顶部，其耐压壳体密封结构也需要承受一回路高温高压环境条件的影响。

CRDM 耐压壳体新型密封组件设计参数见表 9-26。

表 9-26 CRDM 耐压壳体密封组件设计参数

设计压力/MPa(abs)	17.2
运行压力/MPa(abs)	14
设计温度/℃	350
运行温度/℃	271
升降温速率/(℃/h)	56
水压试验压力/MPa(abs)	21.5

CRDM耐压壳体新型密封组件指标应满足表9-27要求。

表9-27　CRDM耐压壳体密封组件指标

参　数	指　标　值
压缩率/%	10～25
回弹率/%	≥35
应力松弛率/%	<10
泄漏率/(Pa·m^3/s)	$\leqslant 1\times 10^{-6}$

9.6.2　CRDM耐压壳体新型密封结构描述

CRDM耐压壳体新型密封结构为自紧式密封结构，主要由CRDM耐压壳体、压紧螺母、密封组件、压紧螺母防松螺钉和压力容器顶盖贯穿件组成(见图9-47)。CRDM耐压壳体底端梯形螺母承担轴向推力，通过压紧螺母提供密封预紧力，压紧螺母径向设置顶紧防松螺钉实现对压紧螺母的机械防松。

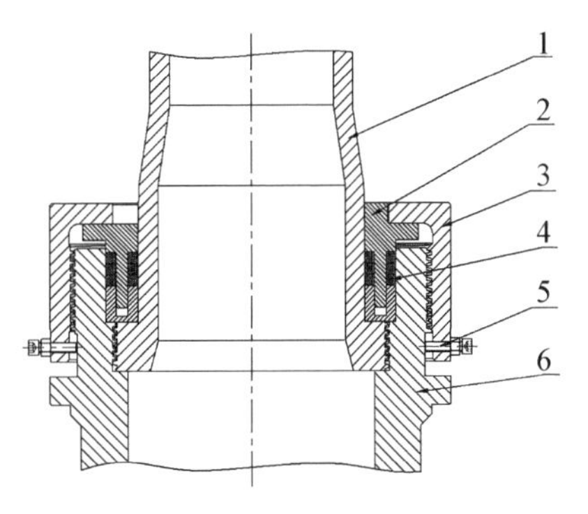

1—耐压壳体；2—密封组件；3—压紧螺母；4—石墨环；5—防松螺栓；6—贯穿件管座。

图9-47　CRDM耐压壳体新型密封组件结构示意图

CRDM耐压壳体新型密封组件是实现结构密封功能的核心部件，主要由压紧套筒、内圈石墨密封环、外圈石墨密封环、石墨托环和连接销组成(见图9-48)。

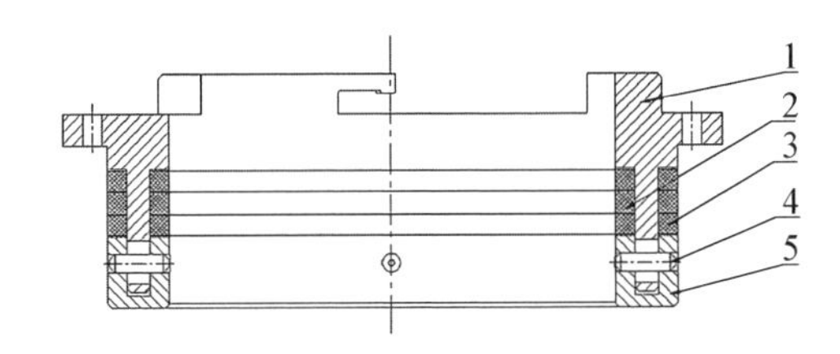

1—压紧套筒；2—内圈石墨环；3—外圈石墨环；4—连接销；5—石墨托环。

图9-48　CRDM耐压壳体新型密封结构密封组件示意图

自紧式密封结构设计，在反应堆运行过程中随着堆芯冷却介质压力增大，介质产生的轴向向上载荷对密封组件形成自下而上的密封自紧应力；在介质应力增大的过程中，自紧应力亦同步增大，使其密封应力在初始密封应力的基础上进一步提高，使 CRDM 耐压壳体新型结构的密封性能更加可靠。

9.6.3 材料选用

CRDM 耐压壳体新型密封结构的设计，不改变原有耐压壳体和贯穿件管座的材料，对密封组件压紧螺母和密封组件用材料，同核电其他系统设备密封一样，所有接触反应堆冷却剂的零件都选用耐高温、耐高压、耐腐蚀及耐辐照的材料，其组成使用不锈钢和石墨两种材料。

密封组件压紧螺母和密封组件所用材料除内、外圈石墨环选用核级膨胀石墨外，其余均选用核电中常用材料奥氏体不锈钢。膨胀石墨性能应满足表 9－28 要求。

表 9－28　膨胀石墨环材料成分

灰分/%	< 0.5
碳含量/%	> 99.5
氯离子含量/(mg/kg)	< 30
硫含量/(mg/kg)	< 200
氟含量/(mg/kg)	≤50
总卤素含量/(mg/kg)	< 200
低熔点金属含量/(mg/kg)	≤500
总汞、砷、铅、硫、锌/(mg/kg)	≤300

9.6.4 CRDM 耐压壳体新型密封结构测试

1) CRDM 耐压壳体新型密封结构测试方法

CRDM 耐压壳体新型密封结构测试包括水压试验、水压循环试验、热态试验和热循环高温试验，试验系统见图 9－49，该系统由稳压器、压力容器、循环泵、增压泵、加热系统、冷却系统、管道、数据采集仪表以及数据采集系统等组成。

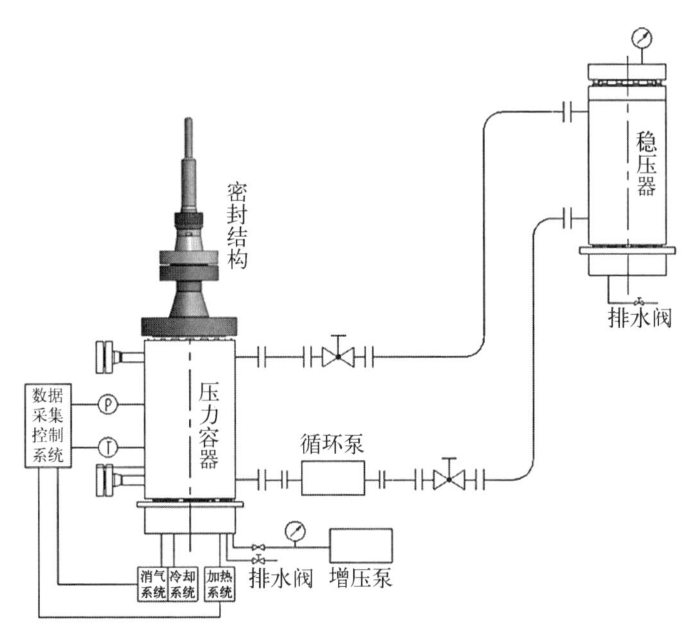

图 9-49 CRDM 耐压壳体新型密封结构试验系统示意图

在水压测试和水压循环试验中，循环系统通过增压泵获得压力；在高温试验、热循环高温试验中，回路系统通过加热器系统加压。各项试验参数见表 9-29。

表 9-29 CRDM 耐压壳体新型密封结构试验参数

测 试	压力/MPa	温 度	保持时间	次数	变化率
水压测试	≥21.5	室温	≥30 min	3	—
水压循环试验	0.1～15.5	室温	—	200	无要求
热态试验	14	≥271 ℃	≥30 min	5	—
热循环高温试验	0.1～14	从室温到 271 ℃	—	15	≥56 ℃/h

水压试验、循环水压试验、热态试验和热循环热试验须符合相关工业标准[4]。

2）CRDM 耐压壳体新型密封结构测试结果

（1）水压测试：从 10 件密封组件中随机抽取 3 件进行测试。在每次测试中，压力升至 22 MPa，然后维持 30 min，试验过程未观测到可视性泄漏。

（2）水压循环试验：随机抽取一件密封组件完成安装，进行 200 次周期性地从 0.1 MPa 至 14 MPa 的压力冲击试验。在测试中没有观测到可视性泄漏和变形。在测试结束后，密封组件可以快速地拆卸，经检查结构完整，状态良好。

（3）热循环高温试验：热试验和热循环高温试验结合进行，每次试验温度均大于 271 ℃。试验期间冷、热平均温度变化率分别为 62.4 ℃/h 和 124.7 ℃/h，测试中未观测到可视性的泄漏和变形。测试之后，密封组件可以快速地拆卸，经检查结构完整，状态良好。

9.6.5 研制成果评审

2021 年 6 月，CRDM 耐压壳体新型密封结构研制成果通过专家组评审，试验结果有效，研制过程完整，质量可靠，研究内容、成果及指标满足工程应用要求，具有重要的工程应用价值。

参考文献

[1] 《中国航空材料手册》编辑委员会. 中国航空材料手册：第 2 卷：变形高温合金、铸造高温合金[M]. 2 版. 北京：中国标准出版社，2001：419.
[2] 宋丹戎，刘承敏. 多用途模块式小型核反应堆[M]. 中国原子能出版社，2021：157－158.
[3] 骆青松，许怀锦，唐宝强，等. 控制棒驱动机构石墨密封组件设计与密封性能验证[J]. 核电工程，2022，43(2)：117－119.
[4] 核工业标准化研究所. 核电厂核级石墨密封垫片测试方法：NB/T 20366—2015[S]. 北京：核工业标准化研究所，2015.

第 10 章
核动力设备泄漏监测技术与应用

核动力设备或其部件的泄漏，可能导致一、二回路热交换设备换热能力下降或放射性物质泄漏，引发核安全事故。因此，在核动力设备的设计和建设过程中，识别、分析和评价泄漏风险或隐患，形成泄漏风险图，采取有效技术方法或措施监测核动力设备或其部件服役或运维过程中的泄漏风险或泄漏致因，能够预防泄漏风险或隐患演变成泄漏安全事故。

10.1 核动力设备泄漏监测技术概述

核动力设备泄漏监测的目的是尽可能在第一时间内及早发现泄漏点位置和泄漏量大小，尽早及时处置，避免小微泄漏扩展并演变为泄漏安全事故。选择有效适用的核动力设备泄漏监测技术，需要明确核电厂设备泄漏监测要求和监测系统性能要求，熟悉常用的核动力设备泄漏在线监测技术。

10.1.1 核动力设备泄漏监测要求

设备泄漏包括外漏和内漏。外漏包括可确定性的泄漏和不可确定性的泄漏，内漏一般是指系统间的泄漏。

依据国家核安全局《核动力厂确定论安全分析》[1]第 3.4.3、3.4.6 和 3.4.8 条及 NNSA/HQ-01-SP-PP-004《核电厂安全分析报告标准审查大纲》目录[2]第 5.2.5、6.2.6 和 6.6 条，典型的始发泄漏事件分为如下三类：

（1）潜在的旁通安全壳的反应堆冷却剂系统泄漏；

（2）向安全壳外的泄漏；

（3）子系统或设备释放放射性物质（一般为放射性废物处理及储存系统）。

典型的预计运行假设始发泄漏事件可分类为：

(1) 乏燃料池燃料冷却能力下降或丧失：丧失场外电源，衰变热排出系统故障，乏燃料池水泄漏；

(2) 反应堆冷却剂系统泄漏并可能旁通安全壳，从而导致放射性物质释放；

(3) 子系统或设备泄漏导致的放射性物质释放：放射性废物处理系统或污水系统小泄漏。

设计基准事故应包括下列典型假设泄漏始发事件：

(1) 反应堆冷却剂系统装量减少，如各种破口谱的丧失冷却剂事故，一回路系统卸压阀误开启，一回路向二回路泄漏；

(2) 乏燃料池燃料冷却能力下降或丧失，如与水池相连的管道破裂；

(3) 反应堆冷却剂系统、子系统或其设备泄漏后可能旁通安全壳，从而导致放射性物质释放，如在运输过程中或储存时乏燃料过热或损坏，废气或废液处理系统破口。

上述泄漏事件通常由核动力设备在正常运行、预计运行、设计基准或设计扩展工况条件下预期或非预期失效导致，涉及可确定性泄漏（如乏燃料池水泄漏）、不可确定性泄漏（如向安全壳外的泄漏）或系统间泄漏（如一回路向二回路泄漏）。

参照美国核管理委员会 *Regulatory guide* 1.45 *guidance on monitoring and responding to reactor coolant system leakage*（revision 1, May 2008）[3]和中国能源行业标准 NB/T 20254—2013《核电厂反应堆冷却剂系统泄漏探测准则》[4]，典型的核动力设备泄漏可按图 10－1 分类和溯源。

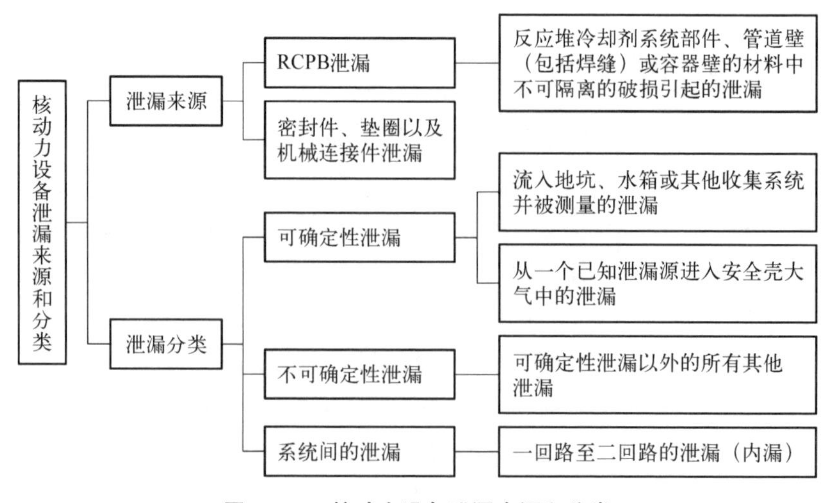

图 10－1　核动力设备泄漏来源和分类

泄漏存在以下潜在的风险：

(1) 某一部件可能不再具有能满足需要的结构完整性的要求；

(2) 泄漏出来的冷却剂可能会导致某个部件(非泄漏部件)的劣化或腐蚀；

(3) 某些化合物(如硼酸)存在累积现象，以致各种设计假定条件失效；

(4) 可能会使工作场所受到污染；

(5) 可能影响到其他仪表(包括泄漏监测仪表)或部件的功能。

因此，NB/T 20254—2013《核电厂反应堆冷却剂系统泄漏探测准则》4.4.2 和 4.4.3 条建议应尽可能采用有效的方法对所有泄漏进行监测并确定泄漏源的位置。

应监测或探测的泄漏包括但不限于下列参数：

(1) 水箱和地坑的液位或流量；

(2) 气载颗粒物的放射性活度浓度；

(3) 气载的气态放射性活度浓度；

(4) 安全壳大气的湿度；

(5) 安全壳大气的压力和温度；

(6) 空气冷却器的冷凝水流量；

(7) 由泄漏引起的声发射信号。

国家核安全局 HAD 102/06—2020《核动力厂反应堆安全壳及其有关系统的设计》导则[5]对安全壳偏离正常运行和安全壳泄漏率监测有明确规定，其相关条款具体要求如下：

(1) HAD 102/06—2020 4.10.3.1.1 规定，应在安全壳内设置用于早期发现安全壳偏离正常运行的适当仪表，包括：① 放射性物质的泄漏；② 异常辐射水平；③ 高能泄漏；④ 一回路冷却剂的泄漏；⑤ 火灾；⑥ 部件失效。

(2) HAD 102/06—2020 4.10.4 规定，安全壳泄漏率定期试验：为进行泄漏率定期试验，应在安全壳内布置适当的监测仪表。应把温度、压力、湿度和流量的测量值结合起来，用于定期计算安全壳大气的质量和估算泄漏率。对于钢制安全壳，还应测量钢板的温度。

(3) HAD 102/06—2020 5.4.1.1 规定，为了证明安全壳有关系统在核动力厂全寿期内始终满足设计和安全的要求，应定期进行整体泄漏率和局部泄漏率的在役试验与检查。

NB/T 20254—2013 4.4.3 规定：为确定核电厂内泄漏源的位置以便评估其对安全的重要性，在核电厂内宜设置早期故障监测或探测系统以便能够在反应堆运行期间确定泄漏源的位置，利用安全壳内安装的多台分区监测仪表进行泄漏源的定位。

NB/T 20254—2013 5.1 条对于不同来源和类别的泄漏监测系统提出的设计准则如下：

(1) 核电厂应对反应堆冷却剂泄漏源及其位置泄漏率进行测量；泄漏监测系统应能够探测到 RCPB 的劣化，以便限制压力边界发生严重破损的潜在可能性。

(2) 核电厂应采用适当的方法在 RCPB 关键部件出现泄漏的初期监测到小微泄漏并尽可能快地确定泄漏源的位置，以便降低泄漏对电厂运行安全的潜在影响。

(3) 泄漏监测系统的性能应是已知的并且应确保对于泄漏的有效管理。

相应地，各泄漏监测或探测系统的设计基准文件应包括：

(1) 设计每个泄漏探测系统所用的数据和设计基准(例如反应堆冷却剂温度、压力和放射性活度浓度)；

(2) 确定每一个系统灵敏度、响应时间和报警整定值所用的分析模型和方法；

(3) 每种泄漏探测方法的限制条件和近似准确度及其用单位时间冷却剂体积表示的泄漏率测量范围；

(4) 抗震鉴定(如果适用)，见 GB/T 13625 和 GB/T 15474；

(5) 泄漏监测系统的校准和运行规程；

(6) 每一个泄漏监测系统电源的安全级别和抗震分类。

对于不同来源和类别的泄漏监测系统要求如下：

(1) NB/T 20254—2013 5.2　不可确定泄漏监测要求

(2) NB/T 20254—2013 5.2.1　核电厂应使用的泄漏监测系统对于 3.8 L/min(1.0 gal/min 或 0.063 kg/s) 泄漏率的响应时间(不包括传输延迟时间)不大于 1 h；对于1.9 L/min～3.8 L/min(0.5 gal/min～1.0 gal/min)的泄漏率应进行报警。

(3) NB/T 20254—2013 5.2.2　核电厂应至少提供两种具有上述要求的探测和监测能力的独立的多样性的仪表和(或)方法，即使这些泄漏监测系统并不具备同标准 5.2.1 节中所要求的能力。

10.1.2　核动力设备泄漏监测系统性能要求

为确定适用于监测反应堆冷却剂系统泄漏流的仪表和方法有多种，这些仪表和方法在响应时间、灵敏度和准确度等方面都有区别。另外,某些仪表和方法可以连续地监测泄漏量,而另一些只能阶段性地使用。有效的泄漏监测方案应是多种监测仪表和方法的组合。监测下述参数的变化有助于探测泄漏,甚至可定量地测定泄漏量的大小或流量。

参照美国石油学会 API 1155:1995 *Evaluation methodology for software based leak detection system*[6] 第三章:输出数据和性能指标,泄漏监测系统(leak detection system, LDS)的性能可以从以下五个维度评估:

1) 可靠性

衡量 LDS 在设计工况和探测区域内运行时准确检测出或探测到泄漏(以下简称为“检漏”)和判定泄漏严重性和安全风险等级(以下简称为“判漏”)的能力;可靠性与检漏判漏的准确性概率密切相关。可靠性高的 LDS 系统检漏判漏误报率低。

2) 灵敏度

LDS 能够检测出或探测到的泄漏量大小以及发出警报所需时间的综合度量。最小可检测泄漏率和泄漏检测时间相互依赖;更小的最小泄漏检测速率需要更长的泄漏检测时间。LDS 的灵敏度可以使用图 10-2 的操作特征图来表征。

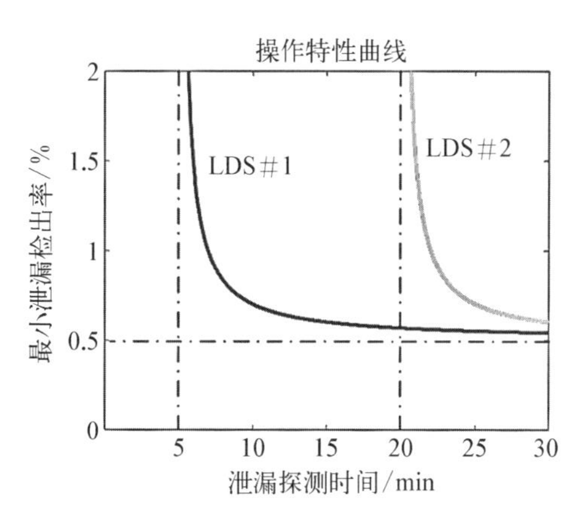

图 10-2　泄漏监测系统操作特性图

3) 准确性

LDS 测量泄漏率、温湿度和放射性活度等泄漏相关物理参数和定位溯源的准确程度和精度水平。

4) 健壮性

衡量 LDS 长期稳定运行和提供有用信息的能力;即使在核动力设备管道运行工况变化下或在数据丢失或可疑的情况下,如果 LDS 还能够继续运行,则被认为是稳健的。稳健的 LDS 通常能够容忍使用某种冗余评估的传感器故障。NB/T 20254—2013《核电厂反应堆冷却剂系统泄漏探测准则》中“5.7 系统可用性”规定:只要核电厂反应堆冷却剂系统处于受压状态,泄漏探测系统应是可用的;在核电厂正常运行期间设备安装处于预期的环境温度、湿度和辐射水平范围内,监测系统应保持规定的准确度和性能特性;在核电厂泄漏定量监测系统中，至少有一种监测方法应能在发生任何不导致电厂停堆的地震事件以后继续工作。

5）应用场景特殊要求

这些要求与行业法规、设备设计标准、具体的应用场景以及业主的具体需求等密切相关。美国核管理委员会《管理导则 1.45：关于反应堆冷却剂系统泄漏监测和响应的导则》和中国 NB/T 20254—2013《核电厂反应堆冷却剂系统泄漏探测准则》对核动力设备泄漏监测系统应用场景特殊性能要求条款如下：

（1）NB/T 20254—2013 5.2.3　泄漏监测系统，包括具有定位探测能力的泄漏探测系统，应能探测到或在线连续监测泄漏率不小于 0.05 gal/min（0.19 L/min）的反应堆安全壳泄漏，应在核电厂运行期间允许进行校准和试验，以确保其性能和可操作性。

（2）NB/T 20254—2013 5.2.4　核电厂应在主控制室提供泄漏监测系统的输出与报警。将仪表输出转换为泄漏率的规程对操纵员来说应是方便可用的（或者这些规程可以是计算机应用程序的一部分，这样操纵员就可以获得实时的由监测仪表输出确定的泄漏率的指示值）。

（3）NB/T 20254—2013 5.2.5　应定期校准与测试泄漏监测系统。报警信号应向操纵员提供早期的警告，以便他们采取纠正措施。

（4）NB/T 20254—2013 5.2.6　应考虑各种类型仪表的可用性，明确包含可确定、不可确定、RCPB 和系统间泄漏的限制条件，确保在核电厂各个运行阶段中（不包括冷停堆和换料操作）仪表能保持足够的覆盖范围。

（5）NB/T 20254—2013 5.3　冷却剂泄漏探测系统性能

应通过设计计算或性能试验表明，在泄漏的主要探测系统中，每一种探测系统和（或）仪表的灵敏度和响应特性都能按先漏后破的探测要求或核电厂运行要求对泄漏率的增量进行指示和报警。例如，常用的泄漏率增量为 1 h 内 3.8 L/min（1.0 gal/min）。当可确定泄漏流叠加到不可确定泄漏流上时，此灵敏度要求仍然适用。

（6）NB/T 20254—2013 5.5　可确定泄漏的收集和测量

应识别密封、释放系统和其他可能的泄漏源。对重要的可确定泄漏源，应设置泄漏收集和测量系统，收集足够数量的可确定泄漏源漏出的蒸汽和液体，以尽可能限制漏入安全壳大气的预期泄漏，从而避免未收集的泄漏妨碍不可确定泄漏监测系统满足 5.3 的要求。应收集或隔离从可确定泄漏源漏入安全壳的泄漏，以便对可确定泄漏率与不可确定泄漏率分别进行监测，并按照 5.3 规定的灵敏度监测可确定泄漏总流量。

(7) NB/T 20254—2013 5.6　系统间泄漏流监测

核电厂应对通过非能动接口边界与反应堆冷却剂系统及其有关系统相连接的系统进行监测，指示系统间泄漏。由于系统间的泄漏不会把反应堆冷却剂释放到安全壳大气中，所以核电厂使用的报警和泄漏监测方法包括：

① 监测经由安全壳边界通往相连接系统的水中的放射性活度浓度；

② 监测这些系统排到安全壳边界外的排风中的气载放射性活度浓度。

除此之外，还可通过冷却剂装量平衡监测得到一些有用的信息(如水箱内的异常水位和异常流量)，可对系统间存在不可控制或意外泄漏进行指示。

在核电厂中应采用多种不同的监测技术来对一回路至二回路的泄漏进行监测，包括连续监测技术(例如，主蒸汽管道 N－16 辐射监测仪、蒸汽发生器排污辐射监测仪和凝汽器排气辐射监测仪)和周期性监测技术(例如水化学手工取样)。

(8) NB/T 20254—2013 6.1　泄漏监测仪表的能力

泄漏监测的目的是识别和测量泄漏量的大小和位置，以便确定泄漏的严重性。NB/T 20254—2013 的第 6.2～6.11 条提供了若干用于监测、测量或确定反应堆冷却剂系统及其有关系统泄漏流位置的方法和探测要求。表 10－1 列出监测、测量和确定泄漏位置所用的各种方法的能力。

表 10－1　泄漏监测仪表能力摘要

方　　法	泄漏量 探测灵敏度	泄漏量 测量准确度	泄漏源 定位
地坑监测	A	A	C
冷凝水流量监测仪	A	B	C
气态放射性活度浓度监测仪	A	B	B
气载颗粒物放射性活度浓度监测仪	A	B	B
反应堆冷却剂装量	B	B	C
湿度	A	C	B
温度	A	C	B
声发射	A	B	A

（续表）

方　　法	泄漏量 探测灵敏度	泄漏量 测量准确度	泄漏源 定位
压力	B	C	C
带状湿度传感器	B	C	A
液体辐射监测仪	A	B	B
主蒸汽管道辐射监测仪（压水堆）	A	C	A
可视监测系统	B	C	B

注：① 表中能力的排列顺序是根据这些仪表运行经验的结果作出的。对某些仪表设计或核电厂配置可能证明其他排列顺序是合理的，表中排列顺序仅为选择泄漏探测仪表提供指导。
② A 表示如果正确设计和应用，一般能满足本标准的要求。
③ B 表示可能、勉强或不能满足本标准的要求（这需根据应用条件和测量位置的数目而定）。
④ C 表示通常不建议采用，但可用于监测特定位置的泄漏。

NB/T 20254—2013 第 6 节基于已有的运行经验对表 10－1 中所述的常用泄漏监测仪表或方法提出了具体要求。同时，NB/T 20254—2013 第 7 节对于泄漏监测系统的可运行性，提出了如下具体要求。

泄漏监测显示应提供泄漏、即时泄漏状态和泄漏率变化趋势的清晰而明确的指示。设置报警逻辑和报警整定值时应考虑泄漏监测的要求（见该标准 5.3 条），以便在参数与安全运行要求相一致的时间内提供指示，同时尽量避免由于核电厂的正常操作（例如安全壳冷却器启动）而引起误报警。

如果一个泄漏监测仪表由于被测参数短时快速变化而趋向于产生报警信号，则应考虑将此信号与其他泄漏监测及核电厂运行信号（泵或风机运行信号）进行组合，只有当他们一致时才发出泄漏报警；而当其他输入表明探测到的情况不是泄漏时，不发生报警。这种信号符合方法可应用于所有泄漏监测仪表，构成一个综合系统，综合地评价所有的泄漏输入信号及选择的核电厂运行状态信号，并综合地显示可确定和不可确定泄漏状态、泄漏量、变化趋势和位置。

所有泄漏监测系统的显示和报警都应置于主控制室内。在设有有关泄漏的附加过程显示的情况下，这些指示应设置在一个集中的显示位置处。泄漏监测显示也可通过计算机和图像显示装置来实现。在应急状态期间应从可达到的一个集中的显示位置监测和控制泄漏的定量测试，并进行泄漏定位。应提供用模拟探测器输出或其他方法进行在线校准泄漏监测通道的能力。应能定期调整读数、报警整定值和校准因子，以补偿实际环境或本底条件变化带来的影响。

泄漏监测系统的显示应尽可能用体积单位表示；如果用其他单位表示，应便于转换。泄漏监测系统应能监测泄漏量的变化趋势。应能在反应堆停堆换料期间，对整个通道进行校准和维修。

泄漏监测系统的设计和布置应易于定期试验、修理和更换。

10.1.3　核动力设备常用泄漏在线监测技术

核动力设备泄漏在线监测技术可分为基于外部的系统（以下简称 EBS）和基于内部的系统（以下简称 IBS）（见图 10-3）。

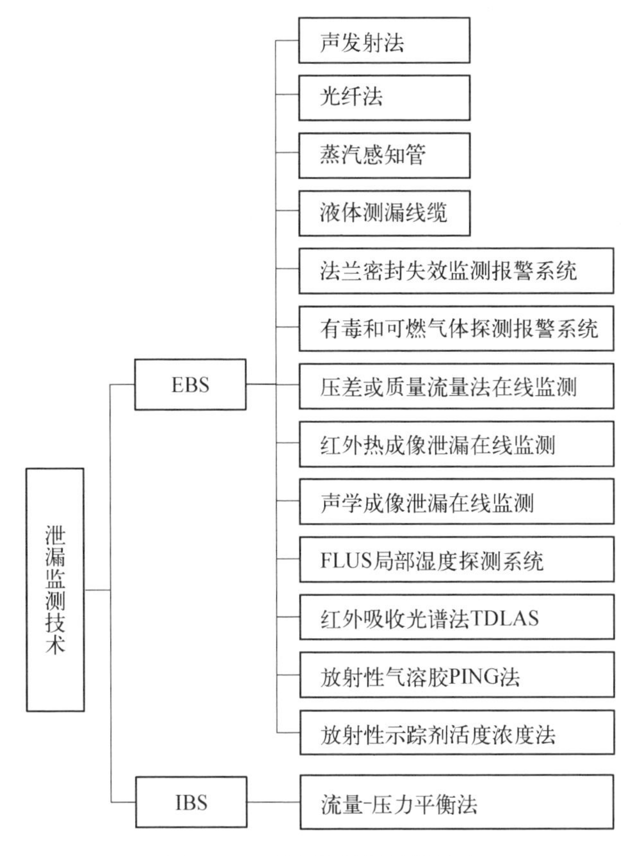

图 10-3　常用的泄漏监测技术

基于外部的系统(EBS)：在核动力设备管道系统之外装设本地化的泄漏探测器和报警子系统。这种 LDS 的优点是能够准确地定位溯源到泄漏释放源,缺点是安装的复杂性和成本通常较高。

基于内部的系统(IBS)：基于装设在核动力设备管道上流量计、压力表、温度计等工艺仪表或变送器的实时监测数据和质量守恒原理,通过统计分析和专用的计算机软件分析判断有无泄漏或估算泄漏量大小。这种 LDS 的优点是成本低,缺点是不能够准确地定位溯源到泄漏释放源。

EBS 法和 IBS 法泄漏在线连续监测数据传输汇聚至同一数据平台,就可以把温度、压力、湿度和流量的测量值结合起来,用于定期或实时计算安全壳大气的质量和估算泄漏率;通过模式识别、大数据分析、数据标签训练和人工智能算法,萃取提炼泄漏机理模型,可实现核动力设备密封泄漏趋势和风险等级的预测和预警。

近 10 年来,核动力设备常用的泄漏在线连续监测技术见表 10－2。

表 10－2　核动力设备常用泄漏在线连续监测技术

技术描述	类型	传感器原理或特点	应用场景	适用的典型设备或场景	泄漏量
有毒可燃气体探测报警系统(GDS)	EBS	电化学型、催化燃烧型和红外气体型传感器	定性	六氟化硫气体泄漏	小漏或中漏
法兰密封失效监测和报警系统[7]	EBS	微机电热式质量流量传感器	定量定位	高温气冷堆压力容器、压力管道法兰密封点	小微泄漏
压差和质量流量法在线监测	EBS	层流管式质量流量传感器,压差法流量传感器	定量	主反应堆安全壳的整体综合泄漏率,一次反应堆安全壳贯穿的局部泄漏(包括气闸和电气贯穿),安全壳隔离阀泄漏率	小漏或中漏
抗辐射红外热成像泄漏监测	EBS	红外线热成像检漏技术包括：红外线辐射成像检漏技术、红外线吸收检漏技术和红外线光声检漏技术	定性定位	安全壳壁温和空冷/冷却系统	中漏或大漏

（续表）

技术描述	类型	传感器原理或特点	应用场景	适用的典型设备或场景	泄漏量
FLUS 局部湿度探测系统	EBS	具有多孔质烧结金属元件“传感器管”连接成一个封闭的循环监控线，通过水蒸气在传感器管中的浓差扩散形成“湿度图像”(湿度廓线)	定量定位	安全壳内	小漏或中漏
光纤传感在线监测	EBS	包括瑞利散射光强测振和拉曼散射及光时域反射测温技术	定性定位	安全壳,一回路,高温管道和容器	小漏或中漏
质量压力平衡法在线监测	IBS	基于设备进出口或管道中流动介质的质量守恒和压力变化关系监测介质流经的管路系统是否发生泄漏	定性定量	换热器或阀门内漏，循环水系统,水箱	中漏或大漏
冷凝水流量在线监测	EBS	压差式或热式质量流量计	定量	换热器或冷凝器单体内漏	中漏或大漏
声发射泄漏在线监测	EBS	声发射传感器实时记录裂纹扩展或泄漏所产生的机械波,通过算法软件定位溯源	定量定位	主管道和波动管	小漏或中漏
声学成像泄漏监测	EBS	通过将阵列中各个传感器所采集到的信号进行滤波、加权叠加后形成波束,进而通过搜索空间内声源可能的位置来引导波束,最终计算出空间异常声源点声音强度	定性定位	压缩空气、氮气和氦气等泄漏在线监测，气动隔膜阀隔膜泄漏在线监测	
红外吸收光谱法泄漏监测	EBS	可调谐半导体激光吸收光谱(TDLAS)技术	定性定位	蒸汽管道泄漏	小漏或中漏
放射性气溶胶、碘、惰性气体泄漏监测	EBS	通过气溶胶测量系统、气载碘测量系统和惰性气体测量系统探测安全壳内冷却剂泄漏率	定性	一回路压力边界	中漏或大漏

（续表）

技术描述	类型	传感器原理或特点	应用场景	适用的典型设备或场景	泄漏量
放射性^{13}N、^{18}F泄漏监测	EBS	以^{13}N或^{18}F核素作为放射性示踪剂，通过监测放射性示踪剂活度浓度，最终计算出安全壳内冷却剂泄漏率	定量	一回路压力边界	小漏、中漏或大漏

注：英国环保署对碳氢化合物的泄漏量级定义[8]为，

(1) 小量或微量泄漏（小漏）：可能会对附近人员造成伤害，但不会致命；释放量小于 1 kg，泄漏释放率小于 0.1 kg/s 且持续时间小于 2 min。

(2) 中等或明显泄漏（中漏）：可能会对局部危险区域内的人员造成严重或致命伤害和事故升级，泄漏释放率在 0.1～1.0 kg/s 且持续时间在 2～5 min。

(3) 严重或大量泄漏（大漏）：可能会对局部危险区域之外的人员造成严重或致命伤害，释放量大于 300 kg，泄漏释放率大于 1 kg/s 且持续时间大于 5 min。

10.2 静密封点泄漏在线连续监测技术

基于 US EPA21、ISO 15848 和 TA LUFT 的包袋法原理，可对阀门和法兰静密封点状态进行在线监测。在线监测系统的核心组件为基于包袋法原理的紧凑型阀杆填料或法兰连接泄漏收集器和物联网监测节点设备[9]（见图 10-4）。

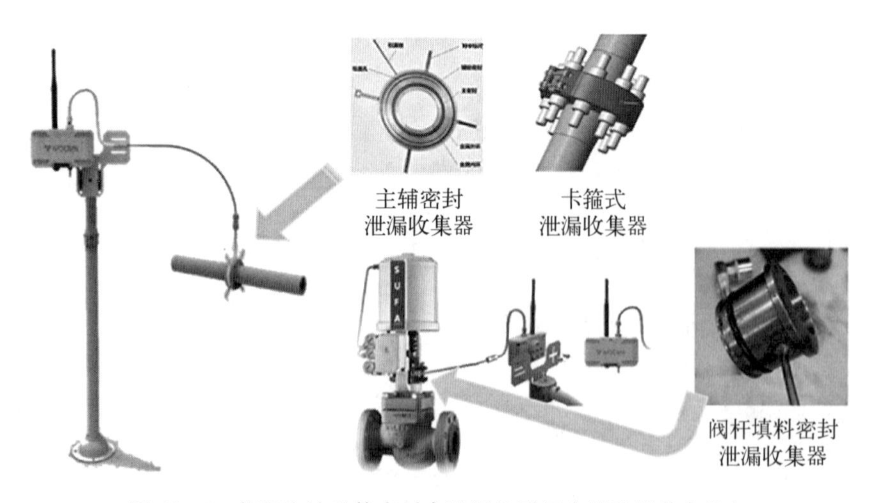

图 10-4 阀门和法兰静密封点泄漏物联网在线监测节点设备

10.2.1　静密封气体泄漏收集器

静密封泄漏收集器主要包括法兰密封和阀门填料密封两种结构和型式。设计和制造优良的泄漏收集器，其泄漏收集效率应不低于 90%。

1）法兰密封气体泄漏收集器

法兰密封泄漏收集器包括卡箍式泄漏收集器和垫片式主辅密封泄漏收集器(见图 10－5)。

图 10－5　(a) 卡箍式泄漏收集器；(b) 垫片式主辅密封泄漏收集器

前者适用操作温度不高于 430 ℃的所有类型的法兰连接，无需大修窗口；后者为主、辅双密封结构(见图 10－6)，抗高低温交变和蠕变，绿色低碳，某些低位移补偿或微小弯矩应用场景或工况下可代替“防松垫圈＋低泄漏缠绕垫”密封方案，适用于操作温度不高于 560 ℃的法兰连接。

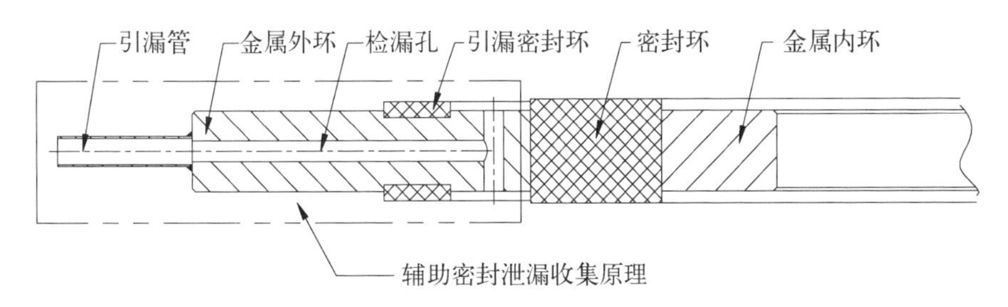

图 10－6　垫片式主辅泄漏收集器的典型结构型式和泄漏在线连续监测原理

垫片式主辅密封泄漏收集器的主密封可以是金属碰金属恒应力密封垫片(MMC)或金属 C 型环。辅助密封可以有效收集主密封的微泄漏，收集的泄漏通过专利设计的引漏管流经低功耗微机电传感器，在线连续监测重要法兰密封的健康状态、泄漏趋势和泄漏风险等级。

2）阀门填料密封气体泄漏收集器

阀门填料静密封泄漏收集器的结构型式见图 10－7。需要设计改造填料压头；填料压头中的泄漏收集密封通常分为常温型（≤150 ℃）橡胶密封圈和高温型（≤560 ℃）高纯度压制石墨环。

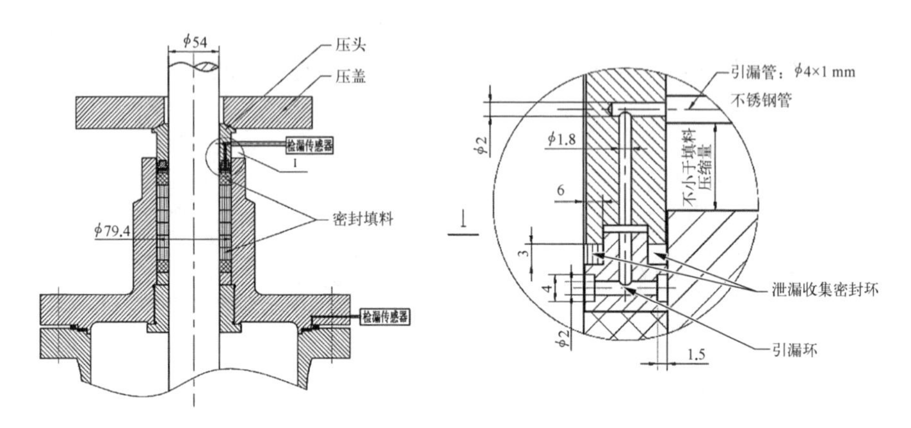

图 10－7　阀门填料密封泄漏收集器原理图

10.2.2　气体泄漏在线连续监测节点设备

泄漏的气体流经监测节点设备，即可实现在线连续监测。

监测节点设备内置微机电质量流量传感器、温度传感器和低功耗无线射频模块，能够精确地直接测量阀门或法兰静密封点的泄漏率（sccm）和节点设备所在位置的环境温度；电池供电，无需布线，在不更换电池的条件下持续使用寿命不低于 3～5 年（具体与控制策略有关）；厂内设备管线密集区域通信距离 200 m 左右，视距范围内通信距离不低于 2 km，支持远程校准和上位机远程指令；能够根据泄漏风险等级或泄漏趋势自动调整采样频率；Ia 级本质安全防护，防尘、防水等级不低于 IP65，电磁兼容性强，抗雷击，可安装在 0 区、ⅡC 类爆炸性气体场合（见图 10－8）。

图 10－8　电池供电的无线监测节点设备示意图

典型静密封点气体泄漏无线监测节点设备的性能指标见表 10－3。

表 10－3　典型静密封点泄漏无线监测节点设备性能指标

监测项目	性能指标		
量程	0～30 sccm/0～100 sccm(两种量程)		
典型寿命	≥5 年(1 h 采集并发送一次数据)		
感知性能	精度	重复性	输出漂移(时间)
	±(1.5+0.5)%满量程	±0.5%	±0.5%满量程/年
防爆分区	ExiaIICT4Ga		
认证	计量认证、防爆认证、IP 防护等级认证、电磁兼容认证、环境耐久认证		
无线传输距离	≥2 km(空旷环境)、≥200 m(工业场合)		
工作温度	−20～70 ℃		
相对湿度	<95%(无结冰、无凝露)		
工作压力	≤0.3 MPa		
供电方式	锂电池		
信号输出	HGmesh(780 MHz 或 470 MHz)		
EMC 防护认证	符合 IEC 61000－4－2、IEC 61000－4－3、IEC 61000－4－8		

10.2.3　监测数据的传输

核设施或核电厂厂内重要阀门管道静密封点及其监测节点设备位置往往比较分散，采用数据集中器(见图 10－9)接收监测节点设备发送过来的无线数据并通过厂内局域网、RS485 总线或 4G/5G 无线通信方式实时上传至中控室或后台数据中心服务器，可以节省监测节点设备的线缆布设成本，增强监测节点设备现场布点的灵活性和便利性。

数据集中器主要功能是接收和发送监测数据，能够连接 50～200 台监测节点设备并在厂内自组无线传感网(WSN)，支持直流与交流多种供电方式，支持远程固件更新和边缘计算，节省现场布线成本，提高安装便利性。典型数据集中器(DTU)的性能指标见表 10－4。

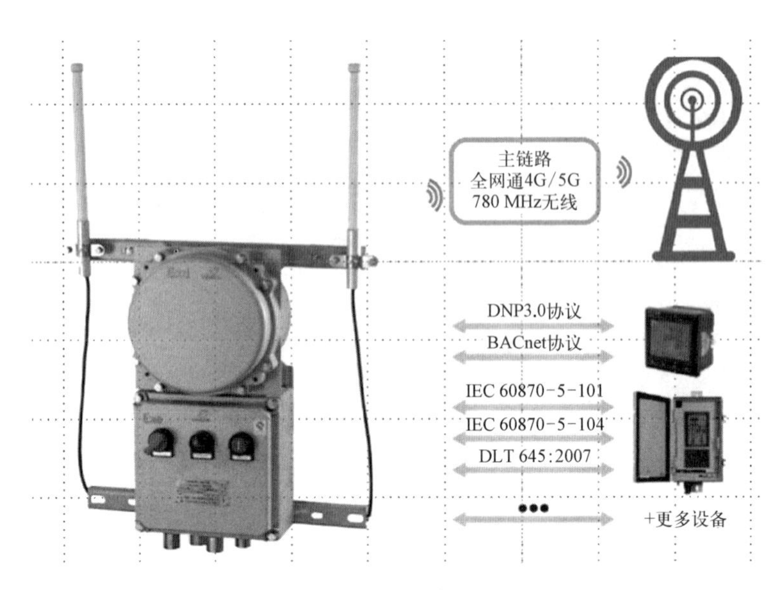

图 10-9　数据集中器(DTU)

表 10-4　典型数据集中器(DTU)性能指标

项　次	性　能　指　标
通信接口	全网通 4G/5G;780 MHz、1 路 RS485、1 路网口;1 路继电器
防爆分区	Exd e [ib]IIC T4 Gb(防爆等级)
认证	防爆认证、IP 防护等级认证、电磁兼容认证、环境耐久认证
无线传输距离	780 MHz: ≥2 km(空旷环境),≥200 m(工业场合) 4G/5G: 典型值 500 m(取决于基站远近)
有线传输	RS485: 1 200 m(带屏蔽双绞线) 网口: 100 m(以太网)/2 000 m(光端机)
工作环境	环境温度: −20～55 ℃,相对湿度: <95%(无结冰、无凝露)
供电方式	24 V DC 或 220 V AC
电源输出	24 V DC(可作电源输出)
EMC 防护认证	符合 IEC 61000-4-2、IEC 61000-4-3、IEC 61000-4-4、IEC 61000-4-5、IEC 61000-4-8、IEC 61000-4-11

10.2.4　泄漏在线连续监测和预警系统原理

从阀门法兰静密封处逸散泄漏的气体或挥发性有机物被泄漏收集器收集后，流经引漏管和 MEMS 流量传感器，即可实现泄漏在线连续监测(见图 10－10)。

图 10－10　阀杆填料密封泄漏收集和在线监测原理

静密封点泄漏监测预警系统由设备密封点泄漏收集层、感知层和连接应用层构成(见图 10－11)。设备层的主要功能是收集静密封的泄漏，感知层的主要功能是在线连续测量从静密封点处泄漏出的气态介质泄漏率(sccm)，连接应用层的主要功能是传输和汇聚监测数据，并根据报警和预警算法软件智能判定泄漏风险等级和泄漏趋势。高级数据分析和机器学习技术能够实现高风险密封点的状态监测、泄漏趋势预警和预测性维护，实现一张图“动态”管理静密封点的运维状态、风险等级和结构完整性。

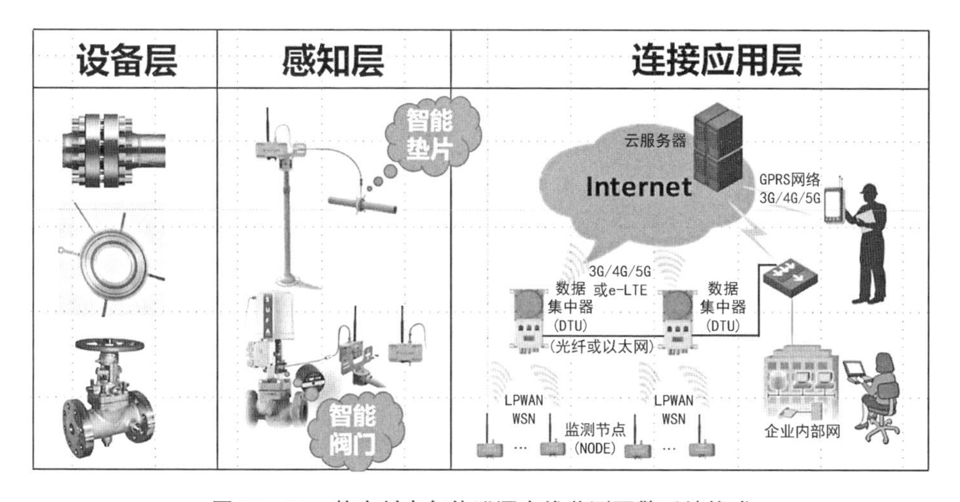

图 10－11　静密封点气体泄漏在线监测预警系统构成

按照 GB/T 20801.3—2020《压力管道规范工业管道 第 3 部分：设计和计算》5.2.3.4 条的规定，高温或承受较大温度梯度的法兰接头，应考虑法兰的高温变形、温差和螺栓材料的应力松弛以及垫片蠕变，选用抗低温交变和蠕变的高性能密封垫片或组件。根据长江三角洲区域统一标准 DB 31/T 310007—2021《设备泄漏挥发性有机物排放控制技术规范》4.1.3 条的规定，不可达密封点或易泄漏密封点可采用连续监控设施实时进行泄漏监控预警，预防泄漏；GB 37822—2019《挥发性有机物无组织排放控制标准》8.3.2 条规定，配备密封失效检测和报警系统的设备与管线组件可免于泄漏检测。保温或保冷层下高低温交变法兰密封点装设泄漏在线连续监测预防系统，可在第一时间发现报警保温保冷层下法兰密封点的不可见泄漏，泄漏早知道，防患于未然。

静密封点气体泄漏在线连续监测技术适合于高温气冷堆核动力压力容器和压力管道重要法兰密封点健康状态的在线连续监测、预警和预防。

10.2.5 核设施和核动力设备泄漏率定期测试

美国核管理委员会要求所有核电厂进行定期测试，以确保它们符合联邦条例规程清单 10 第 50 部分《生产和公用工程设施的国内许可》的泄漏测试要求。该要求包括三种类型的测试：

(1) Type A 试验测量主反应堆安全壳的整体综合泄漏率(ILRT)；

(2) Type B 试验测量主反应堆安全壳渗透的局部泄漏，包括气闸和电气渗透(LLRT)；

(3) Type C 试验测量密封隔离阀的泄漏率(LLRT)。

1) 综合泄漏率测试(ILRT)

1993 年起，Type A 综合渗漏率测试(ILRT)智能传感器技术用于监测主反应堆安全壳的整体综合泄漏率。智能传感器通过减少安装和进行测试所需的时间和穿透次数，提高了 ILRT 的效率。ILRT 智能传感器需要通过 ISO 17025 认证的校准实验室进行定期或及时校准。

在 ILRT 期间，反应堆建筑将被加压至 0.316 94 MPa，持续 8 h。安装在反应器内部的 50 多个智能传感器返回连续的温度和湿度数据，以计算整个测试期间的压力衰减。在测试期间，应用气体质量流量计监测实际泄漏率，同时智能传感器继续报告其数据。将这两组数据进行相关性研究(correlation study)，以验证智能传感器与气体质量流量计监测值的一致性，保证 ILRT 智能传感器测量精度和 5h 验证测试中压力和温度变化的敏感性。

2）局部泄漏率测试（LLRT）

最具破坏性的故障有时是由最小的部件引起的，如阀门、法兰、电气穿透等。使用内置流量补偿或压力衰减补偿的便携式泄漏率监测器，可以测试核设施的 Type B 和 Type C 泄漏率。

在一个典型的 Type B 密封气闸测试中，气闸是密封的，并被加压到 0. 344 5 MPa。空气或氮气提供给 LLRT 压力调节器，该调节器在气闸内保持指定的测试压力。如果调节阀允许额外的流量进入气闸以保持测试压力，那么这就是泄漏存在的证据。进入气闸的流量显示出气闸的泄漏程度。每个 LLRT 都配有三个高精度质量流量计，可以根据特定测试的需要监控高、中、低流量范围。气闸 Type B 试验可能需要高量程或中量程，而隔离阀上的 Type C 试验可能需要最低流量范围。

10. 3　泄漏监测技术

为了保证核动力设备安全可靠地运行，核反应堆内的各种压力设备与装置需要进行密封性能的在线实时监测与故障诊断，这便是泄漏监测技术。目前主流的泄漏监测技术可分为四类，即基于声学、光学、温湿度和放射性活度探测的泄漏监测技术，下面分别予以阐述。

10.3.1　基于声学的泄漏监测技术

10. 3. 1. 1　声发射泄漏监测技术

声发射（acoustic emission，AE）是指材料中局部源能量快速释放而产生瞬态弹性波的现象，也称应力波发射。大多数工程材料变形和断裂时都有声发射产生，如果释放的应变能足够大，可能产生人耳听得见的声音；但当释放的应变能很小时，人耳无法听见，需要使用灵敏的电子仪器来进行探测。这种利用仪器探测、记录、分析声发射信号，并进一步推断声发射源性质的技术称为声发射检测技术。

对于核动力设备而言，当加压冷却剂从承压边界穿过壳壁裂缝或腐蚀孔发生泄漏时，将会产生两种声信号：① 空气传播的气载声信号；② 以应力波形式在金属边界中传播的金属载声波。这两种信号均是连续性信号，并携带着泄漏点的特征信息（如漏孔形状、大小、位置和泄漏率等）。根据这一特点，采集泄漏流产生的声信号,并对其进行合理的分析处理,就能有效监测反应堆承压边界冷却剂的泄漏情况。气载声信号能用安装在安全壳内的声传感器探测,金属载声波能用安装在承压边界上的声传感器探测。

10.3.1.2　光纤测声技术

光纤传感技术具有体积小巧,环境耐受力强,分布组网的优势,可用于分布式大范围测量。光纤测声可依靠光在光纤中传输发生的瑞利散射实现。瑞利散射是光纤的一种固有特性,它是由于光波在光纤中传输时,遇到光纤纤芯折射率在微观上随机起伏而引起的线性散射。瑞利散射对温度不敏感,只对应力敏感,当振动声波作用在光纤上时,对光纤造成一定的形变,从而引起光纤中后向瑞利散射光的强度发生变化,通过探测器探测后向瑞利散射光的强度,就可以得到振动或声波的大小和位置。

管道发生破裂会导致一种高频振动信号产生,该振动信号沿着管壁传播并随着传播距离的增长以指数规律衰减。可基于上述瑞利散射的原理,使用光纤测量该振动信号,分析该信号的功率谱变化来进行泄漏定位。

一回路充满高压冷却剂时,当压力边界冷却剂发生泄漏,泄漏冷却剂与金属压力边界材料发生作用,产生超声范围的连续发射的瑞利波,这种信号沿金属压力边界表面传播,金属压力边界泄漏声信号在数十到数百千赫频率范围内。单模光纤受到振动时,在光纤上产生瑞利散射光,通过该散射光的强度及相位解调,即可得到整根光缆上若干点的振动以及声波信息,从而实现分布式振动声波测量。因此,可借助分布式光纤振动传感器实现泄漏发出的超声波能量测量。

10.3.1.3　声学成像泄漏监测

声学相机是利用传声器阵列测量一定范围内的声场分布的专用设备。声学相机通过麦克风阵列收集环境中的声音信号,采集到的声音信号经过高级的信号处理算法进行分析,提取泄漏相关的声音特征,例如高频噪声、喷射声等。

同时,声学相机还可以通过分析声音的传播时间和强度来确定泄漏源的位置。根据声音在空气中的传播速度,声学相机可以计算出声音从泄漏源到达不同麦克风的时间差,从而推断出泄漏源的位置。

处理后的声音信号转化为可视化的图像或视频,比如以彩色等高线图谱的方式呈现采集区域的声场分布,并将声场分布图与可见光的视频图像进行叠加形成声成像图,声成像图中可直观显示声源位置、强度等信息。

由于设备发生泄漏时会产生高频声波信号，声学相机可以对这些信号进行无接触式检测，将泄漏导致的声学信息直观地展现于声成像图中，实现对故障的识别和定位（见图 10－12）。

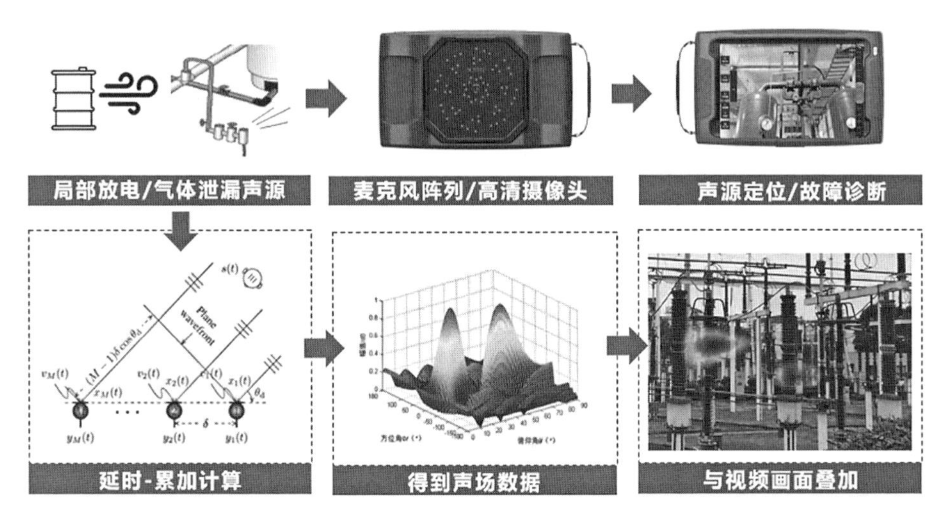

图 10－12　声学成像流程

（1）麦克风螺旋阵列优化技术。针对气体泄漏使用场景，对不同的麦克风阵列分布进行对比分析，设计制造基于多臂螺旋的优化阵列几何结构，经测试能够在保证分辨率的情况下，获得最好的动态范围（见图 10－13）。

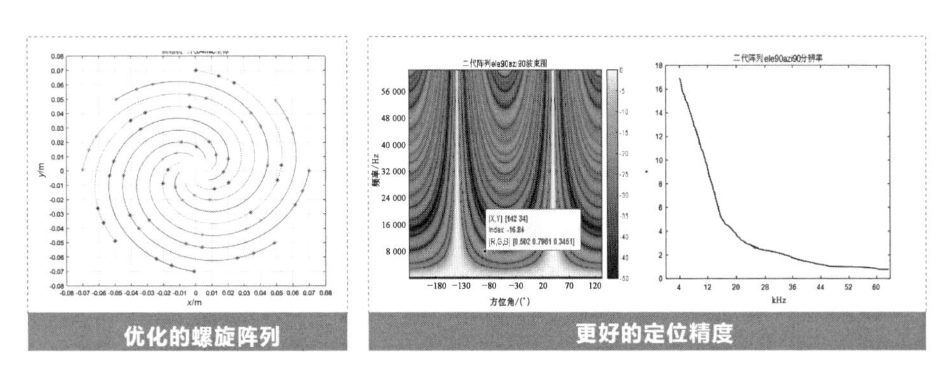

图 10－13　优化麦克风螺旋阵列技术

（2）声源定位算法。通过将阵列中各个传感器所采集到的信号进行滤波、加权叠加后形成波束，进而搜索空间内声源可能的位置来引导波束，最终计算出空间异常声源点声音强度（见图 10－14）。

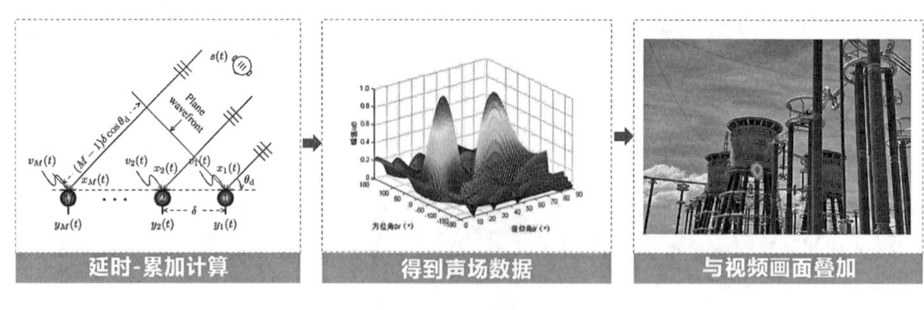

图 10 - 14　声源定位算法

(3) 监测系统架构。声波成像在线监测系统分为三层体系架构，分别为声波采集端、数据计算端及监测后台终端。采集端针对设备产生的频率在 1～64 kHz 的异常声音、视频进行数据叠加处理，将模拟信号转换为数字信号，进行储存和发送。数据计算端将传输的音频、视频信号进行特征提取和判断，监测后台终端将收集到的结果进行可视化展示，用户可对后台终端进行实时监测、监听。系统可对异常音频进行抓取、展示、历史数据查询、回听，用户可进一步通过平台复核，以决定采取相应措施。

10.3.2　基于光学的泄漏监测技术

10.3.2.1　红外线热成像检漏技术

红外线热成像检漏技术可以分成三种：红外线辐射成像检漏技术、红外线吸收检漏技术和红外线光声检漏技术。

1) 红外线辐射成像检漏技术

红外线辐射成像是一种使用红外辐射原理来获取物体表面温度分布并将其转化为可视化图像的技术。任何绝对零度以上的物体，通过分子运动，都会向外辐射红外线。红外热成像利用红外探测器和光学成像物镜接收被测目标的红外辐射能量分布图形反映到红外探测器的光敏元件上，从而获得红外热像图，这种热像图与物体表面的热分布场相对应。热像图上的不同颜色代表被测物体的不同温度。当系统出现介质泄漏时，泄漏的介质会向外散发或吸收热量，引起泄漏点周围温度的升高或下降。红外线辐射成像技术可以实时捕捉到这种温度差异，将其显示为热像图，从而帮助定位和识别泄漏点。

当设备管道发生泄漏时，泄漏点处的温度往往会发生变化。在核电厂热态情况下，如设备表面布置有保温层，在正常运行时保温层外温度应低于 60 ℃，而泄漏发生后，高温冷却剂(以液体或者蒸气的形式)从管道表面渗出，并且会逐步渗出保温层，当渗出的高温冷却剂累积到一定程度时，会显著提升保温层外表面的温度，保守估计应比正常运行时温度高 20 ℃以上。因此，红外线辐射成像仪可通过感知该处温度变化情况来判别设备管道是否发生泄漏。

2）红外线吸收检漏技术

它是基于泄漏出来的物质对特定频率红外线的吸收作用而产生的一项检漏技术。由红外线发射器发出的特定频率的红外线照射被检区域，并用红外照相机对较小的或中等大小的面积进行照相，如果该区域存在泄漏，由于泄漏物质吸收了可产生显像的红外线能量，使得该处的图像变为黑色或缺失。查找图像中的黑色或缺失的位置即找到了有泄漏的部位。

红外线吸收检漏技术可以检测水蒸气泄漏（见 10.3.3 基于光谱法的水蒸气浓度检漏技术）。

3）红外线光声检漏技术

该技术基于利用可调谐激光去照射泄漏出来的特殊测试气体，被照射的泄漏出来的测试气体会发射出特殊的光声信号，信号被旁边安置的麦克风接收，从接收的信号就可以确定泄漏的准确位置。

红外线热成像技术进行泄漏检测具有以下优点：

（1）非接触性：可以在不接触被检测系统的情况下进行检测，避免了对系统的干扰和破坏。

（2）快速性：可以实时显示热量分布，快速准确地检测到潜在的泄漏点，提高了检测效率。

（3）广泛适用性：红外线辐射成像技术适用于各种系统，包括管道、容器、设备等，对于预防和排除潜在的安全隐患具有广泛的应用价值。

10.3.2.2　可见光检漏技术

相比红外图像检测，利用可见光进行泄漏检测的难度较高，但其优势在于成本相对较低，可以大规模部署，因此能够获取大量工业过程中的图像，用以进行检测。

由于工业中泄漏的可见光图像特征可能较为微弱，因此检测难度较大，需要针对不同泄漏的特殊性质设计专门的算法进行分析。以水蒸气的泄漏为例，由于水蒸气的泄漏是一个动态过程，我们可以采用运动目标检测方法来进行识别。然而，考虑到可能存在图像中目标（水蒸气）与背景相似、运动状态不明显等问题，我们不能仅仅通过判别颜色或简单的图像分割方法来进行识别。针对这一问题，可以利用水蒸气泄漏后流体的扩散性进行分析。实验发现白汽向四周扩散的过程当中，其 HSV 模型的亮度值会随着浓度逐渐变低而变低，因此可以分析图片中 HSV 模型亮度值是否有亮度由中间向四周变低的情况发生，如若有，则做标记。此外，为了实现更好的检测效果，加入了面积变化率判别。气体的泄漏过程是一个从无到有、从小到大的发展过程，也就是说白汽作为流体会在热气流的作用下发生扩散，因此前后帧中的气体区域会变大。

此外，也可将人工智能的方法用于图像检测，如采用主成分分析方法获得泄漏特征，采用卷积神经网络进行分类识别。

10.3.3 基于温湿度的泄漏监测技术

1）温度探测检漏技术

随着光纤传感器技术的发展，分布式光纤测温系统得到了广泛应用，由于其具有体积小、重量轻、抗拉伸等优势，能够在各处可能的泄漏点进行广泛分布式部署，同时具有抗电磁干扰、高温辐射等优势。

光纤测温技术利用的原理包括拉曼散射原理和光时域反射原理。拉曼散射是入射光波的一个光子被一个声子散射成为另一个低频光子，同时声子完成其两个振动态之间的跃迁。其在碰撞过程中，光子与分子发生能量交换，产生对称分布的斯托克斯光和反斯托克斯光，其中反斯托克斯光对温度敏感，其强度与温度呈正线性相关，温度越高，反斯托克斯光越强，通过监测斯托克斯光参量和反斯托克斯光参量，就可以得到环境的温度值。

光时域反射的依据是瑞利散射和菲涅尔反射的原理，瑞利散射是由于光纤本身属性形成的，菲涅尔反射是由于机械连接或断裂形成的。光波在光纤中传输时会在光纤沿线不断产生瑞利散射光，散射光功率与入射光功率呈正相关关系。由于光在传输时能量会不断衰减，光纤中不同位置产生的瑞利散射信号带有光纤沿线的损耗信息。依据光功率、衰减及传输距离之间的关系，即可获得位置及损耗信息。

一种用于泄漏检测的分布式测温系统的工作原理见图 10－15，该系统基于光时域反射原理和背向拉曼散射效应构建而成。它主要由脉冲激光器、波分复用器、光电探测器、同步时钟、数据采集装置及累加器等组成，发光器发出的脉冲光经波分复用器后进入传感光纤，形成覆盖一定长度范围（由脉宽决定）的光脉冲在光纤中传输。由于光纤的特性，光脉冲覆盖范围会产生散射光。其中向后传输的拉曼散射光经波分复用器滤波后，分为斯托克斯光和反斯托克斯光，分别被光电探测器接收。其中：反斯托克斯光的光强对光纤所处环境温度变化极为敏感，可用于温度的测量；斯托克斯光则作为参考光，用以消除光强衰减、光源波动及不当插损导致的测量误差。

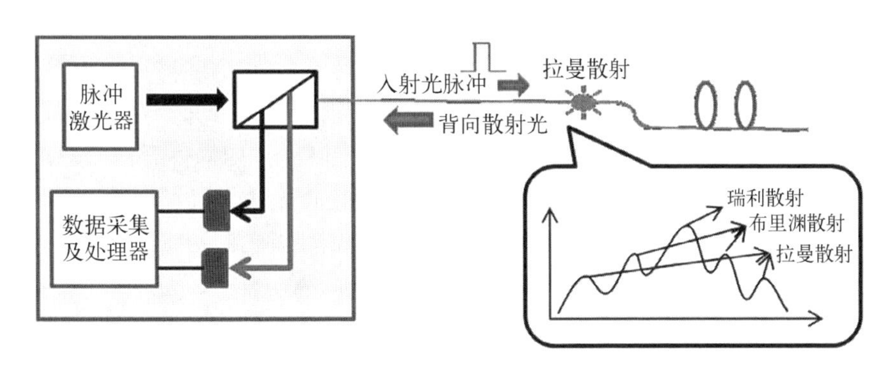

图 10－15　分布式光纤测温系统工作原理

系统的定位能力即分布测量能力是以光时域反射技术为理论基础的。激光器发出的光脉冲在光纤中传输时，光脉冲覆盖范围内的散射光经光纤原路返回，被光电探测器接收. 假设激光脉冲从传感光纤定位起点出发，经过后向散射后再返回定位起点的时间为 $2t$，$2t$ 时间段内该激光脉冲所走的路程为 L，则有 $L=2vt$。结合折射率定义：$n=c/v$，其中 c 表示光在真空中的传播速度，n 为光纤纤芯有效折射率，v 为激光脉冲在光纤中的传播速度。只要测得后向散射光到达定位起点的时间 t，便可计算出单程距离 $L/2$，进而得到光纤中该温度对应位置的距离。

对于有保温绝热层的大型重要设备泄漏，分布式光纤检漏系统的灵敏度和溯源定位能力通常优于红外测温热成像仪。

2）湿度探测检漏技术

反应堆在冷态时，温度变化不明显，难以用温度测量探测泄漏，此时湿度探测是较好的泄漏检测方式。

通过对安全壳的湿度监测，可以得出在安全壳内可能由于反应堆冷却剂系统或其他泄漏而引起的湿度变化，这种测量数据存在误差，因为安全壳内冷凝水的变化、安全壳冷冻器性能的变化，进风温度和水分含量的变化等，均可能引起安全壳内的大气湿度发生改变。但湿度监测，仍是一种方便快捷的泄漏监测方法。

由于冷却剂泄漏引起的安全壳内大气特定湿度的瞬时变化，可用关系式 $M\left(\frac{\mathrm{d}w}{\mathrm{d}t}\right)=xL-\sum_{i=1}^{n}c_i$ 表达，其中，M 为安全壳内大气中的总质量，w 为安全壳大气特点的湿度，L 为进入安全壳的总泄漏量，x 为泄漏剂的蒸汽馏分，c_i 为第 i 个安全壳空气冷却器的凝结率，n 为安全壳空气冷却器数量。

3) 基于光谱法的水蒸气浓度检漏技术

水蒸气浓度测量的理论基础在于红外光谱(infrared spectrum, IR)的分子吸收光谱理论。当水蒸气分子受到红外光的辐射时，它们会产生振动能级(同时伴随转动能级)的跃迁。在振动(或转动)过程中，如果伴有偶极矩的改变，水蒸气分子就会吸收红外光，从而形成红外吸收光谱。由于不同物质的组成不同，它们对红外光的吸收特性也各不相同，这意味着不同物质会展现出不同的红外光谱，这是进行物质定性分析的依据。另外，物质对红外光的吸收量与物质的浓度直接相关，而与入射光的强度无关，这一特性为定量测量提供了依据。

光谱法测量高温水蒸气的浓度具有以下优点：

(1) 检测精度高，目前一些气体的检测下限可以达到 10^{-6} 量级；

(2) 响应速度快，通过检测电路对参与水蒸气吸收的待测信号进行检测，可以在极短的时间内完成水蒸气浓度检测；

(3) 非接触性测量，适用于危险区域，可进行远距离测量；

(4) 选择性强，由于每种气体的吸收峰都有很大的不同，在对水蒸气进行检测时，不会受到其他气体的干扰；

(5) 测量范围大，对水蒸气的检测上限可以达到 100%，这是很多传统类型的传感器无法达到的；

(6) 寿命长，由于传感器没有易损器件和消耗品，光源的寿命也较长，因此可以满足长期的检测需要。

利用光谱法进行水蒸气浓度测量时，可采用可调谐激光二极管作为光源，这种技术称为可调谐半导体激光吸收光谱技术(tunable diode laser absorption spectroscopy, TDLAS)。其原理是通过对窄线宽的激光器进行调谐，例如激光器的注入电流和工作温度，用输出波长反复地对被测气体的吸收线进行扫描，由此可获得重复性好、高分辨率的气体吸收光谱，再综合各项参数，使用朗伯比尔定律推导气体浓度。通过调谐激光器的驱动条件，对其输出波长进行调谐，这样，既可以准确地扫描被测气体的吸收峰，又可以避免其他气体吸收的干扰。

TDLAS 水蒸气浓度测量系统的构成见图 10-16。该系统通过信号发生器产生锯齿波或三角波扫描信号，这些信号被传递给激光驱动器以驱动 DFB 激光器。激光器输出的激光会穿过被测的水蒸气，然后透射光被光电探测器接收。

通过对光强信号的分析，系统后端能够迅速计算出水蒸气的浓度。这一系统能够实时反映被测气体的浓度和变化情况，因此适用于管道的在线泄漏监测。

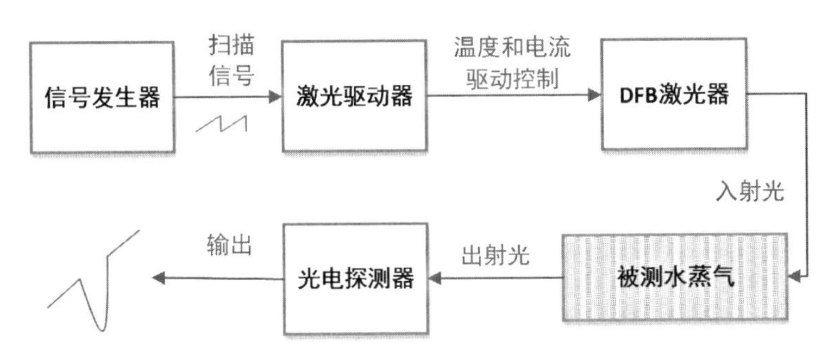

图 10－16　TDLAS 水蒸气浓度测量系统

10.3.4　基于放射性活度的泄漏在线监测技术

1) 安全壳内放射性气溶胶、碘、惰性气体泄漏监测技术

在反应堆一回路中存在多种放射性核素，压水堆一回路放射性核素主要来源有以下几类：① 裂变产物：核燃料的元件包壳允许约 1%以下的破损率，因此裂变产物会从破损元件中外逸进入一回路冷却剂中；② 腐蚀产物：冷却剂中的杂质和压水堆结构材料的腐蚀产物在冷却剂中溶解或悬浮，它们随冷却剂流经堆芯或者在堆芯沉积时，会被中子活化，从而产生放射性核素；③ 活化产物：冷却剂流经堆芯，中子与冷却剂发生各类核反应，从而产生放射性核素。

在压水堆核电站中，当一回路压力边界发生泄漏时，高温高压冷却剂泄漏到安全壳内会气化，放射性物质的微小固体或液体粒子悬浮于空气中而形成放射性气溶胶。气溶胶粒度的大小与形成方式、颗粒物的来源有关，在放射性测量中，主要指粒度范围在 $10^{-3}\sim10^{3}$ μm 的气溶胶。碘是具有多价态的元素(从+7 到−1)，碘可以以多种化学形式存在。碘的放射性同位素有 20 多种，核燃料裂变产物中碘的放射性同位素主要有^{131}I、^{132}I、^{133}I、^{134}I 和^{135}I。碘的衰变方式主要为 γ 衰变，安全壳内放射性气载碘泄漏监测主要是连续监测碘的 γ 放射性。核燃料裂变反应还会释放 Kr、Xe 等惰性气体的放射性同位素，主要有^{85}Kr、^{85m}Kr、^{87}Kr、^{88}Kr、^{133}Xe、^{135}Xe、^{135m}Xe 和^{138}Xe。放射性惰性气体的衰变方式主要为 β 衰变，安全壳内放射性惰性气体泄漏监测主要是连续监测惰性气体的 β 放射性，β 射线的能量测量范围为 250 keV～3 MeV。

安全壳内放射性气溶胶(particulate，P)、碘(iodine，I)、惰性气体(noble

gas, NG)泄漏监测技术，又称 PING 监测方法。PING 监测方法通常在安全壳内设置共同的取样点，通过取样回路抽取安全壳内的大气作为样品，依次送至气溶胶测量系统的滤纸、气载碘测量系统的活性炭筒和惰性气体测量系统。在气溶胶测量系统中，安全壳大气中的气溶胶被收集作为测量对象；在气载碘测量系统中，活性炭盒可以有效地从取样气体中收集碘，收集效率几乎达到100%；为尽可能降低惰性气体测量时受到的干扰，经过气溶胶过滤和碘过滤后的安全壳大气还需再经一次过滤才被送到惰性气体测量系统。在气溶胶测量系统、气载碘测量系统和惰性气体测量系统设置探测装置，分别测量气溶胶总 β 放射性、气载碘 γ 放射性和惰性气体 β 放射性，探测器输出表征被测对象放射性活度的信号送到测量单元进行分析处理。探测器输出脉冲计数率与测量样品的放射性活度成正比，脉冲幅度与测量的射线能量成正比，从而实现一回路压力边界泄漏监测。

PING 监测方法对一回路压力边界泄漏有一定的敏感性和响应速度，但由于放射性惰性气体(^{85}Kr、^{133}Xe 等)和^{131}I 是裂变产物，放射性气溶胶(^{59}Fe、^{51}Cr 等)是腐蚀产物，测量到的放射性比活度无法转换为定量的泄漏率，其测量结果只能定性反映冷却剂的泄漏程度。随着科学技术进步，人们提出了能实现定量测量泄漏率的安全壳内放射性^{13}N 泄漏监测技术和安全壳内放射性^{18}F 泄漏监测技术。

2) 安全壳内放射性^{13}N 泄漏监测技术

安全壳内放射性^{13}N 泄漏监测技术是以一回路活化产物^{13}N 作为放射性示踪剂，在压水堆核电站一回路冷却剂中^{13}N 来源于以下核反应：堆芯裂变中子与水中氢核发生(n, n)弹性散射产生反冲质子，大于一定能量($E_p = 5.56$ MeV)的反冲质子与水中的^{16}O 发生核反应，产生^{13}N，反应式如式(10-1)：

$$^{16}O + p \rightarrow {}^{13}N + \alpha \tag{10-1}$$

^{13}N 为 β^+ 粒子发射体，其半衰期为 9.96 min，β^+ 粒子与物质相互作用发生正电子湮灭效应，发射两个方向相反、能量均为 0.511 MeV 的 γ 光子。^{13}N 是一回路中的活化产物，其活度浓度与核功率相关，在一回路冷却剂中的活度浓度能精确计算。因此，测量安全壳内取样空气中 0.511 MeV γ 射线放射性计数，就可以得到取样气体中的^{13}N 核密度，再经过专门计算方法确定的一回路冷却剂泄漏率传输系数，即可求得一回路压力边界的冷却剂泄漏率。

目前^{13}N 气体法主要有低本底 γ 能谱测量法和 γ-γ 符合测量法两种技术

路线，低本底 γ 能谱测量法是通过单个探测器测量取样空气中 γ 放射性核素的能谱，通过对 γ 能谱进行解析，获得 0.511 MeV 全能峰计数，再通过事先标定好的探测效率转换得到 ^{13}N 放射性活度浓度。在 γ 能谱测量过程中，探测系统易受其他核素及本底环境的 γ 射线干扰，可能出现重叠峰等现象，导致 γ 能谱解析得到的 0.511 MeV 全能峰计数偏大，进而导致测量结果误差增大。因此，基于低本底 γ 能谱测量法的 ^{13}N 监测系统测量精度有限，泄漏率准确程度有待提高，无法满足逐步提高的监测要求，限制了该系统的后续应用。

为了排除其他核素及本底环境的 γ 射线干扰，γ－γ 符合测量法应运而生，γ－γ 符合测量法与低本底 γ 能谱测量法最主要的区别在于探测系统设计上。γ－γ 符合测量法测量原理见图 10－17，通过在取样装置中设置多个探测器，形成符合探测系统，充分利用正电子湮灭效应发射两个方向相反、能量均为 0.511 MeV 的 γ 光子的特点，当且仅当符合探测系统中两个探测器在给定分辨时间内同时监测到 0.511 MeV γ 光子对应的脉冲信号时，计为一次有效计数，即符合计数。γ－γ 符合测量法仅对具有正电子衰变特性的核素放射性进行响应，因此受到其他核素及本地环境 γ 射线干扰的可能性大大降低，采用 γ－γ 符合测量法测得的 γ 本底计数较低本底 γ 能谱测量法下降了 3～4 个量级，极大提高 ^{13}N 监测系统的测量精度。

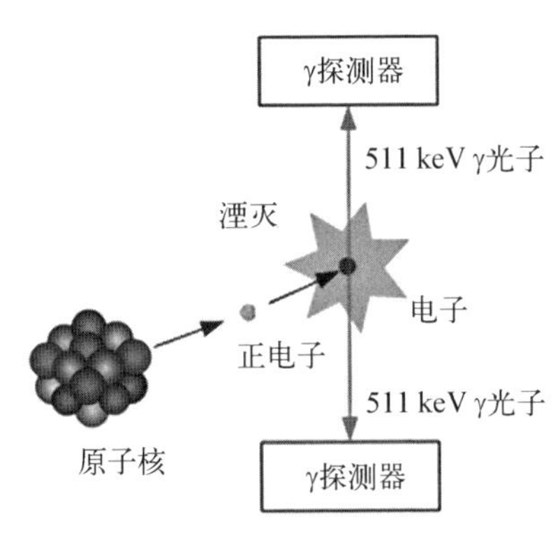

图 10－17　γ－γ 符合测量法测量原理示意图

3) 安全壳内放射性 ^{18}F 泄漏监测技术

安全壳内放射性 ^{18}F 泄漏监测技术是以一回路活化产物 ^{18}F 作为放射性示踪剂，在压水堆核电站一回路冷却剂中，^{18}F 主要来源于 $^{19}_{9}F(n, 2n)^{18}_{9}F$ 和 $^{18}_{8}O(p, n)^{18}_{9}F$ 两个核反应。

安全壳内放射性 ^{18}F 泄漏监检测技术的测量原理见图 10－18。^{18}F 核素在一回路中产生，通过压力边界的裂缝、裂纹甚至破口随冷却剂泄漏到安全壳内形成气溶胶微尘；通过取样管道将 ^{18}F 微尘输送到安全壳外气溶胶取样装置中的样品收集装置，完成 ^{18}F 微尘的富集并送往符合测量装置，其余穿过样品收集装置的安全壳大气被送回安全壳内；然后在符合测量装置中实现 ^{18}F 微尘的放射性测量；测量结果经过二次仪表的分析处理最终转换成泄漏率。

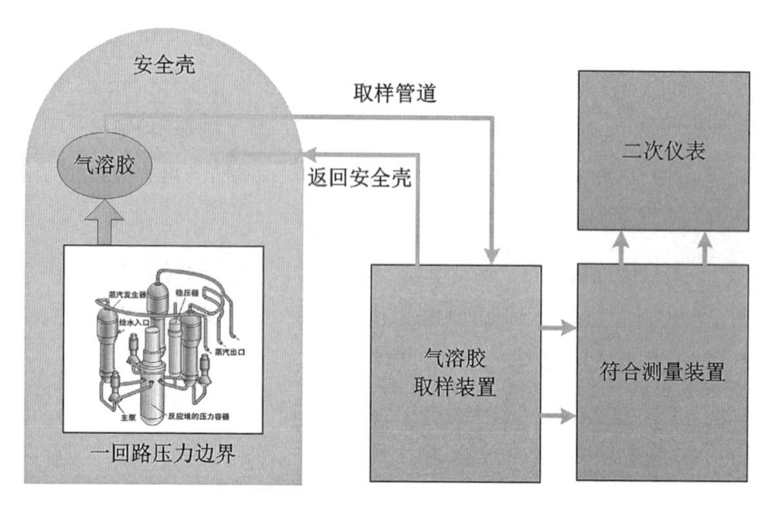

图 10－18　安全壳内放射性^{18}F泄漏监测技术测量原理

电子学测量系统包括放大单元、测量单元以及数据处理单元。当核功率大于等于设定值时，探测器模块的输出信号经同轴电缆进入电子学测量系统后，经过放大同时实现阻抗匹配；然后将经过预处理的电信号进入测量单元，实现波形测量；最后所有信号均进入数据处理单元，由数据处理单元对波形测量信号进行处理，获取有效符合事例，从而实现^{18}F核素的符合测量。当核功率小于等于设定值时，测量单元测得的能量峰值数据送入数据处理单元，实现多道测量功能，最后所有能量峰值数据发送给上位机，由上位机实现能谱绘制以及能谱识别功能。

^{18}F与^{13}N具有以下三个相同特点：

(1) 均为一回路中的活化产物，活度浓度与核功率相关，在一回路冷却剂中的活度浓度能理论计算；

(2) 均具有β^+衰变特性；

(3) 均能确定源项，测量得到的放射性活度浓度能转换为泄漏率。

基于以上三个相同特点，^{18}F与^{13}N均能实现一回路压力边界冷却剂泄漏率的定量测量。但^{18}F与^{13}N相比又有以下两点不同：

(1) 半衰期不同，^{18}F半衰期为109.7 min，约为^{13}N(9.96 min)的10倍，因此，^{18}F在安全壳中的活度浓度比^{13}N高，^{18}F相对于^{13}N来说更容易探测；

(2) 存在形式不同，^{18}F具有极活泼的化学性质，当其泄漏到安全壳大气后，极易与其他物质形成气溶胶微尘，即^{18}F主要以气溶胶微尘形式存在，因此可以通过特定样品收集装置(如滤纸等)进行吸附，实现^{18}F的富集；而^{13}N以气体形式存在，收集受取样容器体积限制，无法大量富集。

基于以上两个特点，安全壳内放射性^{18}F 泄漏监测技术的泄漏率理论测量下限将优于安全壳内放射性^{13}N 监测技术。因此，安全壳内放射性^{18}F 泄漏监测技术是未来理想的反应堆一回路压力边界泄漏的监测方法。

10.4　典型工程应用案例

根据核动力设备泄漏介质和部位的不同，本节将通过一系列工程应用案例，详细介绍多种泄漏监测技术。这些技术包括静密封点泄漏在线连续监测技术，以及基于声学、光学、温湿度和放射性活度的监测方法。这些技术能够有效地发现泄漏点的位置，测量泄漏量的大小，并据此诊断并判定泄漏的风险等级。

10.4.1　静密封点泄漏在线连续监测技术应用案例

10.4.1.1　化工厂高危易漏不可达法兰密封点泄漏在线监测预警

1) 静态泄漏风险图

基于设备失效模式和后果(FMEA)分析、危险和可操作性(HAZOP)分析等安全分析技术，选取 120 个左右的高危易漏法兰密封点，创建静态过程泄漏风险图(见图 10－19)。

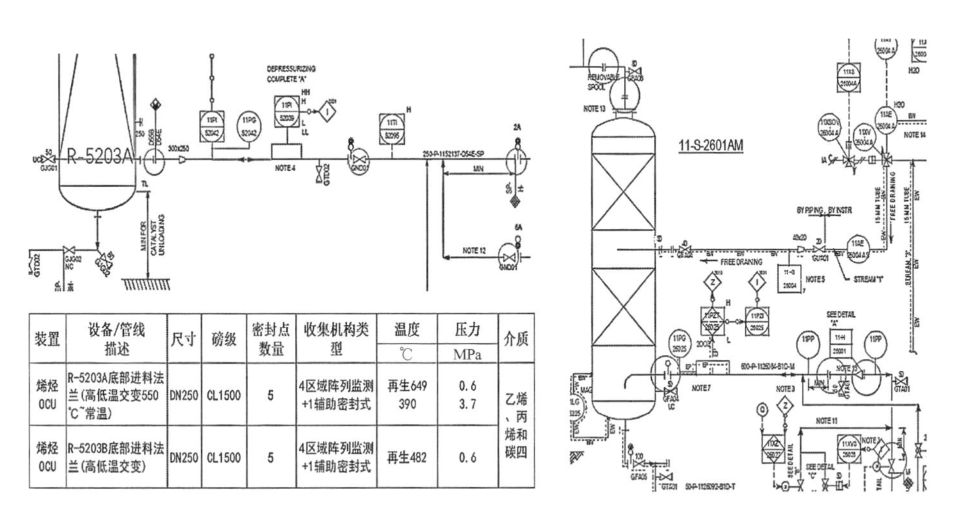

装置	设备/管线描述	尺寸	磅级	密封点数量	收集机构类型	温度	压力	介质
						℃	MPa	
烯烃OCU	R-5203A底部进料法兰(高低温交变550℃~常温)	DN250	CL1500	5	4区域阵列监测+1辅助密封式	再生649 390	0.6 3.7	乙烯、丙烯和碳四
烯烃OCU	R-5203B底部进料法兰(高低温交变)	DN250	CL1500	5	4区域阵列监测+1辅助密封式	再生482	0.6	

图 10－19　某化工厂 OCU 反应器(左)和裂解气干燥器(右)静态泄漏风险图(局部)

2）泄漏趋势在线监测预警

干燥器塔顶法兰密封点上线 10 周后，泄漏在线监测预防系统发现泄漏；随后泄漏逐渐增大，泄漏由小漏逐渐增至中漏的趋势明显，系统自动报警，提醒用户现场查看原因。3～4 周后，泄漏率（sccm）超过气体探测器量程，对应的高反应挥发性有机物（HRVOCs）泄漏量超过地方性法规标准的阈值规定（2 000 μmol/mol）。2 周后，业主实施预测性维护，该法兰密封点的泄漏率基本恢复到健康或正常状态（见图 10－20，图中曲线来源于在线监测实测数据）。

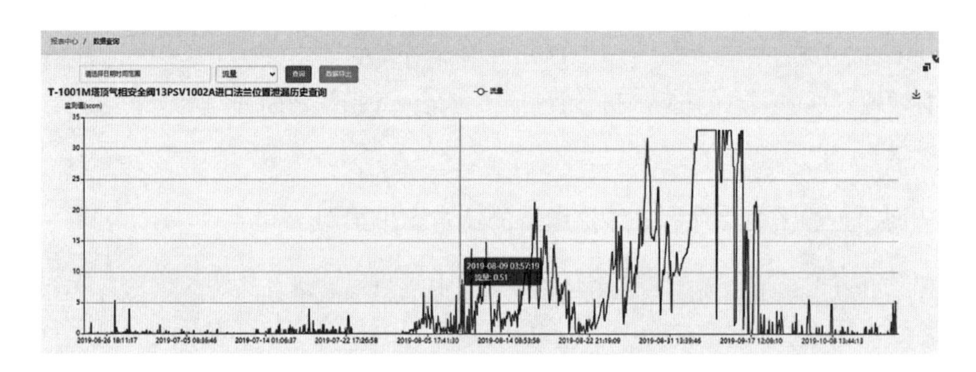

图 10－20　密封点泄漏趋势在线监测预警

3）泄漏监测预防

密封点泄漏在线连续监测预警系统的目的是防止泄漏隐患演变成安全生产事故。

某百万吨乙烯装置烃化/反烃化进料换热器，工作压力 3.1 MPa，工作温度 230 ℃，12 处法兰密封按原设计采用优质缠绕垫，以往 2 次大修时皆采用定力矩紧固技术，开车前水压、气密性试验检验合格，但每次都是开车后 2～3 个月就发生泄漏，在同一个周期中不得不应急带压堵漏几次。2018 年大检修中，采用垫片式主辅双密封泄漏监测预防技术，已连续运行一个大修周期（5 年以上），至今健康状态良好（见图 10－21）。

4）动态泄漏风险图

动态泄漏风险图显性可视化泄漏风险隐患点，通过一张图可视化动态管理泄漏风险，一目了然泄漏的具体情况，提高了泄漏管理效率（见图 10－22）。

图 10-21　垫片式泄漏收集器解决换热器法兰密封泄漏难题

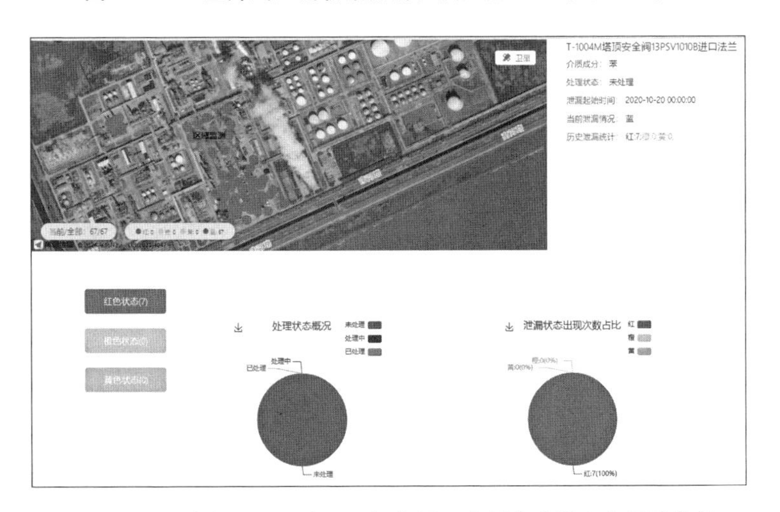

图 10-22　动态泄漏风险图可视化展示密封点泄漏安全风险等级

10.4.1.2　高温气冷堆透平耐压壳及其管道法兰泄漏在线监测

1）技术方案简述

在某小型高温气冷堆透平发电机组和控制棒驱动机构耐压壳及管路密封系统法兰处安装垫片式主辅密封泄漏收集器，有效收集法兰泄漏并通过导漏管与泄漏率监测节点设备进行连接，泄漏率监测节点设备监测到的数据通过无线方式发送到数据集中器上，数据集中器接收的数据再通过光纤传输到 IT 中心机房服务器中。气体一旦发生泄漏，实时依托大数据分析技术的本地化

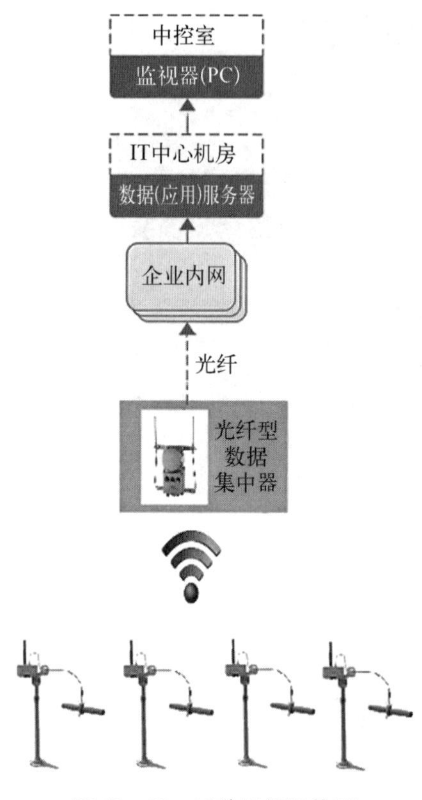

图 10-23 系统网络拓扑图

数据平台，实时进行预警报警，预防资产泄漏，消除设备安全隐患，提高过程设备安全水平。

2）系统设计

氦气透平发电机组和控制棒驱动机构耐压壳及管路密封系统氦气泄漏监测预警系统，主要由主辅密封泄漏收集器、泄漏率节点监测设备、数据集中器、数据服务器、数据平台、监视器等组成。现场泄漏率监测节点设备检测到有介质泄漏，将信号通过无线形式传输给数据集中器，数据集中器通过光纤将信号统一传输至中控室或IT中心数据服务器，再通过PC端登录系统软件展示泄漏和报警信息。

泄漏在线监测预警系统的网络拓扑见图 10-23。

3）技术指标

（1）密封环和垫片式主辅密封泄漏收集器技术指标。

一级密封C形密封环（主密封）：真空氦检漏，泄漏率不大于 1.33×10^{-9} Pa·m³/s；

二级BMCMulgraf密封环（辅助密封）：氦气泄漏率不大于 1×10^{-4} cm³/s；

垫片式主辅密封泄漏收集器：泄漏收集效率不小于90%。

（2）泄漏率监测节点设备技术指标：见表 10-3。

（3）数据集中器技术指标：见表 10-4。

（4）泄漏监测预警系统平台技术指标：见表 10-5。

泄漏监测预警系统平台软件集传输、数据存储、数据分析、数据展现、数据处理于一体，在数据服务器上进行安装，采用分布式存储和分布式系统部署，具有实时采集、数据查询、数据报表、安全预警、图形化显示等功能。数据平台部署在业主信息中心分配的虚拟服务器中（虚拟服务器需求：四核、16GB内存、500GB硬盘）。

数据平台技术指标见表 10-5。

表 10－5　数据平台技术指标

指　　标	规　　格
运行方式	核电设施内内网运行，本地化安装
平均无故障时间(MTBF)	5 年
报警或预警阈值设置	用户可根据国标、地标或行业标准的相关规定自行设置
报警或预警信息推送方式	邮件
泄漏或设备异常信息展示	系统展示页面自动弹框显示
检测报告	软件产品登记检测报告
其他	系统智能自动调整监测频率与自动推送报警或预警信息

泄漏监测预警系统软件采用 Browser/Server 架构设计，软件系统通过浏览器进行访问。为了能更好地使用，业主或用户提供的软件运行环境一般应满足表 10－6 要求。

表 10－6　软件部署环境

操作系统	浏　览　器	网络带宽	备　　注
Windows7	IE 11； Chrome V77.0.3865.120	5 Mibit 以上	推荐使用 Chrome V77.0.3865.120
Windows10	Microsoft Edge； IE 11； Chrome V77.0.3865.120	5 Mibit 以上	推荐使用 Chrome V77.0.3865.120
Mac Os	Mac Os 系统自带浏览器	5 Mibit 以上	

10.4.2　基于声学的泄漏监测技术应用案例

10.4.2.1　华龙一号声发射 LBB 泄漏监测系统

图 10－24 为华龙一号使用的基于声发射的主管道和波动管 LBB(破前漏)泄漏监测系统总体框图，LBB 泄漏监测系统使用 31 个测量通道，用于泄漏探测的传感器为声发射传感器，传感器在管道上的安装位置如下：

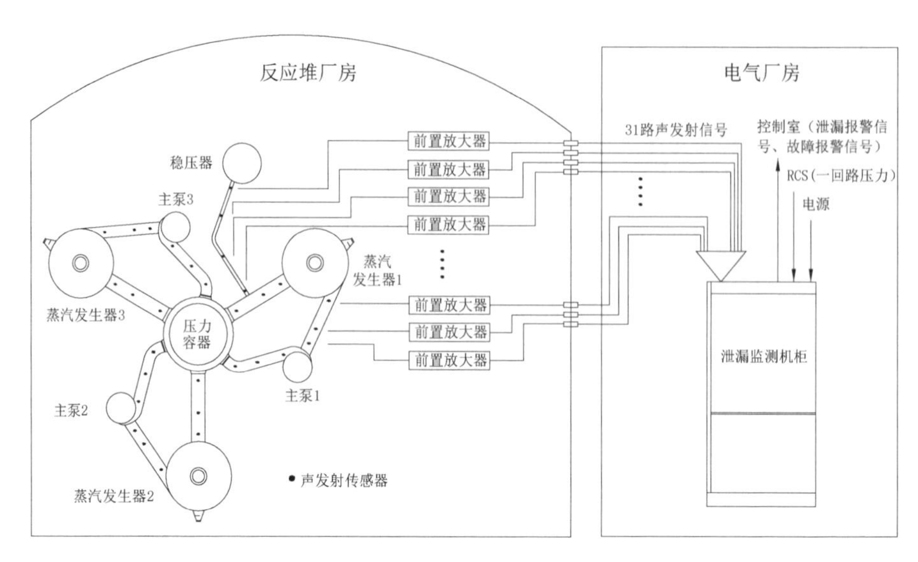

图 10-24　主管道和波动管 LBB(破前漏)泄漏监测系统总体框图

主管道 9 个管段共安装 27 个传感器，每段主管道上布置 3 个传感器，1 个在主管段中间接近焊缝一侧，另外 2 个在主管段接近设备接管焊缝的内侧。

波动管 1 个管段安装 4 个传感器，2 个在管段中间，另 2 个接近设备接管。

LBB 泄漏监测系统使用一体化压电式声发射传感器，通过与波导杆的焊接固定于主管道和波动管。在主管道和波动管上预先堆焊适配座，用于固定波导杆。波导杆两端有相同的用于安装和定位的结构，一端与波导杆适配座焊接固定，另一端与一体化声发射传感器焊接固定。一体化声发射传感器包括接收单元、激励单元，接收单元用于对压力管道泄漏产生的声发射信号的接收，激励单元用于对接收单元以及电缆单元的完整性测试。LBB 泄漏监测系统信号处理设备集成为一个标准机柜，包括报警处理器、LBB 检测设备、声发射信号(AES)调理设备、电源分配器、不间断电源、显示器、打印机等。华龙一号 LBB 泄漏监测系统关键技术指标如下：

(1) 泄漏检测灵敏度：不大于 1.9 L/min；

(2) 泄漏定位性能：任意两个监测传感器之间，泄漏的定位位置与实际泄漏位置的距离与泄漏位置相邻的两只传感器距离的相对值最大为 23.3%；

(3) 泄漏定量性能：任意两个监测传感器之间，监测的泄漏率与实际泄漏率的相对误差最大为 34.3%。

10.4.2.2　核电站气动隔膜阀声学成像泄漏监测系统

1）项目背景

某核电运营管理有限责任公司过去安排专人利用手持式声学成像仪定期对 6 台机组的气动隔膜阀进行气体泄漏的巡检、检测，但人工巡检范围大，巡检效率低，不能实现全天候连续检测，实时触发报警，存在气体泄漏不能及时发现的问题。

2）项目布点方案

经过现场多次测试验证，我们确定将麦克风阵列部署在阀门顶部 0.6 m 处时，效果最佳。通过调节监测仪的参数在适当范围内，并去除背景噪声后，该系统能够有效地检测到气动隔膜阀的小微气体泄漏位置。（见图 10－25）。

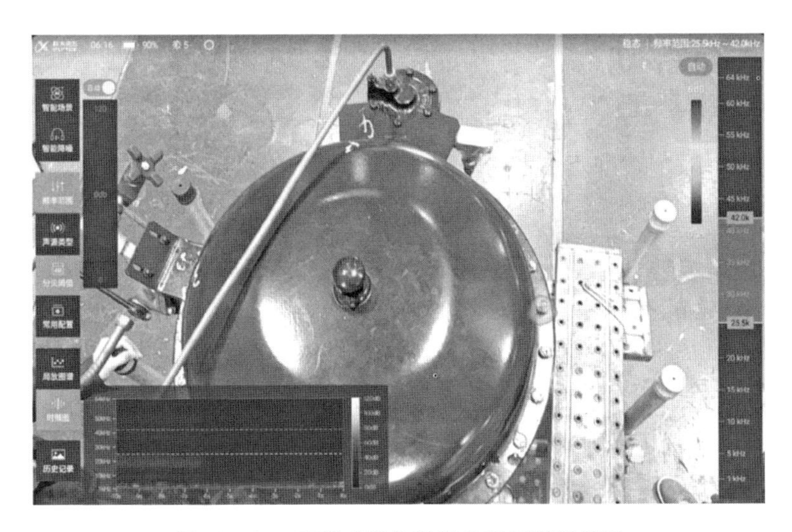

图 10－25　声学成像仪泄漏位置探测效果图

在每台隔膜阀上部(距顶部 0.6 m 处)，我们安装了一套声学成像组件。这套组件利用气体泄漏产生的超声信号特性，结合麦克风螺旋阵列设计以及先进的声源定位算法技术，能够以热力图的形式实时展示气体泄漏声源在空间中的分布状态。这一创新举措不仅解决了传统人工巡检效率低下的问题，还成功应对了气体泄漏难以及时发现和快速定位的挑战，从而显著提升了电站主给水隔膜阀在复杂环境下的远程巡检和定点巡查的综合效率。

声学成像泄漏在线连续监测预警系统架构见图 10－26。

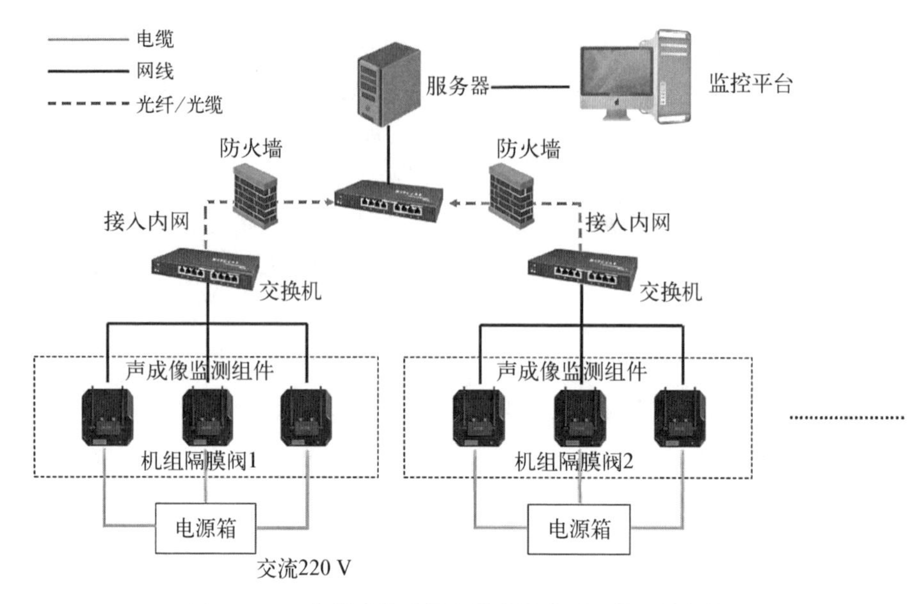

图 10-26　声学成像泄漏在线连续监测预警系统架构图

3) 声学成像监测模组性能指标

选用的声学麦克风螺旋阵列成像仪的外观形状见图 10-27;其主要性能指标见表 10-7。

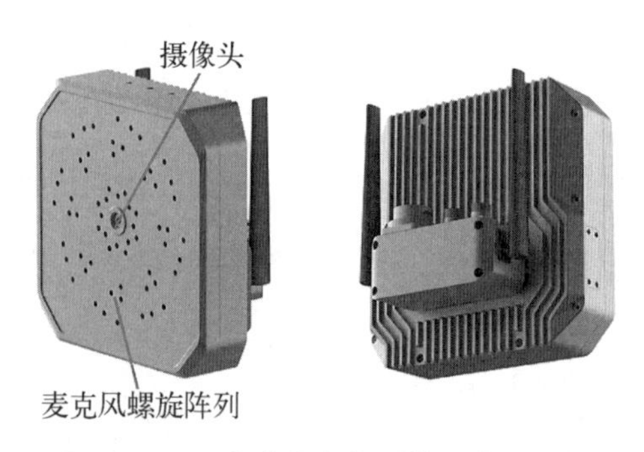

图 10-27　声学成像监测模组外观形状

表 10-7　声学成像仪主要性能指标

类　别	项　　次	性 能 指 标
声学性能	频带宽度	1～64 kHz
	麦克风数量	64 个低噪 MEMS 麦克风

（续表）

类　别	项　　次	性 能 指 标
声学性能	传感器底噪	不大于 0 dB
	灵敏度	−37 dB
	信噪比	60 dB
	摄像头视场角 FOV	65°
	动态范围(底线)	小于 0 dB
	动态范围(上限)	超过 120 dB
	频响一致性	±3 dB
	声源定位分辨率	定位精度优于 1°
工作环境	工作温度	−25～+70 ℃
	低温启动	−25 ℃
	工作湿度	5%～95%(无凝结)
	工作高度	最大工作高度为 4 500 m
通信与存储	有线通信	POE10/100/1 000 Mibit 自适应
	无线网络	Wi - Fi/4G
	云台控制	RS485
	存储	8GB+64GB
尺寸	尺寸	183 mm×183 mm×98 mm

4）系统主要功能

（1）监控画面：以热力图的方式展示声源的整体分布状态，精准定位声源位置；

（2）抓拍：可以根据需要截取当前的视频画面存档；

（3）录像：可以根据需要对热力图的实时画面进行录像存储；

（4）云台控制：通过第三方云台，控制上下左右的视角画面。具体功能如下。

① 监听参数：声音类型（瞬态、稳态）；分贝范围，0～120 dB；频率范围，1～64 kHz。可灵活调整频率，并输出相应热力图。

② 框选监控范围：框选后，屏蔽框选范围外的声源点，只展示框选范围内的声源分布情况。

③ 听声音：播放或静音现场监测的声源。

④ 全屏显示：对监测画面全屏显示。

⑤ 查看回放：查看监控回放、录像或抓拍图像。

⑥ 接口自适应：支持远程系统、机器人等多平台匹配性设计。

5）系统部署环境要求

（1）电源要求：工作电源为交流 220 V（±22 V），频率为 50 Hz（±1 Hz），采用单相电源。

（2）网络要求：接入客户内容，加装防火墙，满足网络安全要求。

（3）通信要求：支持有线（光纤）或无线 Wi－Fi 传输。

6）系统性能

对于声学成像组件，分为声学镜头、主机、平台三个独立的组件。通过接口标准化，使组件之间可以根据现场需求灵活组装以满足不同需求。

场景化：针对巡检场景进行算法优化，能够判断定位气体泄漏；

云端一体化：支持 4G/5G/Wi－Fi/POE 远程数据上传，支持硬件加密（预留），通过统一的算法平台对所有前端数据进行建模及优化；训练好的模型可以通过在线升级的方式自动部署到终端；同时支持云端实时查看被监测设备状态及状态信息推送。

高可用：环境 EMC 抗扰度水平达到工业级，可直接部署到户外、机房等恶劣环境中长时间无故障使用。

10.4.3 基于光学的泄漏监测技术应用案例

图 10－28 为热力管线采用红外热成像技术发现泄漏位置的案例，该化工厂的热力系统在运行期间，出现了能量异常耗散现象，无法找出故障位置并解决，影响了生产效能及人员安全。为更加高效地对故障进行定位，运维人员使用红外热像仪根据管道铺设路线进行大面积快速扫描排查，发现该工厂后方一处管线的阀体出现了可疑的红色区域，经进一步检测后判断该处管道的阀体出现损坏，造成泄漏导致热量耗散异常。

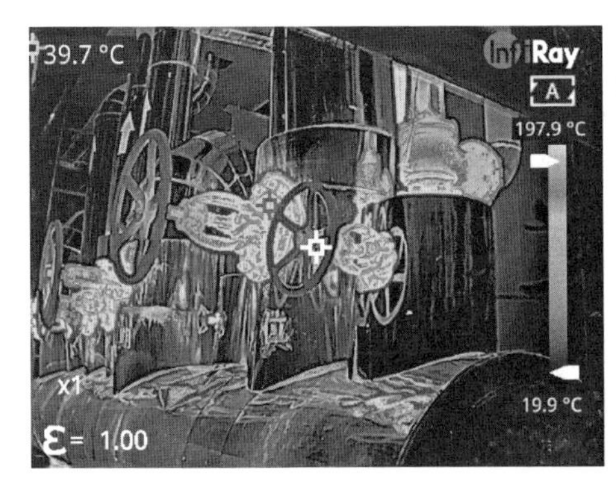

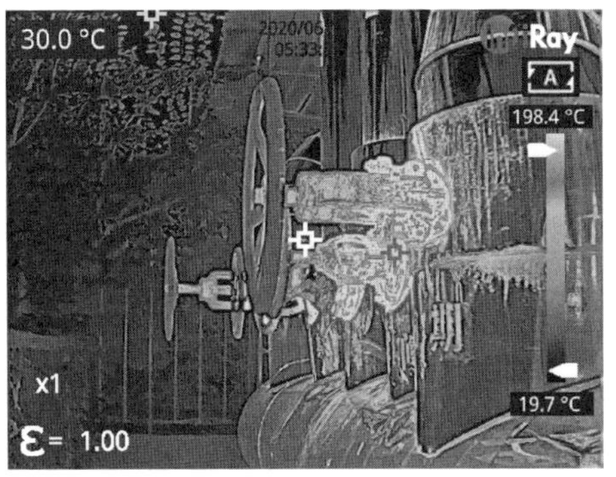

图 10－28　热力管线阀体泄漏红外探测图

10.4.4　基于温湿度的泄漏监测技术应用案例

10.4.4.1　田湾核电站温湿泄漏监测系统(HLMS)

田湾核电站的温湿泄漏监测系统(HLMS)通过监测主管道与保温层间绝热空间内的温湿度变化来判断是否发生泄漏，当计算的绝对湿度超过设定值时，给出泄漏信号，同时，根据同一管段设置的多个传感探测到泄漏信号的先后时间来估算泄漏位置和泄漏量。HLMS 系统主要由 48 个温湿度传感器、48 个转接盒、信号电缆及 1 台信息处理机柜组成。温湿度传感器共计 48 个，分别安装在一回路主管道(32 个)、安注管线(9 个)及稳压器波动管线(3 个)保温层上，实时监测管道与保温层间温湿度。温湿度传感器使用吸附电容作为敏感元件测量相对湿度，使用 PT500 热电阻测量温度。其泄漏量监测能力不小于 1 L/min，泄漏量计算误差不大于 50%，泄漏位置误差不大于给出泄漏信号的传感器间距离的 50%。

10.4.4.2　核电站局部湿度探测系统(FLUS)

法马通核电服务仪器和诊断集团开发的局部湿度探测(FLUS)系统可以被用于检测组件的小流量泄漏。当泄漏出现和发展时，FLUS 系统能提供早期的泄漏检测，其可在电站正常运行期间对泄漏进展进行监测。FLUS 系统的一个特别重要的特点是其检测灵敏度高，它能够定位泄漏位置，误差仅为数米。

FLUS 系统是一个区域泄漏检测器，它可以随着时间的推移，检测水或蒸汽泄漏带来的环境变化。FLUS 系统的关键是“传感器管”，它可以安装在靠近含高压水蒸气的组件可疑的泄漏部位。传感器管(见图 10－29)具有多孔质烧结金属元件，通常有一定的间隔，且具有抗高温和高辐射能力。许多传感器管元件头尾相连，连接成一个封闭的循环监控线，初始填充有干燥空气，从而形成一个“敏感元件”。水蒸气浓度差的存在，导致传感器管以外的水分通过多孔元件进行扩散，进入内部敏感部分的干燥空气中，这样就形成了传感器管周围空气的“湿度图像”(湿度廓线)。

图 10-29 FLUS 传感器管柔性元件

FLUS 系统目前在全球多个核电厂运用，美国第一个安装的电站为 Davis-Besse 电厂，国内的台山核电站 KIL 系统也采用了该系统。

此外，还可采用带状泄漏监测方法进行湿度探测，带状湿度传感器的泄漏监测为连续监测方法。它包括一个传感元件，通常是放在工艺管道保温层的附近。传感元件被水分激活时提供电学信号，它可用于产生报警信号的指示装置。这些传感器可以迅速检测出安装管道上的泄漏，根据各自的长度，可相当精确地定位出泄漏的区域。然而，泄漏量是不能被测量的。

10.4.4.3 基于 TDLAS 的核电站主蒸汽管道测量系统

1) 水蒸气管道泄漏模型

在核电站主蒸汽管道中，蒸汽在管道内流动(291℃，7.7 MPa)，管道表面外还包裹一层保温层，保温层与管道间是一段环腔，环腔内部为空气(271℃，0.1 MPa)，管道见图 10-30。当主蒸汽管道发生泄漏时，管道环腔内的温度会随着泄漏发生和蒸汽的扩散从 271℃上升到 291℃。

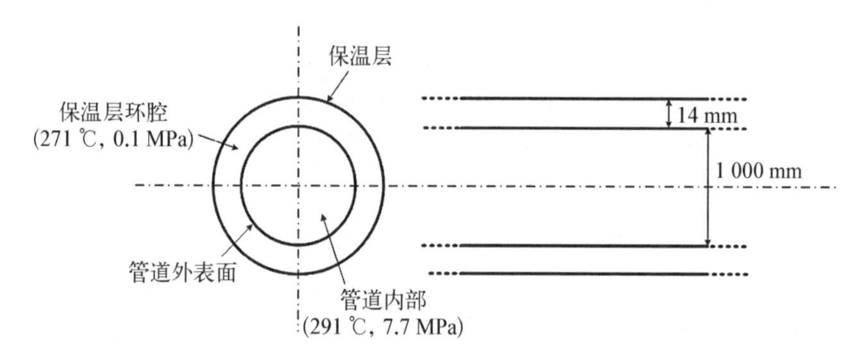

图 10-30 主蒸汽管道泄漏物理示意图

泄漏的蒸汽沿管道的轴向和环腔周向扩散，泄漏初期轴向扩散的效果更为明显，最终轴向扩散的蒸汽会逐渐扩展，并与周向扩散的蒸汽汇聚并逐渐填满环腔，蒸汽泄漏扩散流场分布见图 10－31。

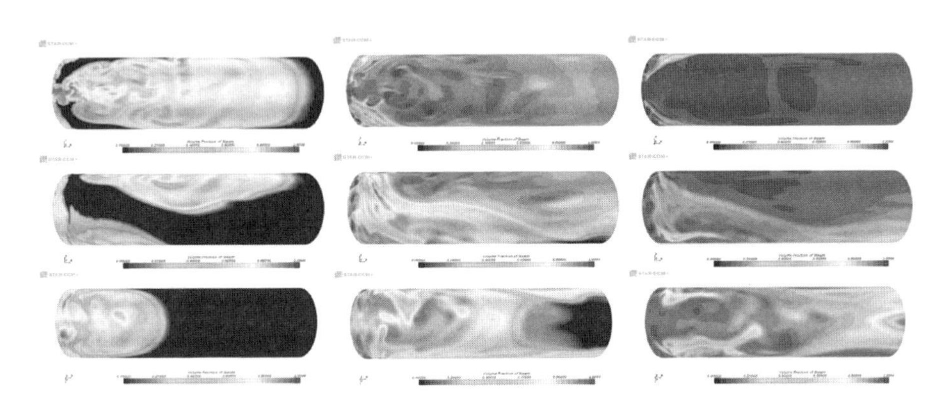

图 10－31　蒸汽泄漏扩散流场分布图

2）主蒸汽管道泄漏监测系统

核电站主蒸汽管道可采用 TDLAS 水蒸气浓度测量技术监测主蒸汽管道与保温层间隙内的水分子浓度，并根据水分子浓度计算分析得到主蒸汽管道的泄漏量，当监测到泄漏量超过阈值时向控制系统发出报警信号，提醒操纵员及时采取措施。

每个核电站机组配备两套泄漏监测系统，每套对应一根主蒸汽管道。两套系统在安全壳内及辅助厂房内分别共用一个机柜。每根主蒸汽管道安装 12 个气室光纤探测器，并按照每 4 m 间隔一次布置，每个气室光纤探测器对应一个前置转换器，用供电及通信电缆将转换好的电信号传输到安全壳外的机柜中。前置转换器尺寸小、布置灵活，可因地制宜固定在墙面或者钢结构上，且无需增加新的贯穿件。系统整体结构见图 10－32。

监测系统工作时，激光光源穿过气室光纤探测器对气体浓度进行测量，然后通过探测器接收，经过光电转换和信号处理，将数字信号传输到工业计算机上，可计算水分子浓度。当 12 个探头全部测量结束后，根据所有水分子浓度，完成泄漏量的计算，并与整定值比较。

其中，TDLAS 处理单元为设计的可调谐半导体激光吸收光谱测量模块，该 TDLAS 处理单元为基于红外光谱理论，采用直接吸收测量法搭建的气体检测系统，其中光源为波长可调谐的 DFB 激光器，同时采用激光驱动器、铟镓砷探测器、采集卡、PC104 处理器等设备搭建，内部结构见图10-33。

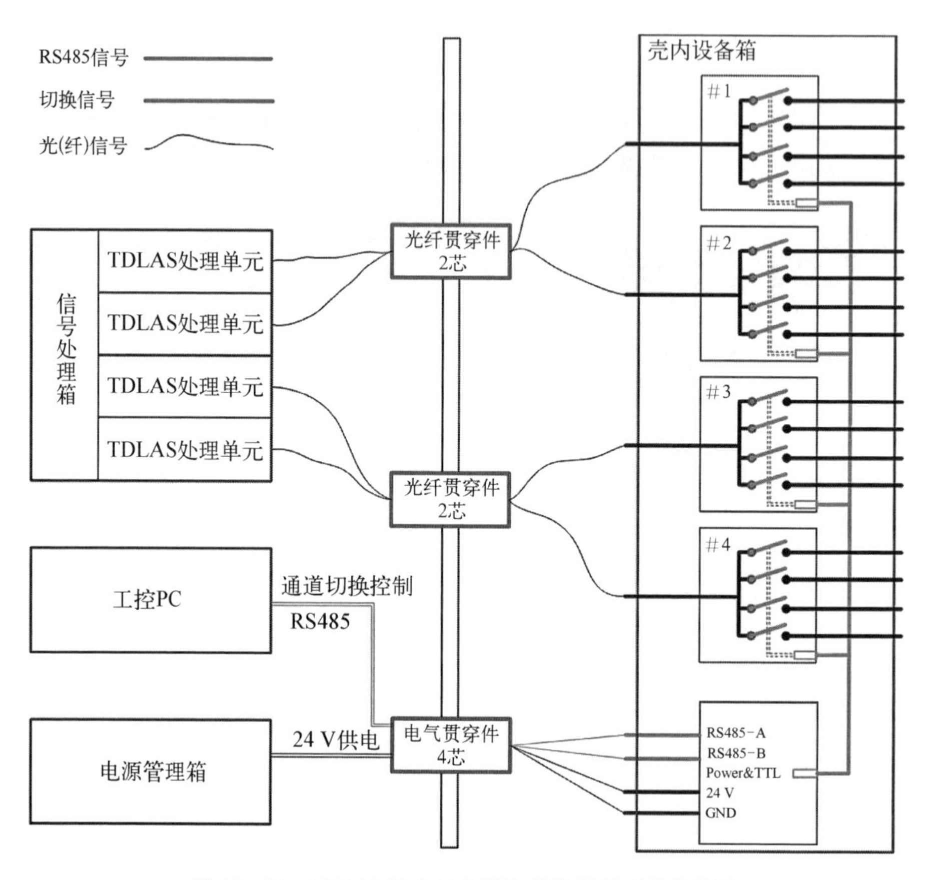

图 10-32　TDLAS 核电站主蒸汽管道测量系统结构图

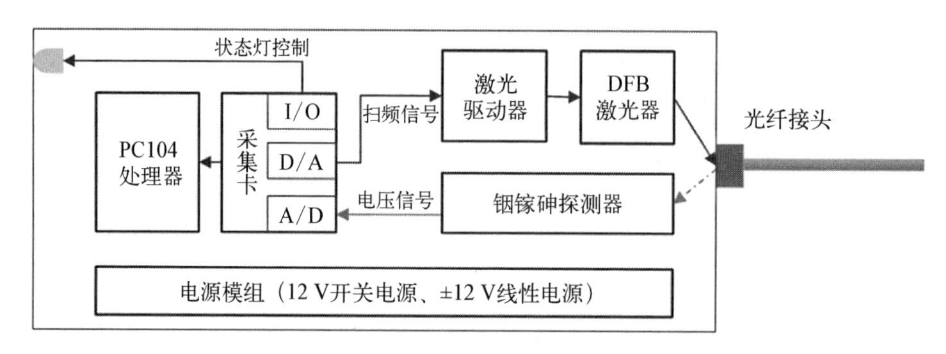

图 10-33　TDLAS 处理单元功能结构图

10.4.5　基于放射性活度的泄漏在线监测技术应用案例

1）核电站 PING 泄漏监测技术应用

目前 PING 监测方法已广泛应用于我国第二代及二代加核电，包括秦山核电、福清核电、田湾核电、昌江核电、大亚湾核电、岭澳核电等，PING 方法只能测量到放射性核素的活度浓度，通过放射性核素活度浓度的变化来定性判断泄漏情况，无法得到定量的泄漏率结果。PING 方法的各监测道监测范围如下：

（1）气溶胶监测道：3.7～3.7×10^{6} Bq/m^{3}；

（2）放射性碘监测道：3.7～3.7×10^{6} Bq/m^{3}；

（3）放射性惰性气体监测道：3.7×10^{3}～3.7×10^{9} Bq/m^{3}。

2）核电站^{13}N 泄漏监测技术应用

目前安全壳内放射性^{13}N 监测技术已经应用于秦山二期核电、福清核电、田湾核电、昌江核电等核设施，以秦山第二核电站 1＃机组为例，工作人员获取了^{13}N 监测道、总 γ 监测道实际测试的计数率与核功率对应关系数据和关系曲线，由表 10－8 和图 10－34 可以看出，^{13}N 计数率值和总 γ 计数率值与核功率呈线性关系。

表 10－8　秦山第二核电站^{13}N、总 γ 与核功率对应关系

核功率/%	^{13}N 计数率值/cps	总 γ 计数率值/cps
0	0.41	9.70
5.6	0.56	11.89
11.6	0.65	12.65
39.8	1.01	17.82
49.2	1.22	21.91
74.8	1.73	29.65
94.6	2.18	34.83
99.7	2.25	36.48

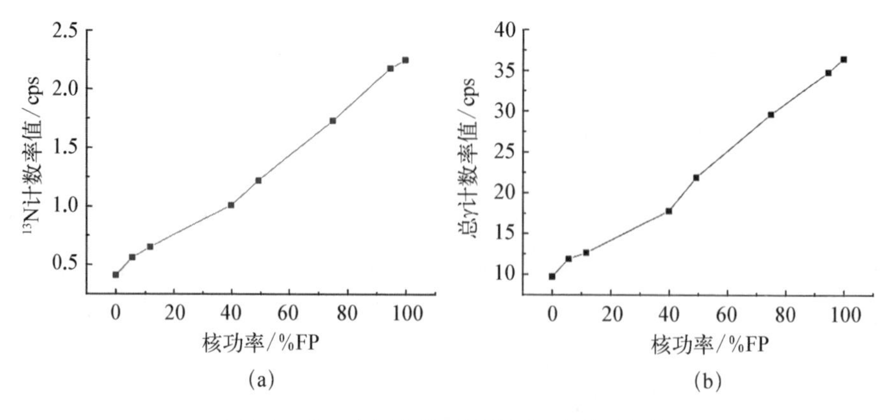

图 10-34　计数率值与核功率对应关系曲线

(a) ^{13}N;(b) 总 γ

3) 核电站^{18}F 泄漏监测技术应用

目前,国内外相关设计单位已在考虑设计^{18}F 监测道作为监测一回路压力边界泄漏的手段,如 AP1000,其系统运行流程见图 10-35,取样容器内设置有气溶胶过滤器,设计方将气溶胶过滤器收集到的气溶胶均等效为^{18}F 核素,采用 2 in 的塑料闪烁体(外围包裹 7.5 cm 厚度的铅)测量气溶胶 β 特性,最后得到气溶胶活度浓度测量结果,该监测道测量量程范围为 $3.7\times10^{-2}\sim3.7\times10^{3}$ Bq/m^3。从严格意义来说,虽然设计方提出了^{18}F 的设计思路,但是选型设备仍然为气溶胶监测仪,并非真正的^{18}F 监测设备,无法直接计算出泄漏率值。

随着^{18}F 泄漏监测技术的不断进步,目前在新堆建设中,设计方已在考虑采用^{18}F 符合测量技术路线,可以实现一回路压力边界泄漏率的定量测量,测量下限比^{13}N 更低,对反应堆冷却剂泄漏更为灵敏,理论测量下限可达 1 L/h,安全壳内放射性^{18}F 泄漏监检测技术具有更大的应用前景。

10.5　智能化技术在泄漏监测领域的应用

10.5.1　物联网泄漏监测预警和定漏溯源

基于工业互联网的泄漏在线监测预警和定漏溯源系统,通过部署泛在感知物联网系统,能够对核设施高危易漏设备管线密封点部位和人工巡检不可达盲点盲区部位进行立体的全方位在线连续监测。

物联网泄漏监测预警和定漏溯源技术的实施通常可分为三大步骤(见图 10-36):

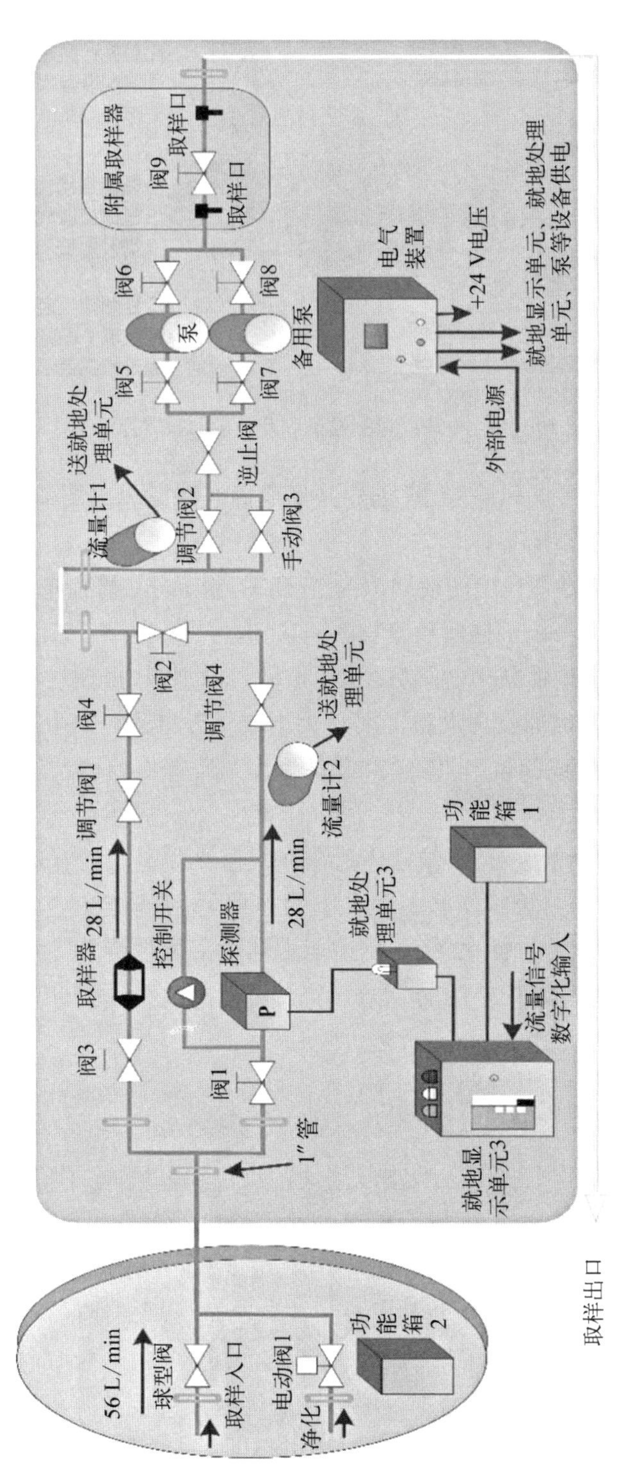

图 10－35　AP1000 中 ^{18}F 监测管道系统运行流程图

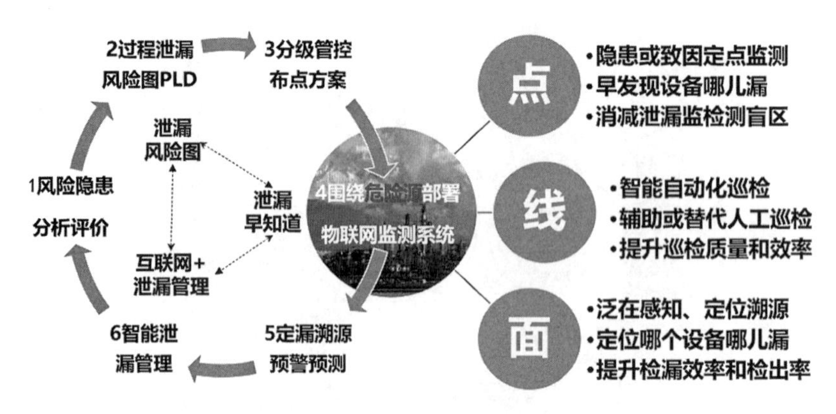

图 10-36　物联网泄漏监测和定位溯源技术原理

(1) 分析评价泄漏风险隐患，创建并形成静态泄漏风险图或核电厂设备管道泄漏知识图谱(PLD)；

(2) 基于静态泄漏风险图或知识图谱(PLD)制定分级管控布点方案，围绕重大危险源部署点、线、面监测预警物联网系统；

(3) 传输并汇聚物联网监测数据，基于模式识别、数据标签、知识图谱和人工智能技术第一时间发现设备泄漏量大小或状态参数异常情况，智能溯源泄漏释放源的方位或部位，报警预警设备泄漏风险等级，预警预测泄漏变化趋势。

“点、线、面”全方位、全天候立体泄漏在线监测预警工业互联网系统，围绕核设施安全生产分级智能管控泄漏安全风险，提升核电厂“全面感知、预警预测、集成协同、分析优化”智能制造能力和数字化生产力，为企业建设低风险、零事故、长周期、低费用的“本质安全，可靠高效”智能工厂夯实了数字底座。

10.5.2　智能自动化机器人巡检

核设施内存在一些人工巡检难以到达的点位和区域，除了应用物联网监测技术和定漏溯源技术外，配置智能自动化巡检机器人是一个有效的解决方案。这些机器人配备了声学监测、光学监测、浓度监测以及放射性活度探测仪等多种设备，能够代替巡检人员执行核设施内高危区域的泄漏探测任务。这些任务包括检查高辐射区的地面积水、管道的滴漏情况、蒸汽泄漏的探测以及辐射剂量的测量等。这种应用不仅能够降低巡检人员接受的辐射剂量，还能够提高维修作业的安全性和效率(见图 10-37)。

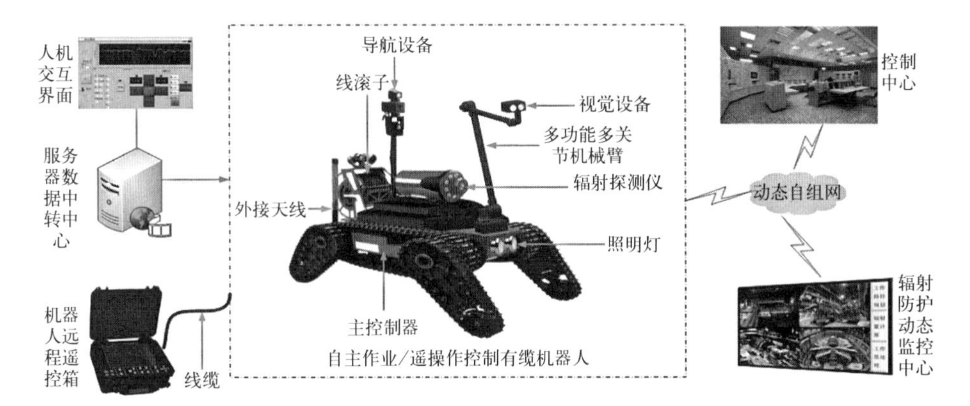

图 10－37　智能自动化巡检机器人示意图

核设施内智能自动化巡检机器人基本要求：

(1) 耐高辐照、耐高温、耐腐蚀性液体和气体，特别是摄像头、集成电路器件等；

(2) 由于人员不能接近，机器人系统须有高度的可靠性，自诊断能力，能够在发生核事故时非常复杂的环境工况下自动识别故障并采取相应的应对措施，即具备必要的人工智能；

(3) 机器人须能自动识别、爬行或潜水的能力。核工业机器人和机器人系统的开发和应用将为严重事故处理、核电站退役创造技术条件。

10.5.3　数字孪生智能泄漏管理和数字化运维

核动力设备泄漏原因主要包括局部腐蚀穿孔、应力腐蚀开裂、异常磨损、异常振动、高低温交变、高低液位交变和高温蠕变。基于核设施数字底座和设备泄漏致因及表征物理量进行声、光、嗅、量和放射性活度物联网监测和机器人智能自动化巡检，能够实现核动力设备数字孪生智能泄漏管理和数字化远程运维，实现核设施设备运维的智能安全、经济高效和绿色低碳，(见图 10－38)。

核动力设备的健康状况和设备的工艺指标是分不开的，如设备性能下降，其工艺性能也会下降；工艺操作参数异常波动或开停车升降温速率过快、密封点紧固程序不规范，会导致设备管道密封点或焊缝泄漏。数字孪生技术(见图 10－39)可以在线连续监测设备密封点的运行状态信息，特别是不同工况的差别和实验样本很少的工况应用场景，在线智能远程诊断泄漏风险等级、预测泄漏趋势和赋能预测性维护等。

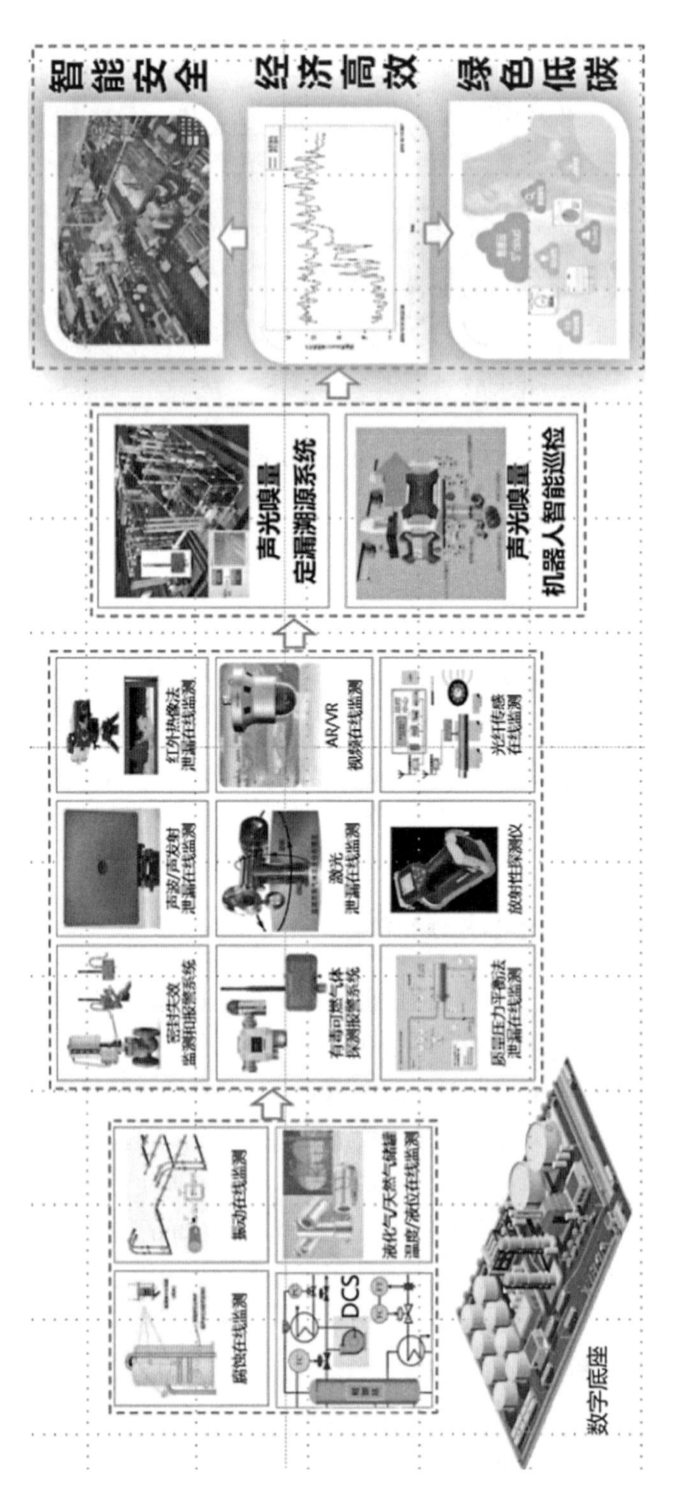

图 10-38　数字孪生智能泄漏管理和数字化运维示意图

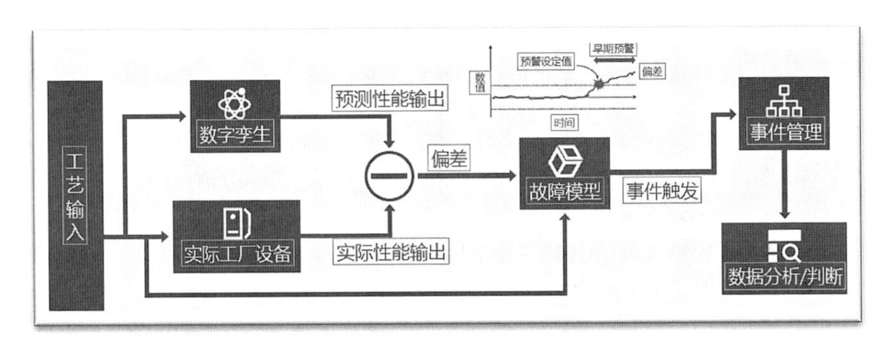

图 10－39　数字孪生智能运维模式示意图[10]

数字孪生智能泄漏管理和数字化运维能够助力赋能核设施或核电厂：

（1）降风险：自动感知潜在过程安全风险，利用物联网监测和机器人巡检代替危险区域人工作业，消减消除泄漏事故，降低作业风险和人身伤害伤亡事故；

（2）提效率：全面提升过程安全管理和泄漏管理效率，全天候、全方位、高效率多维感知过程安全风险，全面提升检漏查漏和泄漏管理效率；

（3）补短板：补齐过程安全管理或完整性管理信息孤岛和数据价值未挖掘、未发挥的短板，提升泄漏风险动态监管和核设施过程安全管理的数字化水平；

（4）强基座：构建设施核电厂人工智能、大数据、数字孪生等数字化底座能力，赋能设备运维智慧化场景，及早发现异常或故障，提前进行预防性维修，提升核动力设备完整性管理的数智化水平，避免或消除因泄漏导致的装置非计划停车和安全生产事故，从而提高核动力设备的可靠性、核电站运行的可利用率和经济性。

10.6　展望

基于外部系统的 EBS 和基于内部系统的 IBS 相结合的声、光、嗅、量和放射性活度多参数物联网泄漏监测溯源和数字孪生智能泄漏管理技术，能够提升核动力设备的可靠性，减少人为因素失误，降低人员辐射剂量，提高机组能力因子，赋能使能核设施实现智能安全、经济高效和绿色低碳运营。

参考文献

[1]　国家核安全局．核安全导则 核动力厂确定论安全分析[Z]．北京：国家核安全局，

2021.
[2] 国家核安全局. 核电厂安全分析报告标准审查大纲 目录：NNSA/HQ-01-SP-PP-004[Z]. 北京：核电安全监管司，2017.
[3] U. S. Nuclear Regulatory Commission. Regulatory guide 1.45 guidance on monitoring and responding to reactor coolant system leakage [Z]. Washinton D. C.：Office of Nuclear Regulatory Research，2008.
[4] 核工业标准化研究所. 核电厂反应堆冷却剂系统泄漏探测准则：NB/T 20254—2013[S]. 北京：国家能源局，2013.
[5] 国家核安全局. 核动力厂反应堆安全壳及其有关系统的设计：HAD 102/06—2020[Z]. 北京：国家核安全局，2020.
[6] 生态环境部. 挥发性有机物无组织排放标准：GB 37822—2019[S]. 北京：中国环境出版集团，2019.
[7] American Petroleum Institute. API Publication 1155 evaluation methodology for software based leak detection systems (First edition) [S]. Washington，D. C.：American Petroleum Institute，1995.
[8] Walsh P，Kelsey A. Fixed flammable gas detector systems on offshore installations：optimization and assessment of effectiveness(RR1123)[R]. Derbyshire SK17 9JN：the Health and Safety Executive，2017.
[9] 王金光，段永峰，胡洋. 炼化装置腐蚀风险控制用[M]. 北京：中国石化出版社，2022：381.
[10] 余锋，陈延，刘茂树，等. 霍尼韦尔流程工业智能工厂白皮书：从洞察到成果[R]. 上海：霍尼韦尔(中国)有限公司智能制造研究院，2019.

第 11 章 密封标准

标准是通过标准化活动，按照规定的程序经协商一致制定，为各种活动结果提供规则、指南或特性，供共同使用和重复使用的文件。

标准在密封领域有着非常广泛的应用，贯穿密封产学研用各个方面，成为密封领域的通用行为准则，包括在核电密封领域，使用频度很高的密封产品技术规格书，其底层逻辑也是密封标准。

密封标准按用途分为设计标准、材料标准、产品标准、试验标准等。

密封标准按层次分为技术规格书、企业标准、团体标准、行业标准、国家标准、区域标准、国际标准。

11.1 密封常用标准

密封常用标准主要有材料标准、材料试验标准、产品标准、产品试验标准。具体分类详见表 11-1。

表 11-1 密封常用标准主要分类表

一级分类	二级分类	三级分类	示例
材料标准	金属材料标准	钢铁材料标准	NB/T 20007.5—2021 压水堆核电厂用不锈钢 第 5 部分：1、2、3 级奥氏体不锈钢板
		镍基合金材料标准	GB/T 40303—2021 GH4169 合金棒材通用技术条件
		银材料标准	GB/T 39810—2021 高纯银锭

（续表）

一级分类	二级分类	三级分类	示例
材料标准	非金属材料标准	综合非金属材料标准	GB/T 41487—2022 复合型密封垫片材料
		石墨材料标准	JB/T 7758.2—2005 柔性石墨板技术条件
		无石棉材料标准	JC/T 2052—2020 辊压法无石棉纤维垫片材料
		聚四氟乙烯材料标准	QB/T 5257—2018 聚四氟乙烯(PTFE)板材
		橡胶材料标准	GB/T 5574—2008 工业用橡胶板
		石棉材料标准	GB/T 3985—2008 石棉橡胶板
		其他材料标准	GB/T 5019.4—2009 以云母为基的绝缘材料 第4部分：云母纸
材料试验标准	金属成分分析标准	钢铁成分分析标准	GB/T 223.29—2008 钢铁及合金铅含量的测定 载体沉淀-二甲酚橙分光光度法
		镍铬及镍铬铁合金成分分析标准	JB/T 6326.1—2008 镍铬及镍铬铁合金化学分析方法 第1部分：镍的测定
		银成分分析标准	GB/T 11067.1—2006 银化学分析方法 银量的测定 氯化银沉淀-火焰原子吸收光谱法
	金属机械性能及其他测试	金属、钢、有色金属、贵金属机械性能及其他测试标准	GB/T 228.1—2021 金属材料 拉伸试验 第1部分：室温试验方法
		高温合金机械性能及其他测试标准	GB/T 14999.1—2012 高温合金试验方法 第1部分：纵向低倍组织及缺陷酸浸检验
	非金属材料成分分析标准	石墨成分分析标准	JB/T 9141.6—2020 柔性石墨板材 第6部分：固定碳含量测定方法
		橡胶成分分析标准	SH/T 1763—2020 氢化丁腈生橡胶(HNBR)中残留不饱和度的测定 碘值法

(续表)

一级分类	二级分类	三级分类	示例
材料试验标准	非金属材料成分分析标准	塑料成分分析标准	GB/T 9345.1—2008 塑料灰分的测定 第1部分：通用方法
		通用成分分析标准	GB/T 23263—2009 制品中石棉含量测定方法
	非金属材料机械性能及其他测试标准	通用非金属材料机械性能及其他测试标准	GB/T 20671.2—2006 非金属垫片材料分类体系及试验方法 第2部分：垫片材料压缩率回弹率试验方法
		非石棉和石棉材料机械性能及其他测试标准	GB/T 22209—2021 船用无石棉纤维增强橡胶垫片材料
		石墨材料机械性能及其他测试标准	GB/T 33920—2017 柔性石墨板试验方法
		橡胶材料机械性能及其他测试标准	GB/T 1687.4—2021 硫化橡胶在屈挠试验中温升和耐疲劳性能的测定 第4部分：恒应力屈挠试验
		塑料材料机械性能及其他测试标准	GB/T 11546.2—2022 塑料 蠕变性能的测定 第2部分：三点弯曲蠕变
	非金属材料老化试验标准	通用老化试验标准	NB/T 20561—2019 核电厂非金属材料部件β辐照试验方法
		橡胶老化试验标准	GB/T 13642—2015 硫化橡胶或热塑性橡胶 耐臭氧龟裂 动态拉伸试验
		塑料老化试验标准	GB/T 3681.1—2021 塑料 太阳辐射暴露试验方法 第1部分：总则
产品标准	垫片标准	金属环垫标准	GB/T 9128.1—2023 钢制管法兰用金属环垫 第1部分：PN系列
			GB/T 9128.2—2023 钢制管法兰用金属环垫 第2部分：Class系列
		金属平垫片标准	SJ 1659—1980 铜密封垫型式及尺寸系列
		金属透镜垫标	JB/T 2776—2010 阀门零部件高压透镜垫

(续表)

一级分类	二级分类	三级分类	示例
产品标准	垫片标准	金属齿形垫片标准	JB/T 88—2014 管路法兰用金属齿形垫片
		金属密封环标准	NB/T 20478.2—2018 压水堆核电厂反应堆压力容器密封环技术规范 第2部分：C型密封环
		非金属平垫片标准	GB/T 9126.1—2023 管法兰用非金属平垫片 第1部分：PN系列
			GB/T 9126.2—2023 管法兰用非金属平垫片 第2部分：Class系列
		聚四氟乙烯垫片与密封带标准	JB/T 10688—2020 聚四氟乙烯垫片
		聚四氟乙烯包覆垫片	GB/T 13404—2008 管法兰用非金属聚四氟乙烯包覆垫片
		缠绕式垫片标准	GB/T 4622.2—2022 管法兰用缠绕式垫片 第2部分：Class系列
		金属包覆垫片标准	GB/T 15601—2013 管法兰用金属包覆垫片
		柔性石墨复合垫片标准	JB/T 6628—2016 柔性石墨复合增强(板)垫
		金属波齿复合垫片标准	GB/T 19066.1—2020 管法兰用金属波齿复合垫片 第1部分：PN系列
		金属齿形组合垫片标准	GB/T 39245.1—2020 管法兰用金属齿形组合垫片 第1部分：PN系列
		非金属覆盖层波形金属垫片标准	JB/T 12669—2016 非金属覆盖层波形金属垫片技术条件
		自紧式平面密封垫片标准	NB/T 10067—2018 承压设备用自紧式平面密封垫片
		核级石墨密封垫片标准	NB/T 20365—2015 核电厂用石墨密封垫片技术条件
		垫片通用类标准	ASME B16.20 管法兰用环垫式、螺旋缠绕式和夹层式金属垫片

（续表）

一级分类	二级分类	三级分类	示例
产品标准	填料标准		JB/T 6617—2016 柔性石墨填料环技术条件
	垫片、填料通用类标准		JB/T 6612—2008 静密封、填料密封术语
产品试验标准	垫片试验标准		NB/T 20366—2015 核电厂核级石墨密封垫片试验方法
	填料试验标准		GB/T 29035—2022 柔性石墨填料环试验方法
	密封性能试验标准		GB/T 12385—2008 管法兰用垫片密封性能试验方法

11.1.1　常用材料标准

1）金属材料标准

（1）钢铁材料标准见表 11－2。

表 11－2　钢铁材料标准

标准号	标准名称
GB/T 17616—2013	钢铁及合金牌号统一数字代号体系
GB/T 713.1—2023	承压设备用钢板和钢带 第 1 部分：一般要求
GB/T 713.2—2023	承压设备用钢板和钢带 第 2 部分：规定温度性能的非合金钢和合金钢
GB/T 11253—2019	碳素结构钢冷轧薄钢板及钢带
GB/T 1220—2007	不锈钢棒
GB/T 1221—2007	耐热钢棒
GB/T 1222—2016	弹簧钢
GB/T 1234—2012	高电阻电热合金

（续表）

标 准 号	标 准 名 称
GB/T 1299—2014	工模具钢
GB/T 14975—2012	结构用不锈钢无缝钢管
GB/T 1591—2018	低合金高强度结构钢
GB/T 20878—2007	不锈钢和耐热钢牌号及化学成分
GB/T 2103—2008	钢丝验收、包装、标志及质量证明书的一般规定
GB/T 24511—2017	承压设备用不锈钢和耐热钢钢板和钢带
GB/T 247—2008	钢板和钢带包装、标志及质量证明书的一般规定
GB/T 25053—2010	热连轧低碳钢板及钢带
GB/T 3077—2015	合金结构钢
GB/T 3090—2020	不锈钢小直径无缝钢管
GB/T 3274—2017	碳素结构钢和低合金结构钢热轧钢板和钢带
GB/T 3280—2015	不锈钢冷轧钢板和钢带
GB/T 4232—2019	冷顶锻用不锈钢丝
GB/T 4237—2015	不锈钢热轧钢板和钢带
GB/T 4238—2015	耐热钢钢板与钢带
GB/T 4240—2019	不锈钢丝
GB/T 5213—2019	冷轧低碳钢板及钢带
GB/T 6983—2022	电磁纯铁
GB/T 699—2015	优质碳素结构钢
GB/T 700—2006	碳素结构钢
GB/T 708—2019	冷轧钢板和钢带的尺寸、外形、重量及允许偏差
GB/T 709—2019	热轧钢板和钢带的尺寸、外形、重量及允许偏差
GB/T 711—2017	优质碳素结构钢热轧钢板和钢带

（续表）

标　准　号	标　准　名　称
GB/T 8492—2014	一般用途耐热钢和合金铸件
GB/T 9971—2017	原料纯铁
NB/T 20007.1—2021	压水堆核电厂用不锈钢 第 1 部分：1、2、3 级奥氏体不锈钢锻件
NB/T 20007.14—2021	压水堆核电厂用不锈钢 第 14 部分：1、2、3 级奥氏体不锈钢锻、轧棒
NB/T 20007.5—2021	压水堆核电厂用不锈钢 第 5 部分：1、2、3 级奥氏体不锈钢板
NB/T 20007.8—2017	压水堆核电厂用不锈钢 第 8 部分：1、2、3 级奥氏体不锈钢无缝钢管
NB/T 20010.5—2010	压水堆核电厂阀门 第 5 部分：奥氏体不锈钢锻件技术条件

（2）镍基合金材料标准见表 11－3。

表 11－3　镍基合金材料标准

标　准　号	标　准　名　称
GB/T 14992—2005	高温合金和金属间化合物高温材料的分类和牌号
GB/T 14994—2008	高温合金冷拉棒材
GB/T 14995—2010	高温合金热轧板
GB/T 14996—2010	高温合金冷轧板
GB/T 15007—2017	耐蚀合金牌号
GB/T 15008—2020	耐蚀合金棒
GB/T 25827—2010	高温合金板（带）材通用技术条件
GB/T 25828—2010	高温合金棒材通用技术条件
GB/T 25829—2010	高温合金成品化学成分允许偏差

（续表）

标 准 号	标 准 名 称
GB/T 25830—2010	高温合金盘(环)件通用技术条件
GB/T 25831—2010	高温合金丝材通用技术条件
GB/T 25932—2010	铸造高温合金母合金通用技术条件
GB/T 28295—2012	高温合金管材通用技术条件
GB/T 30566—2014	GH4169 合金棒材、锻件和环形件
GB/T 37620—2019	耐蚀合金锻材
GB/T 38443—2019	GH4145 合金棒材和锻件通用技术条件
GB/T 38589—2020	耐蚀合金棒材、盘条及丝材通用技术条件
GB/T 38688—2020	耐蚀合金热轧厚板
GB/T 38689—2020	耐蚀合金冷轧薄板及带材
GB/T 38690—2020	耐蚀合金热轧薄板及带材
GB/T 39192—2020	高温合金件热处理
GB/T 40303—2021	GH4169 合金棒材通用技术条件
GB/T 40313—2021	变形高温合金盘锻件
JB/T 7712—2007	高温合金热处理

(3) 银材料标准见表 11－4。

表 11－4　银材料标准

标 准 号	标 准 名 称
GB/T 39810—2021	高纯银锭
GB/T 4135—2016	银锭

2) 非金属材料标准

(1) 综合非金属材料标准见表 11－5。

表 11 - 5　综合非金属材料标准

标　准　号	标　准　名　称
GB/T 41487—2022	复合型密封垫片材料
GB/T 27792—2011	层压复合垫片材料分类
JC/T 2410—2017	复合型密封垫片材料

（2）石墨材料标准见表 11 - 6。

表 11 - 6　石墨材料标准

标　准　号	标　准　名　称
JB/T 2750—2020	高纯石墨
JB/T 7758.2—2005	柔性石墨板技术条件
JB/T 6613—2008	柔性石墨板、带分类、代号及标记
JB/T 13035—2017	编织填料用柔性石墨线
NB/T 20364—2015	核电厂用柔性石墨板技术条件

（3）无石棉材料标准见表 11 - 7。

表 11 - 7　无石棉材料标准

标　准　号	标　准　名　称
GB/T 27793—2011	抄取法无石棉纤维垫片材料
GB/T 22209—2021	船用无石棉纤维增强橡胶垫片材料
JC/T 2052—2020	辊压法无石棉纤维垫片材料
T/ZZB 0101—2016	发动机密封件无石棉密封材料

（4）聚四氟乙烯材料标准见表 11 - 8。

表 11-8 聚四氟乙烯材料标准

标 准 号	标 准 名 称
JB/T 6618—2005	金属缠绕垫用聚四氟乙烯带技术条件
QB/T 4041—2010	聚四氟乙烯棒材
QB/T 5257—2018	聚四氟乙烯(PTFE)板材

(5) 橡胶材料标准见表 11-9。

表 11-9 橡胶材料标准

标 准 号	标 准 名 称
GB/T 13460—2016	再生橡胶通用规范
GB/T 21873—2008	橡胶密封件给、排水管及污水管道用接口密封圈材料规范
GB/T 27570—2011	室温硫化甲基硅橡胶
GB/T 27572—2011	橡胶密封件 110 ℃热水供应管道的管接口密封圈 材料规范
GB/T 30308—2013	氟橡胶通用规范和评价方法
GB/T 30680—2014	氟橡胶板通用技术条件
GB/T 30920—2014	氯磺化聚乙烯(CSM)橡胶
GB/T 31357—2014	复合橡胶通用技术规范
GB/T 33428—2016	聚丙烯酸酯橡胶通用规范及评价方法
GB/T 36089—2018	丙烯腈-丁二烯橡胶(NBR)
GB/T 39694—2020	氢化丙烯腈-丁二烯橡胶(HNBR)通用规范和评价方法
GB/T 5574—2008	工业用橡胶板
GB/T 5577—2022	合成橡胶牌号规范
GB/T 9881—2008	橡胶术语
GJB 5180—2003	ENB 型三元乙丙橡胶规范

（续表）

标　准　号	标　准　名　称
HG/T 2793—2023	工业用导电和抗静电橡胶板
HG/T 2181—2009	耐酸碱橡胶密封件材料
HG/T 2333—1992	真空用 O 形圈橡胶材料
HG/T 2811—1996	旋转轴唇形密封圈橡胶材料
HG/T 3089—2001	燃油用 O 形橡胶密封圈材料
HG/T 3313—2000	室温硫化甲基硅橡胶
HG/T 3784—2005	减震器唇形密封圈用橡胶材料
HG/T 4070—2008	硅橡胶板
HG/T 4622—2014	耐二甲醚橡胶密封材料
HG/T 4901—2016	层压机用氟硅复合橡胶压板
HG/T 5838—2021	金属骨架发泡橡胶复合密封板
JB/T 10945—2010	复合绝缘子用硅橡胶材料
SH/T 1626—2017	充油苯乙烯-丁二烯橡胶(SBR)1712
SH/T 1780—2015	异戊二烯橡胶(IR)
SH/T 1813—2017	低稠环芳烃充油苯乙烯-丁二烯橡胶(SBR)1723

（6）石棉材料标准见表 11 - 10。

表 11 - 10　石棉材料标准

标　准　号	标　准　名　称
GB/T 3985—2008	石棉橡胶板
GB/T 539—2008	耐油石棉橡胶板
JC/T 555—2010	耐酸石棉橡胶板
JC/T 69—2009	石棉纸板

(7) 其他材料标准见表 11－11。

表 11－11　其他材料标准

标准号	标准名称
GB/T 3003—2017	耐火纤维及制品
GB/T 5019.4—2009	以云母为基的绝缘材料 第 4 部分：云母纸
JB/T 7852—2008	编织填料用聚丙烯腈预氧化纤维技术条件

11.1.2　常用材料试验标准

1) 金属成分分析标准

(1) 钢铁成分分析标准见表 11－12。

表 11－12　钢铁成分分析标准

标准号	标准名称	备注
GB/T 223.1—1981	钢铁及合金中碳量的测定	废止
GB/T 223.2—1981	钢铁及合金中硫量的测定	废止，被 GB/T 223.72—2008 替代
GB 223.3—1988	钢铁及合金化学分析方法 二安替比林甲烷磷钼酸重量法测定磷量	
GB/T 223.4—2008	钢铁及合金 锰含量的测定 电位滴定或可视滴定法	
GB/T 223.5—2008	钢铁 酸溶硅和全硅含量的测定 还原型硅钼酸盐分光光度法	
GB/T 223.6—1994	钢铁及合金化学分析方法 中和滴定法测定硼量	
GB/T 223.7—2002	铁粉 铁含量的测定 重铬酸钾滴定法	
GB/T 223.8—2000	钢铁及合金化学分析方法 氟化钠分离—EDTA 滴定法测定铝含量	

（续表）

标 准 号	标 准 名 称	备 注
GB/T 223.9—2008	钢铁及合金 铝含量的测定 铬天青 S 分光光度法	
GB/T 223.10—2000	钢铁及合金化学分析方法 铜铁试剂分离—铬天青 S 光度法测定铝含量	废止，被 GB/T 223.9—2008 替代
GB/T 223.11—2008	钢铁及合金 铬含量的测定 可视滴定或电位滴定法	
GB/T 223.12—1991	钢铁及合金化学分析方法 碳酸钠分离——二苯碳酰二肼光度法测定铬量	
GB/T 223.13—2000	钢铁及合金化学分析方法 硫酸亚铁铵滴定法测定钒含量	
GB/T 223.14—2000	钢铁及合金化学分析方法 钽试剂萃取光度法测定钒含量	
GB/T 223.15—1982	钢铁及合金化学分析方法 重量法测定钛	废止
GB/T 223.16—1991	钢铁及合金化学分析方法 变色酸光度法测定钛量	废止
GB 223.17—1989	钢铁及合金化学分析方法 二安替比林甲烷光度法测定钛量	
GB/T 223.18—1994	钢铁及合金化学分析方法 硫代硫酸钠分离-碘量法测定铜量	
GB 223.19—1989	钢铁及合金化学分析方法 新亚铜灵-三氯甲烷萃取光度法测定铜量	
GB/T 223.20—1994	钢铁及合金化学分析方法 电位滴定法测定钴量	
GB/T 223.21—1994	钢铁及合金化学分析方法 5－Cl－PADAB 分光光度法测定钴量	
GB/T 223.22—1994	钢铁及合金化学分析方法 亚硝基 R 盐分光光度法测量钴量	
GB/T 223.23—2008	钢铁及合金 镍含量的测定 丁二酮肟分光光度法	

（续表）

标 准 号	标 准 名 称	备 注
GB/T 223.24—1994	钢铁及合金化学分析方法 萃取分离-丁二酮肟分光光度法测定镍量	废止，被 GB/T 223.23—2008 代替
GB/T 223.25—1994	钢铁及合金化学分析方法 丁二酮肟重量法测定镍量	
GB/T 223.26—2008	钢铁及合金 钼含量的测定 硫氰酸盐分光光度法	
GB/T 223.27—1994	钢铁及合金化学分析方法 硫氰酸盐-乙酸丁酯萃取分光光度法测定钼量	废止，被 GB/T 223.26—2008 代替
GB 223.28—1989	钢铁及合金化学分析方法 α-安息香肟重量法测定钼量	
GB/T 223.29—2008	钢铁及合金 铅含量的测定 载体沉淀-二甲酚橙分光光度法	
GB/T 223.30—1994	钢铁及合金化学分析方法 对-溴苦杏仁酸沉淀分离-偶氮胂Ⅲ分光光度法测定锆量	
GB/T 223.31—2008	钢铁及合金 砷含量的测定 蒸馏分离-钼蓝分光光度法	
GB/T 223.32—1994	钢铁及合金化学分析方法 次磷酸钠还原-碘量法测定砷量	
GB/T 223.33—1994	钢铁及合金化学分析方法 萃取分离-偶氮氯膦 mA 光度法测定铈量	
GB/T 223.34—2000	钢铁及合金化学分析方法 铁粉中盐酸不溶物的测定	
GB/T 223.35—1985	钢铁及合金化学分析方法 脉冲加热惰气熔融库仑滴定法测定氧量	废止
GB/T 223.36—1994	钢铁及合金化学分析方法 蒸馏分离-中和滴定法测定氮量	
GB/T 223.37—2020	钢铁及合金 氮含量的测定 蒸馏分离靛酚蓝分光光度法	

（续表）

标　准　号	标　准　名　称	备　注
GB 223.38—1985	钢铁及合金化学分析方法 离子交换分离-重量法测定铌量	
GB/T 223.39—1994	钢铁及合金化学分析方法 氯横酚 S 光度法测定铌量	废止
GB/T 223.40—2007	钢铁及合金 铌含量的测定 氯磺酚 S 分光光度法	
GB 223.41—1985	钢铁及合金化学分析方法 离子交换分离-连苯三酚光度法测定钽量	
GB 223.42—1985	钢铁及合金化学分析方法 离子交换分离-溴邻苯三酚红光度法测定钽量	
GB/T 223.43—2008	钢铁及合金 钨含量的测定 重量法和分光光度法	
GB 223.44—1985	钢铁及合金化学分析方法 氯化四苯胂-硫氰酸盐-三氯甲烷萃取光度法测定钨量	废止，被 GB/T 223.43—2008 代替
GB/T 223.45—1994	钢铁及合金化学分析方法 铜试剂分离-二甲苯胺蓝Ⅱ光度法测定镁量	废止
GB 223.46—1989	钢铁及合金化学分析方法 火焰原子吸收光谱法测定镁量	
GB/T 223.47—1994	钢铁及合金化学分析方法 载体沉淀-钼蓝光度法测定锑量	
GB 223.48—1985	钢铁及合金化学分析方法 半二甲酚橙光度法测定铋量	废止
GB/T 223.49—1994	钢铁及合金化学分析方法 萃取分离-偶氮氯膦 mA 分光光度法测定稀土总量	
GB/T 223.50—1994	钢铁及合金化学分析方法 苯基荧光酮-溴化十六烷基三甲基胺直接光度法测定锡量	
GB 223.51—1987	钢铁及合金化学分析方法 5 - Br - PADAP 光度法测定锌量	

(续表)

标 准 号	标 准 名 称	备 注
GB 223.52—1987	钢铁及合金化学分析方法 盐酸羟胺-碘量法测定硒量	
GB 223.53—1987	钢铁及合金化学分析方法 火焰原子吸收分光光度法测定铜量	
GB/T 223.54—2022	钢铁及合金 镍含量的测定 火焰原子吸收光谱法	
GB/T 223.55—2008	钢铁及合金 碲含量的测定 示波极谱法	废止
GB 223.56—1987	钢铁及合金化学分析方法 巯基棉分离-示波极谱法测定碲量	废止，被 GB/T 223.55—2008 代替
GB 223.57—1987	钢铁及合金化学分析方法 萃取分离-吸附催化极谱法测定镉量	废止
GB 223.58—1987	钢铁及合金化学分析方法 亚砷酸钠-亚硝酸钠滴定法测定锰量	
GB/T 223.59—2008	钢铁及合金 磷含量的测定 铋磷钼蓝分光光度法和锑磷钼蓝分光光度法	
GB/T 223.60—1997	钢铁及合金化学分析方法 高氯酸脱水重量法测定硅含量	
GB 223.61—1988	钢铁及合金化学分析方法 磷钼酸铵容量法测定磷量	
GB 223.62—1988	钢铁及合金化学分析方法 乙酸丁酯萃取光度法测定磷量	
GB/T 223.63—2022	钢铁及合金 锰含量的测定 高碘酸钠(钾)分光光度法	
GB/T 223.64—2008	钢铁及合金 锰含量的测定 火焰原子吸收光谱法	
GB/T 223.65—2012	钢铁及合金 钴含量的测定 火焰原子吸收光谱法	
GB 223.66—1989	钢铁及合金化学分析方法 硫氰酸盐-盐酸氯丙嗪-三氯甲烷萃取光度法测定钨量	

（续表）

标 准 号	标 准 名 称	备 注
GB/T 223.67—2008	钢铁及合金 硫含量的测定 次甲基蓝分光光度法	
GB/T 223.68—1997	钢铁及合金化学分析方法 管式炉内燃烧后碘酸钾滴定法测定硫含量	
GB/T 223.69—2008	钢铁及合金 碳含量的测定 管式炉内燃烧后气体容量法	
GB/T 223.70—2008	钢铁及合金 铁含量的测定 邻二氮杂菲分光光度法	
GB/T 223.71—1997	钢铁及合金化学分析方法 管式炉内燃烧后重量法测定碳含量	
GB/T 223.72—2008	钢铁及合金 硫含量的测定 重量法	
GB/T 223.73—2008	钢铁及合金 铁含量的测定 三氯化钛-重铬酸钾滴定法	
GB/T 223.74—1997	钢铁及合金化学分析方法 非化合碳含量的测定	
GB/T 223.75—2008	钢铁及合金 硼含量的测定 甲醇蒸馏-姜黄素光度法	
GB/T 223.76—1994	钢铁及合金化学分析方法 火焰原子吸收光谱法测定钒量	
GB/T 223.77—1994	钢铁及合金化学分析方法 火焰原子吸收光谱法测定钙量	
GB/T 223.78—2000	钢铁及合金化学分析方法 姜黄素直接光度法测定硼含量	
GB/T 223.79—2007	钢铁 多元素含量的测定 X-射线荧光光谱法(常规法)	
GB/T 223.80—2007	钢铁及合金 铋和砷含量的测定 氢化物发生-原子荧光光谱法	
GB/T 223.81—2007	钢铁及合金 总铝和总硼含量的测定 微波消解-电感耦合等离子体质谱法	

（续表）

标 准 号	标 准 名 称	备 注
GB/T 223.82—2018	钢铁 氢含量的测定 惰性气体熔融-热导或红外法	
GB/T 223.83—2009	钢铁及合金 高硫含量的测定 感应炉燃烧后红外吸收法	
GB/T 223.84—2009	钢铁及合金 钛含量的测定 二安替比林甲烷分光光度法	
GB/T 223.85—2009	钢铁及合金 硫含量的测定 感应炉燃烧后红外吸收法	
GB/T 223.86—2009	钢铁及合金 总碳含量的测定 感应炉燃烧后红外吸收法	
GB/T 223.87—2018	钢铁及合金 钙和镁含量的测定 电感耦合等离子体质谱法	
GB/T 223.88—2019	钢铁及合金 钙和镁含量的测定 电感耦合等离子体原子发射光谱法	
GB/T 223.89—2019	钢铁及合金 碲含量的测定 氢化物发生-原子荧光光谱法	
GB/T 223.90—2021	钢铁及合金 硅含量的测定 电感耦合等离子体原子发射光谱法	
GB/T 223.91—2021	钢铁及合金 铜含量的测定 2,2 -联喹啉分光光度法	
GB/T 1954—2008	铬镍奥氏体不锈钢焊缝铁素体含量测量方法	
GB/T 11170—2008	不锈钢 多元素含量的测定 火花放电原子发射光谱法(常规法)	
GB/T 20127.1—2006	钢铁及合金 痕量素的测定 第1部分：石墨炉原子吸收光谱法测定银含量	
GB/T 20127.2—2006	钢铁及合金 痕量素的测定 第2部分：氢化物发生-原子荧光光谱法测定砷含量	
GB/T 20127.3—2006	钢铁及合金 痕量素的测定 第3部分：电感耦合等离子体发射光谱法测定钙、镁和钡含量	

（续表）

标　准　号	标　准　名　称	备　注
GB/T 20127.4—2006	钢铁及合金 痕量素的测定 第 4 部分：石墨炉原子吸收光谱法测定铜含量	
GB/T 20127.5—2006	钢铁及合金 痕量素的测定 第 5 部分：萃取分离-罗丹明 B 光度法测定镓含量	
GB/T 20127.6—2006	钢铁及合金 痕量素的测定 第 6 部分：没食子酸-示波极谱法测定锗含量	废止
GB/T 20127.7—2006	钢铁及合金 痕量素的测定 第 7 部分：示波极谱法测定铅含量	废止
GB/T 20127.8—2006	钢铁及合金 痕量素的测定 第 8 部分：氢化物发生-原子荧光光谱法测定锑含量	
GB/T 20127.9—2006	钢铁及合金 痕量素的测定 第 9 部分：电感耦合等离子体发射光谱法测定钪含量	
GB/T 20127.10—2006	钢铁及合金 痕量素的测定 第 10 部分：氢化物发生-原子荧光光谱法测定硒含量	
GB/T 20127.11—2006	钢铁及合金 痕量素的测定 第 11 部分：电感耦合等离子体质谱法测定铟和铊含量	
GB/T 20127.12—2006	钢铁及合金 痕量素的测定 第 12 部分：火焰原子吸收光谱法测定锌含量	
GB/T 20127.13—2006	钢铁及合金 痕量素的测定 第 13 部分：碘化物萃取-苯基荧光酮光度法测定锡含量	
YB/T 4305—2012	钢铁及合金 氧含量的测定 惰性气体熔融-红外吸收法	
YB/T 4306—2012	钢铁及合金 氮含量的测定 惰性气体熔融热导法	
YB/T 4307—2012	钢铁及合金 氧、氮和氢含量的测定 脉冲加热惰气熔融-飞行时间质谱法（常规法）	
SN/T 3515—2013	钢铁及合金 硼、钛、锆、铌、锡、锑、钽、钨、铅的测定 电感耦合等离子体质谱法	
CSM 01 01 01 06—2006	钢铁及合金中气体分析方法测量结果不确定度评定规范	

（2）镍铬及镍铬铁合金成分分析标准见表 11－13。

表 11－13　镍铬及镍铬铁合金成分分析标准

标　准　号	标　准　名　称
JB/T 6326.1—2008	镍铬及镍铬铁合金化学分析方法 第 1 部分：镍的测定
JB/T 6326.2—2008	镍铬及镍铬铁合金化学分析方法 第 2 部分：铬的测定
JB/T 6326.3—2008	镍铬及镍铬铁合金化学分析方法 第 3 部分：硅的测定
JB/T 6326.4—2008	镍铬及镍铬铁合金化学分析方法 第 4 部分：铁的测定
JB/T 6326.5—2008	镍铬及镍铬铁合金化学分析方法 第 5 部分：锰的测定
JB/T 6326.6—2008	镍铬及镍铬铁合金化学分析方法 第 6 部分：铝的测定
JB/T 6326.7—2008	镍铬及镍铬铁合金化学分析方法 第 7 部分：碳的测定
JB/T 6326.8—2008	镍铬及镍铬铁合金化学分析方法 第 8 部分：硫的测定
JB/T 6326.9—2008	镍铬及镍铬铁合金化学分析方法 第 9 部分：磷的测定

（3）银成分分析标准见表 11－14。

表 11－14　银成分分析标准

标　准　号	标　准　名　称
GB/T 11067.1—2006	银化学分析方法 银量的测定 氯化银沉淀-火焰原子吸收光谱法
GB/T 11067.2—2006	银化学分析方法 铜量的测定 火焰原子吸收光谱法
GB/T 11067.3—2006	银化学分析方法 硒和碲量的测定 电感耦合等离子体原子发射光谱法
GB/T 11067.4—2006	银化学分析方法 锑量的测定 电感耦合等离子体原子发射光谱法
GB/T 11067.5—2006	银化学分析方法 铅和铋量的测定 火焰原子吸收光谱法
GB/T 11067.6—2006	银化学分析方法 铁量的测定 火焰原子吸收光谱法
GB/T 36590—2018	高纯银化学分析方法 痕量杂质元素的测定 辉光放电质谱法

（续表）

标　准　号	标　准　名　称
YS/T 1198—2017	银化学分析方法 铜、铋、铁、铅、锑、钯、硒、碲、砷、钴、锰、镍、锡、锌、镉量的测定 电感耦合等离子体质谱法
YS/T 958—2014	银化学分析方法 铜、铋、铁、铅、锑、钯、硒和碲量的测定 电感耦合等离子体原子发射光谱法
YS/T 959—2014	银化学分析方法 铜、铋、铁、铅、锑、钯、硒和碲量的测定 火花原子发射光谱法

2）金属机械性能及其他测试

（1）金属、钢、有色金属、贵金属机械性能及其他测试标准见表 11－15。

表 11－15　金属、钢、有色金属、贵金属机械性能及其他测试标准

标　准　号	标　准　名　称
CB/Z 264—1998	金属材料 低周疲劳表面裂纹扩展速率试验方法
GB/T 6398—2017	金属材料 疲劳试验疲劳裂纹扩展方法
GB/T 6400—2007	金属材料 线材和铆钉剪切试验方法
GB/T 7314—2017	金属材料 室温压缩试验方法
GB/T 7732—2008	金属材料 表面裂纹拉伸试样断裂韧度试验方法
GB/T 9790—2021	金属材料 金属及其他无机覆盖层的维氏和努氏显微硬度试验
GB/T 9792—2003	金属材料上的转化膜-单位面积膜质量的测定-重量法
GB/T 10120—2013	金属材料 拉伸应力松弛试验方法
GB/T 10128—2007	金属材料 室温扭转试验方法
GB/T 10623—2008	金属材料 力学性能试验术语
GB/T 12160—2019	金属材料 单轴试验用引伸计系统的标定
GB/T 12443—2017	金属材料 扭矩控制疲劳试验方法
GB/T 12444—2006	金属材料 磨损试验方法 试环-试块滑动磨损试验

（续表）

标 准 号	标 准 名 称
GB/T 13301—1991	金属材料电阻应变灵敏系数试验方法
GB/T 13634—2019	金属材料 单轴试验机检验用标准测力仪的校准
GB/T 13825—2008	金属覆盖层黑色金属材料 热镀锌层 单位面积质量称量法
GB/T 14265—2017	金属材料中氢、氧、氮、碳和硫分析方法通则
GB/T 15248—2008	金属材料轴向等幅低循环疲劳试验方法
GB/T 16825.1—2022	金属材料 静力单轴试验机的检验与校准 第1部分：拉力和(或)压力试验机 测力系统的检验与校准
GB/T 17394.1—2014	金属材料 里氏硬度试验 第1部分：试验方法
GB/T 17394.2—2022	金属材料 里氏硬度试验 第2部分：硬度计的检验与校准
GB/T 17394.3—2022	金属材料 里氏硬度试验 第3部分：标准硬度块的标定
GB/T 17394.4—2014	金属材料 里氏硬度试验 第4部分：硬度值换算表
GB/T 18449.1—2009	金属材料 努氏硬度试验 第1部分：试验方法
GB/T 18449.2—2012	金属材料 努氏硬度试验 第2部分：硬度计的检验与校准
GB/T 18449.3—2012	金属材料 努氏硬度试验 第3部分：标准硬度块的标定
GB/T 18449.4—2022	金属材料 努氏硬度试验 第4部分：硬度值表
GB/T 19748—2019	金属材料 夏比V型缺口摆锤冲击试验 仪器化试验方法
GB/T 2039—2012	金属材料 单轴拉伸蠕变试验方法
GB/T 20568—2022	金属材料 管环液压试验方法
GB/T 20832—2007	金属材料 试样轴线相对于产品织构的标识
GB/T 20935.1—2018	金属材料 电磁超声检测方法 第1部分：电磁超声换能器指南
GB/T 20935.2—2018	金属材料 电磁超声检测方法 第2部分：利用电磁超声换能器技术进行超声检测的方法
GB/T 20935.3—2018	金属材料 电磁超声检测方法 第3部分：利用电磁超声换能器技术进行超声表面检测的方法

（续表）

标　准　号	标　准　名　称
GB/T 21143—2014	金属材料 准静态断裂韧度的统一试验方法
GB/T 21838.1—2019	金属材料 硬度和材料参数的仪器化压入试验 第 1 部分：试验方法
GB/T 21838.2—2022	金属材料 硬度和材料参数的仪器化压入试验 第 2 部分：试验机的检验和校准
GB/T 21838.3—2022	金属材料 硬度和材料参数的仪器化压入试验 第 3 部分：标准块的标定
GB/T 21838.4—2020	金属材料 硬度和材料参数的仪器化压入试验 第 4 部分：金属和非金属覆盖层的试验方法
GB/T 22315—2008	金属材料 弹性模量和泊松比试验方法
GB/T 22565.1—2021	金属材料 薄板和薄带回弹性能评估方法 第 1 部分：拉弯法
GB/T 228.1—2021	金属材料 拉伸试验 第 1 部分：室温试验方法
GB/T 228.2—2015	金属材料 拉伸试验 第 2 部分：高温试验方法
GB/T 228.3—2019	金属材料 拉伸试验 第 3 部分：低温试验方法
GB/T 228.4—2019	金属材料 拉伸试验 第 4 部分：液氦试验方法
GB/T 229—2020	金属材料 夏比摆锤冲击试验方法
GB/T 230.1—2018	金属材料 洛氏硬度试验 第 1 部分：试验方法
GB/T 230.2—2022	金属材料 洛氏硬度试验 第 2 部分：硬度计及压头的检验与校准
GB/T 230.3—2022	金属材料 洛氏硬度试验 第 3 部分：标准硬度块的标定
GB/T 231.1—2018	金属材料 布氏硬度试验 第 1 部分：试验方法
GB/T 231.2—2022	金属材料 布氏硬度试验 第 2 部分：硬度计的检验与校准
GB/T 231.3—2022	金属材料 布氏硬度试验 第 3 部分：标准硬度块的标定
GB/T 231.4—2009	金属材料 布氏硬度试验 第 4 部分：硬度值表
GB/T 232—2024	金属材料 弯曲试验方法

（续表）

标 准 号	标 准 名 称
GB/T 235—2013	金属材料 薄板和薄带 反复弯曲试验方法
GB/T 238—2013	金属材料 线材 反复弯曲试验方法
GB/T 239.1—2023	金属材料 线材 第1部分：单向扭转试验方法
GB/T 239.2—2023	金属材料 线材 第2部分：双向扭转试验方法
GB/T 24171.1—2009	金属材料 薄板和薄带 成形极限曲线的测定 第1部分：冲压车间成形极限图的测量及应用
GB/T 24171.2—2009	金属材料 薄板和薄带 成形极限曲线的测定 第2部分：实验室成形极限曲线的测定
GB/T 24176—2009	金属材料 疲劳试验 数据统计方案与分析方法
GB/T 24179—2009	金属材料 残余应力测定 压痕应变法
GB/T 24183—2021	金属材料 薄板和薄带 制耳试验方法
GB/T 244—2020	金属材料 管 弯曲试验方法
GB/T 245—2016	金属材料 管 卷边试验方法
GB/T 24522—2020	金属材料 低拘束试样测定 稳态裂纹扩展阻力的试验方法
GB/T 24523—2020	金属材料 快速压入(布氏型)硬度试验方法
GB/T 24524—2021	金属材料 薄板和薄带 扩孔试验方法
GB/T 246—2017	金属材料 管 压扁试验方法
GB/T 25047—2016	金属材料 管 环扩张试验方法
GB/T 25048—2019	金属材料 管 环拉伸试验方法
GB/T 26077—2021	金属材料 疲劳试验 轴向应变控制方法
GB/T 26078—2010	金属材料 焊接残余应力 爆炸处理法
GB/T 28896—2023	金属材料 焊接接头准静态断裂韧度测定的试验方法
GB/T 2976—2020	金属材料 线材 缠绕试验方法
GB/T 30064—2013	金属材料 钢构件断裂评估中裂纹尖端张开位移(CTOD)断裂韧度的拘束损失修正方法

（续表）

标　准　号	标　准　名　称
GB/T 30069.1—2013	金属材料 高应变速率拉伸试验 第1部分：弹性杆型系统
GB/T 30069.2—2016	金属材料 高应变速率拉伸试验 第2部分：液压伺服型与其他类型试验系统
GB/T 3075—2021	金属材料 疲劳试验 轴向力控制方法
GB/T 31218—2014	金属材料 残余应力测定 全释放应变法
GB/T 31310—2014	金属材料 残余应力测定 钻孔应变法
GB/T 31930—2015	金属材料 延性试验 多孔状和蜂窝状金属压缩试验方法
GB/T 32660.1—2016	金属材料 韦氏硬度试验 第1部分：试验方法
GB/T 32660.2—2016	金属材料 韦氏硬度试验 第2部分：硬度计的检验与校准
GB/T 32660.3—2016	金属材料 韦氏硬度试验 第3部分：标准硬度块的标定
GB/T 32967.1—2016	金属材料 高应变速率扭转试验 第1部分：室温试验方法
GB/T 32976—2016	金属材料 管 横向弯曲试验方法
GB/T 33163—2016	金属材料 残余应力超声冲击处理法
GB/T 33362—2016	金属材料 硬度值的换算
GB/T 33812—2017	金属材料 疲劳试验 应变控制热机械疲劳试验方法
GB/T 33820—2017	金属材料 延性试验 多孔状和蜂窝状金属高速压缩试验方法
GB/T 33965—2017	金属材料 拉伸试验 矩形试样减薄率的测定
GB/T 34104—2017	金属材料 试验机加载同轴度的检验
GB/T 34108—2017	金属材料 高应变速率室温压缩试验方法
GB/T 34205—2017	金属材料 硬度试验 超声接触阻抗法
GB/T 34477—2017	金属材料 薄板和薄带 抗凹性能试验方法
GB/T 351—2019	金属材料 电阻率测量方法
GB/T 36024—2018	金属材料 薄板和薄带 十字形试样双向拉伸试验方法
GB/T 37306.1—2019	金属材料 疲劳试验 变幅疲劳试验 第1部分：总则、试验方法和报告要求

（续表）

标　准　号	标　准　名　称
GB/T 37306.2—2019	金属材料 疲劳试验 变幅疲劳试验 第2部分：循环计数和相关数据缩减方法
GB/T 37782—2019	金属材料 压入试验 强度、硬度和应力-应变曲线的测定
GB/T 37783—2019	金属材料 高应变速率高温拉伸试验方法
GB/T 37787—2019	金属材料 显微疏松的测定 荧光法
GB/T 38231—2019	金属和合金的腐蚀 金属材料在高温腐蚀条件下的热循环暴露氧化试验方法
GB/T 38250—2019	金属材料 疲劳试验机同轴度的检验
GB/T 38430—2019	金属和合金的腐蚀 金属材料在高温腐蚀条件下的等温暴露氧化试验方法
GB/Z 38434—2019	金属材料 力学性能试验用试样制备指南
GB/T 38684—2020	金属材料 薄板和薄带 双轴应力-应变曲线胀形试验 光学测量方法
GB/T 38719—2020	金属材料 管 测定双轴应力-应变曲线的液压胀形试验方法
GB/T 38769—2020	金属材料 预裂纹夏比试样冲击加载断裂韧性的测定
GB/T 38804—2020	金属材料高温蒸汽氧化试验方法
GB/T 38806—2020	金属材料 薄板和薄带 弯折性能试验方法
GB/T 38811—2020	金属材料 残余应力声束控制法
GB/T 38822—2020	金属材料 蠕变-疲劳试验方法
GB/T 39635—2020	金属材料 仪器化压入法测定压痕拉伸性能和残余应力
GB/Z 40387—2021	金属材料 多轴疲劳试验设计准则
GB/T 40410—2021	金属材料 多轴疲劳试验轴向-扭转应变控制方法
GB/T 4067—1999	金属材料 电阻温度特征参数的测定
GB/T 41154—2021	金属材料 多轴疲劳试验 轴向-扭转应变控制热机械疲劳试验方法
GB/T 4156—2020	金属材料 薄板和薄带 埃里克森杯突试验

(续表)

标　准　号	标　准　名　称
GB/T 4161—2007	金属材料 平面应变断裂韧度 KIC 试验方法
GB/T 4337—2015	金属材料 疲劳试验 旋转弯曲方法
GB/T 4339—2008	金属材料热膨胀特征参数的测定
GB/T 4340.1—2009	金属材料 维氏硬度试验 第 1 部分：试验方法
GB/T 4340.2—2012	金属材料 维氏硬度试验 第 2 部分：硬度计的检验与校准
GB/T 4340.3—2012	金属材料 维氏硬度试验 第 3 部分：标准硬度块的标定
GB/T 4340.4—2022	金属材料 维氏硬度试验 第 4 部分：硬度值表
GB/T 4341.1—2014	金属材料 肖氏硬度试验 第 1 部分：试验方法
GB/T 4341.2—2016	金属材料 肖氏硬度试验 第 2 部分：硬度计的检验
GB/T 4341.3—2016	金属材料 肖氏硬度试验 第 3 部分：标准硬度块的标定
GB/T 5027—2016	金属材料 薄板和薄带 塑性应变比(r 值)的测定
GB/T 5028—2008	金属材料 薄板和薄带 拉伸应变硬化指数(n 值)的测定
GB/T 5482—2023	金属材料 动态撕裂试验方法
GB/T 19943—2005	无损检测 金属材料 X 和伽玛射线照相检测 基本规则
GB/T 23909.3—2009	无损检测 射线透视检测 第 3 部分：金属材料 X 和伽玛射线透视检测总则
GB/T 26642—2022	无损检测 基于存储磷光成像板的工业计算机射线照相检测 金属材料 X 射线和伽玛射线检测总则
GB/T 41120—2021	无损检测 非铁磁性金属材料脉冲涡流检测
JB/T 12275—2015	金属材料落锤冲击试验机
JB/T 7901—2023	金属材料实验室均匀腐蚀全浸试验方法
SN/T 5496—2023	金属材料疲劳特性的评价非线性超声法
TB/T 2985—2000	金属材料的动态撕裂试验方法
YB/T 4286—2012	金属材料 薄板和薄带 摩擦系数试验方法

（续表）

标 准 号	标 准 名 称
YB/T 4287—2012	金属材料 薄板和薄带 拉深筋阻力试验方法
YB/T 5293—2022	金属材料 顶锻试验方法
YB/T 5320—2006	金属材料 定量相分析 X射线衍射K值法
YB/T 5345—2014	金属材料 滚动接触疲劳试验方法
YB/T 5349—2014	金属材料 弯曲力学性能试验方法
YB/T 5350—2006	金属材料 高温弹性模量测量方法圆盘振子法
YB/T 5360—2020	金属材料 定量极图的测定 X射线衍射法
CSM 01 01 02 01—2006	金属材料 室温拉伸试验 测量结果不确定度评定
DL/T 2363—2021	金属材料微型试样室温拉伸试验规程
GB/T 4160—2004	钢的应变时效敏感性试验方法(夏比冲击法)
GB/T 4162—2022	锻轧钢棒超声检测方法
YS/T 1256—2018	有色金属材料 比热容试验 差示扫描量热法
YS/T 1257—2018	有色金属材料 熔化和结晶热焓试验 差示扫描量热法
YS/T 1258—2018	有色金属材料 熔融和结晶温度试验 热分析方法
YS/T 1507—2021	贵金属材料 压缩蠕变试验方法

(2) 高温合金机械性能及其他测试标准见表11-16。

表11-16 高温合金机械性能及其他测试标准

标 准 号	标 准 名 称	备注
GB/T 14999.1—2012	高温合金试验方法 第1部分：纵向低倍组织及缺陷酸浸检验	
GB/T 14999.2—2012	高温合金试验方法 第2部分：横向低倍组织及缺陷酸浸检验	
GB/T 14999.3—2012	高温合金试验方法 第3部分：棒材纵向断口检验	

（续表）

标　准　号	标　准　名　称	备注
GB/T 14999.4—2012	高温合金试验方法 第 4 部分：轧制高温合金条带晶粒组织和一次碳化物分布测定	
GB/T 14999.5—1994	高温合金低倍、高倍组织标准评级图谱	废止
GB/T 14999.6—2010	锻制高温合金双重晶粒组织和一次碳化物分布测定方法	
GB/T 14999.7—2010	高温合金铸件晶粒度、一次枝晶间距和显微疏松测定方法	

3）非金属材料成分分析标准

（1）石墨成分分析标准见表 11－17。

表 11－17　石墨成分分析标准

标　准　号	标　准　名　称
GB/T 3521—2023	石墨化学分析方法
JB/T 7758.1—2008	柔性石墨板氟含量测定方法
JB/T 7758.3—2005	柔性石墨板硫含量测定方法
JB/T 7758.4—2008	柔性石墨板氯含量测定方法
JB/T 9141.5—2020	柔性石墨板材 第 5 部分：灰分测定方法
JB/T 9141.6—2020	柔性石墨板材 第 6 部分：固定碳含量测定方法

（2）橡胶成分分析标准见表 11－18。

表 11－18　橡胶成分分析标准

标　准　号	标　准　名　称
SH/T 1763—2020	氢化丁腈生橡胶(HNBR)中残留不饱和度的测定 碘值法
SH/T 1815—2017	合成橡胶胶乳中残留单体和其他有机成分的测定 毛细管柱顶空气相色谱法

（续表）

标 准 号	标 准 名 称
SH/T 1760—2007	合成橡胶胶乳中残留单体和其他有机成分的测定 毛细管柱气相色谱 直接液体进样法
GB/T 6029—2016	硫化橡胶 促进剂的测定 薄层色谱法
SN/T 0541.5—2009	进出口标准橡胶检验方法 氮含量的测定
SN/T 3814—2014	橡胶和塑料制品中短链氯化石蜡的测定 气相色谱-串联质谱法
SN/T 2945—2011	橡胶及其制品中铅、镉、铬、铜、锰、锌含量测定 电感耦合等离子体原子发射光谱法
SN/T 3816—2014	橡胶制品中钴、砷、铬、锡、溴和铅的定量筛选方法 能量色散X射线荧光光谱法
SN/T 3714—2013	橡胶和塑料制品中钴、砷、铬、锡和铅的定量筛选方法 电感耦合等离子体原子发射光谱法
SN/T 4843—2017	橡胶制品中铬、钴、砷、溴、钼、镉、锡和铅的测定 电感耦合等离子体质谱法
SN/T 1877.4—2007	橡胶及其制品中多环芳烃的测定方法
SN/T 3603—2013	橡胶制品中蒽油的快速筛选测定 气相色谱-质谱联用法
SN/T 3124—2012	橡胶及橡胶制品中酚类防霉剂的测定 高效液相色谱法
SN/T 3520—2013	橡胶及其制品中汞含量的测定 原子荧光光谱法
SN/T 4313—2015	橡胶和塑料制品中硅酸铝耐火纤维的测定
GB/T 4498.1—2013	橡胶灰分的测定 第1部分：马弗炉法
GB/T 4498.2—2017	橡胶灰分的测定 第2部分：热重分析法
SN/T 0541.3—2010	进出口标准橡胶检验方法 第3部分：灰分含量的测定
SN/T 0541.4—2010	进出口标准橡胶检验方法 第4部分：挥发物含量的测定
GB/T 39695—2020	橡胶烟气中挥发性成分的鉴定 热脱附-气相色谱-质谱法
SH/T 1157.2—2015	生橡胶 丙烯腈-丁二烯橡胶（NBR）中结合丙烯腈含量的测定 第2部分：凯氏定氮法
GB/T 39699—2020	橡胶 聚合物的鉴定 裂解气相色谱-质谱法

（续表）

标 准 号	标 准 名 称
SN/T 4460—2016	橡胶制品中可萃取 2-巯基苯并噻唑的测定
SN/T 3815—2014	橡胶和塑料制品中磷酸三(2-氯乙基)酯的测定 气相色谱-质谱法
SN/T 4842—2017	塑料及橡胶材料中偶氮二甲酰胺的测定高效液相色谱法
GB/T 9874—2001	橡胶中铅含量的测定 原子吸收光谱法
HG/T 3871—2008	橡胶 铅含量的测定 二硫腙光度法
SN/T 4775—2017	橡胶及其制品中秋兰姆含量的测定 高效液相色谱法
GB/T 4497.1—2010	橡胶 全硫含量的测定 第 1 部分：氧瓶燃烧法
GB/T 41946—2022	橡胶 全硫含量的测定 离子色谱法
GB/T 4497.2—2013	橡胶 全硫含量的测定 第 2 部分：过氧化钠熔融法
SH/T 1830—2020	丙烯腈-丁二烯橡胶中壬基酚含量的测定气相色谱-质谱法
GB/T 3516—2006	橡胶溶剂抽出物的测定
SH/T 1539—2007	苯乙烯-丁二烯橡胶(SBR)溶剂抽出物含量的测定
SH/T 1762—2008	橡胶氢化丁腈橡胶(HNBR)剩余不饱和度的测定 红外光谱法
GB/T 3515—2005	橡胶 炭黑含量的测定 热解法
GB/T 11201—2002	橡胶中铁含量的测定 原子吸收光谱法
GB/T 11202—2003	橡胶中铁含量的测定 1,10-菲罗啉光度法
GB/T 40722.2—2021	苯乙烯-丁二烯橡胶(SBR)溶液聚合 SBR 微观结构的测定 第 2 部分：红外光谱 ATR 法
SH/T 1727—2017	丁二烯橡胶微观结构的测定 红外光谱法
SH/T 1832—2020	异戊二烯橡胶微观结构的测定 核磁共振氢谱法
GB/T 11203—2001	橡胶中锌含量的测定 EDTA 滴定法
SH/T 1718—2015	充油橡胶中油含量的测定
HG/T 3838—2008	橡胶游离硫含量的测定 电位滴定法
HG/T 3837—2008	橡胶 总烃含量的测定 热解法

(3) 塑料成分分析标准见表11-19。

表11-19 塑料成分分析标准

标准号	标准名称
GB/T 9345.1—2008	塑料灰分的测定 第1部分：通用方法
GB/T 3855—2005	碳纤维增强塑料树脂含量试验方法
GB/T 3365—2008	碳纤维增强塑料孔隙含量和纤维体积含量试验方法

(4) 通用成分分析标准见表11-20。

表11-20 通用成分分析标准

标准号	标准名称
BS EN 14582：2016	废弃物的特性 卤素含量和硫含量 密封设备中氧的燃烧和测定方法
GB/T 23263—2009	制品中石棉含量测定方法

4) 非金属材料机械性能及其他测试标准

(1) 非金属材料机械性能及其他测试标准见表11-21。

表11-21 机械性能及其他测试标准

标准号	标准名称
GB/T 20671.1—2020	非金属垫片材料分类体系及试验方法 第1部分：非金属垫片材料分类体系
GB/T 20671.2—2006	非金属垫片材料分类体系及试验方法 第2部分：垫片材料压缩率回弹率试验方法
GB/T 20671.3—2020	非金属垫片材料分类体系及试验方法 第3部分：垫片材料耐液性试验方法
GB/T 20671.4—2006	非金属垫片材料分类体系及试验方法 第4部分：垫片材料密封性试验方法

（续表）

标 准 号	标 准 名 称
GB/T 20671.5—2020	非金属垫片材料分类体系及试验方法 第 5 部分：垫片材料蠕变松弛率试验方法
GB/T 20671.6—2020	非金属垫片材料分类体系及试验方法 第 6 部分：垫片材料与金属表面黏附性试验方法
GB/T 20671.7—2006	非金属垫片材料分类体系及试验方法 第 7 部分：非金属垫片材料拉伸强度试验方法
GB/T 20671.8—2006	非金属垫片材料分类体系及试验方法 第 8 部分：非金属垫片材料柔软性试验方法
GB/T 20671.9—2006	非金属垫片材料分类体系及试验方法 第 9 部分：软木垫片材料胶结物耐久性试验方法
GB/T 20671.10—2006	非金属垫片材料分类体系及试验方法 第 10 部分：垫片材料导热系数测定方法
GB/T 20671.11—2006	非金属垫片材料分类体系及试验方法 第 11 部分：合成聚合材料抗霉性测定方法
GB/T 22308—2008	密封垫板材料密度试验方法
GB/T 27970—2011	非金属垫片材料烧失量试验方法
GB/T 30709—2014	层压复合垫片材料压缩率和回弹率试验方法
GB/T 30710—2014	层压复合垫片材料蠕变松弛率试验方法

（2）非石棉和石棉材料机械性能及其他测试标准见表 11－22。

表 11－22 非石棉和石棉材料机械性能及其他测试标准

标 准 号	标 准 名 称
GB/T 22209—2021	船用无石棉纤维增强橡胶垫片材料
GB/T 540—2008	耐油石棉橡胶板试验方法

（3）石墨材料机械性能及其他测试标准见表 11－23。

表 11 - 23 石墨材料机械性能及其他测试标准

标 准 号	标 准 名 称
GB/T 33920—2017	柔性石墨板试验方法
JB/T 7758.5—2008	柔性石墨板线膨胀系数测定方法
JB/T 7758.6—2008	柔性石墨板肖氏硬度测试方法
JB/T 7758.7—2008	柔性石墨板应力松弛试验方法
JB/T 9141.1—2013	柔性石墨板材 第 1 部分：密度测试方法
JB/T 9141.2—2013	柔性石墨板材 第 2 部分：抗拉强度测试方法
JB/T 9141.3—2013	柔性石墨板材 第 3 部分：压缩强度测试方法
JB/T 9141.4—2013	柔性石墨板材 第 4 部分：压缩率、回弹率测试方法
JB/T 9141.7—2013	柔性石墨板材 第 7 部分：热失重测定方法
JB/T 9141.8—2016	柔性石墨板材 第 8 部分：滑动摩擦系数测试方法
JB/T 9141.9—2014	柔性石墨板材 第 9 部分：取样方法

（4）橡胶材料机械性能及其他测试标准见表 11 - 24。

表 11 - 24 橡胶材料机械性能及其他测试标准

标 准 号	标 准 名 称
GB/T 10707—2008	橡胶燃烧性能的测定
GB/T 11205—2009	橡胶 热导率的测定 热线法
GB/T 11210—2014	硫化橡胶或热塑性橡胶 抗静电和导电制品 电阻的测定
GB/T 11211—2009	硫化橡胶或热塑性橡胶 与金属粘合强度的测定 二板法
GB/T 1232.1—2016	未硫化橡胶 用圆盘剪切黏度计进行测定 第 1 部分：门尼黏度的测定
GB/T 1232.3—2021	未硫化橡胶 用圆盘剪切黏度计进行测定 第 3 部分：无填料的充油乳液聚合型苯乙烯-丁二烯橡胶 Delta 门尼值的测定

（续表）

标准号	标准名称
GB/T 1232.4—2017	未硫化橡胶 用圆盘剪切黏度计进行测定 第 4 部分：门尼应力松弛率的测定
GB/T 1233—2008	未硫化橡胶初期硫化特性的测定 用圆盘剪切黏度计进行测定
GB/T 12828—2006	生胶和未硫化混炼胶 塑性值及复原值的测定 平行板法
GB/T 12829—2006	硫化橡胶或热塑性橡胶小试样（德尔夫特试样）撕裂强度的测定
GB/T 12830—2008	硫化橡胶或热塑性橡胶 与刚性板剪切模量和粘合强度的测定 四板剪切法
GB/T 13934—2006	硫化橡胶或热塑性橡胶 屈挠龟裂和裂口增长的测定（德墨西亚型）
GB/T 13936—2014	硫化橡胶 与金属粘接拉伸剪切强度测定方法
GB/T 14834—2009	硫化橡胶或热塑性橡胶 与金属粘附性及对金属腐蚀作用的测定
GB/T 15254—2014	硫化橡胶 与金属粘接 180°剥离试验
GB/T 15256—2014	硫化橡胶或热塑性橡胶 低温脆性的测定（多试样法）
GB/T 15907—2008	橡胶和塑料软管 可燃性试验方法
GB/T 1681—2009	硫化橡胶回弹性的测定
GB/T 1682—2014	硫化橡胶 低温脆性的测定 单试样法
GB/T 1683—2018	硫化橡胶 恒定形变压缩永久变形的测定方法
GB/T 1685—2008	硫化橡胶或热塑性橡胶 在常温和高温下压缩应力松弛的测定
GB/T 1685.2—2019	硫化橡胶或热塑性橡胶 压缩应力松弛的测定 第 2 部分：循环温度下试验
GB/T 1687.1—2016	硫化橡胶 在屈挠试验中温升和耐疲劳性能的测定 第 1 部分：基本原理
GB/T 1687.3—2016	硫化橡胶 在屈挠试验中温升和耐疲劳性能的测定 第 3 部分：压缩屈挠试验（恒应变型）

（续表）

标　准　号	标　准　名　称
GB/T 1687.4—2021	硫化橡胶 在屈挠试验中温升和耐疲劳性能的测定 第4部分：恒应力屈挠试验
GB/T 1688—2008	硫化橡胶 伸张疲劳的测定
GB/T 1689—2014	硫化橡胶 耐磨性能的测定(用阿克隆磨耗试验机)
GB/T 1690—2010	硫化橡胶或热塑性橡胶 耐液体试验方法
GB/T 1692—2008	硫化橡胶 绝缘电阻率的测定
GB/T 1693—2007	硫化橡胶 介电常数和介质损耗角正切值的测定方法
GB/T 1695—2005	硫化橡胶 工频击穿电压强度和耐电压的测定方法
GB/T 18864—2002	硫化橡胶 工业用抗静电和导电产品电阻极限范围
GB/T 19242—2003	硫化橡胶 在压缩或剪切状态下蠕变的测定
GB/T 19243—2003	硫化橡胶或热塑性橡胶与有机材料接触污染的试验方法
GB/T 23651—2009	硫化橡胶或热塑性橡胶 硬度测试 介绍与指南
GB/T 2411—2008	塑料和硬橡胶使用硬度计测定压痕硬度(邵氏硬度)
GB/T 25262—2010	硫化橡胶或热塑性橡胶 磨耗试验指南
GB/T 2941—2006	橡胶物理试验方法试样制备和调节通用程序
GB/T 3513—2018	硫化橡胶 与单根钢丝粘合力的测定 抽出法
GB/T 39692—2020	硫化橡胶或热塑性橡胶 低温试验 概述与指南
GB/T 39693.3—2021	硫化橡胶或热塑性橡胶 硬度的测定 第3部分：用超低橡胶硬度(VLRH)标尺 测定定试验力硬度
GB/T 39693.6—2020	硫化橡胶或热塑性橡胶 硬度的测定 第6部分：IRHD法测定胶辊的表观硬度
GB/T 39693.7—2022	硫化橡胶或热塑性橡胶 硬度的测定 第7部分：邵氏硬度法测定胶辊的表观硬度
GB/T 39693.8—2022	硫化橡胶或热塑性橡胶 硬度的测定 第8部分：赵氏硬度(P&J)法测定胶辊的表观硬度

（续表）

标 准 号	标 准 名 称
GB/T 39693.9—2021	硫化橡胶或热塑性橡胶 硬度的测定 第 9 部分：硬度计的校准和验证
GB/T 40719—2021	硫化橡胶或热塑性橡胶 体积和/或表面电阻率的测定
GB/T 40720—2021	硫化橡胶 绝缘电阻的测定
GB/T 40721—2021	橡胶 摩擦性能的测定
GB/T 40797—2021	硫化橡胶或热塑性橡胶 耐磨性能的测定 垂直驱动磨盘法
GB/T 41940—2022	橡胶 用无转子密闭剪切流变仪测定黏度和应力松弛
GB/T 41941—2022	硫化橡胶 疲劳裂纹扩展速率的测定
GB/T 42122—2022	硫化橡胶或热塑性橡胶 耐磨性能的测定(改进型兰伯恩磨耗试验机法)
GB/T 42278—2022	硫化橡胶 热拉伸应力的测定
GB/T 42279—2022	硫化橡胶或热塑性橡胶 在恒定伸长率下测定拉伸永久变形及在恒定拉伸载荷下测定拉伸永久变形、伸长率和蠕变
GB/T 528—2009	硫化橡胶或热塑性橡胶 拉伸应力应变性能的测定
GB/T 529—2008	硫化橡胶或热塑性橡胶撕裂强度的测定(裤形、直角形和新月形试样)
GB/T 531.1—2008	硫化橡胶或热塑性橡胶 压入硬度试验方法 第 1 部分：邵氏硬度计法(邵尔硬度)
GB/T 531.2—2009	硫化橡胶或热塑性橡胶 压入硬度试验方法 第 2 部分：便携式橡胶国际硬度计法
GB/T 532—2008	硫化橡胶或热塑性橡胶与织物粘合强度的测定
GB/T 533—2008	硫化橡胶或热塑性橡胶 密度的测定
GB/T 6031—2017	硫化橡胶或热塑性橡胶 硬度的测定(10IRHD～100IRHD)
GB/T 6036—2020	硫化橡胶或热塑性橡胶 低温刚性的测定(吉门试验)
GB/T 7124—2008	胶粘剂 拉伸剪切强度的测定(刚性材料对刚性材料)

（续表）

标 准 号	标 准 名 称
GB/T 7755.1—2018	硫化橡胶或热塑性橡胶 透气性的测定 第1部分：压差法
GB/T 7755.2—2019	硫化橡胶或热塑性橡胶 透气性的测定 第2部分：等压法
GB/T 7757—2009	硫化橡胶或热塑性橡胶 压缩应力应变性能的测定
GB/T 7758—2020	硫化橡胶 低温性能的测定 温度回缩程序(TR试验)
GB/T 7759.1—2015	硫化橡胶或热塑性橡胶 压缩永久变形的测定 第1部分：在常温及高温条件下
GB/T 7759.2—2014	硫化橡胶或热塑性橡胶 压缩永久变形的测定 第2部分：在低温条件下
GB/T 9867—2008	硫化橡胶或热塑性橡胶耐磨性能的测定(旋转辊筒式磨耗机法)
GB/T 9869—2014	橡胶胶料 硫化特性的测定 圆盘振荡硫化仪法
GB/T 9870.1—2006	硫化橡胶或热塑性橡胶动态性能的测定 第1部分：通则
GB/T 9870.2—2008	硫化橡胶或热塑性橡胶动态性能的测定 第2部分：低频扭摆法
HG/T 2198—2011	硫化橡胶物理试验方法的一般要求
HG/T 2728—2012	橡胶密度的测定 直读法
HG/T 2729—2012	硫化橡胶与薄片摩擦系数的测定 滑动法
HG/T 3101—2011	硫化橡胶伸张时的有效弹性和滞后损失试验方法
HG/T 3102—2011	硫化橡胶多次压缩试验方法
HG/T 3321—2012	硫化橡胶弹性模量的测定方法
HG/T 3322—2012	硫化橡胶定伸永久变形的测定方法(模量测定器法)
HG/T 3836—2008	硫化橡胶 滑动磨耗试验方法
HG/T 3843—2008	硫化橡胶 短时间静压缩试验方法
HG/T 3844—2008	硬质橡胶 弯曲强度的测定

（续表）

标准号	标准名称
HG/T 3845—2008	硬质橡胶 冲击强度的测定
HG/T 3846—2008	硬质橡胶 硬度的测定
HG/T 3847—2008	硬质橡胶 马丁耐热温度的测定
HG/T 3848—2008	硬质橡胶 抗剪切强度的测定
HG/T 3849—2008	硬质橡胶 拉伸强度和拉断伸长率的测定
HG/T 3863—2008	硬质橡胶 压碎强度的测定
HG/T 3866—2008	硫化橡胶 压缩耐寒系数的测定
HG/T 3867—2008	硫化橡胶 拉伸耐寒系数的测定
HG/T 3868—2008	硫化橡胶 高温拉伸强度和拉断伸长率的测定
HG/T 3869—2008	硫化橡胶压缩或剪切性能的测定(扬子尼机械示波器法)
HG/T 3870—2008	硫化橡胶溶胀指数测定方法
QX/T 169—2012	橡胶寒害等级
SH/T 1159—2010	丙烯腈-丁二烯橡胶(NBR)溶胀度的测定
SH/T 1799—2016	合成橡胶胶乳 玻璃化转变温度的测定 差示扫描量热法(DSC)
SN/T 0541.1—2010	进出口标准橡胶检验方法 第 1 部分：取样与试样制备
SN/T 0541.2—2011	进出口标准橡胶检验方法 第 2 部分：塑性值和塑性保持率的测定

（5）塑料材料机械性能及其他测试标准见表 11－25。

表 11－25　塑料材料机械性能及其他测试标准

标准号	标准名称
DB44/T 1720—2015	碳纤维增强塑料拉伸性能试验方法
GB/T 10006—2021	塑料 薄膜和薄片 摩擦系数的测定

(续表)

标 准 号	标 准 名 称
GB/T 1033.1—2008	塑料 非泡沫塑料密度的测定 第1部分：浸渍法、液体比重瓶法和滴定法
GB/T 1033.2—2010	塑料 非泡沫塑料密度的测定 第2部分：密度梯度柱法
GB/T 1033.3—2010	塑料 非泡沫塑料密度的测定 第3部分：气体比重瓶法
GB/T 1034—2008	塑料 吸水性的测定
GB/T 1040.1—2018	塑料 拉伸性能的测定 第1部分：总则
GB/T 1040.2—2022	塑料 拉伸性能的测定 第2部分：模塑和挤塑塑料的试验条件
GB/T 1040.3—2006	塑料 拉伸性能的测定 第3部分：薄膜和薄片的试验条件
GB/T 1040.4—2006	塑料 拉伸性能的测定 第4部分：各向同性和正交各向异性纤维增强复合材料的试验条件
GB/T 1040.5—2008	塑料 拉伸性能的测定 第5部分：单向纤维增强复合材料的试验条件
GB/T 1041—2008	塑料 压缩性能的测定
GB/T 11546.1—2008	塑料 蠕变性能的测定 第1部分：拉伸蠕变
GB/T 11546.2—2022	塑料 蠕变性能的测定 第2部分：三点弯曲蠕变
GB/T 11547—2008	塑料 耐液体化学试剂性能的测定
GB/T 11548—1989	硬质塑料板材耐冲击性能试验方法(落锤法)
GB/T 11997—2008	塑料 多用途试样
GB/T 12000—2017	塑料 暴露于湿热、水喷雾和盐雾中影响的测定
GB/T 13525—1992	塑料拉伸冲击性能试验方法
GB/T 1446—2005	纤维增强塑料性能试验方法总则
GB/T 1447—2005	纤维增强塑料拉伸性能试验方法
GB/T 1448—2005	纤维增强塑料压缩性能试验方法
GB/T 14484—2008	塑料 承载强度的测定

（续表）

标　准　号	标　准　名　称
GB/T 1449—2005	纤维增强塑料弯曲性能试验方法
GB/T 1450.1—2005	纤维增强塑料层间剪切强度试验方法
GB/T 1450.2—2005	纤维增强塑料冲压式剪切强度试验方法
GB/T 1451—2005	纤维增强塑料简支梁式冲击韧性试验方法
GB/T 1458—2008	纤维缠绕增强塑料环形试样力学性能试验方法
GB/T 1462—2005	纤维增强塑料吸水性试验方法
GB/T 1463—2005	纤维增强塑料密度和相对密度试验方法
GB/T 15047—1994	塑料扭转刚性试验方法
GB/T 15048—1994	硬质泡沫塑料压缩蠕变试验方法
GB/T 1633—2000	热塑性塑料维卡软化温度（VST）的测定
GB/T 1634.1—2019	塑料 负荷变形温度的测定 第 1 部分：通用试验方法
GB/T 1634.2—2019	塑料 负荷变形温度的测定 第 2 部分：塑料和硬橡胶
GB/T 1634.3—2004	塑料 负荷变形温度的测定 第 3 部分：高强度热固性层压材料
GB/T 1636—2008	塑料 能从规定漏斗流出的材料表观密度的测定
HG/T 3841—2006	塑料冲击性能小试样试验方法
GB/T 17037.1—2019	塑料 热塑性塑料材料注塑试样的制备 第 1 部分：一般原理及多用途试样和长条形试样的制备
GB/T 17037.2—2020	塑料 热塑性塑料材料注塑试样的制备 第 2 部分：小拉伸试样
GB/T 17037.3—2003	塑料 热塑性塑料材料注塑试样的制备 第 3 部分：小方试片
GB/T 17037.4—2003	塑料 热塑性塑料材料注塑试样的制备 第 4 部分：模塑收缩率的测定
GB/T 17037.5—2020	塑料 热塑性塑料材料注塑试样的制备 第 5 部分：各向异性评估标准试样的制备
GB/T 1843—2008	塑料 悬臂梁冲击强度的测定

（续表）

标 准 号	标 准 名 称
GB/T 19466.1—2004	塑料 差示扫描量热法(DSC) 第1部分：通则
GB/T 19466.2—2004	塑料 差示扫描量热法(DSC) 第2部分：玻璃化转变温度的测定
GB/T 19466.3—2004	塑料 差示扫描量热法(DSC) 第3部分：熔融和结晶温度及热焓的测定
GB/T 19466.4—2016	塑料 差示扫描量热法(DSC) 第4部分：比热容的测定
GB/T 19466.5—2022	塑料 差示扫描量热法(DSC) 第5部分：特征反应曲线温度、时间，反应焓和转化率的测定
GB/T 19466.6—2009	塑料 差示扫描量热法(DSC) 第6部分：氧化诱导时间(等温OIT)和氧化诱导温度(动态OIT)的测定
GB/T 20672—2006	硬质泡沫塑料 在规定负荷和温度条件下压缩蠕变的测定
GB/T 2547—2008	塑料取样方法
GB/T 2572—2005	纤维增强塑料平均线膨胀系数试验方法
GB/T 27797.2—2011	纤维增强塑料 试验板制备方法 第2部分：接触和喷射模塑
GB/T 27797.5—2011	纤维增强塑料 试验板制备方法 第5部分：缠绕成型
GB/T 27797.9—2011	纤维增强塑料 试验板制备方法 第9部分：GMT/STC模塑
GB/T 27797.10—2011	纤维增强塑料 试验板制备方法 第10部分：BMC和其他长纤维模塑料注射模塑 一般原理和通用试样模塑
GB/T 27797.11—2011	纤维增强塑料 试验板制备方法 第11部分：BMC和其他长纤维模塑料注射模塑 小方片
GB/T 2918—2018	塑料 试样状态调节和试验的标准环境
GB/T 33047.1—2016	塑料 聚合物热重法(TG) 第1部分：通则
GB/T 33061.1—2016	塑料 动态力学性能的测定 第1部分：通则
GB/T 33061.10—2016	塑料 动态力学性能的测定 第10部分：使用平行平板振荡流变仪测定复数剪切黏度
GB/T 3398.1—2008	塑料 硬度测定 第1部分：球压痕法

（续表）

标　准　号	标　准　名　称
GB/T 3398.2—2008	塑料 硬度测定 第 2 部分：洛氏硬度
GB/T 36800.1—2018	塑料 热机械分析法（TMA） 第 1 部分：通则
GB/T 36800.2—2018	塑料 热机械分析法（TMA） 第 2 部分：线性热膨胀系数和玻璃化转变温度的测定
GB/T 36805.1—2018	塑料 高应变速率下的拉伸性能测定 第 1 部分：方程拟合法
GB/T 36805.2—2020	塑料 高应变速率下的拉伸性能测定 第 2 部分：直接测试法
GB/T 37188.1—2019	塑料 可比多点数据的获得和表示 第 1 部分：机械性能
GB/T 37188.2—2018	塑料 可比多点数据的获得和表示 第 2 部分：热性能和加工性能
GB/T 37426—2019	塑料 试样
GB/T 38534—2020	定向纤维增强聚合物基复合材料超低温拉伸性能试验方法
GB/T 3857—2017	玻璃纤维增强热固性塑料耐化学介质性能试验方法
GB/T 39490—2020	纤维增强塑料液体冲击抗侵蚀性试验方法 旋转装置法
GB/T 3960—2016	塑料 滑动摩擦磨损试验方法
GB/T 39818—2021	塑料 热固性模塑材料 收缩率的测定
GB/T 39821—2021	塑料 不能从规定漏斗流出的模塑材料表观密度的测定
GB/T 39822—2021	塑料 黄色指数及其变化值的测定
GB/T 41061—2021	纤维增强塑料蠕变性能试验方法
GB/T 5470—2008	塑料 冲击法脆化温度的测定
GB/T 5471—2008	塑料 热固性塑料试样的压塑
GB/T 8324—2008	塑料 模塑材料体积系数的测定
GB/T 8813—2020	硬质泡沫塑料 压缩性能的测定
GB/T 9341—2008	塑料 弯曲性能的测定
GB/T 9343—2008	塑料燃烧性能试验方法 闪燃温度和自燃温度的测定

（续表）

标　准　号	标　准　名　称
GB/T 9352—2008	塑料 热塑性塑料材料试样的压塑
HG/T 3839—2006	塑料 剪切强度试验方法 穿孔法
HG/T 3840—2006	塑料 弯曲性能小试样试验方法
HG/T 3841—2006	塑料 冲击性能小试样试验方法
HG/T 3862—2006	塑料 黄色指数试验方法

5）非金属材料老化试验标准

（1）通用老化试验标准见表11-26。

表11-26　通用老化试验标准

标　准　号	标　准　名　称
GB/T 14522—2008	机械工业产品用塑料、涂料、橡胶材料人工气候老化试验方法 荧光紫外灯
GB/T 20236—2015	非金属材料的聚光加速户外暴露试验方法
NB/T 20561—2019	核电厂非金属材料部件β辐照试验方法

（2）橡胶老化试验标准见表11-27。

表11-27　橡胶老化试验标准

标　准　号	标　准　名　称
GB/T 11206—2009	橡胶老化试验 表面龟裂法
GB/T 13642—2015	硫化橡胶或热塑性橡胶 耐臭氧龟裂 动态拉伸试验
GB/T 13939—2014	硫化橡胶 热氧老化试验方法 管式仪法
GB/T 15255—2015	硫化橡胶 人工气候老化试验方法 碳弧灯
GB/T 15905—1995	硫化橡胶湿热老化试验方法

（续表）

标 准 号	标 准 名 称
GB/T 16585—1996	硫化橡胶人工气候老化(荧光紫外灯)试验方法
GB/T 17782—1999	硫化橡胶压力空气热老化试验方法
GB/T 27800—2021	静密封橡胶制品使用寿命的快速预测方法
GB/T 3511—2018	硫化橡胶或热塑性橡胶 耐候性
GB/T 3512—2014	硫化橡胶或热塑性橡胶 热空气加速老化和耐热试验
GB/T 35858—2018	硫化橡胶 盐雾老化试验方法
GB/T 7762—2014	硫化橡胶或热塑性橡胶 耐臭氧龟裂 静态拉伸试验
GB/T 9871—2008	硫化橡胶或热塑性橡胶老化性能的测定 拉伸应力松弛试验
HG/T 3087—2001	静密封橡胶零件贮存期快速测定方法

（3）塑料老化试验标准见表 11－28。

表 11－28　塑料老化试验标准

标 准 号	标 准 名 称
GB/T 16422.1—2019	塑料 实验室光源暴露试验方法 第 1 部分：总则
GB/T 16422.2—2022	塑料 实验室光源暴露试验方法 第 2 部分：氙弧灯
GB/T 16422.3—2022	塑料 实验室光源暴露试验方法 第 3 部分：荧光紫外灯
GB/T 16422.4—2022	塑料 实验室光源暴露试验方法 第 4 部分：开放式碳弧灯
GB/T 2573—2008	玻璃纤维增强塑料老化性能试验方法
GB/T 3681.1—2021	塑料 太阳辐射暴露试验方法 第 1 部分：总则
GB/T 3681.2—2021	塑料 太阳辐射暴露试验方法 第 2 部分：直接自然气候老化和暴露在窗玻璃后气候老化
GB/T 37188.3—2019	塑料 可比多点数据的获得和表示 第 3 部分：环境对性能的影响

（续表）

标 准 号	标 准 名 称
GB/T 7141—2008	塑料热老化试验方法
GB/T 7142—2002	塑料长期热暴露后时间-温度极限的测定

11.1.3 常用产品标准

1）垫片标准

（1）金属环垫标准见表 11－29。

表 11－29 金属环垫标准

标 准 号	标 准 名 称
GB/T 9128.1—2023	钢制管法兰用金属环垫 第 1 部分：PN 系列
GB/T 9128.2—2023	钢制管法兰用金属环垫 第 2 部分：Class 系列
HG/T 20612—2009	钢制管法兰用金属环形垫(PN 系列)
HG/T 20633—2009	钢制管法兰用金属环形垫(Class 系列)
JB/T 89—2015	管路法兰用金属环垫
SH/T 3403—2013	石油化工钢制管法兰用金属环垫

（2）金属平垫片标准见表 11－30。

表 11－30 金属平垫片标准

标 准 号	标 准 名 称
SJ 1659—1980	铜密封垫型式及尺寸系列
QJ 2076.16—1991	管道法兰凹凸面管道法兰用铝垫片

（3）金属透镜垫标准见表 11－31。

表 11 - 31　金属透镜垫标准

标　准　号	标　准　名　称
JB/T 2776—2010	阀门零部件高压透镜垫

（4）金属齿形垫片标准见表 11 - 32。

表 11 - 32　金属齿形垫片标准

标　准　号	标　准　名　称
JB/T 88—2014	管路法兰用金属齿形垫片

（5）金属密封环标准见表 11 - 33。

表 11 - 33　金属密封环标准

标　准　号	标　准　名　称
NB/T 20478.1—2018	压水堆核电厂反应堆压力容器密封环技术规范 第 1 部分：O 型密封环
NB/T 20478.2—2018	压水堆核电厂反应堆压力容器密封环技术规范 第 2 部分：C 型密封环

（6）非金属平垫片标准见表 11 - 34。

表 11 - 34　非金属平垫片标准

标　准　号	标　准　名　称
GB/T 17727—2017	船用法兰非金属垫片
GB/T 27971—2011	非金属密封垫片 术语
GB/T 9126.1—2023	管法兰用非金属平垫片 第 1 部分：PN 系列
GB/T 9126.2—2023	管法兰用非金属平垫片 第 2 部分：Class 系列

（续表）

标 准 号	标 准 名 称
HG/T 20606—2009	钢制管法兰用非金属平垫片(PN 系列)
HG/T 20627—2009	钢制管法兰用非金属平垫片(Class 系列)
JB/T 87—2015	管路法兰用非金属平垫片
NB/T 47024—2012	非金属软垫片
SH/T 3401—2013	石油化工钢制管法兰用非金属平垫片

(7) 聚四氟乙烯垫片与密封带标准见表 11-35。

表 11-35　聚四氟乙烯垫片与密封带标准

标 准 号	标 准 名 称
JB/T 10688—2020	聚四氟乙烯垫片
JB/T 10689—2006	膨体聚四氟乙烯密封带技术条件

(8) 聚四氟乙烯包覆垫片标准见表 11-36。

表 11-36　聚四氟乙烯包覆垫片标准

标 准 号	标 准 名 称
GB/T 13404—2008	管法兰用非金属聚四氟乙烯包覆垫片
HG/T 20607—2009	钢制管法兰用聚四氟乙烯包覆垫片(PN 系列)
HG/T 20628—2009	钢制管法兰用聚四氟乙烯包覆垫片(Class 系列)
SH/T 3402—2013	石油化工钢制管法兰用聚氟乙烯包覆垫片

(9) 缠绕式垫片标准见表 11-37。

表 11－37　缠绕式垫片标准

标　准　号	标　准　名　称
CCGF 502.2—2010	缠绕式垫片产品质量监督抽查实施规划
GB/T 4622.1—2022	管法兰用缠绕式垫片 第 1 部分：PN 系列
GB/T 4622.2—2022	管法兰用缠绕式垫片 第 2 部分：Class 系列
HG/T 20610—2009	钢制管法兰用缠绕式垫片(PN 系列)
HG/T 20631—2009	钢制管法兰用缠绕式垫片(Class 系列)
JB/T 6369—2005	柔性石墨金属缠绕垫片技术条件
JB/T 90—2015	管路法兰用缠绕式垫片
NB/T 20010.15—2010	压水堆核电厂阀门 第 15 部分：柔性石墨金属缠绕垫片技术条件
NB/T 47025—2012	缠绕垫片
SH/T 3407—2013	石油化工钢制管法兰用缠绕式垫片

(10) 金属包覆垫片标准见表 11－38。

表 11－38　金属包覆垫片标准

标　准　号	标　准　名　称
GB/T 15601—2013	管法兰用金属包覆垫片
HG/T 20609—2009	钢制管法兰用金属包覆垫片(PN 系列)
HG/T 20630—2009	钢制管法兰金属包覆垫片(Class 系列)
HG/T 2480—1993	管法兰用金属包垫片
JB/T 8559—2014	金属包垫片
NB/T 47026—2012	金属包垫片
YB/T 4059—2007	金属包覆高温密封圈

(11) 柔性石墨复合垫片标准见表 11-39。

表 11-39　柔性石墨复合垫片标准

标　准　号	标　准　名　称
GB/T 19675.1—2023	管法兰用柔性石墨复合增强垫片 第 1 部分：PN 系列
GB/T 19675.2—2023	管法兰用柔性石墨复合增强垫片 第 2 部分：Class 系列
JB/T 6628—2016	柔性石墨复合增强(板)垫

(12) 金属波齿复合垫片标准见表 11-40。

表 11-40　金属波齿复合垫片标准

标　准　号	标　准　名　称
GB/T 19066.1—2020	管法兰用金属波齿复合垫片 第 1 部分：PN 系列
GB/T 19066.2—2020	管法兰用金属波齿复合垫片 第 2 部分：Class 系列
SH/T 3430—2018	石油化工管壳式换热器用柔性石墨波齿复合垫片

(13) 金属齿形组合垫片标准见表 11-41。

表 11-41　金属齿形组合垫片标准

标　准　号	标　准　名　称
GB/T 39245.1—2020	管法兰用金属齿形组合垫片 第 1 部分：PN 系列
GB/T 39245.2—2020	管法兰用金属齿形组合垫片 第 2 部分：Class 系列
HG/T 20611—2009	钢制管法兰用具有覆盖层的齿形垫组合(PN 系列)
HG/T 20632—2009	钢制管法兰用具有覆盖层的齿形组合垫(Class 系列)
JB/T 12670—2016	非金属覆盖层齿形金属垫片技术条件

(14) 非金属覆盖层波形金属垫片标准见表 11-42。

表 11 - 42　非金属覆盖层波形金属垫片标准

标　准　号	标　准　名　称
JB/T 12669—2016	非金属覆盖层波形金属垫片技术条件

(15) 自紧式平面密封垫片标准见表 11 - 43。

表 11 - 43　自紧式平面密封垫片标准

标　准　号	标　准　名　称
NB/T 10067—2018	承压设备用自紧式平面密封垫片

(16) 核级石墨密封垫片标准见表 11 - 44。

表 11 - 44　核级石墨密封垫片标准

标　准　号	标　准　名　称
NB/T 20365—2015	核电厂用石墨密封垫片技术条件
NB/T 20367—2015	核电厂核级石墨密封垫片鉴定规程

(17) 垫片通用类标准见表 11 - 45。

表 11 - 45　垫片通用类标准

标　准　号	标 准 名 称	备　　注
ASME B16.20	管法兰用环垫式、螺旋缠绕式和夹层式金属垫片	
GB/T 13403—2023	大直径钢制管法兰用垫片	缠绕式垫片、非金属平垫片、柔性石墨波齿复合垫片、金属冲齿板柔性石墨复合垫片
GB/T 29463—2023	管壳式热交换器用垫片	缠绕式、金属波齿复合、金属包覆、非金属、金属齿形组合等垫片
CB/T 4367—2014	A 类法兰用金属垫片	金属环垫、缠绕垫、金属包覆垫
JB/T 1718—2008	阀门零部件垫片和止动垫圈	

2）填料标准

填料标准见表 11－46。

表 11－46　填料标准

标　准　号	标　准　名　称
JB/T 10819—2008	聚丙烯腈编织填料技术条件
JB/T 13036—2017	苎麻纤维编织填料
JB/T 1712—2008	阀门零部件填料和填料垫
JB/T 6617—2016	柔性石墨填料环技术条件
JB/T 6626—2011	聚四氟乙烯编织盘根
JB/T 6627—2008	碳(化)纤维浸渍聚四氟乙烯编织填料
JB/T 7370—2014	柔性石墨编织填料
JB/T 7759—2008	芳纶纤维、酚醛纤维编织填料技术条件
JB/T 8560—2013	碳(化)纤维/聚四氟乙烯编织填料
JC/T 1019—2006	石棉密封填料
JC/T 2053—2020	非金属密封填料
JC/T 332—2006	油浸棉、麻密封填料
NB/T 20010.14—2010	压水堆核电厂阀门 第 14 部分：柔性石墨填料技术条件

3）垫片、填料通用类标准

垫片、填料通用类标准见表 11－47。

表 11－47　垫片、填料通用类标准

标　准　号	标　准　名　称
CB/T 3589—1994	船用阀门非石棉材料垫片及填料
JB/T 6612—2008	静密封、填料密封术语
CB/Z 281—2011	船舶管路系统用垫片和填料选用指南

11.1.4　常用产品试验标准

（1）垫片试验标准见表 11 - 48。

表 11 - 48　垫片试验标准

标 准 号	标 准 名 称
GB/T 12621—2008	管法兰用垫片应力松弛试验方法
GB/T 12622—2008	管法兰用垫片压缩率和回弹率试验方法
GB/T 14180—1993	缠绕式垫片试验方法
GB/T 22307—2008	密封垫片高温抗压强度试验方法
GB/T 27795—2011	非金属垫片腐蚀性试验方法
NB/T 20366—2015	核电厂核级石墨密封垫片试验方法
EN 13555：2021	法兰及其接头与垫圈圆形法兰连接设计规则相关的垫圈参数和试验程序（Flanges and their joints. Gasket parameters and test procedures relevant to the design rules for gasketed circular flange connections.）

（2）填料试验标准见表 11 - 49。

表 11 - 49　填料试验标准

标 准 号	标 准 名 称
GB/T 23262—2009	非金属密封填料试验方法
GB/T 29035—2022	柔性石墨填料环试验方法
JB/T 6370—2011	柔性石墨填料环物理机械性能测试方法
JB/T 6371—2008	碳化纤维编织填料试验方法
JB/T 6620—2008	柔性石墨编织填料试验方法

(3) 密封性能试验标准见表 11 - 50。

表 11 - 50　密封性能试验标准

标　准　号	标　准　名　称
GB/T 26481—2022	工业阀门的逸散性试验
GB/T 40079—2021	阀门逸散性试验分类和鉴定程序
GB/T 12385—2008	管法兰用垫片密封性能试验方法
GB/T 12604.7—2021	无损检测术语泄漏检测
GB/T 15823—2009	无损检测氦泄漏检测方法
GB/T 32074—2015	无损检测氨泄漏检测方法
GB/T 33643—2022	无损检测声发射泄漏检测方法
GB/T 34637—2017	无损检测气泡泄漏检测方法
GB/T 34638—2017	无损检测超声泄漏检测方法
GB/T 36176—2018	真空技术 氦质谱真空检漏方法
GB/T 40335—2021	无损检测泄漏检测示踪气体方法
HG/T 2700—1995	橡胶垫片密封性的试验方法
HJ 1230—2021	工业企业挥发性有机物泄漏检测与修复技术指南
JB/T 7760—2008	阀门填料密封试验规范
NB/T 20003.8—2021	核电厂核岛机械设备无损检测 第 8 部分：泄漏检测
NB/T 47013.8—2012 (JB/T 4730.8)	承压设备无损检测 第 8 部分：泄漏检测
ASTM F37	垫片材料的密封性的标准试验方法(Standard test methods for sealability of gasket materials.)
DIN 3535 - 4	供气用垫片.第 4 部分：燃气阀门、燃气器具和燃气管道用 It 板的密封件(Seals in gas supply - seals of It - plates for gas valves, gas appliances and gas pipelines.)

(续表)

标 准 号	标 准 名 称
DIN 3535－6	供气用垫片 第 6 部分：气阀、燃气器具和煤气总管用纤维、石墨或聚四氟乙烯(PTFE)基垫片材料供气用垫片 第 6 部分：气阀、燃气器具和煤气总管用纤维、石墨或聚四氟乙烯(PTFE)基垫片材料[Gaskets for gas supply－Part 6：Gasket material based on fibres，graphite or polytetrafluoroethylene (PTFE) for gas valves，gas appliances and gas mains.]
DIN 28090－2	法兰连接件的静态密封垫 第 2 部分：板材制密封垫 质量保证的特殊试验程序(Static gaskets for flange connections－Part 2：Gaskets made from sheets；special test procedures for quality assurance.)
JIS B2490	管法兰垫片密封性能试验方法(Test method for sealing behavior of gaskets for pipe flanges.)
API STD 622：2018＋2022	生产过程阀门填料挥发性泄漏的型式试验(Type testing of process valve packing for fugitive emissions.)
ISO 15848－1：2015/A1：2017	工业阀门——逸散性排放的测量、试验和鉴定程序 第 1 部分：阀门定型试验的分类系统和鉴定程序(Industrial valves — measurement，test and qualification procedures for fugitive emissions Part 1：Classification system and qualification procedures for type testing of valves.)
VDI 2440	矿物炼油厂排放控制(Emission control mineral oil refineries.)

11.2　核电密封标准的异同分析

核电密封标准与普通工业密封标准都是密封标准的一类，所以存在可通用的部分，同时因为核电特殊应用的原因，也有其特殊性，下面对通用性和特殊性进行说明。

11.2.1　通用性

1）法兰标准基本通用

ASME B16.5、HG/T 20615 等法兰标准在核电和普通工业中都广泛应用。

2）产品标准中的型式通用

产品标准中的大部分型式包括缠绕垫、齿形复合垫、石墨复合增强垫、非金属平垫片、密封填料等在核电和普通工业中都通用。

3）材料标准中的类型通用

材料标准中的类型，包括钢铁、镍基合金、石墨、橡胶、无石棉等，在核电和普通工业中都通用。

4）材料试验标准通用

材料试验标准如金属化学分析、力学测试标准石墨分析标准、橡胶机械性能等都通用。

5）产品性能试验标准大部分通用

填料的性能试验标准都通用；垫片的试验标准大部分通用。

11.2.2 特殊性

1）材料标准中的要求差异

（1）核级不锈钢与普通不锈钢的标准对比见表 11－51。

表 11－51 核级不锈钢与普通不锈钢的标准对比

标准	GB/T 3280—2015[1] GB/T 4237—2015[2]	NB/T 20007.5—2021[3]	GB/T 3280—2015[1] GB/T 4237—2015[2]	NB/T 20007.5—2021[3]
牌号	022Cr19Ni10	022Cr19Ni11	022Cr17Ni12Mo2	022Cr18Ni12Mo2
级别	非核级	核级	非核级	核级
C	0.030	0.030	0.030	0.030
Si	0.75	1.00	0.75	1.00
Mn	2.00	2.00	2.00	2.00
P	0.045	0.030	0.045	0.030
S	0.03	0.015	0.03	0.015
Ni	8.00～12.00	9.00～12.00	10.00～14.00	10.00～14.00
Cr	17.50～19.50	17.00～20.00	16.00～18.00	16.00～19.00
Mo			2.00～3.00	2.00～2.50
Cu		1.00		1.00

（续表）

标准	GB/T 3280—2015[1] GB/T 4237—2015[2]	NB/T 20007.5—2021[3]	GB/T 3280—2015[1] GB/T 4237—2015[2]	NB/T 20007.5—2021[3]
牌号	022Cr19Ni10	022Cr19Ni11	022Cr17Ni12Mo2	022Cr18Ni12Mo2
级别	非核级	核级	非核级	核级
N	0.10		0.10	
Co		0.20		0.20

（2）核级石墨与普通石墨的主要差异见表 11－52。

表 11－52　核级石墨与普通石墨常用指标对比

标　　准	NB/T 20364[4]	JB/T 7758.2[5]
性能	核级石墨	普通石墨
抗拉强度/MPa	≥4.5	≥4.0
固定碳含量/%	≥99.5	无要求
灰分/%	≤0.5	≤2.0
硫含量/(mg/kg)	≤200	≤1 200
氯含量/(mg/kg)	≤30	≤80
氟含量/(mg/kg)	≤50	无要求
总卤素含量/(mg/kg)	≤200	无要求
低熔点金属含量/(mg/kg)	≤500	无要求

2）核电标准与工业标准检验/试验规则及试验件的区别

（1）工业标准的出厂检验项目为外观质量与尺寸，而部分核电标准，如 NB/T 20478.2—2018、NB/T 20365—2015 的出厂检验/试验包括性能试验。

（2）工业标准的尺寸检查为抽检，而部分核电标准，如 NB/T 20478.2—2018、NB/T 20365—2015 的尺寸检查为全检。

（3）工业标准的试验样件为定规格，规格不超过 DN100，而部分核电标准，如 NB/T 20365—2015、NB/T 20367—2015 中的型式试验/鉴定试验中的试验件规格覆盖大、中、小，最大 DN500(热循环试验最大 DN400)。NB/T 20365—2015 中的出厂试验为按用户订货要求，最大可达 DN600。

上述描述具体见表 11 - 53。

表 11 - 53　核电标准与工业标准检验/试验规则及试验件的对照表

<table>
<tr><th>类别</th><th>标　准</th><th>检验/试验类型</th><th>检验/试验项目</th><th>检验/试验件选取规则</th><th>试验样件公称通径</th><th>试验样件公称压力</th></tr>
<tr><td rowspan="2">核电标准</td><td rowspan="2">NB/T 20478.2—2018 压水堆核电厂反应堆压力容器密封环技术规范 第 2 部分：C 型密封环[6]</td><td>出厂检验</td><td>亚铁氰化钾试验
尺寸检查
平直度检查
曲率检查
表面粗糙度检查
外观检查
清洁度检查</td><td>全检</td><td colspan="2">—</td></tr>
<tr><td>出厂试验</td><td>密封特性试验
氦气检漏试验
水压试验</td><td>定规格直径 318 mm</td><td colspan="2">直径为 318 mm 的试验件</td></tr>
<tr><td rowspan="7">核电标准</td><td rowspan="5">NB/T 20365—2015 核电厂用石墨密封垫片技术条件[7]</td><td rowspan="2">出厂检验</td><td>外观检查、尺寸检验</td><td>全检</td><td colspan="2">—</td></tr>
<tr><td>常温、高温压缩率回弹率
常温、高温应力松弛率
常温、高温泄漏率</td><td>按用户订货要求最大 DN600</td><td colspan="2">实际产品尺寸</td></tr>
<tr><td rowspan="3">型式试验</td><td>外观、尺寸</td><td>定规格</td><td colspan="2"></td></tr>
<tr><td rowspan="4">常温和高温压缩率、回弹率
常温和高温应力松弛率
常温和高温泄漏率
* 耐压性能(仅适用于 NB/T 20367)</td><td rowspan="4">定规格最大 DN500</td><td>DN15、DN150</td><td rowspan="2">Class300(PN5 MPa)、Class900(PN15 MPa)、Class2500(PN42 MPa)</td></tr>
<tr><td>DN250</td></tr>
<tr><td rowspan="2">NB/T 20367—2015 核电厂核级石墨密封垫片鉴定规程[8]</td><td rowspan="2">鉴定试验</td><td>DN400</td><td>Class300(PN5 MPa)、Class900(PN15 MPa)、Class1500(PN25 MPa)</td></tr>
<tr><td>DN500</td><td>Class600(PN10 MPa)</td></tr>
</table>

（续表）

类别	标　准	检验/试验类型	检验/试验项目	检验/试验件选取规则	试验样件公称通径	试验样件公称压力
核电标准	NB/T 20365[7]	型式试验	热循环试验	定规格最大 DN400	DN15、DN150	Class2500(PN42 MPa)
	NB/T 20367[8]	鉴定试验			DN250	Class2500(PN42 MPa)
					DN400	Class1500(PN25 MPa)
工业标准	GB/T 4622.1—2022 管法兰用缠绕式垫片第 1 部分：PN 系列[9]	出厂检验	外观质量	全检		
			尺寸检验	抽样		
		型式检验	外观质量 尺寸检验 压缩性能 密封性能	定规格最大 DN100	D 型厚度 4.5 mm DN≤100	≤PN25 PN40～PN100 ≥PN160
	GB/T 4622.2—2022 管法兰用缠绕式垫片第 2 部分：Class 系列[10]	出厂检验	外观质量	全检	—	
			尺寸检验	抽样		
		型式试验	压缩性能 密封性能		D 型厚度 4.5 mm DN≤100 (NPS≤4)	Class150 Class300 Class600～Class1500
工业标准	GB/T 15601—2013 管法兰用金属包覆垫片[11]	出厂检验	外观质量	全检	—	
			尺寸检验	抽样		
		型式检验	外观质量 尺寸检验 压缩率回弹率 泄漏率	定规格 DN80	DN80、PN20，厚 3.0 mm	
工业标准	GB/T 9126.1—2023 管法兰用非金属平垫片 第一部分：PN 系列[12]	出厂检验	外观质量	抽样	—	
			尺寸检验			
		型式检验	外观质量 尺寸检验	定规格	—	
			压缩回弹性能 密封性能		Φ89 mm×Φ142 mm×Φ1.5 mm	
			应力松弛性能		Φ22 mm×Φ44 mm×1.5 mm	

（续表）

类别	标准	检验/试验类型	检验/试验项目	检验/试验件选取规则	试验样件公称通径	试验样件公称压力
工业标准	GB/T 39245.1—2020 管法兰用金属齿形组合垫片 第1部分：PN 系列[13]	出厂检验	外观质量	全检	—	
			尺寸检验	抽样		
		型式试验	外观质量 尺寸检验 泄漏率	定规格 DN80	平面或突面法兰用 DN80 PN40	
	GB/T 39245.2—2020 管法兰用金属齿形组合垫片 第2部分：Class 系列[14]	出厂检验	外观质量	全检	—	
			尺寸检验	抽样		
		型式试验	外观质量 尺寸检验 泄漏率	定规格 DN80	平面或突面法兰用 DN80 Class300	
工业标准	JB/T 12669—2016 非金属覆盖层波形金属垫片技术条件[15]	出厂检验	外观质量	抽样	—	
			尺寸检验			
			外观质量 尺寸检验 压缩率、回弹率 泄漏率	定规格 DN80	DN80，≤PN 50	
工业标准	GB/T 19066.1—2020 管法兰用金属波齿复合垫片 第1部分：PN 系列[16]	出厂检验	外观质量	抽样	—	
			尺寸检验			
		型式检验	外观质量 尺寸检查 压缩回弹性能、密封性能	定规格 DN80	A 型 DN80 PN40	
	GB/T 19066.2—2020 管法兰用金属波齿复合垫片 第2部分：Class 系列[17]	出厂检验	外观质量	抽样	—	
			尺寸检验			
		型式检验	外观质量 尺寸检查 压缩回弹性能、密封性能	定规格 DN80	A 型 DN80 Class300	

（续表）

类别	标　准	检验/试验类型	检验/试验项目	检验/试验件选取规则	试验样件公称通径	试验样件公称压力
工业标准	JB/T 6628—2016 柔性石墨复合增强(板)垫[18]	出厂检验	外观质量	抽样	—	
			尺寸检查			
		型式检验	外观质量 尺寸检查 压缩率和回弹率试验 泄漏率	定规格 DN80	DN80，≤PN50	
工业标准	JB/T 10688—2020 聚四氟乙烯垫片[19]	出厂检验	外观质量	抽样	—	
			尺寸检验			
		型式检验	外观质量 尺寸检验 压缩率回弹率 泄漏率	定规格最大 DN80	DN40～DN80 厚度 1.0～3.0 mm	
工业标准	GB/T 13404—2008 管法兰用非金属聚四氟乙烯包覆垫片[20]	出厂检验	外观质量	抽样	—	
			尺寸检验			
		型式检验	外观质量 尺寸检验	定规格	—	
			压缩率回弹率 密封性能		Φ89 mm×Φ132 mm×3 mm(B 型)	
			应力松弛		Φ73 mm×Φ34 mm×3 mm	

3）普通氦气泄漏

核电氦检漏试验方法的比对见表 11－54。

表 11－54　核电氦检漏和工业氦气检漏比较

标准类型	核 电 标 准	工 业 标 准
试验方法	NB/T 20366[21]	GB/T 12385[22]
试验介质	氦气	氦气

（续表）

标准类型	核 电 标 准	工 业 标 准
试验温度	23 ℃±5 ℃，350 ℃±5 ℃	21～30 ℃
试验原理	密封空腔抽成真空，氦气从密封泄漏处被吸入氦质谱检漏仪，氦气进入电离室，与残余气体分子一起和经加速的电子进行碰撞而发生电离，这些离子在加速电场的作用下进入磁场，在洛仑磁力的作用下氦离子发生偏转形成圆弧形轨道，将加速电压设在氦峰值上时，接受极在挡板的作用下只能接收到氦离子，氦离子电流经放大后来指示漏率	试验方法 A：泄漏率测量采用测漏空腔增压法，泄漏率计算基于理想气态定律，即泄漏介质进入测漏空腔，引起空腔增压（结合温度系数）来试验计算 试验方法 B：测漏采用压降法，泄漏率计算基于理想气体定律，即以测漏开始和结束后的压力差（结合温度系数）来试验计算
试验灵敏度	1×10^{-7} Pa·$m^{3/}$s（来自 GB/T 15823—2009 无损检测氦泄漏检测方法）	试验方法 A：测量系统分辨率不低于 10^{-5} cm^3/s 试验方法 B：测量系统分辨率不低于 10^{-5} cm^3/s

4）核电标准中独有的模拟工况试验

工业标准中，不涉及模拟工况试验，在核电标准中，有多个标准涉及模拟核电一回路工况的试验，详见表 11－55。

表 11－55　核电标准中的模拟工况试验

标准号	试验密封件	试 验 参 数
NB/T 20366[21]	核级石墨密封垫片	试验装置加压至试验要求压力 15.4 MPa，工作介质升温至试验要求温度 320 ℃，试验装置温度、压力达到稳定状态并保温、保压大于等于 90 min，后进行降温，降温方式采用冷却和喷淋消汽的方式，不应采用排空介质的方式降温，使试验装置冷却到 100 ℃以下。试验中升降温速率不小于 50 ℃/h，每次热循环试验交变后，检查并记录泄漏情况
NB/T 20010.15[23]	核电阀门用柔性石墨金属缠绕垫片	试验压力：15.2 MPa； 试验温度：100～320 ℃冷热交变不少于 5 次循环； 试验介质：未饱和水； 升降温速率：≥50 ℃/h； 验收要求：在整个试验中，垫片密封处均无泄漏

（续表）

标准号	试验密封件	试　验　参　数
NB/T 20010.14[24]	核电阀门用柔性石墨填料	试验条件： 1）试验压力：15.2 MPa； 2）试验温度：100～320 ℃，冷热交变不少于 5 次循环； 3）试验介质：水或蒸汽。 试验步骤： 1）试验阀半开，充满水或蒸汽； 2）以小于 50 ℃/h 的升温速率，升温升压至 15.2 MPa 的试验压力和 320 ℃的试验温度，保温 30 min； 3）再以小于 50 ℃/h 的降温速率，降至 100 ℃以下，保温 15 min； 4）冷热交变过程不少于 5 次循环； 5）当冷热交变循环次数大于 5 次时，最后 1 次高温及保温完成后，可随试验回路自然冷却，直至试验阀总循环动作次数全部完成为止。 循环动作试验： 1）冷热交变期间试验阀应进行阀杆往返全行程循环动作试验，总循环动作次数应不小于 3 000 次； 2）如在冷热交变期间不能完成总循环动作次数，可增加冷热交变循环次数，或者按比例延长热态（≥320 ℃）和冷态（≤100 ℃）的保温时间，以满足试验阀总循环动作次数； 3）在 3 000 次循环动作试验过程中，如有泄漏，允许拧紧 2 次填料，以追加压盖螺栓拧紧力矩。 追加拧紧力矩的原因、力矩值和结果应列入试验报告

参考文献

[1] 全国钢标准化技术委员会. 不锈钢冷轧钢板和钢带：GB/T 3280—2015[S]. 北京：中国标准出版社，2015.

[2] 全国钢标准化技术委员会. 不锈钢热轧钢板和钢带：GB/T 4237—2015[S]. 北京：中国标准出版社，2015.

[3] 核工业标准化研究所. 压水堆核电厂用不锈钢 第 5 部分 1、2、3 级奥氏体不锈钢板：NB/T 20007.5—2021[S]. 北京：原子能出版社，2021.

[4] 核工业标准化研究所. 核电厂用柔性石墨板技术条件：NB/T 20364—2015[S]. 北京：核工业标准化研究所，2015.

[5] 机械工业填料静密封标准化技术委员会. 柔性石墨板 技术条件：JB/T 7758.2—2005[S]. 北京：机械工业出版社，2006.

[6] 核工业标准化研究所. 压水堆核电厂反应堆压力容器密封环技术规范 第 2 部分：C 型密封环：NB/T 20478.2—2018[S]. 北京：核工业标准化研究所，2018.

[7] 核工业标准化研究所. 核电厂用石墨密封垫片技术条件：NB/T 20365—2015[S]. 北京：核工业标准化研究所，2016.

[8] 核工业标准化研究所. 核电厂核级石墨密封垫片鉴定规程：NB/T 20367—2015[S]. 北京：核工业标准化研究所，2015.

[9] 全国管路附件标准化技术委员会. 管法兰用缠绕式垫片 第 1 部分：PN 系列：GB/T 4622.1—2022[S]. 北京：中国标准出版社，2022.

[10] 全国管路附件标准化技术委员会. 管法兰用缠绕式垫片 第 2 部分：Class 系列：GB/T 4622.2—2022[S]. 北京：中国标准出版社，2022.

[11] 全国管路附件标准化技术委员会. 管法兰用金属包覆垫片：GB/T 15601—2013[S]. 北京：中国标准出版社，2014.

[12] 全国管路附件标准化技术委员会. 管法兰用非金属平垫片 第 1 部分：PN 系列：GB/T 9126.1—2023[S]. 北京：中国标准出版社，2023.

[13] 全国管路附件标准化技术委员会. 管法兰用金属齿形组合垫片 第 1 部分：PN 系列：GB/T 39245.1—2020[S]. 北京：中国标准出版社，2020.

[14] 全国管路附件标准化技术委员会. 管法兰用金属齿形组合垫片 第 2 部分：Class 系列：GB/T 39245.2—2020[S]. 北京：中国标准出版社，2020.

[15] 全国填料与静密封标准化技术委员会. 非金属覆盖层波形金属垫片技术条件：JB/T 12669—2016[S]. 北京：机械工业出版社，2016.

[16] 全国管路附件标准化技术委员会. 管法兰用金属波齿复合垫片 第 1 部分：PN 系列：GB/T 19066.1—2020[S]. 北京：中国标准出版社，2020.

[17] 全国管路附件标准化技术委员会. 管法兰用金属波齿复合垫片 第 2 部分：Class 系列：GB/T 19066.2—2020[S]. 北京：中国标准出版社，2020.

[18] 全国填料与静密封标准化技术委员会. 柔性石墨复合增强(板)垫：JB/T 6628—2016[S]. 北京：机械工业出版社，2016.

[19] 全国填料与静密封标准化技术委员会. 聚四氟乙烯垫片：JB/T 10688—2020[S]. 北京：机械工业出版社，2020.

[20] 全国管路附件标准化技术委员会. 管法兰用非金属聚四氟乙烯包覆垫片：GB/T 13404—2008[S]. 北京：中国标准出版社，2009.

[21] 核工业标准化研究所. 核电厂核级石墨密封垫片试验方法：NB/T 20366—2015[S]. 北京：核工业标准化研究所，2015.

[22] 全国管路附件标准化技术委员会. 管法兰用垫片密封性能试验方法：GB/T 12385—2008[S]. 北京：中国标准出版社，2008.

[23] 核工业标准化研究所. 压水堆核电厂阀门 第 15 部分：柔性石墨金属缠绕垫片技术条件：NB/T 20010.15—2010[S]. 北京：原子能出版社，2010.

[24] 核工业标准化研究所. 压水堆核电厂阀门 第 14 部分：柔性石墨填料技术条件：NB/T 20010.14—2010[S]. 北京：原子能出版社，2010.

附录 A
符号说明

符　号	名　　称	单　位
a	新垫片系数	—
$A\%$	断后伸长率	—
a、b、a_1、a_2、b_1、b_2、c	填料材料常数	—
A_a	预紧工况下所需最小螺栓截面积	mm^2
A_b	螺栓截面	mm^2
A_g	垫片密封接触面积	mm^2
a_G	轴向膨胀系数	$℃^{-1}$
A_k	冲击韧性	J
A_L、M_L、N_L	回归系数	—
A_m	最小螺栓横截面积	mm^2
A_p	流体轴向力作用面积	mm^2
A_{po}	操作工况下所需最小螺栓截面积	mm^2
A_ζ	流体和边界实际接触面积	mm^2
b	垫片有效宽度	mm
B	填料宽度	mm
B_0	渗透系数	—

（续表）

符号	名称	单位
C	压缩率	%
$C(T)$	材料和温度有关的系数	—
C_g	填料界面的有效径向间隙	mm
C_r	密封件蠕变松弛率	%
d	轴(杆)直径	mm
D_0	施加预定压力后千分表的读数	mm
D_f	松开螺母后千分表的读数	mm
D_g	垫片压紧力作用中心圆直径	mm
D_G	蠕变后垫片总的应力的松弛率	%
D_i	内径	mm
D_j^e	有效 Kundsen 扩散系数	—
D_{jk}^e	有效 Fick 扩散系数	—
D_L	蠕变后螺栓和法兰总的应力松弛率	%
D_o	外径	mm
D_{sc}	蠕变松弛引起的应力损失值	MPa
D_{sp}	流体压力作用使垫片应力降低值	MPa
D_Z	蠕变后法兰接头总的应力松弛率	%
E	材料弹性模量	GPa
e	回弹率	%
E'	试验结束，将垫片从试验装置取出静置 1 h 后，垫片金属外环厚度	mm
e_0	C 环达到初始密封状态时，对应密封环的压缩量	mm
E_1	填料的弹性系数	MPa

（续表）

符 号	名 称	单 位
e_1'	C 环载荷卸载到零时，对应密封环的永久变形量	mm
e_2	C 环达到工作状态时，对应密封环的理论压缩量	mm
e_c	C 环密封环保持密封状态的极限压缩量	mm
E_G	卸载弹性模量	GPa
F	填料压盖载荷	N
F_{BMMC}	MMC 所需要的螺栓预紧载荷	N
F_f	软填料和转轴或往复杆之间的摩擦力	N
F_{GMMC}	MMC 所需要的最小螺栓载荷	N
G_b	新垫片系数	MPa
G_s	新垫片系数	MPa
h	填料工作高度	mm
H	填料箱总高度	mm
h_0	填料初始高度	mm
H_d	硬度	—
HV	维氏硬度	—
J_t	韧性	J/m^3
k	侧压系数	—
k_b	螺栓刚度	N/mm
K_c	填料压缩系数	—
K_f	棘轮因子	—
k_m	被连接件刚度	N/mm

（续表）

符　号	名　　称	单　位
Kn	克努森数	—
K_r	材料的弹性常数	—
l	螺杆初始长度	mm
L	泄漏率	$Pa \cdot m^3/s$, $atm \cdot cm^3/s$, g/s, mg/s
L_0	试件的原始长度	mm
L_L	单位时间单位长度的分形模型质量泄漏量	$mg \cdot mm^{-1} \cdot s^{-1}$
L_{pV}^L	层流流率	$Pa \cdot m^3/s$
l_m	毛细管平均长度	m
L_{pV}^M	分子流流率	$Pa \cdot m^3/s$
L_{pV}	气体通过多孔介质的总流率	$Pa \cdot m^3/s$
L_{RM}	质量泄漏率	mg/s
L_{RM}^*	参考质量泄漏率	对 150 mm 外径垫片而言，$L_{RM}^*=1$ mg/s
L_v	体积泄漏率	$Pa \cdot m^3/s$
m	垫片系数	—
M	气体摩尔质量	kg/kmol
M_1	校准漏孔向被检系统开启后的读数	—
M_2	本底读数	—
M_3	检测完成后的本底读数	—
M_4	检测完成后，校准漏孔再次向被检系统开启后的读数	—
M_5	检测时的读数	—
m_g	质量	kg, g, mg

（续表）

符　号	名　　称	单　位
N	垫片实际宽度	mm
n	填料道数	道
n_b	螺栓个数	个
N_f	疲劳寿命	次
N_j	多孔介质中气体的总摩尔流率	mol/s
N_j^D	气体扩散摩尔流率	mol/s
N_j^V	气体的黏性流动摩尔流率	mol/s
n_m	毛细管个数	个
p	压力	Pa,MPa,bar
p_1	毛细管入口压力	Pa
p_2	毛细管出口压力	Pa
P_c	逾渗阈值	
p_{cx}	填料的轴向比压	MPa
p_g	填料压盖压紧比压	MPa
p_n	标准大气压力	1.01325×10^5 Pa
p_N	标准状况的气体压力	bar(1 bar=0.1 MPa)
P_{QR}	蠕变系数	—
p_r	填料的径向比压	MPa
pV/t	在测试温度 T_M 下的气体泄漏率	mbar・l/s
p_w	介质工作压力	MPa,Bar
Q	校准漏孔的漏率	Pa・m^3/s
$Q_{min(L)}$	最小垫片预紧应力(EN 1591—2009)	MPa
Q_S	被检系统漏率	Pa・m^3/s

(续表)

符　号	名　　称	单　位
$Q_{s\max}$	最大垫片工作应力(EN 1591—2009)	MPa
$Q_{s\min(L)}$	最小垫片工作应力(EN 1591—2009)	MPa
R	通用气体常数	J/(kmol·K)
r,θ,z	柱坐标系	—
R_a	平均粗糙度	μm
R_c	毛细管半径	m
r_i	任意毛细管半径	m
R_m	抗拉强度	MPa
$R_{p0.2}$	非线性弹性极限	MPa
S	试样中硫的百分含量	%
S_1	初始被检系统灵敏度	Pa·m^3/s
S_2	最终被检系统灵敏度	Pa·m^3/s
Sb_{sel}	螺栓安装应力	MPa
S_D	百分直径浸胀	%
S_g	垫片应力	MPa
S_G	蠕变后垫片的残余应力	MPa
S_K	常态下垫片的初始应力	MPa
S_{MMC}	MMC时的接触应力	MPa
S_V	百分体积浸胀	%
t	时间	h,min,s
T	温度	℃,K
T_0	垫片实际测量厚度	mm
T_1	螺栓的初始温度	℃

（续表）

符　号	名　　称	单　位
T_2	螺栓工作时的温度	℃
t_c	总载荷下的试样厚度	mm
T_h	平面度	mm
T_M	测试温度	K
T_N	标准状况下的气体温度	K
T_n	标准状态下大气的热力学温度	K
t_o	初载荷下的试样厚度	mm
T_p	紧密性参数	—
t_r	试样的回弹厚度	mm
T_w	工作温度	℃
V	体积	m^3,cm^3,L,mL
W	全部螺栓总载荷	N,kN
W'	热失重百分数	%
W_1	螺栓预紧力	N,kN
W_a	预紧工况下所需最小螺栓载荷	N
w_a	灰分	%
w_c	固定碳含量	%
w_{cl}	试样中的氯含量	μg/g
w_F	试样的氟含量	μg/g
W_i	单根螺栓载荷	N,kN
W_p	操作工况下所需最小螺栓载荷	N
w_v	挥发分	%

（续表）

符　号	名　　称	单　位
x, y, z	直角坐标系	—
x_j、x_k	分别为组分 j、k 的摩尔分率	—
X_{ci}	泄漏致因物理量	—
X_{rj}	泄漏表征物理量	—
Y_C	释放源附近环境空气中泄漏介质的浓度	μmol/mol
Y_L	泄漏释放源设备的泄漏率	sccm
y	预紧密封比压	MPa
Y_0	C 环达到初始密封状态时，密封环所需的单位长度上的压紧线载荷	N/mm
Y_1	C 环从压缩状态 e_2 处减压，到密封失效时，密封环单位长度上的压紧线载荷	N/mm
Y_2	C 环保持密封且对于压缩状态 e_2 时，密封环所需的单位长度上的压紧线载荷	N/mm
γ	检测时被检系统内的实际氦浓度	%
δ_A	延伸率	%
δ_g	变形	mm
ΔL	断裂前材料试件的变形长度	mm
δ_1	密封长度	mm
δ_L	延伸率	%
Δl_1	螺杆变形量	mm
Δl_2	被连接件的变形量	mm
Δp	密封通道两侧压力差值	MPa
ΔT	相对于初始温度时的螺栓上作用的温度变化量	℃
ΔT_1	垫片在总载荷下的压缩量	mm

（续表）

符　号	名　　称	单　位
ΔT_2	垫片在返回至初始载荷下的未回复的压缩量	mm
Δt_w	工作状态下垫片压缩量	mm
$\Delta\sigma_p$	介质压力作用使垫片应力降低值	MPa
ε	螺栓应变	%
ε_r	材料蠕变率	%
ε_x	压缩剩余率	%
ζ_c	临界方法倍数	—
η	流体动力黏度	Pa·s
λ	分子的平均自由程	m
λ_c	逾渗通道长度	m
λ_p	粗糙表面未接触的面积占名义面积的百分比	%
λ_s	压缩剩余率	%
μ	垫片与法兰密封面间的摩擦系数	—
μ_i	填料与轴的摩擦系数	—
μ_o	填料与填料函壁的摩擦系数	—
ξ	材料的柔性	—
ρ	密度	kg/m^3, g/cm^3
ρ_N	标准状况的气体密度	mg/cm^3
σ_b	螺栓材料在常温下的抗拉强度	MPa
σ_{bn}	弯曲强度	MPa
σ_c	压缩强度	MPa
σ_f	疲劳强度	MPa
σ_g	垫片应力	MPa

(续表)

符 号	名 称	单 位
σ_{ga}	设计垫片装配应力	MPa
σ_{gi}	垫片预紧应力	MPa
$\sigma_{g\max}$	最大装配垫片应力	MPa
$\sigma_{g\min}$	最小装配垫片应力	MPa
σ_{go}	垫片工作应力	MPa
σ_{r}	材料残余应力	MPa
σ_{s}	螺栓材料在常温下的屈服强度	MPa
τ	剪切强度	MPa
ω	流速	m/s

附录 B
缩略语

ACM	丙烯酸酯橡胶(acrylic rubber)
AE	声发射(acoustic emission)
AES	声发射信号(acoustic emission signal)
AGR	先进气冷堆(advanced gas-cooled reactor)
API	美国石油学会(American petroleum institute)
ARLA	短期时效松弛泄漏粘着试验(aged relaxation leakage adhesion test procedure)
ARTS	时效拉伸筛选试验(aged tensile relaxation screen test)
ASME	美国机械工程师协会(American society of mechanical engineers)
ASTM	美国材料与试验协会(American society for testing and materials)
B/S	浏览器/服务器(browser/server)
BWR	沸水堆(boiling water reactor)
CA	压缩石棉橡胶板(calendered asbestos rubber sheet)
CAN	压缩无石棉橡胶板(calendered asbestos-free rubber sheet)
CEN	欧洲标准化委员会(European Committee for Standardization)
CF	纤维素纤维(cellulosic fiber)
CODAP	非火焰压力容器结构规范(Code de construction des appareils à pression non soumis à la flamme)
CR	氯丁橡胶(chloroprene rubber)

(续表)

CS	有机复合材料(organic composite materials)
CSM	氯磺化聚乙烯橡胶(chlorosulfonated polyethylene rubber)
DIN	德国标准学会(Deutsches Institut für Normung e. V.)
DTU	数据集中器(data transfer unit)
ECO	环氧氯丙烷与环氧乙烷的二元共聚物(bisphenol a epoxy resin/glycidyl methacrylate copolymer)
EHOT	逸出热态密封试验(emission hot operational tightness)
EN	欧洲标准(European Standard Nrorme)
EPDM	三元乙丙橡胶(epichlorohydrin-ethylene-propylene-diene terpolymer)
EPM	乙丙单体橡胶(ethylene-propylene monomer rubber)
EPR	乙丙橡胶(ethylene-propylene rubber)
FIRS	耐火模拟筛选试验(fire simulation screen test procedure)
FITT	耐火模拟密封试验(fire tightness test)
GB	中国国家标准(Guo Biao,national standard)
Gy	格雷(Gray)
HATR	高温时效松弛筛选试验(high-temperature aged tensile relaxation)
HAZOP	危险与可操作性分析(hazard and operability study)
HDPE	高密度聚乙烯(high-density polyethylen)
HLMS	温湿泄漏监测系统(humidity leakage monitoring system)
HNBR	氢化丁腈橡胶(hydrogenated nitrile butadiene rubber)
HOTT & AHOT	热态密封试验(hight temperature of tightness test method of gaskets)
HSV	色度-饱和度-明度(hue-saturation-value)
IIR	丁基橡胶(butyl rubber)
ILRTs	综合泄漏率测试(integrated leakage rate tests)
IOT	物联网(internet of things)

（续表）

JIS	日本工业标准(Japanese industrial standard)
LBB	破前漏(leak before break)
LLRTs	局部泄漏率测试(local leakage rate tests)
LPWAN	低功耗广域网(low-power wide-area network)
LWR	轻水堆(light-water reactor)
MEMS	微机电系统(micro-electro mechanical system)
MFQ	氟硅橡胶(fluorosilicone rubber)
MMC	金属碰金属(metal to metal contact)
MPVQ	甲基苯基乙烯基硅橡胶(Methyl-phenyl-vinyl-methylsiloxane rubber)
MQ	二甲基硅橡胶(dimethyl silicone rubber)
MTI	美国材料试验学会(the materials technology institute of the chemical process industries)
MVQ 或 VMQ	甲基乙烯基硅橡胶(硅橡胶)(methyl vinyl silicone rubber)
NR	天然橡胶(natural rubber)
PEEK	聚醚醚酮(polyether ether ketone)
PHWR	重水堆(pressurised heavy water reactor)
PI	聚酰亚胺(polyimide)
PING	气溶胶总 β(particulate，P)、气载碘(iodine，I)、惰性气体(noble gas，NG)
PLD	静态泄漏风险隐患图(process leak-risk diagram)
PPTA	芳纶纤维(p-phenylene terephthalamide)
PTFE	聚四氟乙烯(polytetrafluoroethylene)
PVRC	压力容器研究委员会(pressure vessel research committee)
PWR	压水堆(pressurized water reactor)
ROTT	垫片室温密封性试验方法(room temperature of tightness test method of gaskets)

（续表）

SBR	丁苯橡胶(styrene-butadiene rubber)
sccm	标准状态下立方厘米每分钟(standard cubic centimeter per minute)
SWG	ASME 特别工作小组(Special Working Group)
TA Luft	综合污染控制法(comprehensive air pollution control regulation)
TA - Luft	(德) 清洁空气的技术说明(technische anleitung zur reinhaltung der luft)
TDLAS	可调谐半导体激光吸收光谱技术(tunable diode laser absorption spectroscopy)
TTRL	加拿大蒙特利尔 Ecole 综合技术学院紧密性试验和研究实验室(Tightness testing and research laboratory)
U. S. NRC	美国核能管理委员会(U. S. Nuclear Regulatory Commission)
US EPA	美国环保署(United States Environment Protection Agency)
VDI	德国工程师协会(verein deutscher ingenieure)
VOCs	挥发性有机物(volatile organic compounds)
WSN	无线传感网(wireless sensor network)

索　引

L

M

N

P

Q

W

X

Y

Z

β

γ